Core Java for the Impa

Java
核心技术
速学版（第3版）

[美] 凯 · S. 霍斯特曼（Cay S. Horstmann）◎ 著

曹良亮 ◎ 译

人民邮电出版社

北京

图书在版编目（CIP）数据

Java 核心技术 : 速学版 : 第3版 / (美) 凯·S. 霍斯特曼 (Cay S. Horstmann) 著 ; 曹良亮译. -- 北京 : 人民邮电出版社, 2024.4
ISBN 978-7-115-62609-7

Ⅰ. ①J… Ⅱ. ①凯… ②曹… Ⅲ. ①JAVA语言一程序设计 Ⅳ. ①TP312.8

中国国家版本馆CIP数据核字(2023)第166404号

◆ 著　　[美] 凯 · S.霍斯特曼（Cay S. Horstmann）
译　　曹良亮
责任编辑　蒋　艳
责任印制　王　郁　胡　南

◆ 人民邮电出版社出版发行　北京市丰台区成寿寺路 11 号
邮编　100164　电子邮件　315@ptpress.com.cn
网址　https://www.ptpress.com.cn
固安县铭成印刷有限公司印刷

◆ 开本：787×1092　1/16
印张：18.25　　2024 年 4 月第 1 版
字数：574 千字　　2024 年 11 月河北第 2 次印刷
著作权合同登记号　图字：01-2023-1915 号

定价：99.80 元（附小册子）

读者服务热线：(010) 81055410　印装质量热线：(010) 81055316
反盗版热线：(010) 81055315
广告经营许可证：京东市监广登字 20170147 号

内 容 提 要

本书是经典 Java 开发基础书《Java 核心技术》的速学版本。本书首先介绍了 Java 语言的基础知识，包含接口、Lambda 表达式、继承、反射、异常处理、断言、日志、泛型编程、容器等关键概念；其次介绍了流、输入和输出处理、并发、注解、日期和时间 API、国际化、编译和脚本、Java 平台模块系统等高级特性。本书不仅可以让读者深入了解 Java 编程的基础知识和核心概念，还可以帮助读者掌握 Java 应用程序开发所需的基本技能。本书涵盖了 Java 17 中更新的内容，提供了许多实用的示例代码，还给出了基于作者实际经验的提示、注意和警告。

本书可供希望深入掌握 Java 应用的初学者使用，也适合打算将 Java 应用到实际项目中的编程人员使用。

致 谢

首先，我要一如既往地感谢本书的编辑格雷格 · 多恩奇（Greg Doench），他热情地支持我完成了这本对 Java 进行全新介绍的新书。德米特里 · 基尔萨诺夫（Dmitry Kirsanov）和阿林娜 · 基尔萨诺娃（Alina Kirsanova）也再次以惊人的速度和严谨的态度将 XHTML 原稿变成了一本引人入胜的书。特别感谢所有版本的优秀评审团队，他们发现了许多错误并提出了改进建议。他们是安德烈斯 · 阿尔米雷（Andres Almiray）、盖尔 · 安德松（Gail Anderson）、保罗 · 安德松（Paul Anderson）、马库斯 · 比尔（Marcus Biel）、布里安 · 戈茨（Brian Goetz）、马克 · 劳伦斯（Mark Lawrence）、道格 · 利（Doug Lea）、西蒙 · 里特尔（Simon Ritter）、柴田佳樹（Yoshiki Shibata）和克里斯蒂安 · 乌伦布姆（Christian Ullenboom）。

凯 · S. 霍斯特曼（Cay S. Horstmann）
2022 年 8 月于德国柏林

作 者 简 介

凯 · S. 霍斯特曼（Cay S. Horstmann）是 *JavaScript for the Impatient* 和 *Scala for the Impatient* 的作者，是 *Core Java, Volumes I and II, Twelfth Edition* 的主要作者，他还为专业编程人员和计算机科学专业的学生撰写了十多本书。他是美国圣何塞州立大学计算机科学专业的荣誉退休教授，也是一名 Java Champion。

前　言

自 1996 年首次发布以来，Java 语言一直在不断地改进。经典著作《Java 核心技术》（*Core Java*）一书不仅详细介绍了 Java 的语言特性和所有核心库，还介绍了各个版本之间的大量更新之处。因此该书体量庞大，共分上下两卷，超过 2000 页。如果你只是想高效地使用现代 Java，那么本书就是一个更快、更容易学习 Java 语言和核心库的途径。本书不回顾 Java 语言的发展历史，也不纠缠于过去版本的特点，只展示当前 Java 语言的优秀内容，以便你可以更快地把相关知识应用到实际工作中。

与之前的“Impatient”系列书籍类似，本书将会很快切入主题，向你展示解决编程问题所需的核心知识，而不会总是教条地告诉你一种范式如何优于另一种范式。本书还将相关的信息按照知识点进行碎片化处理，然后再把它们重新组织起来，这样更便于你在需要时快速检索。

假如你已经精通其他的编程语言，如 C++、JavaScript、Swift、PHP 或 Ruby，那么在本书中，你将学习如何成为一名称职的 Java 编程人员。本书涵盖了目前开发人员需要了解的关于 Java 语言的方方面面，其中包括 Lambda 表达式和流这种强大的概念，以及记录类（record class）和封闭类（sealed class）等现代构造。

使用 Java 的一个关键原因是处理并发编程。由于 Java 库中提供了并行算法和线程安全的数据结构，因此应用编程人员处理并发编程的方式已经完全改变了。本书也提供了新的内容，向你展示如何使用强大的库特性，而不是使用容易出错的底层构造。

传统上，很多有关 Java 的书侧重于用户界面编程，但是现在，已经很少有开发人员在台式计算机上制作用户界面了。如果你打算将 Java 用于服务器端编程或 Android 编程，那么你将能够更加有效地使用本书，而不会被桌面 GUI 的代码干扰。

最后，本书是专门为应用编程人员编写的，而不是为大学的 Java 语言课程或者系统向导编写的，本书基本涵盖了应用编程人员在实践中需要解决的问题，例如记录日志和处理文件，但你将不会学习到如何手动实现链表或如何编写 Web 服务器。

衷心希望你能喜欢本书以这样的方式快速地介绍现代 Java，并希望它能够让你的 Java 开发工作富有成效，且充满乐趣。

如果你发现本书有错误或对本书有改进建议，请访问异步社区，并前往勘误页面提交你的意见和建议。同时也请务必访问异步社区，下载本书配套的可运行的示例代码。

资源与支持

资源获取

本书提供思维导图等资源，要获得以上资源，您可以扫描下方二维码，根据指引领取。

提交勘误

作者和编辑尽最大努力来确保书中内容的准确性，但难免会存在疏漏。欢迎您将发现的问题反馈给我们，帮助我们提升图书的质量。

当您发现错误时，请登录异步社区（https://www.epubit.com/），按书名搜索，进入本书页面，点击“发表勘误”，输入勘误信息，点击“提交勘误”按钮即可（见下图）。本书的作者和编辑会对您提交的勘误进行审核，确认并接受后，您将获赠异步社区的 100 积分。积分可用于在异步社区兑换优惠券、样书或奖品。

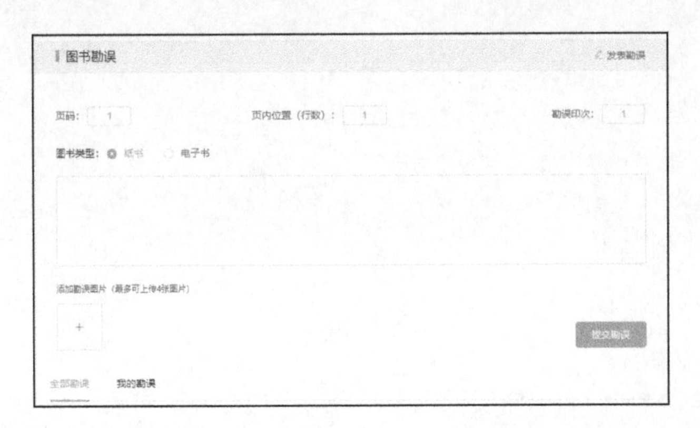

与我们联系

我们的联系邮箱是 contact@epubit.com.cn。

如果您对本书有任何疑问或建议，请您发邮件给我们，并请在邮件标题中注明本书书名，以便我们更高效地做出反馈。

如果您有兴趣出版图书、录制教学视频，或者参与图书翻译、技术审校等工作，可以发邮件给我们。

如果您所在的学校、培训机构或企业，想批量购买本书或异步社区出版的其他图书，也可以发邮件给我们。

如果您在网上发现有针对异步社区出品图书的各种形式的盗版行为，包括对图书全部或部分内容的非授权传播，请您将怀疑有侵权行为的链接发邮件给我们。您的这一举动是对作者权益的保护，也是我们持续为您提供有价值的内容的动力之源。

关于异步社区和异步图书

“异步社区”(www.epubit.com)是由人民邮电出版社创办的IT专业图书社区，于2015年8月上线运营，致力于优质内容的出版和分享，为读者提供高品质的学习内容，为作译者提供专业的出版服务，实现作者与读者在线交流互动，以及传统出版与数字出版的融合发展。

“异步图书”是异步社区策划出版的精品IT图书的品牌，依托于人民邮电出版社在计算机图书领域30余年的发展与积淀。异步图书面向IT行业以及各行业使用IT技术的用户。

目 录

第 1 章　基本编程结构

在本章中，你将学习 Java 语言的基本数据类型和控制结构方面的知识。假设你熟悉其他的程序设计语言，已是一名经验丰富的编程人员。也许你已经掌握了一些关于变量、循环、函数调用和数组的概念，但是你熟悉的那些概念可能和 Java 语言相比，有一些语法方面的差异。本章将帮助你快速了解 Java 语言的基础知识。本书也会为你提供一些 Java API 中处理常见数据类型的非常有用的技巧。

本章重点如下：

1. 在 Java 中，所有方法都在类中声明。当你调用一个非静态方法时，需要通过该方法所属类的对象来进行调用。
2. 静态方法的调用不需要对象。程序从静态的 `main` 方法开始执行。
3. Java 有 8 种基本数据类型：4 种有符号整数类型、两种浮点类型，以及 `char` 类型和 `boolean`（布尔）类型。
4. Java 的运算符和控制结构与 C 或 JavaScript 非常相似。
5. 共有 4 种形式的 `switch`，分别是带有和不带有直通式（fall-through）的表达式和语句。
6. `Math` 类提供通用的数学函数。
7. `String` 对象是字符序列，更准确地说，它们是 UTF-16 编码中的 Unicode 码点。
8. 使用文本块语法来声明多行的字符串字面量。
9. 使用 `System.out` 对象，可以在终端窗口中显示输出。通过与 `System.in` 绑定的 `Scanner` 可以读取终端输入。
10. 数组和容器可以用于收集相同类型的元素。

1.1　我们的第一个程序

当学习任何新的编程语言时，传统做法是从一个能够显示“Hello, World!”消息的程序开始，这也是在下面的小节中我们将要做的事情。

1.1.1　剖析“Hello, World”程序

话不多说，下面就是 Java 中的“Hello, world”程序。

```
package ch01.sec01;

// Our first Java program

public class HelloWorld {
    public static void main(String[] args) {
        System.out.println("Hello, World!");
    }
}
```

让我们一起来看看这个程序。

- Java 是一种面向对象的语言。在程序中，通常需要控制对象（object）来让它们完成具体工作。操作的每个对象都属于特定的类（class），通常也称这个对象是该类的一个实例（instance）。类定义了对象的状态是什么，以及对象能做什么。在 Java 中，所有代码都是在类中定义的。第 2 章将详细介绍对象和类。这个程序是由一个名为 `HelloWorld` 的单一类组成的。
- `main` 是一个方法（method），也就是在类中声明的一个函数。`main` 方法是程序运行时调用的第一个

方法。main 方法声明为 static，以表示该方法不作用于任何对象。（当调用 main 方法时，只有少数的预定义对象，并且它们都不是 HelloWorld 类的实例。）main 方法也声明为 void，以表示它不返回任何值。关于 main 方法中参数声明 String[ ] args 的含义，参见 1.8.8 小节。

- 在 Java 中，你可以将许多特性声明为 public 或 private。除此之外，Java 中还有一些其他可见性级别。这里将 HelloWorld 类和 main 方法都声明为 public，这是类和方法中最常见的定义形式。
- 包（package）是一组相关类的集合。把相关类放在一个包中是一个很好的做法，这样可以将相关类组合在一起，并避免多个类在具有相同名称时可能会发生的冲突。本书使用章（Chapter）和节（Section）的编号作为包名。因此，示例中类的全名就是 ch01.sec01.Helloworld。第 2 章会有更多关于包和包命名规范的内容。
- 以 // 开头的行是注释。编译器会忽略从 // 到行末的所有字符，这些字符仅仅用来辅助编程人员阅读程序。
- 最后，来看看 main 方法的主体。在示例中，它由一行命令组成，该命令的功能是向 System.out 输出一个消息，System.out 对象代表 Java 程序的“标准输出”。

正如你所见，Java 不是一种可以用来快速执行一些简单命令的脚本语言。它的类、包和模块（模块在第 15 章中介绍）等特性使得它更适合用于编写大型程序。

Java 也非常简单和统一。一些编程语言不仅有全局变量和全局函数，还有类内部的变量和方法。在 Java 中，所有东西都在类中声明，这种统一性可能会导致代码有些冗长，但也使得理解程序的含义变得容易。

注意：你刚刚看到了一个 // 形式的注释，它的注释效果是延伸到行末的。还可以在 /* 和 */ 分隔符之间添加多行注释。例如：

```
/*
    This is the first sample program in Core Java for the Impatient.
    The program displays the traditional greeting "Hello, World!".
*/
```

还有第三种注释样式，称为文档注释（documentation comment），使用/** 和 */作为分隔符。下一章中将会介绍。

1.1.2 编译和运行 Java 程序

要编译和运行一个 Java 程序，需要安装 Java 开发工具包（Java Development Kit，JDK），此外，也可以安装集成开发环境（Integrated Development Enviroment，IDE）。可以在异步社区中下载本书的示例代码。

一旦安装了 JDK，就可以打开一个终端窗口，并切换到包含 ch01 目录的目录，然后运行以下命令：

```
javac ch01/sec01/HelloWorld.java
java ch01.sec01.HelloWorld
```

然后，那条熟悉的问候语就将出现在终端窗口中，如图 1-1 所示。

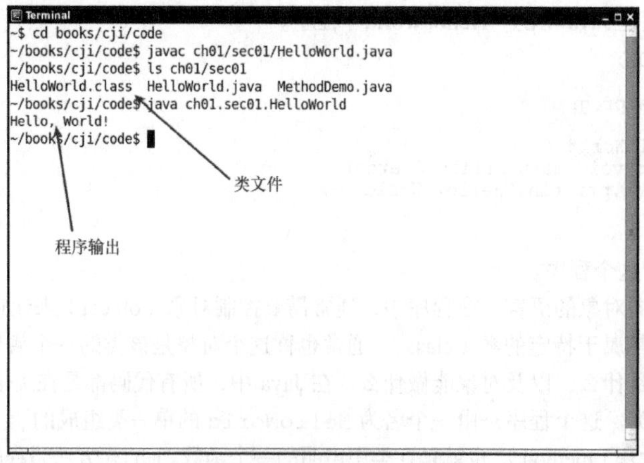

图 1-1 在控制台窗口运行 Java 程序

需要注意的是，执行程序需要两个步骤。首先，`javac` 命令将 Java 源代码编译（compile）成一个与机器无关的中间表示，称为*字节码*（byte code），并将它们保存在*类文件*（class file）中；然后，`java` 命令启动一个*虚拟机*（virtual machine），该虚拟机会加载类文件并执行编译后的字节码。

一旦编译完成，字节码可以在任意一个 Java 虚拟机中运行，无论是在你的台式计算机上或者是在遥远银河系中的某个设备上。这个“一次编写，处处运行”的承诺是 Java 的一个重要设计标准。

注意： `javac` 编译器是通过文件名进行调用的，使用斜杠分隔文件路径段，文件扩展名为 `.java`。`java` 虚拟机的启动器是通过类名进行调用的，使用点号来分隔包的名称段，并且没有扩展名。

注意： 如果程序由单个源文件组成，那么可以跳过编译的步骤，直接使用以下命令运行程序：

```
java ch01/sec01/HelloWorld.java
```

在后台，程序将会在运行之前进行编译，但不会生成类文件。

注意： 在类 Unix 操作系统上，你可以按照以下步骤将 Java 文件转换为可执行程序。

（1）重命名文件，删除其扩展名 `.java`。

```
mv HelloWorld.java hello
```

（2）使文件可执行。

```
chmod +x hello
```

（3）在文件顶部添加一行 bash 的运行标记。

```
#!/path/to/jdk/bin/java --source 17
```

现在，你就可以通过以下方式运行程序了。

```
./hello
```

如果要在 IDE 中运行程序，首先需要按照 IDE 安装说明中描述的方式创建一个项目。然后，选择 `HelloWorld` 类并通过 IDE 运行它。图 1-2 显示了程序在 Eclipse 中的运行情况。Eclipse 是一个非常流行的 IDE。除此之外，还可以选择许多其他优秀的 IDE。随着对 Java 编程的不断学习和深入了解，还是应该多尝试几种 IDE，再从中选择一个自己喜欢的。

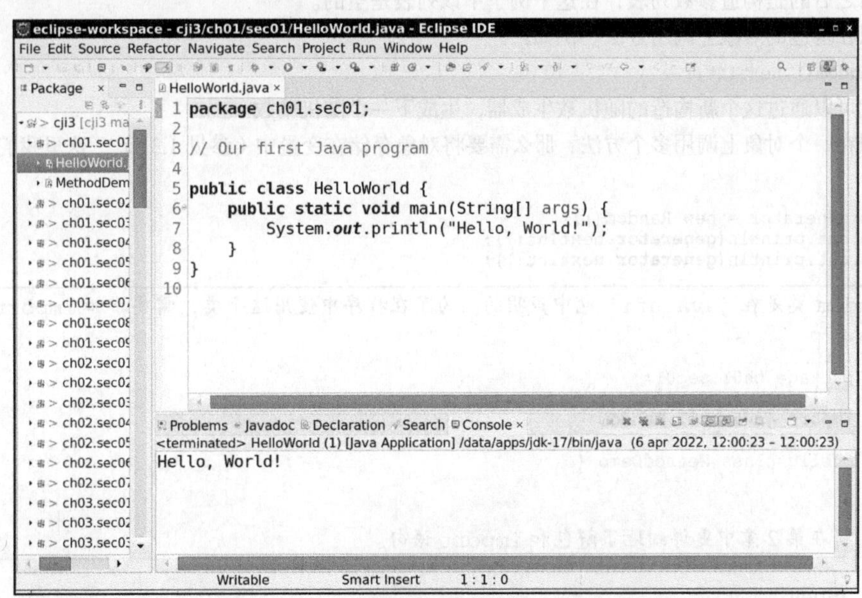

图 1-2 在 Eclipse IDE 中运行 Java 程序

好了，恭喜你刚刚完成了使用 Java 运行“Hello,World!”程序这一古老的传统，下面我们就准备开始学习 Java 语言的基础知识。

提示： 在异步社区官网中可以下载本书所有章节的示例代码。这些代码经过精心编排和组织，你可以很方便地创建一个包含所有示例程序的单个项目。建议你在仔细阅读本书中内容的同时，下载、运行和学习这些配套代码。

1.1.3 方法调用

让我们更仔细地看看 `main` 方法中唯一的语句：

```
System.out.println("Hello, World!");
```

`System.out` 是一个对象，它是一个名为 `PrintStream` 的类的实例（instance）。`PrintStream` 类有 `println`、`print` 等方法。这些方法被称为*实例方法*（instance method），因为它们对类的对象或实例进行操作。

若要在对象上调用实例方法，请使用*点符号*（dot notation）来表示：

```
object.methodName(arguments)
```

在这个例子中，`main` 方法只有一个参数，即字符串`"Hello, World!"`。

让我们用另一个例子来试试，像`"Hello, World!"` 这样的字符串是 `String` 类的实例。`String` 类有一个返回 `String` 对象长度的 `length` 方法。若要调用该方法，则需要再次使用点符号：

```
"Hello, World!".length()
```

`length` 方法是通过对象`"Hello, World!"`调用的，且该方法没有参数。与 `println` 方法不同，`length` 方法会返回一个结果。使用该返回结果的一种方法就是将它输出到屏幕：

```
System.out.println("Hello, World!".length());
```

一起来试试看。用这个语句来编写一个 Java 程序并运行它，看看字符串的长度是多少。

在 Java 中，需要自己*构造*（construct）大多数对象（不像 `System.out` 和`"Hello, World!"`这些对象，它们是已经存在的，可以直接使用）。下面是一个简单的示例。

`Random` 类的对象可以生成随机数。可以使用 `new` 运算符来构造一个 `Random` 对象：

```
new Random()
```

在类名之后的是构造参数列表，在这个例子中该列表是空的。

你可以在构造的对象上调用方法。例如：

```
new Random().nextInt()
```

这样就可以通过这个新构造的随机数生成器，生成下一个随机整数。

如果想在一个对象上调用多个方法，那么需要将对象存储在变量中（参见 1.3 节）。这里我们打印两个随机数：

```
Random generator = new Random();
System.out.println(generator.nextInt());
System.out.println(generator.nextInt());
```

注意： `Random` 类是在 `java.util` 包中声明的。为了在程序中使用这个类，需要添加 `import` 语句，示例如下。

```
package ch01.sec01;

import java.util.Random;

public class MethodDemo {
    ...
}
```

我们将在第 2 章中更详细地了解包和 `import` 语句。

1.1.4 JShell

在 1.1.2 小节中，你看到了如何编译和运行一个 Java 程序。JShell 程序提供了一个“读取—评估—打印循环”（read-evaluate-print loop，REPL）的方式，它允许你尝试 Java 代码而无须编译和运行程序。当输入 Java 表达式时，JShell 会评估输入，并打印结果，然后等待下一次输入。如果要启动 JShell，只须在终端窗口中输入 jshell，如图 1-3 所示。

```
Terminal ~$
~$ jshell
|  Welcome to JShell -- Version 17
|  For an introduction type: /help intro

jshell> "Hello, World!".length()
$1 ==> 13

jshell> new Random().nextInt()
$2 ==> -762255172

jshell> Random generator = new Random(42)
generator ==> java.util.Random@7cc355be

jshell> generator.nextInt()
$4 ==> -1170105035

jshell> generator.nextInt()
$5 ==> 234785527

jshell> generator.next
nextBoolean()        nextBytes(           nextDouble(          nextExponential()
nextFloat(           nextGaussian(        nextInt(             nextLong(
jshell> generator.next
```

图 1-3 运行 JShell

JShell 以问候语开头，然后显示提示符：

```
|  Welcome to JShell -- Version 17
|  For an introduction type: /help intro
jshell>
```

现在可以输入一个 Java 表达式，例如：

```
"Hello, World!".length()
```

JShell 会给你一个反馈，表示运行结果和下一个提示符：

```
$1 ==> 13

jshell>
```

需要注意的是，你并没有输入 System.out.println。JShell 会自动打印输入的每个表达式的值。输出中的$1 表示该结果可用于进一步的计算。例如，如果继续输入：

```
3 * $1 + 3
```

则 JShell 的反馈为：

```
$2 ==> 42
```

如果需要多次使用一个变量，那么可以给它指定一个更加容易记忆的名字。一定要遵循 Java 语法，同时指定类型和变量名（参见 1.3 节）。例如：

```
jshell> int answer = 42
answer ==> 42
```

可以让 JShell 替你填写类型。具体操作是，输入一个表达式，不要按 Enter 键，而是按住 Shift+Tab 组合键，然后按 V 键。例如，当输入：

```
new Random()
```

然后按 Shift + Tab 组合键和 V 键，你会看到：

```
jshell> Random = new Random()
```

这时的光标位于 = 符号之前。此时可以输入一个变量名，然后按 Enter 键：

```
jshell> Random generator = new Random()
generator ==> java.util.Random@3fee9989
```

此外，还有一个很棒的功能是 Tab 补全功能，例如输入：

```
generator.
```

随后按 Tab 键，你将会得到一个可以在 generator 变量上调用的所有方法的列表：

```
jshell > generator.
doubles(                 equals(              getClass()
hashCode()               ints(                isDeprecated()
longs(                   nextBoolean()        nextBytes(
nextDouble(              nextExponential()    nextFloat(
```

```
nextGaussian(           nextInt(            nextLong(
notify()                notifyAll()         setSeed(
toString()          wait(
```

现在输入 ne 再按 Tab 键。方法名会补全为 next，并且你会得到一个更加简短的列表：

```
jshell> gengerator.next
nextBoolean()       nextBytes(          nextDouble(
nextExponential()   nextFloat(          nextGaussian(
nextInt(            nextLong(
```

如果再按 D 键和 Tab 键，方法名会自动补全为 nextDouble(。再次按 Tab 键，将会看见 3 个备选：

```
Signatures:
double java.util.random.RandomGenerator.nextDouble(double bound)
double java.util.random.RandomGenerator.nextDouble(double origin, double bound)
double Random.nextDouble()
  <press tab again to see documentation>
```

按) 键可以选择第 3 个版本：

```
jshell> gengerator.nextDouble()
$3 ==> 0.9560346568377398
```

注意：在自动完成列表中，需要参数的方法只能后跟左括号，如 nextDouble(，而不需要参数的方法有一对完整括号，如 nextBoolean()。

如果要重复运行命令，可以按 ↑ 键，直到看到要重新运行或编辑的行。可以用 ← 键和 → 键移动命令行中的光标，并添加或删除字符，完成后按 Enter 键。例如，按 ↑ 键并用 Int 替换 Double，然后按 Enter 键：

```
jshell> generator.nextInt()
$4 ==> -352355569
```

默认情况下，JShell 将会导入以下包：

```
java.io
java.math
java.net
java.nio.file
java.util
java.util.concurrent
java.util.function
java.util.prefs
java.util.regex
java.util.stream
```

这就是可以在 JShell 中使用 Random 类而不需要任何导入语句的原因。如果需要导入其他类，可以在 JShell 提示符下输入导入语句。或者，更方便的是，通过按住 Shift+Tab 组合键和 I 键，可以让 JShell 搜索它。例如，输入 Duration，然后按住 Shift+Tab 组合键和 I 键，你将获得一个潜在操作的列表：

```
jshell> Duration
0: Do nothing
1: import: java.time.Duration
2: import: javafx.util.Duration
3: import: javax.xml.datatype.Duration
Choice:
```

输入 1，然后你将收到一个确认信息：

```
Imported: java.time.Duration
```

随后显示：

```
jshell> Duration
```

这样就完成了导入工作，然后就可以继续工作了。这些命令足以让你开始使用 JShell。要获得更加详细的帮助，输入/help 并按 Enter 键。如果要退出 JShell 环境，输入/exit 并按 Enter 键，或者只须按 Ctrl+D 组合键。

JShell 使得 Java 语言和相关库的学习变得轻松而有趣，且无须启用庞大的开发环境和编写复杂的 public static void main 等代码。

1.2 基本类型

尽管 Java 是一种面向对象的编程语言，但这也并不代表所有 Java 的值都是对象。Java 中的一些值依然属于基本类型（primitive type）。基本类型中有 4 种类型是有符号整数类型；两种是浮点类型；一种是在字符串编码中使用的 char 类型；另一种是表示真值的 boolean（布尔）类型。在下面的小节中我们将详细学习这些类型。

1.2.1 有符号整数类型

有符号整数类型适用于没有小数部分的数，可以是负数。Java 提供了 4 种有符号整数类型，如表 1-1 所示。

表 1–1 Java 中的有符号整数类型

类型	存储容量	取值范围（含）
byte	1 字节	–128 ~ 127
short	2 字节	–32 768 ~ 32 767
int	4 字节	–2 147 483 648 ~ 2 147 483 647（刚好超过 20 亿）
long	8 字节	–9 223 372 036 854 775 808 ~ 9 223 372 036 854 775 807

注意： 常量 Integer.MIN_VALUE 与 Integer.MAX_VALUE 分别是 int 类型的最小值和最大值。此外，Long、Short 和 Byte 类也分别都有 MIN_VALUE 和 MAX_VALUE 常量。

在大多数情况下，int 类型是最实用的。但是如果想表示整个地球的居住人口数量，就需要使用 long 类型了。byte 和 short 类型主要用于特定的应用场合，例如，底层文件处理，或者存储空间有限的大数组。

注意： 如果 long 类型依然不够，那么可以使用 BigInteger 类。参见 1.4.6 小节了解详细信息。

在 Java 中，整数类型的范围不取决于运行程序的机器。毕竟，Java 是被设计为“一次编写，处处运行”的语言。相比之下，C 和 C++程序中的整数类型的大小还取决于编译该程序的处理器。

可以使用后缀 L 来表示长整型字面量（例如，4000000000L）。但是，byte 类型或 short 类型的字面量无法通过后缀区分。这时需要使用强制转换符号（参见 1.4.4 小节）。例如，(byte)127 表示 byte 类型。十六进制字面量具有前缀 0x（例如，0xCAFEBABE）。二进制数值具有前缀 0b，例如，0b1001 是 9。

警告： 八进制数值具有前缀 0，例如，011 是 9。但这样的形式可能会容易混淆，因此最好远离八进制字面量和 0 开头的数值。

你可以在数字字面量中添加下划线进行长数字的分组，例如，使用 1_000_000（或 0b1111_0100_0010_0100_0000）来表示 100 万。但这里的下划线仅仅是为了让人更易阅读，Java 编译器会删除它们。

注意： 如果使用的整数值永远不会是负数，并且确实需要一个额外的数位来存储数据，那么可以将有符号整数值解释为无符号数，但是需要非常仔细。例如，一个 byte 类型的值 b 的表示范围通常是–128 ~ 127。如果想表示 0 ~ 255 的范围，仍然可以将其存储在 byte 类型中。由于二进制算术运算的性质，如果不发生溢出，那么加法、减法和乘法都是可以正常工作的。对于其他运算，可以调用 Byte.toUnsignedInt(b) 来获得 0 ~ 255 的 int 类型的值，然后就可以处理整数值，并将结果强制转换回 byte 类型。Integer 和 Long 类也有用于处理无符号数的除数和余数的方法。

1.2.2 浮点类型

浮点类型表示有小数部分的数值。Java 中的两种浮点类型如表 1-2 所示。

表 1–2 浮点类型

类型	存储容量	取值范围
float	4 字节	–3.40282347E+38F ~ +3.40282347E+38F（6 ~ 7 位十进制有效数字）
double	8 字节	–1.79769313486231570E+308 ~ +1.79769313486231570E+308（15 位十进制有效数字）

很多年前，当内存还是一种稀缺资源时，4 字节的浮点数是最常用的。但现在 7 位有效数字已经不太适用了，因此“双精度”数是系统的默认值。只有当需要存储大量的浮点数时，使用 `float` 类型才有意义。

`float` 类型的数值有一个后缀 `F`（例如，`3.14F`）；没有后缀 `F` 的浮点数（例如，`3.14`）是 `double` 类型的。当然，你可以选择使用后缀 `D`（例如，`3.14D`）来表示 `double` 类型的数值。

> **注意：** 你可以用十六进制来表示浮点数。例如，$0.0009765625 = 2^{-10}$，也可以写成 `0x1.0p-10`。在十六进制符号中，你需要使用 `p` 而不是 `e` 来表示指数。（因为 `e` 是一个十六进制数字。）请注意，即使数字是十六进制的，但指数（即 2 的幂）也需要使用十进制。

Java 中有一些特殊的浮点值：`Double.POSITIVE_INFINITY` 表示∞；`Double.NEGATIVE_INFINIY` 表示-∞；`Double.NaN` 表示“非数值”。例如，算式 `1.0/0.0` 的结果是正无穷大。算式 `0.0/0.0` 或负数的平方根会生成 NaN。

> **警告：** 所有“非数值”都会被认为是各不相同的。因此，你不能使用条件测试语句 `if (x == Double.NaN)` 来检查 `x` 是否为 NaN。而是应该使用 `if (Double.isNaN(x))` 来判断。此外，也应当使用 `Double.isInfinite` 来测试±∞，用 `Double.isFinite` 来检查一个浮点数既不是无穷也不是 NaN。

浮点数并不适用于金融计算的场景，因为它在计算中发生的一些舍入误差对金融领域来讲可能是无法容忍的。例如，`System.out.println(2.0 - 1.7)` 将会打印出 `0.30000000000000004`，而不是你所期望的 `0.3`。这种舍入误差是由浮点数在二进制系统中的表示规则造成的。此外，小数 3/10 也没有精确的二进制表示，就像十进制系统中 1/3 没有精确的表示一样。如果你需要任意精度且没有舍入误差的数值计算，可以使用 1.4.6 小节中介绍的 `BigDecimal` 类。

1.2.3 char 类型

`char` 类型描述了 Java 使用的 UTF-16 字符编码中的“代码单元”。有关的详细信息颇有一些技术难度，请参见 1.5 节。你可能不会经常使用 `char` 类型。

偶尔你可能会遇到用单引号括起来的字符字面量。例如，`'J'` 是值为 74（或十六进制 4A）的字符字面量，表示 Unicode 字符“U+004A，拉丁大写字母 J”的代码单元。这里的代码单元可以用十六进制表示，并使用`\u` 作为前缀。例如，`'\u004A'` 与 `'J'` 相同。更奇特的例子是 `'\u263A'`，☺的代码单元，“u+263A 白色笑脸”。

此外一些特殊的代码，例如 `'\n'`、`'\r'`、`'\t'`、`'\b'` 分别表示换行、回车、制表和退格。

如果需要使用 `'\'` 则需要使用两个斜杠表示 `'\\'`。

1.2.4 boolean 类型

`boolean`（布尔）类型有两个值：`false` 和 `true`。

在 Java 中，`boolean` 类型不是数值类型。`boolean` 类型的值与整数类型中的 `0` 和 `1` 并没有任何关系。

1.3 变量

在下面的小节中，你将学习如何声明和初始化变量和常量。

1.3.1 变量声明

Java 是一种强类型语言。每个变量只能保存一种特定类型的值。声明变量时，需要指定变量的类型、名称和一个可选的初始值。例如：

```
int total = 0;
```

你可以在一个语句中声明相同类型的多个变量：

```
int total = 0, count; // count is an uninitialized integer
```

但是，大多数的 Java 程序员都喜欢单独声明每个变量。

一起来看下面这个变量声明：

```
Random generator = new Random();
```

在这个声明中，对象的类的名称出现了两次。其中，第一个 Random 表示的是变量 generator 的类型；第二个 Random 是构造该类的对象的 new 表达式的组成部分。

为了避免这种重复，可以使用 var 关键字：

```
var generator = new Random();
```

现在,变量的类型是初始化该变量的表达式的类型。在这个例子中,generator 是一个类型为 Random 的变量。

当声明变量的类型非常明显时，本书会使用 var 关键字。

1.3.2 标识符

变量、方法或类的名称统称为标识符（identifier）。在 Java 中，标识符必须以字母开头，由任意字母、数字、_符号和$符号组成。但是，$符号用于自动生成的标识符，因此，你不应该直接使用它。最后，_符号本身并不是有效的标识符。

在 Java 中，字母和数字可以来自任何字母，而不仅仅是拉丁字母。例如，π 和 élévation 也是有效的标识符。此外，标识符区分字母的大小写，count 和 Count 是不同的标识符。

你不能在标识符中使用空格或符号。最后，也不能使用 double 等关键字作为标识符。

按照惯例，变量和方法的名称以小写字母开头，类的名称以大写字母开头。Java 程序员喜欢使用"驼峰式拼写法"（camel case，也称为骆驼式拼写法），即当名称由多个单词组成时，使用大写字母标识每一个单词的首字母，如 countOfValidInputs。

1.3.3 初始化

当在一个方法中声明变量时，必须先对其进行初始化，然后才能使用它。例如，以下代码会导致编译时错误：

```
int count;
count++; // Error—uses an uninitialized variable
```

编译器必须能够验证变量在使用之前是否已经初始化。例如，以下代码也是一种错误：

```
int count;
if (total == 0) {
    count = 0;
} else {
    count++; // Error—count might not be initialized
}
```

Java 允许在方法中的任何位置声明变量。在第一次需要使用变量之前，尽可能晚地声明变量被认为是一种较好的编程的风格。例如：

```
var in = new Scanner(System.in); // See Section 1.6.1 for reading input
System.out.println("How old are you?");
int age = in.nextInt();
```

变量在其初始值可用时声明即可。

1.3.4 常量

final 关键字表示赋值后不能被再次更改的值。在其他的语言中，通常可以将这样的值称为常量（constant）。例如：

```
final int DAYS_PER_WEEK = 7;
```

按照惯例，常量的名称应当全部使用大写字母。

你也可以使用 static 关键字来声明一个在方法外的常量：

```
public class Calendar {
    public static final int DAYS_PER_WEEK = 7;
    ...
}
```

这样一来，该常量就可以在多个方法中被使用。在 Calendar 内部，你可以通过 DAYS_PER_WEEK 来表示该常量。但是，若要在另一个类中使用该常量，需要在该常量之前加上类名，即 Calendar.DAYS_PER_WEEK。

注意： System 类中声明了一个常量，如下所示。

```
public static final PrintStream out
```

这样，可以在任何地方通过 System.out 的形式使用它。它也是少数几个没有用大写字母表示的常量之一。

延迟 final 变量的初始化是合法的，只需要在首次使用它之前初始化即可。例如，以下代码是合法的：

```
final  int DAYS_IN_FEBRUARY;
if (leapYear) {
    DAYS_IN_FEBRUARY = 29;
} else {
    DAYS_IN_FEBRUARY = 28;
}
```

这也就是称它为“最终”变量的原因。一旦赋值，它就是最终变量，永远无法更改。

注意： 有时，你需要一组相关的常量，示例如下。

```
public static final int MONDAY = 0;
public static final int TUESDAY = 1;
...
```

在这种情况下，你可以定义一个枚举（enumeration）。

```
enum Weekday { MONDAY, TUESDAY, WEDNESDAY, THURSDAY, FRIDAY,
    SATURDAY, SUNDAY };
```

这样，Weekday 就是一种带有 Weekday.MONDAY 等数值的类型。下面是如何声明和初始化 Weekday 变量。

```
Weekday startDay = Weekday.MONDAY;
```

我们将在第 4 章详细讨论枚举。

1.4 算术运算

Java 使用任何基于 C 的语言中常见的运算符，如表 1-3 所示，我们将在下面的小节学习如何使用它们。

表 1-3 Java 运算符

运算符	结合性
[] . ()（方法调用）	左结合
! ~ ++ -- +（一元运算符）-（一元运算符）()（强制转换）new	右结合
* / %（模运算）	左结合
+ -	左结合
<< >> >>>（算术移位）	左结合
< > <= >= instanceof	左结合
== !=	左结合
&（位与）	左结合
^（位异或）	左结合
|（位或）	左结合
&&（逻辑与）	左结合
||（逻辑或）	左结合
? :（条件运算符）	左结合
= += -= *= /= %= <<= >>= >>>= &= ^= |=	右结合

注意： 在本表中，运算符是按照优先级递减的顺序排列的。例如，由于 + 的优先级高于 <<，因此 3 + 4 <<5 等价于(3 + 4) << 5。当一个运算符是从左向右进行分组时，我们称它是左结合的。例如，3 - 4 - 5表示(3 - 4) - 5。但 -= 是右结合的，例如I -= j -= k表示 i -= (j -= k)。

1.4.1 赋值

表 1-3 中的最后一行表示赋值运算符，例如：

```
x = expression;
```

以上语句会将 x 的值设置为右侧表达式的值，同时替换掉 x 之前的数值。

赋值是一个带有值的运算，具体来讲就是所赋的那个值。因此，在另一个表达式中使用赋值运算是合法的。例如：

```
(next = in.read()) != -1
```

以上语句中，next 被 in.read() 的返回值赋值，如果该值不是–1，则赋值运算的值就不是–1，最后整个表达式的值为 true。

当 = 前面有另一个运算符时，该运算符将左侧和右侧组合起来，并计算得到结果。例如：

```
amount -= fee
```

等同于

```
amount = amount - fee;
```

1.4.2 基本算术运算符

加法、减法、乘法和除法分别用 +、-、 * 和 / 表示。例如，2 * n + 1 表示将 2 和 n 相乘再加 1。

使用 / 运算符时，一定要小心。如果两个操作数都是整数类型，它表示整数除法，将得到整数结果并丢弃余数。例如，17 / 5 是 3，而 17.0 / 5 是 3.4。

整数除以零会产生一个异常，如果未捕捉到该异常，则程序会终止运行。（有关异常处理的更多信息，参见第 5 章。）一个浮点数除以零会生成一个无穷或 NaN（参见 1.2.2 小节），并且不会导致异常。

使用 % 运算符将会得到余数。例如，17 % 5 的结果是 2，即 17 减去 15（5 的最接近 17 的整数倍）后的余数。如果 a % b 的结果为零，则 a 是 b 的整数倍。

% 运算符的一个基本用途就是测试整数是否为偶数。如果 n 为偶数，则表达式 n % 2 的结果为 0。如果 n 是奇数呢？这时，如果 n 为正，则 n % 2 为 1；如果 n 为负，则 n % 2 为 -1。在实践中，处理负数是比较复杂的。当 % 运算符与那些可能为负的操作数一起使用时，一定要注意这些问题。

考虑一下这个问题。你需要计算一个时钟的时针位置。你需要调整时针，并将其标准化为一个介于 0 ~ 11 的数字。那么处理起来很简单：使用 (position + adjustment) % 12 即可。但是如果 adjustment 使时针的位置为负呢？那么你可能会得到一个负数。所以这时你必须引入一个分支，或者使用 ((position + adjustment) % 12 + 12) % 12。不管怎样，这样处理都很麻烦。

提示： 在这种情况下，使用 Math.floorMod 方法会更容易。

Math.floorMod(position + adjustment, 12) 将总是产生一个介于 0 和 11 之间的值。但遗憾的是，floorMod 针对负除数的运算也会给出负数的结果，但这种情况在实际应用中并不常见。

Java 有递增和递减运算符：

```
n++; // Adds one to n
n--; // Subtracts one from n
```

和其他基于 C 的语言类似，这些运算符也有前缀形式。n++和++n 都会使变量 n 的值递增，但在表达式中使用时，它们可能会有不同的值。第一种形式在 n 递增之前生成表达式的值，第二种形式则在 n 递增之后生成表达式的值。例如：

```
String arg = args[n++];
```

以上语句将 arg 设置为 args[n]，然后再使 n 递增。大概 30 年前，当编译器不能很好地优化代码时，这样做是有意义的。但是如今，使用两条单独的语句并不会产生性能上的差异，并且许多程序员认为显式的形式更容易阅读。

1.4.3　数学方法

在Java中，没有运算符能够实现幂运算。因此需要调用Math.pow()方法来实现：Math.pow(x, y)将得到x^y。如果要计算x的平方根，则需要调用Math.sqrt(x)。这些方法都是静态方法，因此与static常量一样，只需要在方法前添加类名，并不需要通过对象来调用这些方法。

此外，比较常用的还有Math.min()和Math.max()方法，可用于计算两个值的最小值和最大值。

此外，Math类还提供了三角函数、对数函数，还有常量Math.PI和常量Math.E。

> **注意：** Math类提供了几种方法以确保整数的算术运算更安全。当计算溢出时，算术运算符会悄悄返回一个错误的结果。例如，10亿乘以3（1000000000 * 3）计算得到的结果为-1294967296，这是因为最大的int值恰好刚刚超过20亿。如果你调用Math.multiplyExact(1000000000, 3)，那么将会产生一个异常。你可以捕获该异常，或者让程序终止，而不是使用错误的计算结果，并让程序继续运行。此外，还有addExact、subtractExact、incrementExact、decrementExact、negateExact等方法，它们都使用int和long作为参数。

在其他类中也有一些数学方法。例如，Integer类和Long类中有compareUnsigned、divideUnsigned和remainderUnsigned方法来处理无符号数。

1.4.4　数值的类型转换

当运算符的操作数是不同的数值类型时，在运算之前，这些数值会自动转换为一个通用的类型。转换是按照以下顺序进行的。

- 如果两个操作数中有一个为double类型，则另一个将转换为double类型。
- 如果其中一个操作数是float类型，则另一个将转换为float类型。
- 如果其中一个操作数是long类型，则另一个将转换为long类型。
- 否则，两个操作数都转换为int类型。

例如，如果计算3.14 + 42，那么第二个操作数将会从int类型转换为double类型的值42.0，然后进行加法计算，得到double类型的值45.14。

如果计算 'J' + 1，则char类型的值'J'将被转换成为int类型的值74，最后结果为int类型的值75。至于如何将该值转换回char类型，还需要继续阅读后面的内容。

当你将数值类型的值赋值给一个变量，或将其作为参数传递给一个方法时，如果类型不匹配，则必须转换该值的类型。例如，在以下赋值中，值42会自动从int类型转换为double类型。

```
double x = 42;
```

在Java中，如果没有精度损失，那么将发生以下形式的转换：

- 从byte类型到short类型、int类型、long类型，或者double类型；
- 从short类型和char类型到int类型、long类型，或者double类型；
- 从int类型到long类型或者double类型。

所有的整数类型都会被转换成为浮点类型。

> **警告：** 以下转换可能会丢失精度信息。
> - 从int类型到float类型。
> - 从long类型到float类型或double类型。
>
> 例如，考虑以下赋值：
> ```
> float f = 123456789;
> ```
> 因为float类型只有7位有效数字，所以f实际上是1.23456792E8。

为了实现这些自动转换之外的类型转换，需要使用强制类型转换运算符，强制类型转换的语法格式是在圆括号中指定目标类型的名称。例如：

```
double x = 3.75;
int n = (int) x;
```

在这种情况下，小数部分将会被舍弃，n 会被设置为 3。

如果想四舍五入到最接近的整数，可以使用 Math.round 方法，该方法返回一个 long 类型的值。如果明确知道结果更加适合 int 类型，可以调用：

```
int n = (int) Math.round(x);
```

在这个示例中，x 为 3.75，n 被设置为 4。

如果需要将整数类型转换为另一个字节更少的类型，也需要使用强制转换：

```
int n = 1;
char next = (char)('J' + n); // Converts 75 to 'K'
```

在这种强制转换中，只保留最后的字节，例如：

```
int n = (int) 3000000000L; // Sets n to -1294967296
```

注意： 如果担心强制类型转换会无警告地丢弃数值的重要部分，那么可以使用 Math.toIntExact 方法。当该方法无法将 long 类型转换为 int 类型时，就会产生异常。

1.4.5 关系运算符和逻辑运算符

== 和 != 运算符的功能是测试相等性。例如，当 n 不为 0 时，表达式 n != 0 的值为 true。此外，<（小于）、>（大于）、<=（小于或等于）和 >=（大于或等于）运算符都是常用的运算符。

你也可以将 boolean 类型的表达式与 &&（与）、||（或）和 !（非）运算符组合。例如：

```
0 <= n && n < length
```

当 n 介于 0（包含 0）和 length（不包含 length）之间时，表达式为真。

以上表达式中，如果第一个条件为 false，则第二个条件不会被计算。如果第二个条件可能会产生错误，那么这种“短路”测试的方式非常有用。考虑以下条件：

```
n != 0 && s + (100 - s) / n < 50
```

如果 n 为 0，那么第二个条件，即其中包含除 n 运算的条件永远不会被求值，因此也不会出现除数为 0 的计算错误。

短路测试也可以用于“或”运算，只要一个操作数为 true 时，其余的求值就会停止，即不计算第二个条件。例如：

```
n == 0 || s + (100 - s) / n >= 50
```

如果 n 为 0，则以上表达式将得到 true，并且第二个条件不会被计算。

最后，条件（conditional）运算符接受 3 个操作数：一个条件和两个值。如果条件为 true，整个表达式的结果是第一个值，否则是第二个值。例如：

```
time < 12 ? "am" : "pm"
```

表示如果 time < 12 为真，则得到字符串"am"，否则得到字符串"pm"。

注意： Java 还有位运算符 &（位与）、|（位或）、^（位异或）。它们是针对整数，按照位模式进行运算的。例如，由于 0xF 的二进制数字是 0...01111，因此 n & 0xF 就会得到 n 的二进制数字中的最低 4 位；n = n | 0xF 将会将 n 的二进制值的最低 4 位设置为 1；n = n ^ 0xF 则将翻转 n 的最低 4 位。与 ! 运算符类似的位运算符是 ~，它的功能是翻转操作数的所有位，即~0xF 的结果是 1...10000。

此外，还有在位模式下向左或向右移位的运算符。例如，0xF << 2 将得到二进制数字为 0...0111100。Java 中共有两个右移运算符，其中 >> 是将符号位扩展到顶部，而 >>> 则会用 0 来填充顶部的符号位。如果你在程序中进行移位运算，那么你必须要知道这意味着什么；如果你并不了解移位运算，那么也就表明你可能不需要使用这些运算符了。

警告： 如果移位运算符号的左操作数是 int 类型，那么右操作数的模是 32；如果左操作数是 long 类型，那么右操作数的模是 64。例如，1 << 35 的值与 1 << 3 或 8 相同。

提示： 当 & (位与) 和 | (位或) 运算符应用于 boolean 值时，在计算结果之前将会对两个操作数进行强制求值。当然，这种用法非常罕见。加入右操作数没有副作用，它们就像 && 和 || 一样，只是效率较低。除非确实需要强制对第二个操作数求值，并将其赋值给一个 boolean 变量，以使得执行流程清晰可见。

1.4.6 大数

如果基本类型的整数和浮点数的精度无法满足实际需求，那么可以使用 java.math 包中的 BigInteger 类和 BigDecimal 类。这些类的对象可以表示具有任意长度数字序列的数值。BigInteger 类可以实现任意精度的整数运算，BigDecimal 也可以对浮点数实现同样的功能。当然，使用大数的计算效率远远低于使用基本数据类型的计算效率。

静态方法 valueOf 可以将 long 类型转换为 BigInteger：

```
BigInteger n = BigInteger.valueOf(876543210123456789L);
```

你还可以从数字形式的字符串中构造一个 BigInteger 的对象：

```
var k = new BigInteger("9876543210123456789");
```

此外还有一些预定义的常量，例如，BigInteger.ZERO、BigInteger.ONE、BigInteger.TWO 和 BigInteger.TEN。

Java 不允许对象使用运算符，因此必须调用对应的方法来处理大数的运算。

```
BigInteger r = BigInteger.valueOf(5).multiply(n.add(k)); // r = 5 * (n + k)
```

1.2.2 小节中，你看到了浮点数减法 2.0 - 1.7 的结果为 0.30000000000000004。使用 BigDecimal 类可以计算出精确结果。

调用 BigDecimal.valueOf(n, e) 将返回一个值为 $n \times 10^{-e}$ 的 BigDecimal 实例。例如，以下方法调用将准确地得到结果 0.3：

```
BigDecimal.valueOf(2, 0).subtract(BigDecimal.valueOf(17, 1))
```

1.5 字符串

字符串是一个字符的序列。在 Java 中，字符串可以包含任意的 Unicode 字符。例如，字符串"Java™"或"Java\u2122"由 5 个字符构成，分别是 J、a、v、a 和 ™。其中最后一个字符是“U+2122，注册商标”。

1.5.1 拼接

使用 + 运算符可以拼接两个字符串。例如：

```
String location = "Java";
String greeting = "Hello " + location;
```

以上两条语句将 greeting 设置为字符串"Hello Java"。(注意第一个操作数末尾的空格。)

当你将一个字符串与另一个值拼接时，该值将会转换为字符串：

```
int age = 42;
String output = age + " years";
```

现在字符串 output 是"42 years"。

警告： 如果混合使用拼接和加法运算，那么可能会得到意想不到的结果。示例如下。

```
"Next year, you will be " + age + 1 // Error
```

首先，字符串拼接 age，然后再拼接 1，因此，最后得到的结果是"Next year, you will be 421"。在这种情况下，需要使用括号。

```
"Next year, you will be " + (age + 1) // OK
```

如果要组合多个字符串，并使用分隔符将他们分隔开，请使用 join 方法：

```
String names = String.join(", ", "Peter", "Paul", "Mary");
   // Sets names to "Peter, Paul, Mary"
```

join 方法的第一个参数是分隔符字符串，后面是要拼接的字符串。它们的数量可以是任意多个，你也可以以字符串数组传递参数（数组在 1.8 节中有介绍）。如果需要连接大量的字符串，那么这种方法的效率会有些低。在这种情况下，请使用 StringBuilder 来代替 join 方法：

```
var builder = new StringBuilder();
while (more strings) {
    builder.append(next string);
}
String result = builder.toString();
```

1.5.2 子串

如果拆分字符串，可以使用 substring 方法。例如：

```
String greeting = "Hello, World!";
String location = greeting.substring(7, 12); // Sets location to "World"
```

substring 方法的第一个参数是要提取子串的起始位置，位置从 0 开始表示。

第二个参数是不包含子串的第一个位置。在以上的示例中，greeting 的第 12 个位置是 !，这个是我们不需要的字符的位置。该方法需要指定一个不需要的字符的位置，这可能看起来很奇怪，但这样做有一个优点：12 - 7 将会是这个子串的长度。

有时，你可能希望从一个由分隔符分隔的字符串中提取所有子串。split 方法将能够实现这个功能，并返回一个由子串组成的数组。

```
String names = "Peter, Paul, Mary";
String[] result = names.split(", ");
    // An array of three strings ["Peter", "Paul", "Mary"]
```

这里的分隔符可以是任何正则表达式（参见第 9 章）。例如，input.split("\\s+") 将在空白处拆分 input 字符串。

1.5.3 字符串比较

如果要比较两个字符串是否相等，请使用 equals 方法。例如：

```
location.equals("World")
```

当 location 字符串恰好为"World"时，表达式将返回 true。

警告：永远不要使用 == 运算符来比较字符串。在下面的比较中，仅当 location 和"World"在内存中是完全相同的对象时才能返回 true。

```
location == "World" // Don't do that!
```

即在虚拟机中，每个字符串字面量只用一个实例，因此只有"World" == "World" 才能为 true。但如果 location 是被计算得到的，例如，

```
String location = greeting.substring(7, 12);
```

那么结果将会被放置到一个单独的 String 对象中，location == "World" 将返回 false!

与其他任何对象一样，String 变量可以是 null。null 表示这个变量不指向任何对象，甚至不指向一个空字符串。

```
String middleName = null;
```

如果要测试一个对象是否为 null，可以使用 == 运算符：

```
if (middleName == null) ...
```

需要注意的是，null 与空字符串""不同。空字符串是长度为零的字符串，而 null 表示根本不存在任何字符串。

警告：针对 null 调用任何方法都会导致“空指针异常”。和所有异常一样，如果你不显式地处理它，该异常会中断程序的运行。

提示：当将字符串与字符串字面量进行比较时，最好将字符串字面量放在前面，示例如下。

```
if ("World".equals(location)) ...
```

这样的优势在于，即使 location 为 null，该测试也能正常工作。

如果在比较两个字符串时需要忽略字符的大小写，可以使用 equalsIgnoreCase 方法。例如：

```
"world".equalsIgnoreCase(location);
```

当 location 是"World"、"world"或者"WORLD"等情况时，都会返回 true。

有时，你可能需要将字符串按顺序排列。调用 compareTo 方法可以判断两个字符串是否按字典顺序排列：

```
first.compareTo(second)
```

如果 first 在 second 之前，那么该方法返回一个负整数（不一定是-1）；如果 first 在 second 之后，则返回正整数（不一定是 1）；如果两者相等，则返回 0。

compareTo 方法会依次比较每一个字符，直到其中一个字符串到达末尾，或者两个字符串不匹配。例如，当比较"**wor**d"和"**wor**ld"时，前 3 个字符是匹配的，第 4 个字符 d 的 Unicode 值小于 l。因此，"word"字符串在前。所以"word".compareTo("world") 返回-8，该值是 d 和 l 的 Unicode 值之间的差。

这种比较方式对很多人来说可能不是很直观，因为它取决于字符的 Unicode 值的大小。例如，"blue/green"在"bluegreen"之前，因为字符 / 的 Unicode 值恰好小于 g 的 Unicode 值。

提示：在对相对比较容易阅读的字符串进行排序时，可以使用支持特定语言排序规则的 Collator 对象。有关更多信息参见第 13 章。

1.5.4 数值和字符串的相互转换

要将整数转换为字符串，可以调用静态 Integer.toString 方法：

```
int n = 42;
String str = Integer.toString(n); // Sets str to "42"
```

这个方法也可以有第二个参数，即一个基数（范围为 2 ~ 36）：

```
String str2 = Integer.toString(n, 2); // Sets str2 to "101010"
```

注意：更简单地将整数转换为字符串的方法是用空字符串和整数拼接，例如："" + n 。但是有些人认为这样的代码很不美观，且效率稍低。

相反地，如果要将包含整数的字符串转换成为数值，那么可以使用 Integer.parseInt 方法：

```
String str = "101010";
int n = Integer.parseInt(str); // Sets n to 101010
```

同样地，该方法也可以指定转换基数：

```
int n2 = Integer.parseInt(str, 2); // Sets n2 to 42
```

对于浮点数和字符串之间的相互转换，可以使用 Double.toString 和 Double.parseDouble 方法：

```
String str = Double.toString(3.14); // Sets str to "3.14"
double x = Double.parseDouble(str); // Sets x to 3.14
```

1.5.5 字符串 API

就像你期望的那样，String 类定义了大量的方法。表 1-4 列出了一些经常使用的方法及其功能。

表 1-4 String 类常用方法

方法	功能
boolean startsWith(String str) boolean endsWith(String str) boolean contains(CharSequence str)	检查字符串是否以给定的字符串开头、结尾，或是否包含给定字符串
int indexOf(String str) int lastIndexOf(String str) int indexOf(String str, int fromIndex) int lastIndexOf(String str, int fromIndex)	获取 str 的第一个或最后一个出现的位置，搜索整个字符串或从 fromIndex 开始的子串，如果未找到匹配项，则返回-1
String replace(CharSequence oldString, CharSequence newString)	将所有出现的 oldString 替换为 newString，并返回新字符串

续表

方法	功能
String toUpperCase() String toLowerCase()	将原始字符串中的所有字符转换为大写或小写，并返回新字符串
String strip()	返回通过删除所有前导空格和末尾空格获得的新字符串

需要注意的是，在 Java 中，String 类是不可变（immutable）的。也就是说，String 的众多方法中没有一个方法能够修改字符串本身内容。例如，

```
greeting.toUpperCase()
```

将返回一个新字符串"HELLO,WORLD!"，但并不会改变 greeting。同样需要注意的是，有些方法具有 CharSequence 类型的参数。这是 String、StringBuilder 和其他字符序列的通用超类。如果需要查询每个 String 方法的详细描述，请参阅在线 Java API 文档。在搜索框中输入类名并选择匹配的类型即可得到如图 1-4 所示的信息（在本例中为 java.lang.String）。

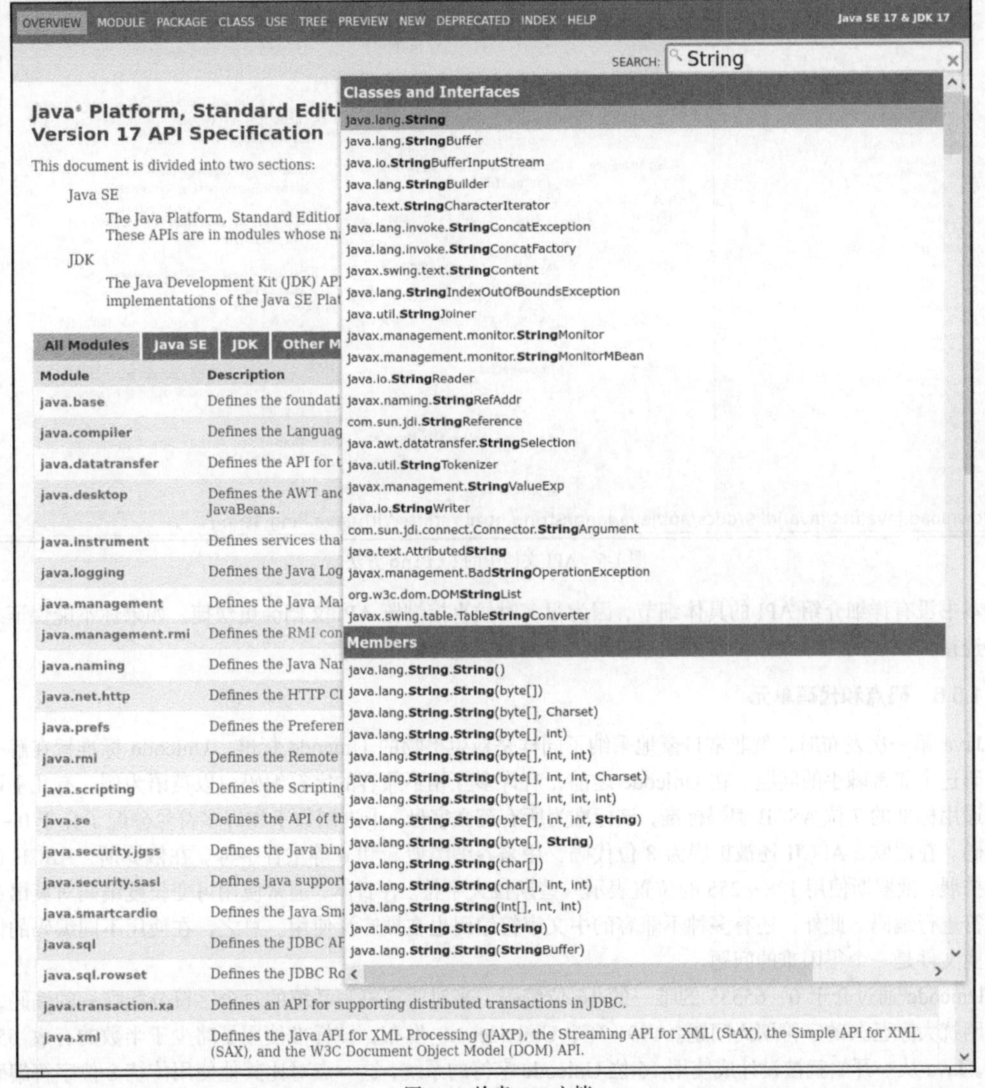

图 1-4 检索 API 文档

随后，你将会获得一个记录每个方法的页面，如图 1-5 所示。当然，如果你碰巧知道某个方法的名称，

可以直接在搜索框中输入方法的名称进行检索。

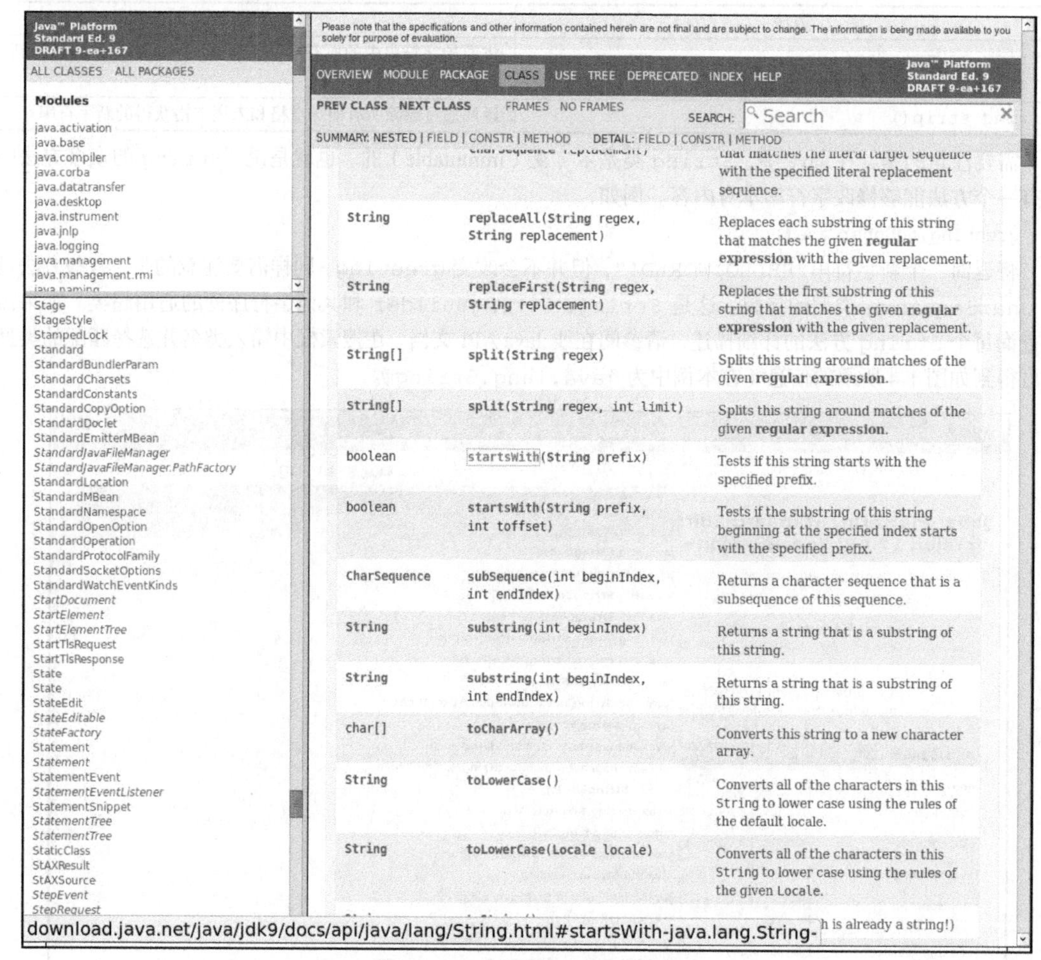

图 1-5 API 文档中的 String 方法

本书没有详细介绍 API 的具体细节，因为很多时候直接浏览 API 文档会更快捷。如果你不能保证总是可以连接到互联网，那么你可以下载并解压离线文档，进行脱机浏览。

1.5.6 码点和代码单元

Java 第一次发布时，就非常自豪地采纳了同样是新生事物的 Unicode 标准。Unicode 标准旨在解决字符编码这个非常棘手的问题。在 Unicode 之前，有许多互相不兼容的字符编码。以英语为例，有几乎可以作为通用标准的 7 位 ASCII 编码标准，该标准为所有英文字母、十进制数字和许多符号分配了介于 0 ~ 127 的编码。在西欧，ASCII 还被扩展为 8 位代码，用来容纳类似 ä 和 é 等重音字符。在俄罗斯，ASCII 也同样被扩展，俄罗斯使用 128 ~ 255 的位置表示一些斯拉夫字符。在日本，通常使用可变长度编码对英语和日语字符进行编码。此外，还有多种不兼容的中文字符编码也在被广泛使用。总之，在使用不同编码的情况下交换文件是一个很困难的问题。

Unicode 通过介于 0 ~ 65535 的唯一的 16 位编码，来对所有书写系统的每个字符分配唯一的编码，来解决困扰大家已久的字符编码问题。1991 年，Unicode 1.0 发布，该标准使用了略少于半数的有效 65536 编码。Java 从一开始就被设计成使用 16 位 Unicode 字符的系统，这一点对比其他使用传统 8 位字符编码的编程语言，是一个重大进步。但随后又发生了一些尴尬的事情，即汉字的数量远远超过了之前的预估值，这就迫使 Unicode 必须使用超过 16 位的编码方案。

如今，Unicode 需要 21 位进行编码。每个有效的 Unicode 值称为*码点*（code point），其基本形式为 U+与其后的 4 个或多个十六进制的数字。例如，字符 A 的码点是 U+0041，而表示八元数集合的数学符号𝕆的码点是 U+1D546 。

还有一种更加清楚的方式来表示码点，例如使用 `int` 值，但这显然是非常浪费的。Java 使用一种变长的编码形式，称为 UTF-16，它将所有“经典”的 Unicode 字符表示为单个 16 位的值，此外对于所有超过 U+FFFF 的字符编码，都需要通过一个 16 位的值组合配对表示，这个 16 位的值表示一个特殊的代码区域，通常被称为“代理字符”。在 UTF-16 编码中，字符 A 可以通过一个 `char` 值来表示，记作`\u0041`；而𝕆会被记作一对 `char` 值`\ud835\udd46`。

换句话说，`char` 并不是 Unicode 字符或码点。它只是一个*代码单元*（code unit），是 UTF-16 编码中所使用的一个 16 位的量。

如果你并不使用中国的汉字，并且愿意把𝕆等特殊字符抛在脑后的话，那么字符串是一个 Unicode 字符序列的事情就对你没有太大影响，你当它是一个神话传说就行。在这种情况下，可以这样获得第 `i` 个字符：

```
char ch = str.charAt(i);
```

也可以这样获取字符串的长度：

```
int length = str.length();
```

但是如果你想正确地处理字符串，那么必须工作得更加辛苦一些。例如，要获取 Unicode 的第 `i` 个码点，需要调用：

```
int codePoint = str.codePointAt(str.offsetByCodePoints(0, i));
```

码点总数为：

```
int length = str.codePointCount(0, str.length());
```

循环提取每一个码点：

```
int i = 0;
while (i < s.length()) {
    int cp = sentence.codePointAt(i);
    i += Character.charCount(cp);
    ... // Do something with cp
}
```

或者，也可以使用 `codePoints` 方法来生成一个 `int` 值的流（stream），这样每个 `int` 值都对应一个码点。我们将在第 8 章中讨论流。你也可以将流转换为一个数组，如：

```
int[] codePoints = str.codePoints().toArray();
```

注意： 过去，字符串总是在内部采用 UTF-16 编码表示，以 `char` 值数组的形式来表示。现在，`String` 对象会尽可能地以 ISO-8859-1 字符的 `byte` 数组的形式来表示。未来版本的 Java 内部可能会改用 UTF-8。

1.5.7 文本块

使用文本块语法可以更加方便地提供跨行形式的字符串文本。文本块以`"""`开头，后面可以直接使用换行符，结尾则使用另一个`"""`来标记：

```
String greeting = """
Hello
World
""";
```

`greeting` 字符串包含两个换行符：一个在 `Hello` 之后，另一个在 `World` 之后。字符串文本中不包含起始的`"""`标记后的换行符。

如果你不希望在最后一行使用换行符，那么可以将终止标记符`"""`放在最后一个字符之后：

```
String prompt = """
Hello, my name is Hal. \
Please enter your name:""";
```

在任何一行的末尾，你都可以在行末添加反斜杠作为禁止换行的标志：

```
String prompt = """
Hello, my name is Hal. \
Please enter your name:""";
```

这样，字符串内就不包含任何换行符了。

文本块特别适用于一些包含其他语言代码的情况，例如 SQL 或 HTML。只须将其粘贴在一对三重引号之内：

```
String html = """
<div class="Warning">
   Beware of those who say "Hello" to the world
</div>
""";
```

需要注意的是，使用文本块时，你可以不用转义引号。但是，文本块中还是有两种特殊情况需要转义引号：

- 文本块以引号结尾；
- 文本块包含 3 个或更多引号。

遗憾的是，文本块中你仍然需要转义所有反斜杠。

常规字符串中的所有转义序列在文本块中的使用方式都相同。

可以通过删除末尾的空格，或者将 Windows 系统的换行符（`\r\n`）更改为更加简单的换行符（`\n`）的方式来规范文本的换行符。如果你仍旧需要保留末尾的空格，请将最后一个空格转换为`\s` 转义符。以下字符串就以两个空格结尾：

```
String prompt = """
Hello, my name is Hal.
Please enter your name: \s""";
```

对于前导空格来说，事情就更加复杂了。考虑一个典型的变量声明，需要从左边距进行缩进。可以缩进文本块：

```
String html = """
    <div class="Warning">
       Beware of those who say "Hello" to the world
    </div>
    """;
```

这样就会去除文本块中所有行共有的最长前导空格序列。实际字符串是：

```
"<div class=\"Warning\">\n   Beware of those who say \"Hello\" to the world\n</div>\n"
```

注意，第一行和第三行中没有缩进。

文本块终止标记符`"""`之前的空格非常重要。但是，在删除缩进的过程中，整行的空格并不会被压缩。

> **警告：** 作为前缀的空格必须与文本块中的所有行完全匹配。如果混合使用制表符和空格，你可能会发现删减的空格会比预期的少。

1.6 输入和输出

为了让示例程序更加生动有趣，它们应该能够与用户进行交互。在下面的小节中，你将了解如何读取终端输入，以及如何实现格式化输出。

1.6.1 读取输入

当调用 `System.out.println` 时，输出被发送到“标准输出流”，从而在终端窗口中显示出来。如果要从“标准输入流”读取信息则没那么简单，因为对应的 `System.in` 对象只有一些读取单个字节的方法。为了读取字符串和数字，还需要构造一个能够连接到 `System.in` 对象的 `Scanner`：

```
var in = new Scanner(System.in);
```

`nextLine` 方法能够读取一整行输入：

```
System.out.println("What is your name?");
```

```
String name = in.nextLine();
```

这里使用 nextLine 方法的主要原因是输入中可能包含空格。如果要读取由空格分隔的单个单词，需要调用：

```
String firstName = in.next();
```

如果要读取整数，可以使用 nextInt 方法：

```
System.out.println("How old are you?");
int age = in.nextInt();
```

类似地，你也可以使用 nextDouble 方法读取下一个浮点数。可以使用 hasNextLine、hasNext、hasNextInt 和 hasNextDouble 方法检查是否有新的行、单词、整数或浮点数可用：

```
if (in.hasNextInt()) {
  int age = in.nextInt();
  ...
}
```

Scanner 类位于 java.util 包中，为了使用这个类，应当在程序的开头添加以下代码：

```
import java.util.Scanner;
```

提示：如果要读取密码，你可能就不会想使用 Scanner 类了，因为 Scanner 类会使得输入在终端中可见。建议使用 Console 类，示例如下。

```
Console terminal = System.console();
String username = terminal.readLine("User name: ");
char[] passwd = terminal.readPassword("Password: ");
```

这样用户输入的密码将以字符数组形式返回。这比将密码存储在 String 中更安全，因为可以在读取操作完成后重新处理数组。

提示：如果你想从文件中读取输入或将输出写入文件，可以使用 shell 的重定向语法。

```
java mypackage.MainClass < input.txt > output.txt
```

现在 System.in 将会从 input.txt 中读取信息，System.out 向 output.txt 中写入信息。你将在第 9 章中看到如何执行更加通用的文件输入和输出操作。

1.6.2 格式化输出

你已经看到了 System.out 对象中的 println 方法，可以用于编写一行输出。此外还有一种 print 方法，该方法的输出不会每次输出都开始新的一行。该方法通常用于输入提示：

```
System.out.print("Your age: "); // Not println
int age = in.nextInt();
```

这样光标将会停留在提示信息之后，而不是下一行。

当你使用 print 或 println 方法打印一个小数时，除末尾的零以外的所有数字将会被显示。例如：

```
System.out.print(1000.0 / 3.0);
```

将会打印：

```
333.333333333333
```

但是，如果你想显示美元和美分，这就会是一个问题了。为了限制输出位数，可以这样使用 printf 方法：

```
System.out.printf("%8.2f", 1000.0 / 3.0);
```

格式化串（format string）"%8.2f"表示的含义是，以 8 个字段宽度（field width）和 2 位精度（precision）的形式打印浮点数。也就是说，最终打印输出中会包含 2 个前导空格和 6 个字符：

```
  333.33
```

你还可以为 printf 提供多个参数。例如：

```
System.out.printf("Hello, %s. Next year, you'll be %d.\n", name, age);
```

每个以%字符开头的格式说明符（format specifier）都将被替换为相应的参数。格式说明符的末尾是转换说明符（conversion character），表示要格式化的值的类型：f 表示浮点数，s 表示字符串，d 表示十进制整数。表 1-5 列出了所有转换说明符。

表 1-5 格式化输出的转换说明符

转换说明符	功能	示例
d	十进制整数	159
x 或者 X	十六进制整数（有关十六进制格式的更多信息，请使用 Hexformat 类）	9f 或者 9F
o	八进制整数	237
f	固定型浮点数	15.9
e 或者 E	指数型浮点数	1.59e+01 或者 1.59E+01
g 或者 G	通用型浮点数：如果指数大于精度要求或指数 <-4，则为 e/E，否则为 f/F	15.9000，默认精度 6 位；2e+01，精度为 1
a 或者 A	十六进制浮点数	0x1.fccdp3 或者 0X1.FCCDP3
s 或者 S	字符串	Java 或者 JAVA
c 或者 C	字符	j 或者 J
b 或者 B	boolean	false 或者 FALSE
h 或者 H	哈希码（参见第 4 章）	42628b2 或者 42628B2
t 或者 T	日期和时间（已过时，参见第 12 章）	—
%	百分号	%
n	平台相关的行分隔符	—

此外，你可以指定标志符来控制格式化输出的外观。表 1-6 列出了所有标志符。

表 1-6 格式化输出标志

标志符	功能	示例
+	打印正数或者负数的标志	+3333.33
空格	在正数前添加空格	_3333.33
-	左对齐标记	3333.33___
0	添加前导 0	003333.33
(	将负值括在括号中	(3333.33)
,	使用分组符号	3,333.33
#（针对 f 或者 e 格式）	始终包含小数点	3333.
#（针对 x 或者 o 格式）	添加 0x 或者 0 前缀	0xcafe
$	指定要格式化的参数的索引。例如，%1$d %1$x 将以十进制和十六进制打印第一个参数	159 9f
<	格式化前面说明的数值。例如，%d %<x 表示以十进制和十六进制打印同一个数字	159 9f

例如，逗号标志可以添加分组分隔符，+ 符号会为正数添加正数符号。以下语句：

```
System.out.printf("%,+.2f", 100000.0 / 3.0);
```

将会打印

```
+33,333.33
```

你也可以使用 formatted 方法创建格式化字符串，而无须打印它：

```
String message = "Hello, %s. Next year, you'll be %d.\n".formatted(name, age);
```

1.7 控制流

在以下几小节中，你将学习如何实现分支和循环。Java 语言的这部分语法与其他常用语言（特别是

C/C++和 JavaScript）非常相似。

1.7.1 分支

if 语句在圆括号内有一个分支条件，后面会有一个语句或一组括在花括号中的语句：

```
if (count > 0){
    double average = sum / count;
    System.out.println(average);
}
```

你也可以添加一个 else 分支以在条件不满足时运行该分支：

```
if (count > 0) {
    double average = sum / count;
    System.out.println(average);
} else {
    System.out.println(0);
}
```

else 分支的语句中也可以再添加另外一个 if 语句：

```
if (count > 0) {
    double average = sum / count;
    System.out.println(average);
} else if (count == 0) {
    System.out.println(0);
} else {
    System.out.println ("Huh?");
}
```

1.7.2 switch 语句

switch 表达式的功能是将一个操作数与多个选项进行比较，并为每个具体情况生成一个值：

```
String seasonName = switch (seasonCode) { // switch expression
    case 0 -> "Spring";
    case 1 -> "Summer";
    case 2 -> "Fall";
    case 3 -> "Winter";
    default -> {
        System.out.println("???");
        yield "";
    }
};
```

需要注意的是，switch 在这里是一个*表达式*（expression），并且有一个值，即 5 个字符串"Spring" "Summer""Fall""Winter"""中的一个。这个 switch 表达式的值被赋值给 seasonName 变量。

其实最常见的情况是，一个 case 后面跟着一个表达式。你也可以在一个花括号括起来的语句块中做一些其他的额外工作，就像前面示例中的 default 部分一样。然后，你需要在语句块中使用 yield 语句来生成一个值。

switch 还有一种语句形式，如下所示：

```
switch (seasonCode) { // switch statement
    case 0 -> seasonName = "Spring";
    case 1 -> seasonName = "Summer";
    case 2 -> seasonName = "Fall";
    case 3 -> seasonName = "Winter";
    default -> {
        System.out.println("???");
        seasonName = "";
    }
}
```

在前面的示例中，case 标签是整数。你可以使用以下任意类型的值：

- char 类型、byte 类型、short 类型或 int 类型的常量表达式（或与其相对应的封装类 Character、Byte、Short 和 Integer，将在 1.8.3 小节中介绍）；
- 字符串字面量；
- 枚举的值（参见第 4 章）。

每个 case 都可以有多个标签，并用逗号分隔：

```
int numLetters = switch (seasonName) {
    case "Spring", "Summer", "Winter" -> 6;
    case "Fall" -> 4;
    default -> throw new IllegalArgumentException();
};
```

注意：整数或 String 上的 switch 表达式总是有一个 default 部分。无论操作数值是什么，switch 表达式都必须生成一个值。此外，如前一个示例所示，大小写的区别可能会引发异常。异常将在第 5 章中具体介绍。

警告：如果 switch 的操作数值为 null，那么一个 NullPointerException 异常将会被抛出。当操作数类型为 String 或枚举时，会发生这种情况。

在前面的示例中，switch 表达式和语句中，对于给定的操作数值只有一个 case 分支被执行。当然有时也可能会发生一些例外，这种情况通常被称作直通（fall-through，也称贯通）。即其从匹配的 case 分支开始执行，然后继续执行下一个 case，除非被 yield 或 break 语句打断。switch 的直通式变体同样也具有表达式和语句形式。在下面的示例中，当 seasonName 为"Spring"时会发生这种直通。

```
int numLetters = switch (seasonName) { // switch expression with fall-through
    case "Spring":
        System.out.println("spring time!");
    case "Summer", "Winter":
        yield 6;
    case "Fall":
        yield 4;
    default:
        throw new IllegalArgumentException();
};

switch (seasonName) { // switch statement with fall-through
    case "Spring":
        System.out.println("spring time!");
    case "Summer", "Winter":
        numLetters = 6;
        break;
    case "Fall":
        numLetters = 4;
        break;
    default:
        throw new IllegalArgumentException();
}
```

需要注意的是，在直通式变体中，每个 case 后面都跟一个冒号，而不是一个 ->。这样可以在冒号后跟任意数量的语句，并且不需要花括号。此外，在带有直通的 switch 表达式中，必须使用 yield 来生成一个值。

警告：在直通式变体中，忘记 yield 或 break 是一个常见的错误。除非真的需要直通行为，否则请避免使用这种变体。

1.7.3 循环

while 循环会依据具体的条件，反复执行其循环体的语句。例如，假定有一个对数值求和的任务，直到数值的总和达到目标值。我们将使用随机数生成器作为数值的来源，其由 java.util 包中的 Random 类提供：

```
var generator = new Random();
```

下面的调用将会生成 0 ~ 9 的一个随机整数：

```
int next = generator.nextInt(10);
```

以下是用于求和的循环：

```
while(sum < target) {
    int next = generator.nextInt(10);
    sum += next;
    count++;
}
```

这是 while 循环的典型用法。当总和小于目标值时，循环会持续执行。

有时你需要先执行循环体，然后才能评估循环条件。假设你想知道达到特定值所需的具体时间，那么在测试循环条件之前，需要先进入循环并获取到那个测试值。在这种情况下，要使用 do/while 循环：

```
int next;
do {
    next = generator.nextInt(10);
    count++;
} while (next != target);
```

这样就可以先进入循环体，再设定 next 的值，然后再评估是否满足循环条件。只要满足循环条件，循环体就会重复执行。

在前面的示例中，循环迭代的次数都是未知的。然而，在实践中的许多循环中，循环迭代的次数都是固定的。在这些情况下，最好使用 for 循环。

例如，下面示例中的循环计算固定数量的随机值之和：

```
for (int i = 1; i <= 20; i++){
    int next = generator.nextInt(10);
    sum += next;
}
```

这个循环将会执行 20 次，每次循环迭代中，i 分别会被设置为 1、2、……、20。

可以将任何一个 for 循环重写为 while 循环。上面的循环等效于：

```
int i = 1;
while (i <= 20){
    int next = generator.nextInt(10);
    sum += next;
    i++;
}
```

在 while 循环中，变量 i 的初始化、测试和更新分散在循环体的不同位置。而使用 for 循环，变量 i 的初始化、测试和更新可以很紧凑地聚集在一起。此外，for 循环中变量的初始化、测试和更新可以采用任意形式。例如，当一个值小于目标值时，可以将其加倍：

```
for (int i = 1; i < target; i *= 2) {
    System.out.println(i);
}
```

也可以不在 for 循环的头部声明变量，而是初始化现有变量：

```
for (i = 1; i <= target; i++) // Uses existing variable i
```

或者可以声明或初始化多个变量并提供多个变量的更新，用逗号分隔。例如：

```
for (int i = 0, j = n - 1; i < j; i++, j--)
```

如果不需要初始化或更新，那么也可以将其留空。如果忽略该条件，则认为该条件总是为 true：

```
for (;;) // An infinite loop
```

你将在下一小节中看到如何退出这种无限循环。

1.7.4 break 和 continue

如果想从循环迭代的过程中退出，可以使用 break 语句。例如，假设你想处理用户输入的单词，直到用户输入字母 Q 为止。下面是一个使用 boolean 变量来控制循环的解决方案：

```
boolean done = false;
while (!done) {
    String input = in.next();
    if ("Q".equals(input)) {
        done = true;
    } else {
        Process input
    }
}
```

下面的循环使用 break 语句执行相同的任务：

```
while(true) {
    String input = in.next();
    if ("Q".equals(input)) break; // Exits loop
```

```
    Process input
}
// break jumps here
```

当到达 break 语句时，循环将立即退出。

continue 语句类似于 break，但它不会跳到循环的终点，而是跳到当前循环迭代的终点。可以使用它来略过不需要的输入，例如：

```
while (in.hasNextInt()) {
    int input = in.nextInt();
    if (input < 0) continue; // Jumps to test of in.hasNextInt()
    Process input
}
```

在 for 循环中，continue 语句将会跳转到下一个更新语句处：

```
for (int i = 1; i <= target; i++) {
    int input = in.nextInt();
    if (n < 0) continue; // Jumps to i++
    Process input
}
```

break 语句仅从紧邻着的封闭循环或 switch 中跳转出来。如果要跳转到另一个封闭语句的末尾，请使用带标签的 break 语句。在需要退出的语句处打上标签，例如：

```
outer:
while(...){
    ...
    while (...) {
        ...
        if (...) break outer:
        ...
    }
    ...
}
// Labeled break jumps here
```

标签可以是任何名称。

警告： 虽然你在语句的顶部打上了标签，但 break 语句将跳转到末尾。

常规 break 语句只能用于退出循环或 switch，但带标签的 break 语句可以将控制转移到任何语句的末尾，甚至是块语句：

```
exit: {
    ...
    if(...)break exit;
    ...
}
// Labeled break jumps here
```

还有一个带标签的 continue 语句，它跳转到标签处开始下一次迭代。

提示： 许多编程人员发现 break 语句和 continue 语句令人困惑。需要知道的是，这些语句完全是可选的，没有它们也是可以表达相同的逻辑的。本书不会使用 break 语句或 continue 语句。

1.7.5 局部变量的作用域

现在，你已经看到了使用了嵌套形式的语句块的示例。这是一个很好的开始，下面我们即将开始学习变量作用域的一些基本规则。*局部变量*（local variable）就是在方法中声明的任何变量，甚至包括方法的参数变量。变量的*作用域*（scope）就是可以在程序中访问该变量的范围。局部变量的作用域是从变量声明处开始，一直延伸到当前的封闭块的末尾：

```
while (...) {
    System.out.println(...);
    String input = in.next(); // Scope of input starts here
    ...
    // Scope of input ends here
}
```

换言之，每个循环在迭代时，都会创建一个新的 input 变量的副本，并且该变量在循环之外并不存在。

参数变量的作用域是整个方法：

```
public static void main(String[] args) { // Scope of args starts here
    ...
    // Scope of args ends here
}
```

这里还有一种需要理解作用域规则的情况。以下的循环计算了获取特定随机数字需要尝试的次数：

```
int count = 0;
int next;
do {
    next = generator.nextInt(10);
    count++;
} while (next != target);
```

这里的 next 变量必须在循环外部声明，以便在循环中实现条件判断。如果在循环内部声明，那么它的作用域将只延伸到循环体的结尾。

当你在 for 循环中声明变量时，它的作用域将延伸到循环的结尾，包括测试和更新语句：

```
for (int i = 0; i < n; i++) { // i is in scope for the test and update
    ...
}
// i not defined here
```

如果需要循环后的 i 值，就请在外部声明变量：

```
int i;
for (i = 0; !found && i < n; i++) {
    ...
}
// i still available
```

在 Java 中，不能在重叠的作用域内有名称相同的局部变量：

```
int i = 0;
while (...) {
    String i = in.next(); // Error to declare another variable i
    ...
}
```

但是，如果作用域不重叠，则变量名可以相同：

```
for (int i = 0; i < n / 2; i++) { ... }
for (int i = n / 2; i < n; i++) { ... } // OK to redefine i
```

1.8 数组和数组列表

数组是一种能够容纳相同类型的多个数据的基本程序结构。Java 语言中内置了数组类型，并且提供了一个 ArrayList 类，该类实现了数组按需增、减的操作。ArrayList 类是 Java 语言中庞大的容器框架的一部分，该框架将在第 7 章中详细介绍。

1.8.1 使用数组

每种数据类型都有一个对应的数组类型。一个整数数组的类型是 int[]，一个 String 对象数组的类型是 String[]，以此类推。下面是一个保存字符串的数组：

```
String[] names;
```

以上语句中的变量尚未初始化。因此我们需要先用一个新的数组初始化这个变量。为此，需要使用 new 运算符：

```
names = new String[100];
```

当然，可以将这两个语句组合在一起：

```
String[] names = new String[100];
```

现在 names 就成为了一个包含 100 个元素的数组，可以通过 names[0]...names[99]的形式来访问数组中的这些元素。

警告：如果试图访问不存在的元素，例如 names[-1] 或 names[100]，则会发生 ArrayIndexOutOfBoundsException 异常。

数组的长度可通过 *array*.length 获得。例如，以下循环使用空字符串填充字符串数组：

```
for (int i = 0; i < names.length; i++) {
    names[i] = "";
}
```

注意：使用C风格的语法形式来声明数组变量也是合法的，即将数组的[]跟在变量名后，而不是数据类型后。

```
int numbers[] ;
```

但是，这种语法形式并不友好，因为这样的声明形式很容易混淆了变量名numbers和类型int[]。因此，几乎没有Java编程人员这样定义数组。

1.8.2 数组构造

当你使用new运算符构造数组时，它会使用默认值来填充数组：

- 数值类型（包括char）的数组用0填充；
- boolean数组用false填充；
- 对象数组用null引用填充。

警告：在构造对象数组时，需要用对象进行填充，示例如下：

```
BigInteger[] numbers = new BigInteger[100];
```

此时，数组中还没有任何BigInteger对象，只有100个null引用。需要将它们替换为对BigInteger对象的引用。

```
for (int i = 0; i < 100; i++)
    numbers[i] = BigInteger.valueOf(i);
```

如前一小节所述，也可以通过编写一个循环语句来用值填充数组。然而，如果知道数组元素确切的值，就可以直接在花括号内列出它们：

```
int[] primes = { 2, 3, 5, 7, 11, 13 };
```

如果不使用new运算符，也不指定数组长度，那么可以在末尾用逗号表示，这样可以方便随时添加数组值：

```
String[] authors = {
    "James Gosling",
    "Bill Joy",
    "Guy Steele",
    // Add more names here and put a comma after each name
};
```

如果不想为数组指定名称，那么可以使用类似初始化的语法。例如，下面的示例将数组赋值给现有数组变量：

```
primes = new int[] { 17, 19, 23, 29, 31 };
```

注意：长度为0的数组是合法的。可以使用new int[0]或new int[]{}这种形式来构造一个数组。例如，如果一个方法返回一个匹配的数组，但是没有特定的输入，那么可以返回一个长度为0的数组。需要注意的是，长度为0的数组与null不同。如果a是长度为0的数组，那么a.length为0；如果a是null，则a.length将会导致NullPointerException异常。

1.8.3 数组列表

当构造一个数组时，需要明确知道它的长度。一旦数组构造好，长度就永远不会改变了。这在许多实际应用中是不方便的。有一种补救方法是使用java.util包中的ArrayList类。ArrayList对象在内部管理一个数组。当该数组太小或不够用时，另一个内部数组会被自动创建，并且元素会被移入其中。使用数组列表的编程人员看不到这个过程。

数组和数组列表的语法完全不同。数组使用特殊语法——[]运算符来访问元素，通过 *Type*[]语法来标记数组的类型，以及通过new *Type*[*n*]的语法来构造数组。相反，数组列表是类，需要使用正常的语法来构造实例和调用方法。

此外，与目前看到的类不同，ArrayList 类是一个带有类型参数的类——泛型类（generic class），第6章将详细介绍泛型类。

对于泛型类，需要使用尖括号来指定数组列表内元素的类型。例如，保存 String 对象的数组列表的类型应当表示为 ArrayList<String>。

为了声明和初始化这种类型的变量，可以使用以下3个语句中的任意一个：

```
ArrayList<String> friends = new ArrayList<String>();
var friends = new ArrayList<String>();
ArrayList<String> friends = new ArrayList<>();
```

注意，最后一个声明使用了空的<>，编译器会根据变量的类型推断其类型。[此快捷方式称为菱形语法（diamond syntax），因为空的尖括号具有菱形形状。]

此调用中没有构造参数，但仍需要在末尾提供()。

结果可以生成长度为0的数组列表。可以使用 add 方法在末尾添加元素：

```
friends.add("Peter");
friends.add("Paul");
```

由于数组列表没有设定初始值的语法，因此最好的方式是通过以下途径构造一个数组列表：

```
var friends = new ArrayList<>(List.of("Peter", "Paul"));
```

这里的 List.of 方法生成一个不可修改的给定元素列表，然后可以再使用该列表来构造一个 ArrayList 实例。

可以在 ArrayList 中的任何位置添加和删除元素：

```
friends.remove(1);
friends.add(0, "Paul"); // Adds before index 0
```

为了访问元素，必须调用对应的方法，而不能使用[]语法。数组列表使用 get 方法读取元素，使用 set方法修改元素：

```
String first = friends.get(0);
friends.set(1, "Mary");
```

size 方法可以获取数组列表当前的大小。以下示例使用循环来遍历所有元素：

```
for (int i = 0; i < friends.size(); i++) {
    System.out.println(friends.get(i));
}
```

1.8.4 基本类型的封装类

泛型类在一些方面存在限制，即不能将基本类型用作泛型类的类型参数。例如，ArrayList<int> 是非法的。因此最好使用基本类型的封装类。每个基本类型，都有一个相应的封装类：Integer、Byte、Short、Long、Character、Float、Double 和 Boolean。如果要创建整数的数组列表，可以使用 ArrayList<Integer>：

```
var numbers = new ArrayList<Integer>();
numbers.add(42);
int first = numbers.get(0);
```

基本类型与其对应的封装类之间的类型转换是自动实现的。在调用 add 方法的过程中，一个保存了值42的 Integer 对象会被自动构造，这种对象的自动构造过程叫作自动装箱（autoboxing）。

在以上示例代码中的最后一行，调用 get 方法将会返回一个 Integer 对象。在赋值给 int 变量之前，该对象会被拆箱（unboxing）以转换生成 int 值。

警告： 基本类型和封装类之间的关系对编程人员几乎完全透明。只有一个例外，== 和 != 运算符比较的是对象的引用，而不是对象的内容。if(numbers.get(i) == numbers.get(j)) 条件并不会测试索引 i 和 j 处的数值是否相同。就像字符串一样，你需要记住使用包装对象调用 equals 方法来判断两者是否相等。

1.8.5 增强 for 循环

你经常会希望访问数组的所有元素。例如，以下是计算数字数组中所有元素总和的方法：

```
int sum = 0;
for (int i = 0; i < numbers.length; i++) {
    sum += numbers[i];
}
```

由于这种循环的使用场景非常多，因此 Java 有一种更加方便的快捷方式来实现这种循环，通常称为增强 for（enhanced for）循环：

```
int sum = 0;
for (int n : numbers) {
    sum += n;
}
```

增强 for 循环的循环变量会遍历数组的元素而不是索引值。变量 n 会被 numbers[0]、numbers[1] 等元素依次赋值。

也可以将增强 for 循环与数组列表一起使用。如果 friends 是字符串数组列表，则可以使用这样的循环打印所有元素：

```
for (String name : friends) {
    System.out.println(name);
}
```

1.8.6 复制数组和数组列表

可以将一个数组变量复制到另一个数组中，但实际情况是这两个变量将引用相同的数组，如图 1-6 所示。

```
int[] numbers = primes;
numbers[5] = 42; // Now primes[5] is also 42
```

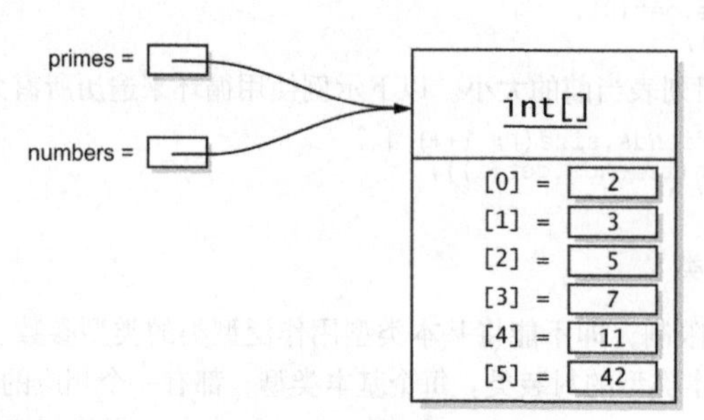

图 1-6 两个变量引用同一个数组

如果不想这样让两个数组变量共享一份数据，那么就需要创建一个数组的副本。以下示例使用静态方法 Arrays.copyOf 进行复制：

```
int[] copiedPrimes = Arrays.copyOf(primes, primes.length);
```

Arrays.copyOf 方法构造了一个长度为所需值的新数组，并将原始数组的元素复制到新数组中。数组列表引用的工作方式也和数组复制的情况类似：

```
ArrayList<String> people = friends;
people.set(0, "Mary"); // Now friends.get(0) is also "Mary"
```

为了复制数组列表，可以从现有的数组列表中构造一个新的数组列表：

```
var copiedFriends = new ArrayList<>(friends);
```

该构造器还可以用于将数组复制到数组列表中。使用 List.of 方法可以将数组封装到一个不可变的列表中，然后构造一个 ArrayList：

```
String[] names = ...;
var friends = new ArrayList<>(List.of(names));
```

同样可以将数组列表复制到数组中。出于兼容性这样令人失望的原因，你必须提供一个正确类型的数组。兼容性问题将在第 6 章中解释。

```
String[] names = friends.toArray(new String[0]);
```

注意：基本类型数组和对应的封装类数组列表之间没有简单的方法。例如，要在 int[] 和 ArrayList<Integer> 之间进行转换，需要使用显式循环或 intStream（参见第 8 章）。

1.8.7 数组算法

Arrays 和 Collections 类都为数组和数组列表提供通用算法的实现。下面是填充数组或数组列表的方法：

```
Arrays.fill(numbers, 0); // int[] array
Collections.fill(friends, ""); // ArrayList<String>
```

要对数组或数组列表进行排序，请使用 sort 方法：

```
Arrays.sort(names);
Collections.sort(friends);
```

注意：对于数组（而不是数组列表）来说，如果数组较大，可以使用 parallelSort 方法将任务分配到多个处理器上。

Arrays.toString 方法可以生成数组的字符串表示。这对打印调试系统的数组非常有用：

```
System.out.println(Arrays.toString(primes));
    // Prints [2, 3, 5, 7, 11, 13]
```

数组列表也有一个 toString 方法，该方法也能实现同样的功能：

```
String elements = friends.toString();
    // Sets elements to "[Peter, Paul, Mary]"
```

如果只是为了打印，你甚至不需要调用它，println 方法会自动处理：

```
System.out.println(friends);
    // Calls friends.toString() and prints the result
```

对于数组列表而言，还有一些有用的算法，但是数组无法使用这些算法：

```
Collections.reverse(names); // Reverses the elements
Collections.shuffle(names); // Randomly shuffles the elements
```

1.8.8 命令行参数

正如你已经看到的那样，每个 Java 程序的 main 方法都有一个字符串数组作为参数：

```
public static void main(String[] args)
```

当程序被执行时，这个参数会被设置为命令行中指定的参数。例如，下面这个程序：

```
public class Greeting {
    public static void main(String[] args) {
        for (int i = 0; i < args.length; i++) {
            String arg = args[i];
            if (arg.equals("-h")) arg = "Hello";
            else if (arg.equals("-g")) arg = "Goodbye";
            System.out.println(arg);
        }
    }
}
```

如果这个程序被这样调用：

```
java Greeting -g cruel world
```

那么 args[0]就是"-g"，args[1]就是"cruel"，args[2]就是"world"。

请注意，命令行中的"java"和"Greeting"是不会被传递到 main 方法内的。

1.8.9 多维数组

Java 语言中并没有真正的多维数组，它们被实现为数组的数组。例如，以下是声明和实现二维整数数组的方法：

```
int[][] square = {
    { 16, 3, 2, 13 },
```

```
    { 5, 10, 11, 8 },
    { 9, 6, 7, 12 },
    { 4, 15, 14, 1}
};
```

从技术上讲，这是一个一维的 int[]数组，见图 1-7。

要访问一个元素，请使用两对方括号：

```
int element = square[1][2]; // Sets element to 11
```

其中，第一个索引选择行数组 square[1]，第二个索引表示从该行中选取元素。

你甚至可以交换一整行，例如：

```
int[] temp = square[0];
square[0] = square[1];
square[1] = temp;
```

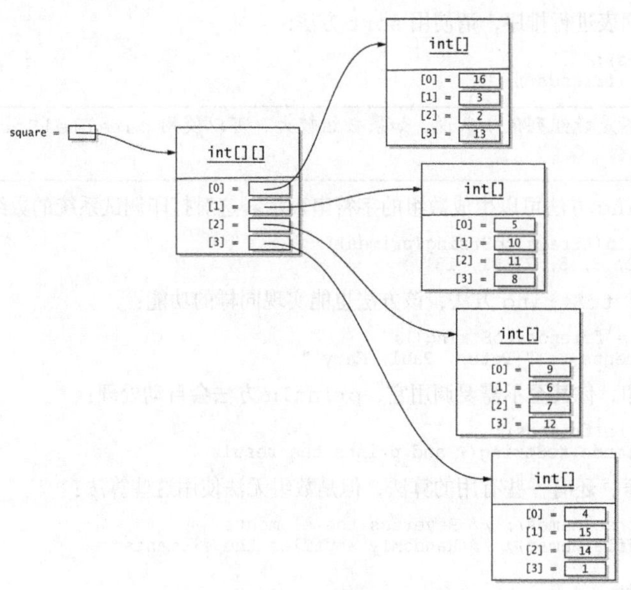

图 1-7 二维数组

如果未提供初始值，则必须使用 new 运算符并指定行数和列数：

```
int[][] square = new int[4][4]; // First rows, then columns
```

在之后的应用场景中，行数组的每一行都由一个数组填充。这里并不要求行数组具有相等的长度。例如，你可以存储帕斯卡三角形：

```
1
1 1
1 2 1
1 3 3 1
1 4 6 4 1
...
```

首先构造一个 n 行的数组：

```
int[][] triangle = new int[n][];
```

然后使用循环构造每一行，并填充：

```
for (int i = 0; i < n; i++) {
    triangle[i] = new int[i + 1];
    triangle[i][0] = 1;
    triangle[i][i] = 1;
    for (int j = 1; j < i; j++) {
        triangle[i][j] = triangle[i - 1][j - 1] + triangle[i - 1][j];
    }
}
```

要遍历一个二维数组，需要使用两个循环，一个用于行，另一个用于列：

```
for (int r = 0; r < triangle.length; r++) {
    for (int c = 0; c < triangle[r].length; c++) {
        System.out.printf("%4d", triangle[r][c]);
    }
    System.out.println();
}
```

也可以使用增强 for 循环：

```
for (int[] row : triangle) {
    for (int element: row) {
        System.out.printf("%4d", element);
    }
    System.out.println();
}
```

这些循环适用于矩阵数组以及具有不同行长度的数组。

提示： 打印二维数组的元素列表用于调试，可以调用以下方法。

```
System.out.println(Arrays.deepToString(triangle));
    // Prints [[1], [1, 1], [1, 2, 1], [1, 3, 3, 1], [1, 4, 6, 4, 1], ...]
```

注意： Java 中没有二维数组列表，但可以声明一个 ArrayList<ArrayList><Integer>类型的变量，并自己构建每一行。

1.9 功能分解

如果 main 方法太长，那么可以将程序分解到多个类中，这将在第 2 章中介绍。对于一些简单的程序，可以将所有程序代码放入同一个类的不同方法中。具体细节将在第 2 章中详细讲解，这些方法必须像 main 方法本身一样，使用 static 修饰符声明。

1.9.1 声明和调用静态方法

当声明一个方法时，需要在*方法头*（method header）中提供返回值的类型（如果该方法不返回任何值，则为 void）、方法名以及参数的类型和名称。然后在*方法体*（method body）部分提供说明，并使用 return 语句返回结果：

```
public static double average(double x, double y){
    double sum = x + y;
    return sum / 2;
}
```

请将该方法与 main 方法放在同一个类中。具体位置是在 main 方法之前还是之后均可。然后，可以这样调用该方法：

```
public static void main(String[] args){
    double a = ...;
    double b = ...;
    double result = average(a, b);
    ...
}
```

1.9.2 数组参数和返回值

可以将数组传递到方法中。这时方法只须接收一个数组的引用即可，方法可以通过该引用修改参数数组。以下示例中的方法交换了数组中的两个元素：

```
public static void swap(int[] values, int i, int j) {
    int temp = values[i];
    values[i] = values[j];
    values[j] = temp;
}
```

方法也可以返回数组。以下方法返回由给定数组的第一个和最后一个值组成的新数组（不对原数组进行修改）：

```
public static int[] firstLast(int[] values) {
    if (values.length == 0) return new int[0];
```

```
    else return new int[] { values[0], values[values.length - 1] };
}
```

1.9.3 可变参数

某些方法允许调用者提供数量可变的参数。其实在编程中你已经见过这样的方法——printf 方法。例如以下调用：

```
System.out.printf("%d", n);
```

和

```
System.out.printf("%d %s", n, "widgets");
```

这两个语句都调用了相同的 printf 方法，但是一个调用有 2 个参数，另一个调用则有 3 个参数。

现在让我们使用可变参数的形式重新定义 average 方法，这样就可以计算任意多个参数的平均数了。例如，average(3, 4.5, -5, 0)。声明可变参数的方法是在类型后使用...符号：

```
public static double average(double... values)
```

这时的参数实际上是一个 double 类型的数组。当调用该方法时，一个数组会被创建并用参数填充，在方法体内，你可以像使用任何其他数组一样使用它。

```
public static double average(double... values) {
    double sum = 0;
    for (double v : values) sum += v;
    return values.length == 0 ? 0 : sum / values.length;
}
```

现在可以调用：

```
double avg = average (3, 4.5, -5, 0);
```

如果已经将参数存储在一个数组中，那么也没必要对它们进行解包。可以直接传递该数组，而不是传递数组列表：

```
double[] scores = { 3, 4.5, -5, 0 };
double avg = average(scores);
```

变量参数必须是方法的最后一个参数，但它之前可以有其他参数。例如，以下示例中的方法确保至少有一个参数：

```
public static double max(double first, double... rest) {
    double result = first;
    for (double v : rest) result = Math.max(v, result);
    return result;
}
```

练习

1. 编写一个程序，读取一个整数并将其以二进制、八进制和十六进制形式打印出来。计算该整数的倒数，并以十六进制浮点数形式打印。

2. 编写一个程序，读取一个整数角度值（可能为正或负），并将其标准化为 0 度～359 度的值。请先使用 % 运算符计算，然后使用 floorMod 重复实现该功能。

3. 只使用条件运算符，编写一个读取 3 个整数，并打印其中的最大值的程序。然后请使用 Math.max 方法重复该功能。

4. 编写一个程序，打印 double 类型的正的最小值和最大值。（提示：查找 Java API 中的 Math.nextUp 方法。）

5. 当将一个 double 类型的值转换为 int 类型的值时，如果该值可能大于最大 int 值时会发生什么？试试看。

6. 编写一个计算阶乘 $n! = 1 \times 2 \times ... \times n$ 的程序，使用 BigInteger。计算 1000 的阶乘。

7. 编写一个程序，读入 0～4294967295 的两个整数，将它们存储在 int 变量中，并计算和显示它们的无符号数的和、差、积、商和余数。不要将它们转换为 long 类型的值。

8. 编写一个程序，读取字符串并打印其所有非空子串。

9. 1.5.3 小节的示例中，使用 `s.equals(t)` 比较两个字符串 s 和 t，而不能使用 `s != t`。提出一个不使用 `substring` 的不同示例。

10. 编写一个程序，通过生成一个随机的 `long` 值并将其以 36 进制输出，生成一个随机的字母和数字字符串。

11. 编写一个程序，读取一行文本并打印所有非 ASCII 字符及其 Unicode 值。

12. 编写一个 `switch` 表达式，当给定一个指南针方向为"N""S""E"或"W"的字符串时，会生成一个 x-偏移和 y-偏移的数组。例如，"W"应生成 `new int[] { -1, 0 }`。

13. 编写一个 `switch` 语句，当给定一个指南针方向为"N""S""E"或"W"的字符串时，调整变量 x 和 y。例如，"W"会让 x 减少 1。

14. 能在 `switch` 语句中使用 `break` 而不使用直通吗？在 `switch` 表达式中呢？为什么？

15. 提出一个有用的场景，其中直通行为对于 `switch` 表达式或 `switch` 语句是有益的。大多数网络搜索的结果都是针对 C 或 C++的示例，其中执行会从 `case A` 跳转到 `case B`，而不执行任何操作。在 Java 中，这样的操作并没有什么意义，因为可以直接使用 `case A, B`。

16. “Quine”是一个程序，它不需要读取任何输入或文件，就可以打印自己的源代码。使用 Java 文本块编写这样的程序。

17. Java 开发工具包包含一个 Java 库的源代码文件 `src.zip`。将其解压缩并使用你最喜爱的文本搜索工具，查找带标记的 `break` 和 `continue` 序列的用法。选择一个用法并重新编写它，不使用带标签的语句。

18. 编写一个程序，打印一组彩票号码，选择 1 ~ 49 的 6 个不同的数字。为了选择 6 个不同的数字，请从填充由 1 到 49 的数组列表开始，然后随机选择一个索引并删除该元素。重复 6 次，最后按顺序打印结果。

19. 编写一个程序，读取二维整数数组，并确定它是否为幻方（即所有行、所有列和对角线的总和是否相等，相等的即为幻方）。二维数组按照行输入，并在用户输入空行时停止。例如，输入：

```
16   3    2   13
5    10   11  8
9    6    7   12
4    15   14   1
```

（空行）

你的程序应该判断出该二维数组为幻方。

20. 编写一个程序，将给定 *n* 的一个帕斯卡三角形存储到 `ArrayList<ArrayList<Integer>>`中。

21. 改进 `average` 方法，以便至少通过一个参数来调用它。

第2章　面向对象编程

在面向对象编程中，程序的具体任务是由相互协作的对象执行的，对象的行为由它们所属的类定义。Java是最早能够全面支持面向对象编程的主流编程语言之一。正如你已经看到的，Java中的每个方法都是在类中声明的，除少数基本类型之外，每个值都是一个对象。在本章中，你将学习如何实现自己的类和方法。

本章重点如下：

1. 修改器方法能够改变对象的状态，访问器方法不能修改对象状态。
2. 在Java中，变量并不保存对象，只保存对象的引用。
3. 实例变量和方法实现都在类声明内部进行声明。
4. 实例方法是通过对象调用的，该对象可通过this引用访问。
5. 构造器名称与类相同。类可以有多个（重载）构造器。
6. 静态变量不属于任何对象，静态方法也不通过对象调用。
7. record是一个特殊的类，它的所有实例变量都可以被公有访问器访问。
8. 类可以被组织成包。使用导入声明，这样就不必在程序中使用包名。
9. 类可以嵌套在另一个类中。
10. 内部类是非静态嵌套类。它的实例有一个对构造它的封闭类对象的引用。
11. javadoc实用程序能够处理源文件，生成一个带有声明和编程人员所提供注释的HTML文件。

2.1　使用对象

在对象被发明出来之前，需要通过调用函数（function）来编写程序。当调用函数时，它会返回一个结果，这时你可以不必关心这个结果是如何计算出来的。函数有一个很重要的优势：大家可以分享成果，即你可以调用其他人编写的函数，而不必知道它的实现细节。

对象的概念则增加了另一个维度。每个对象都可以有自己的状态（state）。对象的状态会影响到我们调用方法时获得的结果。例如，如果in是一个Scanner对象，那么调用in.next()方法时，对象会记住之前读取的内容，并提供下一个输入标记。

当使用其他人实现的对象，并调用它们的方法时，你同样不需要知道到底发生了什么，这个原理叫作封装（encapsulation）。封装是面向对象编程的一个关键概念。

有些时候，你可能希望自己所做的工作能够以对象的形式被其他编程人员重复使用，那么在Java中，应该定义一个类（class）——一个创建和使用具有相同行为对象的机制。

考虑这样一个常见的任务：维护日历中的日期。日历有时处理起来还是相当麻烦的，月份的长度和闰年都各不相同，更不用说闰几秒钟了。因此，可以让专家来解决这些复杂的问题，并提供一个具体实现给其他编程人员使用，这样的分工很有意义。在这种情况下，对象的诞生就显得自然而然了。这时，日期就是一个对象，它的方法可以提供诸如“这个日期是在哪个工作日”和“明天是什么日期”之类的信息。

在Java中，那些精通日期计算的专家为日期和其他一些与日期相关的概念（如工作日）提供了类。这时，如果想使用日期进行计算，就可以使用其中一个类来创建日期对象，并在对象的基础上调用方法。例如，那些生成工作日或下一个日期的方法。

可能没有什么人想研究日期运算的具体细节，但也许你是其他领域的专家。为了让其他编程人员能够利用你的知识，你可以为他们提供一个类。即使没有帮助到其他编程人员，你也会发现在自己的工作中使用这些类是很有用的，因为这样你的程序就可以以一种连贯的方式进行结构化。

在学习如何声明自己的类之前，让我们先来看一个使用对象的简单示例。

Unix 系统下的 cal 程序会为给定的月份和年份打印日历，类似于以下格式：

```
Mon  Tue  Wed  Thu  Fri  Sat  Sun
                               1
  2    3    4    5    6    7    8
  9   10   11   12   13   14   15
 16   17   18   19   20   21   22
 23   24   25   26   27   28   29
 30
```

那么如何实现一个这样的程序呢？如果使用标准 Java 库，可以使用 LocalDate 类来表示某个未指定位置的日期。如果需要一个能够表示这个月第一天的类的对象，可以通过下面的操作实现：

```
LocalDate date = LocalDate.of(year, month, 1);
```

可以调用 date.plusDays(1)来增加一天。这将返回的是一个新构造的 LocalDate 对象，新对象距离我们还有一天时间。在应用程序中，只须将结果重新赋值给 date 变量：

```
date = date.plusDays(1);
```

可以应用这个方法获取日期的相关信息，例如它所属的月份。需要先获取这些信息，然后才能继续打印当前月份的信息。

```
while(date.getMonthValue() == month) {
    System.out.printf("%4d", date.getDayOfMonth());
    date = date.plusDays(1);
    ...
}
```

还有另一种方法可用来生成当前日期的工作日信息：

```
DayOfWeek weekday = date.getDayOfWeek();
```

这样，你将获得一个 DayOfWeek 类的对象。为了计算日历中每个月第一天的缩进值，需要知道工作日的数值。可用 getValue 方法：

```
int value = weekday.getValue();
for (int i = 1; i < value; i++)
    System.out.print("    ");
```

getValue 方法遵循惯例，周末定在每周的末尾，周一返回 1，周二返回 2，周日返回 7。

注意： 可以使用链式（chain）调用，示例如下。

```
int value = date.getDayOfWeek().getValue();
```

第一个方法调用使用了 date 对象，返回了一个 DayOfWeek 对象，然后在返回的对象上调用 getValue 方法。

你将在本书的配套代码中找到完整的程序。由于 LocalDate 类的设计者提供了一组非常有用的方法，因此很容易解决打印日历这样的问题。在本章中，你将学习如何为自己的类实现这些方法。

2.1.1 访问器方法和修改器方法

让我们再次看看 date.plusDays(1)的方法调用。LocalDate 类的设计者可以通过两种方式实现 plusDays 方法。他们可以直接更改 date 对象的状态，而不返回任何结果；也可以保持日期不变，并返回一个新构造的 LocalDate 对象。正如你所看到的，他们选择了后一种方法。

如果一个方法改变了调用它的对象，那么我们就称该方法是一个修改器（mutator）。如果该方法保持对象不变，则称它为一个访问器（accessor）。LocalDate 类的 plusDays 方法就是一个访问器。

事实上，LocalDate 类中的所有方法都是访问器。这种情况现在越来越普遍了，因为修改器方法可能存在风险，特别是当两个运算过程同时修改同一个对象时。如今，大多数计算机都具有多个处理单元，因此，安全地实现并发访问是一个非常严肃的问题。解决这个问题的一种方法就是只提供访问器方法，从而使对象不可变（immutable）。

然而，在许多情况下，我们还是需要修改对象的。ArrayList 类的 add 方法是修改器的一个典型示例。调用 add 方法后，数组列表对象就会被更改：

```
var friends = new ArrayList<String>();
    // friends is empty
friends.add("Peter");
    //friends has size 1
```

2.1.2 对象引用

在某些编程语言（如 C++）中，变量是可以直接保存对象的，即变量就是构成对象状态的每一个数据位。但是在 Java 中，情况并非如此。变量只能保存对象的引用（reference）。实际上对象是存储在其他地方的，引用是一些依赖于实现的对象定位方式，如图 2-1 所示。

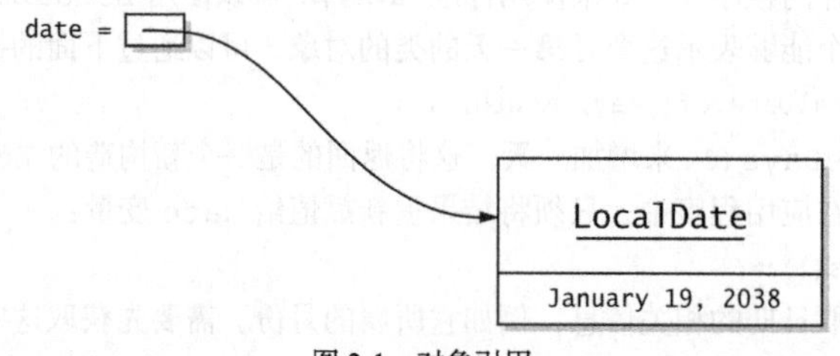

图 2-1　对象引用

> **注意：** 引用的行为类似于 C 和 C++中的指针，只是它们是完全安全的。在 C 和 C++中，可以修改指针并使用它们来重写任意的内存位置。但是使用 Java 的引用，你只能访问特定的对象。

当将一个包含对象引用的变量赋值给另一个变量时，你将获得两个对同一个对象的引用：

```
ArrayList<String> people = friends;
    // Now people and friends refer to the same object
```

如果对这种共享对象进行了修改，那么通过这两个引用都可以观察到对象的变化。例如下面的调用：

```
people.add("Paul");
```

现在，数组列表 people 的大小为 2，friends 的大小也为 2，如图 2-2 所示。（当然，从技术上讲，people 或 friends 的大小为 2 并不正确。毕竟，people 和 friends 并不是对象。它们是对同一个对象的引用，即大小为 2 的数组列表。）

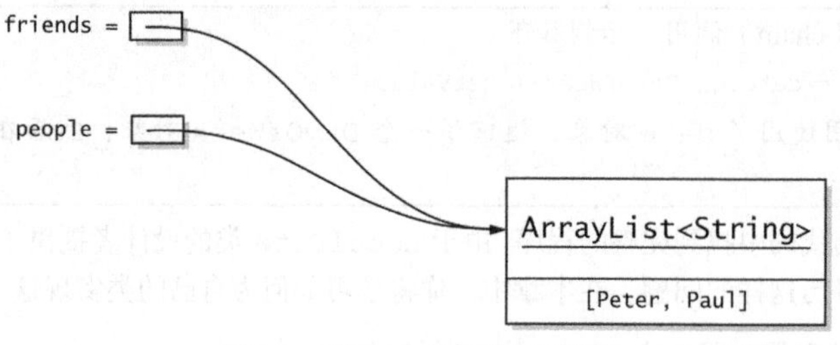

图 2-2　对同一个对象的两个引用

大多数时候，这种对象共享的方式非常高效和便利，但是你必须意识到，共享对象可能通过任何引用被修改。

但是，如果一个类没有修改器方法（例如 String 或 LocalDate），那么就不用担心了。由于没有人可以更改这样的对象，你可以自由地给出对这类对象的多个引用。

对象变量不指向任何对象也是可能的，例如，通过将对象变量设置为特殊的 null 值，可以使其完全不引用任何对象。

```
LocalDate date = null; // Now date doesn't refer to any object
```

有时这种操作很有用，例如当你还没有可以引用的 date 对象时，或者当你想表示特殊情况，例如未知的日期时，可以使用 null 来表示。

警告： 在很多情况下，空值都是非常危险的，调用一个 null 对象的方法会导致 NullPointerException（其实称为 NullReferenceException 可能会更加合适）。因此，不建议对可选值使用 null，而应该改用 Optional 类型（参见第 8 章）。

最后，再看看赋值过程：

```
date = LocalDate.of(year, month, 1);
date = date.plusDays(1);
```

在第一次赋值后，date 是指当前月的第一天。调用 plusDays 后生成了一个新的 LocalDate 对象，在第二次赋值后，date 变量引用了新对象。那么第一个对象会怎么样？

这时将没有对第一个对象的引用了，因此该对象也不再被需要了。最终，垃圾收集器（garbage collector）将回收内存并使内存重新可用。在 Java 中，这一过程是完全自动的，编程人员无须担心内存释放的问题。

2.2 实现类

现在来实现一个我们自己的类。为了展示各种语言规则，这里使用 Employee 类这个经典示例。一名雇员应当有名字和薪水。在这个例子中，名字是不能改变的，但也许很快一个雇员就可以升职加薪。

2.2.1 实例变量

从对雇员对象的描述中，可以看到这样一个对象的状态是由两个值描述的：名字和薪水。在 Java 中，可以使用实例变量（instance variable）来描述对象的状态。实例变量是在类中声明的，比如：

```
public class Employee {
    private String name;
    private double salary;
    ...
}
```

这意味着 Employee 类的每个实例都会有这两个变量。

在 Java 中，实例变量通常会被声明为 private。这意味着只有同一个类中的方法才能访问它们。之所以需要这种形式的保护，有两个原因：你可以控制程序的哪些部分能够修改这个变量，也可以在任何时候更改其内部的表示。例如，可以将雇员存储在数据库中，而只将主键保留在对象中。只要重新实现这些方法，使它们和以前一样工作，类的用户就不会在意这些具体的细节和实现。

2.2.2 方法头

现在让我们一起开始实现 Employee 类的方法。当声明一个方法时，需要提供它的名称，它的参数类型和参数名称，以及返回类型，比如：

```
public void raiseSalary(double byPercent)
```

这个方法有一个 double 类型的参数，并且不返回任何值，其中没有返回值的标志就是 void 返回类型。

getName 方法有不同的标记：

```
public String getName()
```

这个方法没有参数，并且返回一个 String 类型的对象。

注意： 大多数方法都被声明为 public，这意味着任何人都可以调用这样的方法。有时，辅助器方法会被声明为 private，这将会限制它只能被同一个类的其他方法调用。你应该对那些与类用户无关的方法都执行这种方式的设计，特别是当它们依赖于某些特定的实现细节时。如果那些实现发生更改，你就可以安全地更改或删除私有方法。

2.2.3 方法体

在方法头之后，还需要提供方法体：

```
public void raiseSalary(double byPercent) {
```

```
    double raise = salary * byPercent / 100;
    Salary += raise;
}
```

如果方法要生成一个返回值，那么需要使用关键字 return：

```
public String getName (){
    return name;
}
```

将方法的声明放在类声明中：

```
public class Employee {
    private String name ;
    private double salary;

    public void raiseSalary (double byPercent) {
        double raise = salary * byPercent / 100;
        salary += raise
    }

    public String getName() {
        return name;
    }
    ...
}
```

2.2.4 实例方法调用

下面让我们看看对 Employee 类中的 fred 对象调用方法的示例：

```
fred.raiseSalary(5);
```

在该调用中，参数 5 用于初始化参数变量 byPercent，相当于这样的一个赋值：

```
double byPercent  = 5;
```

然后以下行为将会发生：

```
double raise = fred.salary * byPercent / 100;
fred.salary += raise;
```

需要注意的是，salary 实例变量只有在对应的方法被调用时才可以被修改。

与在上一章末尾看到的静态方法不同，raiseSalary 等方法是对类的实例进行操作的。因此，这样的方法称为*实例方法*（instance method）。在 Java 中，所有未声明为 static 的方法都是实例方法。

为了使 raiseSalary 方法正常工作，它必须接收两个值：一个是对象的引用，这个对象是调用该方法的那个实例；另一个是被调用方法的参数。从技术上讲，这两个值都可以算是方法的参数。但与其他面向对象语言一样，在 Java 中，第一个值起着特殊的作用，有时它被称为方法调用的*接收器*（receiver）。

2.2.5 this 引用

当在对象上调用一个方法时，this 引用被设定为该对象。如果愿意，可以在实现中使用 this 引用：

```
public void raiseSalary(double byPercent){
    double raise = this.salary * byPercent / 100;
    this.salary += raise;
}
```

一些编程人员更喜欢这种风格，因为它清楚地区分了局部变量和实例变量。从上面的示例就可以清楚地看出，raise 是局部变量，salary 是实例变量。

当你不想为那些参数变量想出一些不同的名称时，就可以使用 this 引用。例如：

```
public void setSalary(double salary) {
    this.salary = salary;
}
```

也就是说，当实例变量和局部变量具有相同的名称时，未限定的名称（例如 salary）表示局部变量，而 this.salary 则表示实例变量。

注意：在某些程序语言中，实例变量可以通过一些其他途径修饰，例如 _name 和 _salary。这样的形式在 Java 中是合法的，但通常并不这样使用。

注意：如果愿意，你甚至可以将 this 声明为任何一个方法的参数（不包括构造器），示例如下。

```
public void setSalary(Employee this, double salary) {
    this.salary = salary;
}
```

这样做也不会改变方法实现或调用的方式。使用这个符号也可以帮助你注释方法的接收器，参见第 11 章。

2.2.6 按值调用

当你将一个对象传递给一个方法时，该方法将获得对象引用的一个副本。通过这个引用，方法可以访问或修改参数对象。例如：

```
public class EvilManager {
    private Random generator;
    ...
    public void giveRandomRaise(Employee e) {
        double percentage = 10 * generator.nextGaussian();
        e.raiseSalary(percentage);
    }
}
```

考虑这样的调用：

```
boss.giveRandomRaise(fred);
```

引用 fred 被复制到参数变量 e 中，如图 2-3 所示。该方法修改了两个引用共享的对象。

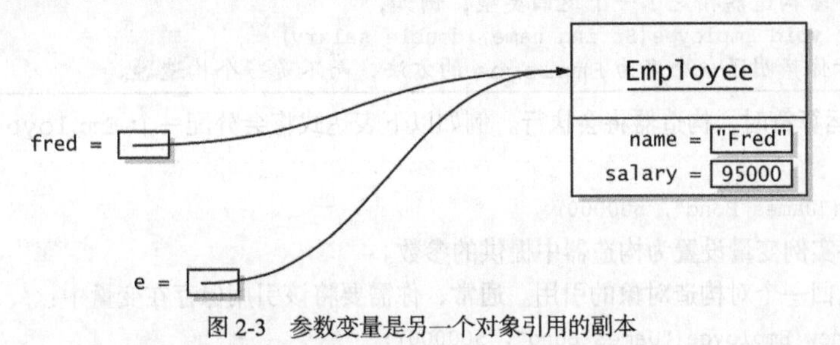

图 2-3　参数变量是另一个对象引用的副本

在 Java 中，你永远无法编写那种能够更新基本类型变量的方法。例如，那种试图增加 double 类型值的方法无法运行：

```
public void increaseRandomly(double x) { // Won't update a passed-in variable
    double amount = x * generator.nextDouble();
    x += amount;
}
```

如果调用：

```
boss.increaseRandomly(sales);
```

那么 sales 会被复制到 x 中。然后 x 的值被增加，但这并不会改变 sales 的值。然后参数变量超出作用域，最后 x 增加的值会毫无效果。

出于同样的原因，也不可能编写一个可以将对象引用更改为其他内容的方法。例如，以下方法就不起作用：

```
public class Evilmanager{
    ...
    public void replaceWithZombie(Employee e) {
        e = new Employee("", 0);
    }
}
```

那么这样的调用：

```
boss.replaceWithZombie(fred);
```

引用 fred 被复制到变量 e 中，然后 e 被设置为不同的引用。当方法退出时，e 超出了作用域。在任何时候，fred 都没有被修改。

注意： 有些人认为 Java 对对象使用的是一种“按引用调用”方式。从第二个例子中可以看出，这是不正确的。在支持按引用调用的语言中，方法可以替换传递给它的变量内容。在 Java 中，所有参数（包括对象引用以及基本类型值）都是按值传递的。

2.3 对象构造

现在距离完成 Employee 类还有一步：提供一个构造器。具体细节我们在下面的小节中讨论。

2.3.1 实现构造器

构造器的声明和方法的声明类似。需要注意的是，构造器的名称与类名相同，并且没有返回值类型。

```
public Employee(String name, double salary) {
    this.name = name;
    this.salary = salary;
}
```

注意： 通常情况下构造器是公有的。但有时声明私有构造器也很有用。例如，LocalDate 类就没有公有构造器。类用户将会从“工厂方法”（如 now 方法和 of 方法）中获取对象。这些方法能够调用一个私有构造器。

警告： 如果你意外给构造器指定了一个返回类型，例如，

```
public void Employee(String name, double salary)
```

那么这表示你声明了一个名为 Employee 的方法，而不是一个构造器。

当使用 new 运算符时，构造器将会执行。例如以下表达式将会分配一个 Employee 类的对象，并调用构造器：

```
new Employee("James Bond", 500000)
```

构造器体内将实例变量设置为构造器中提供的参数。

new 运算符返回一个对构造对象的引用。通常，你需要将该引用保存在变量中：

```
var james = new Employee("James Bond", 500000);
```

或将其传递给其他方法：

```
var staff = new ArrayList<Employee>();
staff.add(new Employee("James Bond", 500000));
```

2.3.2 重载

你可以提供多个版本的构造器。例如，如果想简化对无名“工蜂”的建模，那么可以提供第二个构造器，它只接受薪水作为参数：

```
public Employee(double salary) {
    this.name = "";
    this.salary = salary;
}
```

现在，Employee 类就有了两个构造器，具体会调用哪个构造器取决于参数的设置。

```
var james = new Employee("James Bond", 500000);
    // calls Employee(String, double) constructor
var anonymous = new Employee(40000);
    // calls Employee(double) constructor
```

在这种情况下，我们说构造器是一种重载（overloaded）。

注意： 如果有多个同名的方法，但是它们的参数不同，则称这些方法是重载的。例如，常用的 println 方法有参数为 int、double、String 等的重载版本。由于无法选择构造器的名字，因此需要使用重载来声明多个构造器。

2.3.3 从一个构造器调用另一个构造器

当有多个构造器时，它们通常会有一些共同的工作，最好不要重复编写这些代码。通常可以将这些共同的初始化工作放入一个构造器中。然后，可以从一个构造器调用另一个构造器，但这时的调用语句只能作为构造器体的第一条语句。出人意料的是，在调用中并不能使用构造器的名称，而是要使用关键字 this：

```
public Employee(double salary) {
    this("", salary); // Calls Employee(String, double)
    // Other statements can follow
}
```

注意：这里的 this 不是正在被构造的对象的引用。相反，它是一种特殊语法，仅用于调用同一类的另一个构造器。

2.3.4 默认初始化

如果你没有在构造器中显式地设置实例变量，那么它将被自动设置为默认值：数值的默认值为 0，boolean 值的默认值为 false，对象引用的默认值为 null。

例如，你可以为实习生声明一个特殊的构造器。

```
public Employee(String name) {
    // salary automatically set to zero
    this.name = name;
}
```

注意：在这方面，实例变量与局部变量有很大的不同。记住，必须始终显式地初始化局部变量。

对于数值，使用 0 进行初始化通常很方便。但是对象引用的初始化却经常会导致错误。假设我们没有在 Employee(double) 构造器中将 name 变量设置为空字符串：

```
public Employee(double salary ){
    // name automatically set to null
    this.salary = salary;
}
```

那么当有人调用 getName 方法时，他们将得到一个空引用，这种情况并不是他们所希望的。如果再发生以下的情况，就会引发一个空指针异常：

```
if (e.getName().equals("James Bond"))
```

2.3.5 实例变量初始化

可以为任何实例变量指定一个初始值，例如：

```
public class Employee {
    private String name = "";
    ...
}
```

实例变量的初始化发生在对象分配之后，构造器运行之前。因此，初始值将会存在于所有构造器中。当然，一些构造器可能会选择覆盖它。

除了在声明实例变量的时候进行初始化之外，还可以在类的声明中包含任意的初始化块（initialization block）。

```
public class Employee() {
    private String name = "";
    private int id;
    private double salary;

    { // An initialization block
        var generator = new Random();
        id = 1 + generator.nextInt(1_000_000);
    }

    public Employee(String name, double salary) {
        ...
    }
}
```

注意：初始化块不是常用的功能。大多数编程人员都会将冗长的初始化代码放入一个辅助器方法中，再通过构造器调用该辅助器方法。

最后，实例变量的初始化和初始化块会按照它们在类声明中出现的顺序执行，并在构造器主体之前执行。

2.3.6 final 实例变量

可以将实例变量声明为 final，这种形式的变量必须在每个构造器结束时初始化。之后，该变量不能再修改。例如，Employee 类的 name 变量可能会被标记为 final，因为它在对象构造后永远不会更改——因为此类中没有 setName 方法。

```
public class Employee {
    private final String name;
    ...
}
```

注意：当与可变对象的引用一起使用时，final 修饰符仅表示引用永远不会更改。这样的操作对可变对象是完全合法的。

```
public class Person {
    private final ArrayList<Person> friends = new ArrayList<>();
        // OK to add elements to this array list
    ...
}
```

方法可能会更改 friends 引用的数组列表，但永远无法用另一个数组列表替换它。特别是它永远不会变成 null。

2.3.7 无参数构造器

许多类都包含一个无参数的构造器，该构造器创建的对象的状态会被设置为适当的默认值。例如，这里是一个没有参数的 Employee 类构造器：

```
public Employee() {
    name = "";
    salary = 0;
}
```

就像给穷困潦倒的被告提供公设辩护人一样，一个没有构造器的类会自动被赋予一个没有任何参数的构造器。除非已经被显式初始化，否则所有实例变量都保持默认值（0、false 或 null）。

因此，每个类都至少有一个构造器。

注意：如果一个类已经有一个构造器了，那么它将不会自动获得另一个没有参数的构造器。如果你提供了一个构造器，并且还需要一个无参数构造器，那么必须自己编写。

注意：在前面的小节中，你看到了构造对象时会发生什么。在一些编程语言中，特别是 C++中，通常会指定对象被销毁时应当如何处理。Java 有一个被废弃的机制，用于在垃圾收集器回收对象时“终止化”该对象。但这种情况发生在某些不可预测的时间，因此你不应该使用它。正如你将在第 5 章中看到的，Java 目前使用的是一种关闭资源（如文件）的机制。

2.4 记录

有时，数据就只是数据而已，而面向对象编程提供的数据隐藏会带来很多的不便。假设有一个类 Point，它描述了平面中的一个点，包含 x 和 y 坐标。

因此你可以这样来设计这个类：

```
class Point {
    private final double x;
    private final double y;
    public Point(double x, double y) { this.x = x; this.y = y; }
```

```
    public getX() { return x; }
    public getY() { return y; }
    public String toString() { return "Point[x=%d, y=%d]".formatted(x, y); }
    // More methods ...
}
```

但是，真的有必要隐藏实例变量 x 和 y，再通过对应方法读取这两个值吗？

我们是否想要修改 Point 的实现？当然，还可以用极坐标，但你不会在图形 API 中使用它们。实际上，平面中的点完全由其 *x* 和 *y* 坐标来描述。

为了更简洁地定义这样的类，可以使用一种被称为记录（record）的特殊形式的类。

2.4.1 记录的概念

记录是一种特殊形式的类，它的所有状态都不可修改，且公有可读。要声明记录，仅需要声明记录名称和保存对象状态的实例变量。下面是一个典型的示例：

```
record Point(double x, double y) { }
```

结果是一个具有实例变量的 Point 类：

```
private final double x;
private final double y;
```

该类有一个构造器：

```
Point(double x, double y)
```

和访问器方法：

```
public double x()
public double y()
```

需要注意的是，访问器称为 x 和 y，而不是 getX 和 getY。（在 Java 中，有一个实例变量和一个同名的方法是合法的）。

```
var p = new Point(3, 4);
double slope = p.y() / p.x();
```

除了变量访问器方法之外，每个记录都有 3 个自动定义的方法：tostring、equals 和 hashCode。你将在下一章中了解有关这些方法的更多信息。

可以将自己的方法添加到记录中：

```
record Point(double x, double y) {
    public double distanceFromOrigin() {
        return Math.hypot(x, y);
    }
}
```

警告：可以为那些自动提供的方法重新定义一个自己的版本，只要它们具有相同的参数和返回类型。例如，下面的定义是合法的：

```
record Point(double x, double y) {
    public double x() { return y; } // BAD
}
```

但这绝不是一个好主意。

不能在记录内部声明实例变量：

```
record Point(double x, double y) {
    private double r; // Cannot declare instance variables here
    ...
}
```

警告：记录的实例变量自动被声明为 final，即使它们可能是对可变对象的引用。

```
record Point(double[] coords) { ... }
```

这样一来，记录的实例就是可变的。

```
Point p = ...;
p.coords[0] = 10;
```

如果你希望记录的实例是不可变的，那么就不要使用可变类型的实例变量。

2.4.2 构造器：标准的、自定义的和简洁的

能够设置所有实例变量的自动定义的构造器被称为*标准构造器*（canonical constructor）。

还可以定义另外的*自定义构造器*（custom constructor）。这种构造器的第一条语句必须调用另一个构造器，以便最终调用标准构造器。这里有一个示例：

```
record Point(double x, double y) {
    public Point() { this(0, 0); }
}
```

这个记录有两个构造器：标准构造器和生成原点的无参数构造器。

如果标准构造器需要完成额外的工作，你也可以提供自己的实现。例如：

```
record Range(int from, int to) {
    public Range(int from, int to) {
        if (from <= to) {
            this.from = from;
            this.to = to;
        } else {
            this.from = to;
            this.to=from;
        }
    }
}
```

但是，建议在实现标准构造器时使用一种*简洁*（compact）的形式，即不指定参数列表：

```
record Range(int from, int to) {
    public Range {
        if (from > to) { // Swap the bounds
            int temp = from;
            from = to;
            to = temp;
        }
    }
}
```

简洁形式构造器的主体是标准构造器的“前奏”。它只是在将参数变量赋值给实例变量之前修改参数变量。不能在简洁构造器的主体中读取或修改实例变量。

2.5 静态变量和静态方法

在你看到的所有示例程序中，`main` 方法都用 `static` 修饰符标记。在下面的小节中，你将了解此修饰符的含义。

2.5.1 静态变量

如果将类中的变量声明为 `static`，则整个类中将只有一个该变量。然而，每个对象都有自己的实例变量副本。例如，假设我们想给每个雇员一个不同的 ID 号，那么我们可以共享最后一个分配的 ID。

```
public class Employee {
    private static int lastId = 0;
    private int id;
    ...
    public Employee() {
        lastId++;
        id = lastId;
    }
}
```

这样，每个 `Employee` 对象都有自己的实例变量 `id`，但只有 `lastId` 变量属于该类，而不属于该类的任何特定实例。

构建新的 `Employee` 对象时，共享的 `lastId` 变量将递增，`id` 实例变量将被设置为该值。因此，每个 `Employee` 都有一个不同的 `id` 值。

警告：如果 `Employee` 对象可以在多个线程中并发构造，则此代码将不会正常工作。第 10 章中将介绍如何解决这个问题。

注意： 你可能会想知道，为什么这样一个属于类但不属于单个实例的变量会被命名为“static”。因为这个意义含混的词是C++保留的一个关键字，C++起初也没有想出更合适的词，它只是从C语言中一个不相关的用法中借用了这个关键字。一个更加贴切的描述性的术语是“类变量”（class variable）。

2.5.2 静态常量

可变的静态变量其实很少，但静态常量（即 static final 的变量）却非常常见。例如，Math 类就声明了一个静态常量：

```
public class Math {
    ...
    public static final double PI = 3.14159265358979323846;
    ...
}
```

可以在程序中以 Math.PI 的形式访问此常量。如果省略 static 关键字，那么 PI 将是 Math 类的实例变量。也就是说，需要一个类的对象来访问 PI，并且每个 Math 对象都有自己的 PI 副本。

下面是一个静态 final 变量的例子。这个变量是一个对象，而不是一个数值。每次你需要一个随机数时，都要构造一个新的随机数生成器，这样做既浪费又不安全。最好在这个类的所有实例中共享一个随机数生成器。

```
public class Employee {
    private static final Random generator = new Random();
    private int id;
    ...
    public Employee() {
        id = 1 + generator.nextInt(1_000_000);
    }
}
```

静态常量的另一个例子是 System.out。它在 System 类中声明如下：

```
public class System {
    public static final PrintStream out;
    ...
}
```

警告： 即使 out 在 System 类中被声明为 final，System 类中也有一个 setOut 方法来将 System.out 设置为不同的流。这个方法是一种“原生”方法，并未在 Java 中实现，它可以绕过 Java 语言的访问控制机制。这是 Java 早期出现的一种非常罕见的情况，你在其他的地方可能不会遇到。

2.5.3 静态初始化块

在前面的小节中，静态变量是在声明时初始化的。有时，需要执行一些额外的初始化工作。这时，可以将它们放入一个*静态初始化块*（static initialization block）中。

```
public class CreditCardForm {
    private static final ArrayList<Integer> expirationYear = new ArrayList<>();
    static {
        // Add this and the next twenty years to the array list
        int year = LocalDate.now().getYear();
        for (int i = year; i <= year + 20; i++) {
            expirationYear.add(i);
        }
    }
    ...
}
```

这样，在类首次被加载时就会执行静态初始化块。与实例变量一样，如果没有显式的赋值，那么静态变量会被设置为 0、false 或 null。所有静态变量初始化和静态初始化块都按照它们在类声明中出现的顺序执行。

2.5.4 静态方法

静态方法是不依赖对象就能被调用的方法。例如，Math 类的 pow 方法是一个静态方法。以下表达式：

```
Math.pow(x, a)
```

计算幂 x^a。它不需要使用任何 Math 对象来执行任务。

正如你在第 1 章中已经看到的，静态方法使用 static 修饰符声明：

```
public class Math {
    public static double pow(double base, double exponent) {
        ...
    }
}
```

那么是否可以将 pow 方法转换为普通的实例方法呢？由于在 Java 中，基本类型并不是类，因此它不能作为 double 类型的实例方法。所以，一旦将其作为 Math 类的一个实例方法，就需要构造一个 Math 对象来调用它。

使用静态方法的另一个常见原因是，为了不拥有的类提供附加功能。例如，如果有一个方法能够产生给定范围内的随机整数，是不是很好？不能向标准库中的 Random 类添加方法，但可以提供一个静态方法：

```
public class RandomNumbers {
    public static int nextInt(Random generator, int low, int high) {
        return low + generator.nextInt(high - low + 1);
    }
}
```

可以这样调用该方法：

```
int dieToss = RandomNumbers.nextInt(gen, 1, 6);
```

注意： 调用对象的静态方法是合法的。例如，为了获取今天的日期，可以不通过 LocalDate.now() 的形式调用，而是在 LocalDate 类的对象 date 上调用 date.now()，但是这样并没有多大的意义。now 方法并不依赖 date 对象来计算结果。因此，大多数 Java 编程人员都认为这是不好的编程风格。

由于静态方法并不依赖对象进行操作，因此无法从静态方法访问实例变量。然而，静态方法可以访问类中的静态变量。例如，在 RandomNumbers.nextInt 方法中，我们可以将随机数生成器设置为静态变量：

```
public class RandomNumbers {
    private static final Random generator = new Random();
    public static int nextInt(int low, int high) {
        return low + generator.nextInt(high - low + 1);
            // OK to access the static generator variable
    }
}
```

2.5.5 工厂方法

静态方法的常见用法是*工厂方法*（factory method），即返回类的新实例的静态方法。例如，NumberFormat 类就使用了很多的工厂方法，来生成不同样式的格式化对象：

```
NumberFormat currencyFormatter = NumberFormat.getCurrencyInstance();
NumberFormat percentFormatter = NumberFormat.getPercentInstance();
double x = 0.1;
System.out.println(currencyFormatter.format(x)); // Prints $0.10
System.out.println(percentFormatter.format(x)); // Prints 10%
```

这里为什么不使用构造器呢？区分两个构造器的唯一方法是通过它们的参数类型来区分。因此，不能同时有两个没有参数的构造器。

此外，构造器 new Numberformat(...) 将生成 NumberFormat 对象；但是，工厂方法可以返回子类的对象。事实上，上面的那些工厂方法返回的是 DecimalFormat 类的实例。（有关子类的更多信息，参见第 4 章。）

工厂方法也可以返回共享对象，而不是不必要地构造新对象。例如，调用 Collections.emptyList() 将返回一个共享的不可变的空列表。

2.6 包

在 Java 中，你可以将相关类放入一个包中。使用包更有利于组织代码，并可将自己的代码与其他人提供的代码库分离。正如你所看到的，标准 Java 库分布在许多包中，包括 java.lang、java.util、java.math 等。

使用包的主要原因是确保类名的唯一性。假设两个编程人员都想出了实现 Element 类的好主意。（事实上，仅仅在 Java API 中，就有至少 5 名开发人员有这种类似的好主意。）只要他们都将自己的类放在不同的包中，就不会有冲突。

在下面的小节中，你将学习如何使用包。

2.6.1 包声明

包名是一个以点分隔的标识符列表，例如 java.util.regex。为了保证包名的唯一性，最好使用反向书写的互联网域名（这显然是唯一的）。例如，我拥有域名 horstmann.com。那么对于我的项目，就可以使用例如 com.horstmann.corejava 的包名称。此规则的一个主要例外是标准 Java 库，其包名以 java 或 javax 开头。

> **注意：**在 Java 中，包并不是嵌套的。例如，包 java.util 和 java.util.regex 彼此无关。每一个包都有自己独立的类集合。

要在包中放置一个类，可以添加一个 package 语句作为源文件的第一个语句：

```
package com.horstmann.corejava;

public class Employee{
    ...
}
```

现在 Employee 类就是 com.horstmann.corejava 包中的一部分了，而且它的完全限定名称（fully qualified name）就是 com.horstmann.corejava.Employee。

Java 中也有一个没有名字的默认包（default package），可以用于一些简单的程序。如果要向默认包添加类，请不要提供 package 语句。但是，不建议使用默认包。

当从文件系统读取类文件时，路径名需要与包名匹配。例如，Employee.class 文件必须位于子目录 com/horstmann/corejava 中。

如果以相同的方式排列源文件并从包含初始包名的目录中编译，则类文件将被自动放置在正确的位置。假设 EmployeeDemo 类使用 Employee 对象，并将其编译为：

```
javac com/horstmann/corejava/EmployeeDemo.java
```

编译器生成类文件 com/horstmann/corejava/EmployeDemo.class 和 com/horstmanm/corejava/Eemployee.class。可以通过指定完全限定类名来运行程序：

```
java  com.horstmann.corejava.EmployeeDemo
```

> **警告：**如果源文件不在与其包名匹配的子目录中，那么 javac 编译器不会报错，并能够生成类文件，但你必须将类文件放在正确的位置。这可能令人非常困惑，参见本章练习 13。

> **提示：**使用-d 选项来运行 javac 是一个良好的习惯。这样类文件将会在独立的目录中生成，而不会和源文件的目录混在一起，这样它们都会有正确的子目录结构。

2.6.2 jar 命令

可以将类文件放入一个或多个名为 JAR 文件的归档文件中，而不是将类文件存储在文件系统中。可以使用作为 JDK 一部分的 jar 工具创建这样的存档。它的命令行选项类似于 Unix 的 tar 程序：

```
jar --create --verbose --file library.jar com/mycompany/*.class
```

或者，带有短选项：

```
jar -c -v -f library.jar com/mycompany/*.class
```

或者，带有 tar 风格的选项：

```
jar cvf library.jar com/mycompany/*.class
```

JAR 文件通常用于打包库。

提示：也可以使用 JAR 文件来打包程序，而不仅仅是用于打包库。可以这样生成 JAR 文件：

```
jar -c -f program.jar -e com.mycompany.MainClass com/mycompany/*.class
```

然后运行程序：

```
java -jar program.jar
```

警告：Java 开发工具包中的命令选项通常使用单个短横线加多字母选项名的形式，如 java **-jar**。但是 jar 命令是一个例外，它遵循了经典的 tar 命令选项格式，没有短横线。目前，Java 正朝着使用更常见的选项格式的方向发展，其中多字母选项名前面加两个短横线，如--create，对于常用选项则采用单字母快捷方式，如 -c。

这就形成了一种非常混乱的局面，希望随着时间的推移，这个问题会被处理。现在，java -jar 还能正常工作，但 java --jar 却不被支持了。你可以组合一些单字母选项，但有些却不行。例如，jar -cvf filename 有效，但 jar -cv -f filename 无效。长参数选项可以跟在空格或=后面，短参数选项可以跟着空格或不跟空格。然而，这也并没有完全实现：jar -c --file=filename 有效，但 jar -c -f filename 却无效。

2.6.3 类路径

当项目中需要使用库的 JAR 文件时，需要通过指定类路径（class path）来告诉编译器和虚拟机这些文件的位置。类路径可以包含：

- 类文件的目录（在与其包名相匹配的子目录中）；
- JAR 文件；
- 包含 JAR 文件的目录。

javac 和 java 程序有一个选项 -cp（或者使用冗长版 --class-path；或者为了向后兼容，使用 -classpath）。例如：

```
java -cp .;../libs/lib1.jar;../libs/lib2.jar com.mycompany.MainClass
```

这个类路径有 3 个元素：当前目录（.）和 ../libs 目录中的两个 JAR 文件。

注意：在 Windows 中，使用分号而不是冒号来分隔路径元素，示例如下。

```
java -cp .;..\libs\lib1.jar;..\libs\lib2.jar com.mycompany.MainClass
```

如果你有许多 JAR 文件，请将它们全部放在一个目录中，并使用通配符将它们全部包含进来：

```
java -cp .:../libs/\* com.mycompany.MainClass
```

注意：在 Unix 中，通配符 * 必须转义，以防止 shell 扩展。

警告：javac 编译器总会在当前目录中查找文件，但只有当类路径中包含“.”目录时，java 程序才会查找当前目录。如果没有设置类路径，那么没有什么问题，因为默认类路径会包含“.”目录。但是如果设置了类路径，却忘记包含“.”目录，那么尽管你的程序在编译时不会出错，却无法运行。

警告：类路径的通配符选项很方便，但是它只有在 JAR 文件的结构良好时才能够可靠地工作。不同的 JAR 文件中可能会有同一个类的两个版本，虽然出现这种问题不是个好现象。在这种情况下，第一个遇到的类将会取代其他版本的类，并成为最终的赢家。并且，通配符语法不能保证 JAR 文件的处理顺序。综合这些情况，如果你需要对 JAR 文件进行特殊排序，那么不应该使用它。（Java 平台模块化系统的主要功能目标就是防止此类“JAR 文件灾难”的发生——详细内容参见第 15 章。）

使用 -cp 选项是设置类路径的首选方法。另一个可选方法是设置 CLASSPATH 环境变量。具体的设置细节取决于你的 shell 类型。如果使用的是 bash，就可以使用类似下面的命令：

```
export CLASSPATH=.:/home/username/project/libs/\*
```

在 Windows 系统下，可以使用：

```
SET CLASSPATH=.;C:\Users\username\project\libs\*
```

警告：可以设置全局的 CLASSPATH 环境变量（例如，在.bashrc 或 Windows 控制面板中）。然而，许多编程人员会忘记全局环境变量的设置，并在找不到自己的类时不知所措。

注意：正如你将在第 15 章中看到的，可以将包分组到模块（module）中。模块提供了强大的封装能力，可以隐藏除了设置为可见的包之外的所有包。你将在第 15 章中看到如何使用模块路径来指定程序使用的模块的位置。

2.6.4 包访问

目前已经使用过了两个访问修饰符 public 和 private。标记为 public 的部分可以由任何类使用；而标记为 private 的部分只能由声明它们的类使用。如果没有指定 public 或 private，则功能（类、方法或变量）可以由同一个包中的所有方法访问。

包访问对于工具类和方法很有用，这些工具类和方法经常会被包内方法使用，但包的用户其实并不是很感兴趣。

另一个常见的用处是测试。可以将测试类放在同一个包中，然后它们就可以访问正在被测试的类的内部。

注意：一个源文件可以包含多个类，但最多可以将其中一个类声明为 public 的。如果源文件包含了一个公有类，则其源文件的文件名必须与类名匹配。

这种情况对变量很不友好，因为包访问的权限是默认值。于是，一个常见的错误就是忘记 private 修饰符，从而意外地使整个包都可以访问实例变量。下面是 java.awt 中 Window 类的一个示例：

```
public class Window extends Container {
    String warningString;
    ...
}
```

由于 warningString 变量没有 private 修饰符，因此 java.awt 包中的所有方法都可以访问它。实际上，除了 Window 类本身的方法之外，其他方法都没什么必要去访问它，所以这很可能只是编程人员忘记了 private 修饰符。

由于包是开放的，这也将会成为一个潜在的安全问题。因为，任何类都可以通过提供适当的 package 语句将自己添加到包中。

如果你非常关心包的开放性问题，那么你并不孤单。Java 已经对这个问题做出了修订，解决方案就是把包放置到模块内，具体内容参见第 15 章。当包在模块中时，是无法向包中添加类的。Java 库中的所有包都被分组到不同模块中，因此无法简单地通过在 java.awt 包中创建一个类来访问 Window.warningString 变量。

2.6.5 导入类

import 语句允许使用类，而无须使用类的完全限定名称。例如，在使用以下语句后，就可以直接在代码中使用 Random 而不是 java.util.Random：

```
import java.util.Random;
```

注意：import 声明只是一种提供便利的手段，并不是必需的。甚至可以删除所有的导入声明，然后在所有的地方都使用完全限定的类名，示例如下。

```
private java.util.Random generator = new java.util.Random();
```

将 import 语句放在源文件中第一个类声明上方，但放在 package 语句下方。

可以使用通配符从包中导入所有类：

```
import java.util.*;
```

通配符只能导入类，而不能导入包。也就是说，不能使用 import java.* 来导入以 java 为前缀的所有包。

当导入多个包时，可能存在名称冲突。例如，包 java.util 和 java.sql 都包含 Date 类，假设导入这两个包：

```
import java.util.*;
import java.sql.*;
```

如果程序不使用 Date 类，那么没有什么问题。但是如果使用了 Date 类，但没有添加包名，编译器就会报错。在这种情况下，可以导入需要的特定类：

```
import java.util.*;
import java.sql.*;
import java.sql.Date;
```

如果确实需要同时使用这两个类，那么必须至少为其中一个类使用完全限定名称。

注意： import 语句为编程人员提供了方便。在类文件中，所有类名都是完全限定的。

注意： import 语句与 C 和 C++语言中的#include 完全不一样。该指令包含用于编译的头文件。导入不会导致文件重新编译，只是缩短名称，类似 C++语言的 using 语句。

2.6.6 静态导入

还有一种 import 语句允许导入静态方法和静态变量。例如，如果在源文件顶部添加以下指令：

```
import static java.lang.Math.*;
```

就可以使用 Math 类的静态方法和静态变量，而不必使用类名前缀：

```
area = 4 * PI * pow(r, 2); // that is, Math.PI, Math.pow
```

还可以导入特定的静态方法或静态变量：

```
import static java.lang.Math.PI;
import static java.lang.Math.pow;
```

注意： 正如你将在第3章和第8章中看到的，在 Java 中使用静态导入声明导入 java.util.Comparator 和 java.util.stream.Collectors 是很常见的，它们提供大量的静态方法。

2.7 嵌套类

在上一节中，你已经了解了如何将类组织到包中。另外，还可以将一个类放在另一个类内部，这样的类称为*嵌套类*（nested class）。这对于限制其可见性或避免包与某些通用化的名称（如 Element、Node 或 Item）混淆非常有用。Java 有两种嵌套类，它们的行为有些不同。下面我们将分别介绍。

2.7.1 静态嵌套类

考虑一个 Invoice 类，该类的功能是为项目开具发票，因此，每个项目都需要描述具体的数量和单价。为此，我们可以将 Item 类放进一个嵌套类：

```
public class Invoice {
    private static class Item { // Item is nested inside Invoice
        String description;
        int quantity;
        double unitPrice;

        double price() { return quantity * unitPrice; }
    }

    private ArrayList<Item> items = new ArrayList<>();
    ...
}
```

下一小节我们再来了解为什么这个内部类被声明为 static，现在只须接受这个设置就可以了。

Item 类除了访问控制之外没有什么特别之处。该类在 Invoice 类中是私有的，因此只有 Invoice 方法可以访问它。因此，没有将内部类的实例变量设为私有。

下面是一个构造内部类对象的方法示例：

```
public class Invoice{
    ...
    public void addItem (String description, int quantity, double unitPrice) {
        var newItem = new Item();
        newItem.description = description;
        newItem.quantity = quantity
        newItem.unitPrice = unitPrice;
        items. add (newItem);
    }
}
```

一个类也可以把嵌套类设置成为公有的。在这种情况下，人们会希望使用传统的封装机制：

```
public class Invoice {
    public static class Item { // A public nested class
        private String description;
        private int quantity;
        private double unitPrice;

        public Item (String description, int quantity, double unitPrice) {
            this.description =  description;
            this.quantity = quantity;
            this.unitPrice = unitPrice;
        }
        public double price () { return quantity * unitPrice; }
        ...
    }

    private ArrayList<Item> items = new Arraylist<>();

    public void add (Item item) { items.add (item); }
    ...
}
```

现在，任何人都可以使用限定名称 Invoice.Item 来构造 Item 对象：

```
var newItem = new Invoice.Item("Blackwell Toaster", 2, 19.95);
myInvoice.add(newItem);
```

这个 Invoice.Item 类和那种在任何其他类之外声明的 InvoiceItem 类本质上没有区别。嵌套类只会使 Item 类明确地代表发票中的项目。

2.7.2 内部类

在上一小节中，你看到了一个声明为 static 的嵌套类。在本小节中，你将看到删除 static 修饰符之后会发生什么。删除了 static 的类也称为*内部类*（inner class）。

假设有一个社交网络，其中每个成员都有一些同样是网络成员的好友：

```
public class Network {
    public class Member { // Member is an inner class of Network
        private String name;
        private ArrayList<Member> friends;

        public Member(String name) {
            this.name = name;
            friends = new ArrayList<>();
        }
        ...
    }

    private ArrayList<Member> members = new ArrayList<>();
    ...
}
```

在删除了 static 修饰符后，这个类就会出现一个本质区别。Member 对象知道它属于哪个网络。让我们看看这是如何工作的。

首先，下面是一个向网络添加成员的方法：

```
public class Network {
```

```
    ...
    public Member enroll(String name) {
        var newMember =  new Member(name);
        members.add(newMember);
        return newMember;
    }
}
```

到目前为止，似乎没有发生什么事。我们可以添加一个成员，并且获取一个对它的引用：

```
var myFace = new Network();
Network.Member fred = myFace.enroll("Fred");
```

现在，假设Fred觉得这不再是最热门的社交网络，因此想取消他的会员资格。

```
fred.deactivate();
```

下面是deactivate方法的实现：

```
public class Network {
    public class Member {
        ...
        public void deactivate() {
            members.remove(this);
        }
    }
    private ArrayList<Member> members;
    ...
}
```

正如你所看到的，内部类的方法可以访问外部类的实例变量。在这个例子中，它们是创建这个内部类的外部类对象的实例变量，即那个不受欢迎的myFace网络。

这就是内部类与静态嵌套类主要的不同点。每个内部类对象都有一个对封闭类对象的引用。例如，下列方法：

```
members.remove(this);
```

实际的含义是：

```
outer.members.remove(this);
```

这里使用了outer来表示那个隐藏的封闭类的引用。

静态的嵌套类并没有这样的一个引用（就像静态方法没有this引用一样）。当嵌套类的实例不需要知道它们属于封闭类的哪个实例时，请使用静态嵌套类。仅当该信息很重要时才使用内部类。

内部类也可以通过其外部类实例调用外部类的方法。例如，假设外部类具有取消注册成员的方法，那么deactivate方法可以调用它：

```
public class Network {
    public class Member {
        ...
        public void deactivate() {
            unenroll(this);
        }
    }

    private ArrayList<Member> members ;

    public Member enroll(String name) { ... }
    public void unenroll(Member m) { ... }
    ...
}
```

下面的语句：

```
unenroll(this);
```

实际的含义是：

```
outer.unenroll(this);
```

2.7.3 内部类的特殊语法规则

在上一小节中，解释了内部类的对象有一个外部类的引用，将它称为outer。外部引用的实际语法有点复杂。以下表达式表示一个外部类引用：

```
OuterClass.this
```

例如，可以将 Member 内部类的 deactivate 方法编写成：

```
public void deactivate( ) {
    Network.this.members.remove( this );
}
```

在这种情况下，Network.this 这种语法不是必需的。简单地引用 members 就可以隐式地使用外部类引用。但有时，可能也需要显式地使用外部类的引用。这里有一个方法来检查 Member 对象是否属于特定网络：

```
public class Network {
    public class Member {
        ...
        public boolean belongsTo(Network n) {
            return Network.this == n;
        }
    }
}
```

当构造内部类对象时，它会记住构造它的封闭类对象。在上一小节中，通过此方法创建了一个新成员：

```
public class Network {
    ...
    Member enroll(String name) {
        Member newMember =  new Member(name);
        ...
    }
}
```

下面是简短形式：

```
Member newMember = this.new Member(name);
```

可以在外部类的任何一个实例中调用内部类的构造器：

```
Network.Member wilma = myFace.new Memober("Wilma");
```

注意： 内部类可以有静态成员。内部类的静态方法可以访问其自身类和封闭类。

注意： 由于一些历史的偶然因素，当内部类被添加到 Java 语言中时，虚拟机的规范还被认为是很完整的。因此它们被转换为一种具有引用封闭实例中隐藏变量的常规类。本章练习 15 将会邀请你一起探索这个转变过程。

注意： 局部类（Local class）是我们将在第 3 章中讨论的内部类的另一个变体。

2.8 文档注释

JDK 中包含一个非常有用的工具，叫作 javadoc。它能够从源文件生成 HTML 文档。事实上，在第 1 章中描述的在线 API 文档就是在标准 Java 库的源代码上运行 javadoc 工具后自动生成的文档。

如果在源代码中添加以特殊分隔符/**开头的注释，那么你也可以很容易地生成一个看上去具有专业水准的文档。使用 javadoc 工具是一种非常好的方法，因为它允许你将代码和文档保存在一个地方。在之前的一些很糟糕的时光里，编程人员经常要将文档放在一个单独的文件中，这样，代码和注释之间出现不一致只是时间问题。而当文档注释与源代码位于同一文件中时，同时修改源代码和文档注释就是一件很容易的事，然后重新运行 javadoc。

2.8.1 注释插入

javadoc 实用工具能够自动提取以下信息：

- 公有的类和接口；
- 公有的和受保护的构造器和方法；
- 公有的和受保护的变量；
- 包和模块。

接口将在第3章中介绍，受保护的特性将在第4章中介绍。

可以（也应该）为每个项目中的每个特性提供相应的注释。每个注释都位于它所描述的特性的正上方，并以/**开头，以*/结束。

每个/** ... */ 的文档注释都包含标记以及标记之后的自由格式文本。标记以一个@开头，例如@author或@param。

自由格式文本的第一句应该是一个概要陈述。javadoc 实用工具将会从自由格式文本中提取这些句子，并自动生成概要页面。

在自由格式文本中，也可以使用 HTML 修饰符，如：<em>... </em>表示强调；<code> ... </code>表示等宽的"typewriter"字体；<strong> ... </strong>表示粗体；甚至可以使用 <img ...> 以嵌入图像。但是，不应该使用标题修饰符<h*n*> 或规则修饰符 <hr>，因为它们会干扰文档的格式。

注意： 如果注释里包含了指向其他文件的链接，例如图像文件（例如，用户界面组件的图表或图像等），应该将这些文件放在包含源文件的目录的子目录内，并将该子目录命名为doc-files。javadoc 实用工具将 doc-files 目录及其内容从源目录复制到文档目录中。需要在链接中指定 doc-files 目录，例如<img src="doc-files/uml.png" alt="UML diagram"/>。

2.8.2 类注释

类注释必须直接放在类声明之前。通常可以使用@author 和 @version 标记来记录类的作者和版本号。类注释支持多个作者。

下面是一个类注释的示例：

```
/**
* An <code> Invoice</code> object represents an invoice with
* line items for each part of the order.
* @author Fred Flintstone
* @author Barney Rubble
* @version 1.1
* /
public class Invoice {
    ...
}
```

注意： 没有必要在每行前面都添加*。然而，大多数 IDE 都会自动添加星号，有些甚至会在换行符有改动时重新排列星号。

2.8.3 方法注释

每个方法注释都放在被注释的方法之前。方法注释主要记录以下特性：

- 每一个参数，使用@param *variable description*；
- 返回值，如果无返回值，使用 void：@return *description* 来表示；
- 任何抛出的异常（参见第5章），使用@throws *ExceptionClass description* 来表示。

下面是一个方法注释的示例：

```
/**
* Raises the salary of an employee
* @param byPercent the percentage by which to raise the salary (e.g., 10 means 10%)
* @return the amount of the raise
*/
public double raiseSalary (double byPercent) {
    double raise = salary * byPercent / 100;
    salary += raise;
    return raise;
}
```

2.8.4 变量注释

变量注释通常只需要注释公有变量（通常指的是静态常量）。例如：

```
/**
* The number of days per year on Earth (excepting leap years)
```

```
*/
public static final int DAYS_PER_YEAR = 365;
```

2.8.5 通用注释

在所有文档注释中，都可以使用@since 标记描述此功能可用的版本号：

```
@since version 1.7.1
```

此外，类、方法或者变量前添加@deprecated 标记，说明不应再使用此类、方法或变量。此外还应标明建议替换的文本。例如：

```
@deprecated Use <code>setVisible(true)</code> instead
```

注意：还有一个@Deprecated 的注解，当程序使用了不推荐的项时，编译器会使用它来发布警告——参见第 11 章。注解没有建议替换的机制，因此应该同时提供注解和 Javadoc 注释以使用已经弃用的项目。

2.8.6 链接

可以使用@see 和@link 标记向 javadoc 文档的相关部分或外部文档添加超链接。

标记@see *reference* 可以在“see also”（参见）部分添加超链接。它可以用在类或者方法中。这里 *reference*（引用）可以有以下选择：

- *package.Class#feature label*
- <a href="...">*label*</a>
- "*text*"

第一种情况是最有用的。只要提供类、方法或变量的名称，javadoc 就在文档中插入一个超链接。例如：

```
@see com.horstmann.corejava.Employee#raiseSalary(double)
```

在 com.horstmann.corejava.Employee 类中插入超链接指向 raiseSalary(double)方法。可以省略包名，也可以同时省略包和类名。最后，该功能将位于当前包或类中。

需要注意的是，必须使用井号（#）将类名与方法名、变量名分隔开，而不能使用句号。Java 编译器自身可以熟练地判断句号在分隔包、子包、类、内部类以及方法和变量时的各种含义，但是 javadoc 实用工具并没有这么聪明，因此这里会造成错误判断，最后还是要靠我们帮助它进行区分。

如果@see 标记后面跟着一个 < 字符，就表示需要指定一个超链接，可以链接到你喜欢的任何 URL。

在上述各种情况下，都可以指定一个可选标签，该标签将显示为链接的锚点。如果省略这个标签，则用户将以目标代码的名称或 URL 作为锚点。

如果@see 标记后跟着 " 字符，引号内的文本将会显示在“see also”部分，例如：

```
@see "Core Java for the Impatient"
```

可以为一个功能添加多个@see 标记，但必须将它们放在一起。

如果愿意，也可以在任何文档注释中放置一个指向其他类或方法的超链接。将如下形式的标记插入注释中的任何位置：

```
{@link package.class#feature label}
```

特性描述都遵循与@see 标记相同的规则。

2.8.7 包注释、模块注释和概述注释

类注释、方法注释和变量注释直接放在 Java 的源文件中，用 /** ... */ 分隔。然而，要生成包注释，需要在每个包目录中添加一个单独的文件。

需要提供一个名为 package-info.java 的 Java 文件。文件必须包含一个 javadoc 注释的初始化标志，该标志以 /** 和 */ 分隔，后跟一个包语句。此外，文件不应该包含更多代码或注释。

若要制作模块的文档，请将注释放入 module-info.java 文件中，也可以将包含模块依赖关系图的

@moduleGraph 指令包含在该文件内。(关于 module-info.java 文件，参见第15章)。

也可以为所有源文件提供一个概述注释，并将其放在名为 overview.html 的文件中，该文件位于包含所有源文件的父目录中。在标记<body>...</body>之间的所有文本都会被提取。当用户从导航栏中选择 “Overview”时，会显示此注释。

2.8.8 注释提取

假设 *docDirectory* 是希望生成的 HTML 文件最终所保存的那个目录的名称。执行以下步骤。

1. 切换到包含要制作文档的源文件的目录。如果要给一个嵌套的包生成文档，例如，com.horstmann.corejava，必须在包含子目录 com 的目录中进行操作。(如果提供了 overview.html 文件，请选择包含 overview.html 文件的目录。)

2. 运行命令：

```
javadoc -d docDirectory package1 package2 ...
```

如果省略 -d *docDirectory* 选项，HTML 文件将被提取到当前目录下。这可能会变得混乱，所以不建议这样做。

javadoc 程序可以通过很多的命令行选项进行微调。例如，可以使用-author 和-version 选项在文档中包含@author 和@version 标记。(默认情况下，它们会被省略。)

另一个有用的选项是-link，该选项为标准类添加超链接。所有的标准库的类将自动链接到相应网站上的文档。

如果使用-linksource 选项，每个源文件都会转换为 HTML，每个类和方法名都会变成指向源文件的超链接。

练习

1. 更改日历的打印程序，把星期天作为一周的第一天。在末尾打印一个换行符(但只能打印一个换行符)。

2. 请思考 Scanner 类的 nextInt 方法，它是一个访问器还是修改器？为什么？那么 Random 类的 nextInt 方法呢？

3. 是否可以让修改器方法返回除 void 以外的其他值？能让访问器方法返回 void 吗？尽可能举例说明。

4. 为什么不能通过一个 Java 方法实现交换两个 int 类型变量内容的功能？编写一个方法来交换两个 IntHolder 对象的内容(请在 API 文档中查找这个相当晦涩的类)。可以交换两个 Integer 对象的内容吗？

5. 向 Point 记录添加 translate 和 scale 方法。translate 方法将点沿 x 和 y 方向移动给定的量。scale 方法按给定因子缩放两个坐标。实现这些方法，注意让它们返回带有结果的新点。例如，

```
Point p = new Point(3, 4).translate(1, 3).scale(0.5);
```

以上语句的结果是将 p 设置为一个坐标为(2, 3.5)的点。

6. 重复前面的练习，但现在将 Point 作为一个类来实现，并将 translate 和 scale 设为修改器。

7. 在前面的练习中，提供 Point 类的构造器和 getter 方法是有些重复的。大多数 IDE 都有编写样板代码的快捷方式。看看你的 IDE 都提供了什么功能？

8. 将 javadoc 注释添加到前面练习中两个版本的 Point 类中。

9. 使用 hour 和 minute 组件实现一个 TimeOfDay 记录。将它们进行标准化处理，使小时介于 0 和 23 之间，分钟介于 0 和 59 之间。提供一个方法：TimeOfDay plusMinutes(int minutes)该方法根据给定的分钟数生成一个新的 TimeOfDay 对象。再实现一个方法：

```
int minutesFrom(TimeOfDay other)
```

该方法生成该对象与给定的 TimeOfDay 实例之间的分钟数。

10. 实现一个 Car 类，该类模拟沿 x 轴行驶的汽车，车行驶需要消耗汽油。在构造器中指定燃油效率（英里/加仑）。再提供一个按给定英里数行驶的方法，当给油箱加给定加仑的汽油，得到当前距离原点的距离和当前的燃油水平。这应该是一个不可变的类吗？为什么？

11. 在 RandomNumbers 类中，提供两个静态 randomElement 方法，分别从整数的数组或数组列表中获取随机元素（如果数组或数组表为空，则返回零）。为什么不能将这些方法转换为 int[] 或 ArrayList<Integer>?

12. 重写 Cal 类，静态导入 System 和 LocalDate 类。

13. 创建 HelloWorld.java 文件，这个文件在 ch01.sec01 包中声明了一个 HelloWorld 类。将这个文件放置在某个目录下，但不要放在 ch01/sec01 子目录下。从该目录中，运行 javac HelloWorld.java 能够得到类文件吗？文件在哪里？然后运行 Java HelloWorld。这时发生了什么？为什么？（提示：运行 javap HelloWorld 并研究一下警告消息。）最后尝试 javac -d .HelloWorld.java 为什么这样更好？

14. 从 Commons CSV 网站上下载 Apache Commons CSV 的 JAR 文件。编写一个带有 main 方法的类，读取你选择的 CSV 文件并打印部分内容。Commons CSV 网站上有示例代码。由于你还没有学会处理异常，因此只须用以下代码来表示 main 方法头：

```
public static void main(String[] args) throws Exception
```

本练习的目的不是对 CSV 文件做任何有用的事情，而是练习使用 JAR 文件提供的库。

15. 编译 Network 类。注意，内部类的类文件名称为 Network$Member.class。使用 javap 程序监视生成的代码。命令 javap -private *Classname* 将显示方法和实例变量。在哪里可以看到对封闭类的引用？（在 Linux/Mac OS 系统中，运行 javap 时，需要在$符号前加一个 \。）

16. 完全实现 2.7.1 小节中的 Invoice 类，提供一个打印发票的方法和一个构造和打印示例发票的演示程序。

17. 实现一个 Queue 类。该类是一个字符串的无边界队列。提供一个 add 方法，该方法在队列的尾部添加元素；提供一个 remove 方法，该方法在队列的头部删除元素。将元素存储到链接列表的节点中。将 Node 定义为嵌套类。该嵌套类应该是静态的还是非静态的？

18. 为前面类的队列类提供一个迭代器（iterator）—— 一个依次产生队列元素的对象。将 Iterator 定义为一个嵌套类，该类有 next 和 hasNext 方法。此外，还要提供 Queue 类的 iterator() 方法，该方法生成 Queue.Iterator。那么 Iterator 是否应该是静态的？

第 3 章 接口和 Lambda 表达式

20 世纪 90 年代，面向对象编程逐渐成为软件开发的一种重要范式。在这个大背景下，Java 在诞生之初就被设计为一种面向对象的编程语言。接口是面向对象编程的一个关键特性。接口的主要特性是允许你指定应该去做什么，但是不需要提供具体实现。

在面向对象编程之前，以 Lisp 为代表的函数式编程语言非常流行。函数式编程语言的主要特点是以函数作为主要的结构化机制，而不是以对象作为结构化机制。由于函数式编程非常适合并发编程和事件驱动（或“响应式”）编程，因此最近函数式编程变得更加重要了。Java 支持函数表达式，并可以通过函数表达式搭建起一座面向对象编程和函数式编程之间的桥梁。在本章中，你将学习接口和 Lambda 表达式方面的知识。

本章重点如下：

1. 接口指定了实现类必须提供的一组方法。
2. 接口是任何实现它的类的超类型，因此，可以将类的实例赋值给接口类型的变量。
3. 接口可以包含静态方法。接口的所有变量都自动设置为公有的、静态的和 final 的。
4. 接口可以包含默认方法，这些默认方法可以被实现类继承或覆盖。
5. 接口可以包含私有方法，这些私有方法不能被实现类调用或覆盖。
6. `Comparable` 和 `Comparator` 接口用于对象的比较。
7. 如果需要测试对象是否符合一个子类型，可以使用 `instanceof` 运算符，最好是它的“模式匹配”形式。
8. 函数式接口就是一个具有单个抽象方法的接口。
9. Lambda 表达式表示一个可以在之后某个时间点执行的代码块。
10. Lambda 表达式可以被转换为函数式接口。
11. 方法和构造器的引用可以指向方法或构造器，但不调用它们。
12. Lambda 表达式和局部类可以从封闭作用域访问 effectively final 变量。

3.1 接口

接口（interface）是一种介于服务供给者和类之间的详细合约机制，当某个类希望自己的对象能够使用这样的服务时，就必须遵循这个接口机制。在下面的小节中，你将看到如何在 Java 中定义和使用接口。

3.1.1 使用接口

在之前的两章中，使用 `Random` 类来描述如何调用构造器和方法。`Random` 类是在 Java 1.0 版本中首次被设计的，反映了当时的技术水平。当然，现在已经有了更多生成伪随机数的算法，`java.util.random` 包中也提供了各种性能更加均衡和强大的算法实现。根据需要，你可能想要在 L64X128MixRandom、Xoroshiro128PlusPlus 或其他名称很相似的算法之间进行选择。（包的 API 文档提供了算法选择方面的一些有用建议）。有意思的是，API 并没有为每个算法单独设计一个类。这样的处理方式是一件好事，否则当需要从一种算法切换到另一种算法时，修改程序代码也许会很麻烦。并且现在不必进行修改了，因为所有的生成器都有一组相同的方法，例如 `nextInt`、`nextDouble` 等。

这些方法都属于 `RandomGenerator` 接口。这个接口定义了支持的方法，例如，`nextInt`、`nextDouble` 等。一旦拥有了一个实现了这个接口的类的实例，就可以调用这些方法了：

```
RandomGenerator generator = RandomGenerator.getDefault();
int dieToss = 1 + generator.nextInt(6);
double randomPercentage = 100 * generator.nextDouble();
```

通过静态 RandomGenerator.getDefault 方法可以获取某个类的对象，该类的确切性质对于调用者来说是未知的。但是已知的是，该类具有 RandomGenerator 接口中定义的所有方法。有了这些知识，就可以高效地使用对象。

3.1.2 声明接口

在本小节中，你将学习如何声明一个自己的接口。让我们先假设有一些可能是随机，也可能不是随机的数值序列。这些序列只能产生有限或者无限的整数。

这样的序列可以有多种形式。下面是一些示例：

- 由用户提供的整数序列；
- 随机的整数序列；
- 素数序列；
- 整数数组中的元素序列；
- 字符串中的码点序列；
- 数值中的数字序列。

我们想实现一种*单一机制*（single mechanism）来处理所有这些序列类型。

首先，让我们来详细说明这些整数序列之间的共同点。我们需要至少两个方法来处理这样一个整数序列：

- 测试是否有下一个元素；
- 获取下一个元素。

为了声明一个接口，需要首先提供方法头，例如：

```
public interface IntSquence {
    boolean hasNext();
    int next();
}
```

不需要实现这些方法，但是如果你愿意，也可以提供默认实现，参见 3.2.2 小节。如果没有提供实现，我们认为该方法是*抽象*（abstract）方法。

注意： 接口的所有方法都自动是 public 的。因此，没有必要将 hasNext 和 next 声明为 public。当然，有些编程人员为了让代码更清晰也会这样做。

一旦有了接口声明，就可以实现这些有用的服务。下面是一个报告前 n 个数的平均值的例子：

```
public static double average(IntSequence seq, int n) {
    int count = 0;
    double sum = 0;
    while (seq.hasNext() && count < n) {
        count++;
        sum += seq.next();
    }
    return count == 0 ? 0 : sum / count;
}
```

需要注意的是，这个方法不知道，也不需要知道 hasNext 和 next 方法是如何工作的。但是编译器必须知道这些方法的存在，否则它不会编译这个方法。

3.1.3 实现接口

现在让我们看看硬币的另一面，即那些希望使用 average 方法的类。它们需要实现 IntSequence 接口。例如这样一个类：

```
public class SquareSequence implements IntSequence {
    private int i;

    public boolean hasNext() {
        return true;
```

```
    }

    public int next() {
        i++;
        return i * i;
    }
}
```

这将会生成无限多的平方值，这种类型的对象每次一个提供所有的平方值。（为了简化这个示例，我们忽略整数的溢出问题——参见本章练习6。）

implements关键字表示SquareSequence类打算匹配IntSequence接口。

警告： 实现类必须将接口的方法声明为public。否则，它们将默认是包内访问。但由于接口需要公有访问权限，因此编译器将报告错误。

该代码获取前100个平方值的平均数：

```
var squares = new SquareSequence();
double avg = average(squares, 100);
```

还有许多类都可以实现IntSequence接口。例如，下面这个类可以生成一个有限序列，即从一个正整数的最低有效位开始的数字序列：

```
public class DigitSequence implements IntSequence {
    private int number;

    public DigitSequence(int n) {
        number = n;
    }

    public boolean hasNext() {
        // This and the following method are declared in the interface
        return number != 0;
    }

    public int next() {
        int result = number % 10;
        number /= 10;
        return result;
    }

    public int rest() {
        // This method is not declared in the interface
        return number;
    }
}
```

对象new DigitSequence(1729)将在hasNext返回false之前发送数字 9 2 7 1。

注意： SquareSequence和DigitSequence类都实现了IntSequence接口的所有方法。如果一个类只实现了其中一些方法。那么它必须用abstract修饰符声明为抽象类。有关抽象类的更多信息，参见第4章。

3.1.4　转换为接口类型

以下代码片段能够计算数字序列的平均值：

```
IntSequence digits = new DigitSequence(1729);
double avg = average(digits, 100);
    // Will only look at the first four sequence values
```

让我们一起看看digits变量。它的类型是IntSequence，而不是DigitSequence。IntSequence类型的变量指的是实现了IntSequence接口的某个类的对象。始终可以将对象赋值给已经被实现的接口类型的变量，或将其传递给期望此类接口的方法。

这里有一些有用的术语。类型S是类型T（subtype，子类型）的超类型（supertype），那么，子类型的任何值都可以赋值给超类型的变量而无须转换。例如，IntSequence接口是DigitSequence类的超类型。

注意： 即使可以声明接口类型的变量，也不会有类型为接口的对象。因为所有对象都是类的实例。

3.1.5 强制转换和 instanceof 运算符

有时，可能需要从超类型到子类型的相反转换，那么应当使用强制转换。例如，如果你碰巧知道 IntSequence 中存储的对象实际上是一个 DigitSequence，则可以将类型转换为 DigitSequence：

```
IntSequence sequence = ...;
DigitSequence digits = (DigitSequence)sequence;
System.out.println(digits.rest());
```

在这个场景中，强制转换是必要的，因为 rest 是 DigitSequence 的方法，而不是 IntSequence 的方法。

参见本章练习 2 以获得更令人信服的示例。

只能将对象强制转换成为它的实际类或它的超类型之一。如果强制转换错误，将发生编译时错误或类强制转换异常：

```
String digitString = (String) sequence;
    // Cannot possibly work—IntSequence is not a supertype of String
SquareSequence squares = (SquareSequence) sequence;
    // Could work, throws a class cast exception if not
```

为了避免异常，可以首先使用 instanceof 运算符，测试对象是不是需要转换的类型。表达式为：

object instanceof *Type*

如果 *object* 是一个以 *Type* 为超类型的类的实例，则返回 true。因此，在使用强制转换之前执行这种检查是一个非常好的主意。

```
if (sequence instanceof DigitSequence) {
    DigitSequence digits = (DigitSequence) sequence;
    ...
}
```

注意： instanceof 运算符是 null-safe 的：如果 obj 是 null，那么表达式 obj instanceof *Type* 为 false。毕竟，null 不可能是任何给定类型对象的引用。

3.1.6 instanceof 的“模式匹配”形式

由于 instanceof 和强制转换很常用，因此这里有一种更加简便的快捷方式，即 instanceof 模式匹配：

```
if (sequence instanceof DigitSequence digits) {
    // Here, you can use the digits variable
    ...
}
```

在本例中，digits 变量会包含一个 sequence 引用，然后会被强制转换为 DigitSequence。但是，如果 sequence 不是 DigitSequence 的实例，则表达式中没有变量会被声明，且 if 语句的主体不会被执行。

无效的 instanceof 模式是一种错误，例如：

```
DigitSequence digits = ...;
if (digits instanceof IntSequence seq) ... // Error—of course it's an IntSequence
```

注意： 以下形式同样是无效的。

```
if (digits instanceof IntSequence) ...
```

但是为了向后兼容 Java 1.0，该形式也允许使用。

当一个 instanceof 模式引入变量时，可以立即使用它，以下面表达式的方式：

```
IntSequence sequence = ...;
if (sequence instanceof DigitSequence digits && digits.rest() >= 100) ...
```

这是因为只有当左侧为 true 时，才会计算 && 表达式的右侧。如果计算右侧，则 digits 必须已经绑定到 Digitsequence 实例上。

但是，以下是一个编译时错误：

```
if (sequence instanceof DigitSequence digits || digits.rest() >= 100) ... // Error
```

当左侧为 false 时，执行 || 运算符的右侧，此时变量 digits 没有任何绑定。

下面是另一个条件运算符的示例：

```
double rest = sequence instanceof DigitSequence digits ? digits.rest() : 0;
```

digits 变量是在 ? 运算符后的子表达式中定义的，而不是在 : 运算符后面的子表达式中定义的。

注意：声明变量的 instanceof 形式被称为“模式匹配”，因为它类似于 switch 中的类型模式，这是 Java 17 中的一个的“预览”特性。本书没有详细讨论这些预览特性，但以下是一个语法示例。

```
String description = switch (sequence) {
    case DigitSequence digits ->
        "A digit sequence with rest " + digits.rest();
    case SquareSequence squares -> "A square sequence";
    default -> "Some other sequence";
}
```

与 instanceof 模式类似，每个 case 会声明一个变量。

3.1.7　扩展接口

如果需要或提供原始接口之上的附加方法，那么可以用一个接口扩展（extend）另一个接口。例如，Closeable 是一个具有单一方法的接口：

```
public interface Closeable {
    void close();
}
```

正如你将在第 5 章中看到的，这是一个在发生异常时关闭资源的重要接口。

Channel 接口扩展了此接口：

```
public interface Channel extends Closeable {
    boolean isOpen();
}
```

实现 Channel 接口的类必须同时提供这两种方法，并且其对象也可以转换为这两种接口类型。

3.1.8　实现多个接口

类可以实现任意数量的接口。例如，可以从文件中读取整数的 FileSequence 类除了 IntSequence 接口，又实现了 Closeable 接口：

```
public class FileSequence implements IntSequence, Closeable {
    ...
}
```

然后，FileSeauence 类同时有 IntSequence 和 Closeable 作为其超类型。

3.1.9　常量

接口中定义的任何变量都自动为 public static final。

例如，SwingConstants 接口定义了指南针方向的常量：

```
public interface SwingConstants {
    int NORTH = 1;
    int NORTH_EAST = 2;
    int EAST = 3;
    ...
}
```

这样就可以用 SwingConstants.NORTH 的限定名称的方式来引用这些变量。如果你的类选择实现了 SwingConstants 接口，则可以去掉 SwingConstants 的限定，只须使用 NORTH 即可。然而，这不是一个常见用法。最好使用枚举形式来设置一组常量，参见第 4 章。

注意：接口中不能有实例变量。也就是说，接口指定的是行为，而不是对象状态。

3.2　静态方法、默认方法和私有方法

在早期版本的 Java 中，接口的所有方法都必须是抽象的，即没有方法体。但是现在，你可以添加 3 种

具体实现的方法：静态方法、默认方法和私有方法。下面的小节描述了这些方法。

3.2.1 静态方法

接口不能有静态方法的原因中从来都不包括技术原因，但它们并不适合作为一种抽象规范的接口。现在，这种看法也已经进化了。特别是，工厂方法在接口中的使用价值很高。例如，IntSequence 接口可以有一个静态方法 digitsOf，用于针对给定整数生成数字序列：

```
IntSequence digits = IntSequence.digitsOf(1729);
```

该方法生成了一个实现了 IntSequence 接口的类的实例，但调用者无须关心它的具体细节：

```
public interface IntSequence {
    ...
    static intSequence digitsOf(int n) {
        return new DigitSequence(n);
    }
}
```

注意： 在过去，将静态方法放在伴随类中是很常见的。可以在 Java API 中找到成对的接口和工具类，例如 Collection/Collections 或 Path/Paths。目前，没有必要进行这种区分。

3.2.2 默认方法

可以为任何接口方法提供默认（default）实现。必须用 default 修饰符标记这样一个方法。

```
public interface IntSequence {
    default boolean hasNext() { return true; }
        // By default, sequences are infinite
    int next();
}
```

实现此接口的类可以选择覆盖 hasNext 方法或继承这个默认实现。

注意： 默认方法的形式终结了早期的经典模式，即先提供接口，然后再通过伴随类来实现其部分或所有方法的形式，例如 Java API 中的 Collection/AbstractCollection 或 WindowListener/WindowAdapter。现在，只须直接实现接口中的方法即可。

默认方法的一个重要用途是*接口进化*（interface evolution）。例如，Collection 接口作为 Java 的一部分已经有很多年了。假设回到以前，你提供了这样一个类：

```
public class Bag implements Collection
```

后来，在 Java 8 中，这个接口中又添加了一个 stream 方法。

假设 stream 方法不是默认方法，那么 Bag 类将不再编译，因为它没有实现新的方法。为接口添加非默认方法将无法实现*源代码兼容*（source-compatible）。

但假设不重新编译该类，而只使用原先的一个包含它的 JAR 文件。即使缺少方法，类仍将加载。程序将会构建 Bag 实例，不会发生任何错误的情况。（为接口添加方法是*二进制兼容*的。）然而，如果程序在 Bag 实例上调用 stream 方法，则会发生 AbstractMethodError 错误。

将该方法设置为 default 方法就可以解决这两个问题。Bag 类将再次编译。如果没有重新编译的情况下直接加载这个类，并且在 Bag 实例上 stream 方法调用，则会调用 Collection.stream 方法。

3.2.3 解决默认方法冲突

如果一个类实现了两个接口，其中一个接口具有默认方法，而另一个接口有一个名称和参数类型相同的方法（可以是默认或非默认的），那么我们必须要解决这个名字冲突问题。这种情况不常发生，但其实处理起来很容易。

让我们看一个例子。假设我们有一个接口 Person，它有一个 getId 方法：

```
public interface Person {
    String getName();
    default int getId() { return 0; }
}
```

再假设有一个接口 Identified，同样也有一个方法：

```
public interface Identified {
    default int getId() { return Math.abs(hashCode()); }
}
```

你将在第4章中看到 hashCode 方法的作用。目前看来，它的任务就是返回从对象获得的某些整数。如果你编写了一个实现了这两个接口的类，将会发生什么呢？

```
public class Employee implements Person, Identified {
    ...
}
```

该类就会分别继承 Person 和 Identified 接口提供的两个 getId 方法。Java 编译器无法确定选择哪一个方法。编译器会报告错误，并让你自行解决这种歧义。

因此，在 Employee 类中提供 getId 方法，并实现你自己的 ID 方案，或委托给两个冲突方法中的一个：

```
public class Employee implements Person, Identified {
    public int getId() { return Identified.super.getId(); }
    ...
}
```

注意： super 关键字让你能够调用超类型的方法。在这种情况下，我们要指定所需要的超类型。该语法可能看起来有点奇怪，但它与你将在第4章中看到的调用超类方法的语法是一致的。

现在假设 Identified 接口没有为 getId 接口提供默认实现：

```
interface Identified {
    int getId();
}
```

那么 Employee 类能够从 Person 接口继承一个默认方法吗？乍一看，这似乎是合理的。但是编译器如何知道 Person.getId 方法是否真正执行了 Identified.getId 预期的操作？毕竟，它可能会返回一个弗洛伊德式的编号，而不是 ID 数值。

Java 设计者决定支持安全性和统一性。两个接口之间如何冲突并不重要；如果至少一个接口提供了一个实现，那么编译器就会报告一个错误，然后由编程人员来解决这种歧义。

注意： 如果两个接口都没有为这种共享方法提供默认值，则不会发生冲突。这时，实现类有两种选择——实现方法，或者不实现方法并将该类声明为 abstract。

注意： 如果一个类扩展了一个超类（参见第4章）并实现了一个接口，从两者继承了相同的方法，那么规则就更容易了，在这种情况下，只有超类方法才更加重要，接口中的任何默认方法都会被忽略。这种情况实际上比接口冲突更常见。具体细节见第4章。

3.2.4 私有方法

接口中的方法可以是私有的。私有方法可以是 static 或是实例方法，但它不能是 default 方法，因为 default 方法是可以被覆盖的。由于私有方法只能在接口本身的方法中使用，因此它们的用途很有限，只是作为接口中其他方法的辅助方法。

例如，假设 IntSequence 类提供了这样的方法：

```
static of(int a)
static of(int a, int b)
static of(int a, int b, int c)
```

那么这些方法中的每一个都可以调用一个辅助方法：

```
private static IntSequence makeFiniteSequence(int... values) { ... }
```

3.3 接口示例

乍一看，接口能做的事情似乎并不多。接口是类承诺实现的一组方法。为了更加凸显接口的重要性，下面将向你展示 Java API 中常用接口的4个示例。

3.3.1 Comparable 接口

假设你想要对对象数组进行排序。一种常用的排序算法是反复比较元素，如果它们是无序的，那么就重新按照顺序排列它们。由于每个类的比较规则不同，因此排序算法应该只调用当前类提供的比较方法。只要所有类在这个方法的调用上达成一致，排序算法就可以完成任务，这就是接口的主要用途。

如果一个类想要为其对象进行排序，它应该实现 Comparable 接口。这个接口有一个技术性问题。我们希望将字符串与字符串比较、雇员与雇员比较等。因此，Comparable 接口具有一个类型参数：

```
public interface Comparable<T> {
    int compareTo(T other);
}
```

例如，String 类应当实现 Comparable<**String**>，以便其 compareTo 方法有以下签名：

```
int compareTo(String other)
```

> **注意：** 具有类型参数的类型（例如 Comparable 或 ArrayList）是一种泛型类型。你将在第 6 章中了解所有关于泛型类型的信息。

当调用 x.compareTo(y)时，compareTo 方法会返回一个整数值，以表示应该是 x 还是 y 在前面。返回正整数值（不一定是 1）表示 x 应该在 y 之后。当 x 应该在 y 之前时，返回负整数值（不一定为-1）。如果 x 和 y 相同，则返回值为 0。

需要注意的是，compareTo 的返回值可以是任意整数。允许返回两个整数的差值的做法非常灵活。但前提是差值不会导致整数溢出。

```
public class Employee implements Comparable<Employee> {
    ...
    public int compareTo(Employee other) {
        return getId() - other.getId(); // OK if IDs always ≥ 0
    }
}
```

> **警告：** 返回整数的差值并不总是有效的。对于数值较大、符号相反的两个操作数，差值可能会溢出。在这种情况下，可以使用 Integer.compare 方法，这样可以保证整数的运算总是正确的。总之，如果知道整数是非负的，或者它们的绝对值小于 Integer.MAX_VALUE / 2，那么该方法能够正常运行。

在比较浮点值时，不能只返回差值。而应当使用静态 Double.compare 方法。该方法能够得到正确的返回值，即使对于±∞和 NaN 也能做出正确判断。

下面是 Employee 类如何实现 Comparable 接口，按照薪资对雇员进行排序的示例：

```
public class Employee implements Comparable<Employee> {
    ...
    public int compareTo(Employee other) {
        return Double.compare(salary, other.salary);
    }
}
```

> **注意：** compare 方法访问 other.salary 是完全合法的。在 Java 中，方法可以访问自己类的任何对象的私有特性。

String 类以及 Java 库中的一百多个其他类都实现了 Comparable 接口。可以使用 Arrays.sort 方法对 Comparable 对象数组进行排序：

```
String[] names = { "Peter", "Paul", "Mary" };
Arrays.sort(names); // names is now ["Mary", "Paul", "Peter"]
```

> **注意：** 奇怪的是，Arrays.sort 方法不会在编译时检查参数是不是 Comparable 对象数组。如果遇到一个没有实现 Comparable 接口的类的元素，它会抛出异常。

3.3.2 Comparator 接口

现在，假设我们希望按照字符串长度递增的顺序对字符串进行排序，而不是按字典顺序进行排序。这样，我们就不能让 String 类以两种不同的方式实现 compareTo 方法。更何况，我们也无法修改 String 类。

为了处理这种情况，有第二个版本的 Arrays.sort 方法，它的参数是一个数组和一个比较器（comparator），该比较器是一个实现了 Comparator<T>接口的类的实例，它具有以下抽象方法：

```
int compare (T first, T second);
```

为了按长度比较字符串，定义一个实现 Comparator<String>接口的类：

```
cclass LengthComparator implements Comparator<String> {
    public int compare(String first, String second) {
        return first.length() - second.length();
    }
}
```

要具体完成比较，还需要创建一个实例：

```
Comparator<String> comp = new LengthComparator();
if (comp.compare(names[i], names[j]) > 0) ...
```

此调用与 names[i].compareTo(name[j]) 的差异在于，compare 方法是在比较器对象上调用的，而不是在字符串本身调用。

注意： 即使 LengthComparator 对象没有状态，也需要创建一个它的实例。需要实例来调用 compare 方法，因为它不是静态方法。

要对数组进行排序，需要将 LengthComparator 对象传递给 Arrays.sort 方法：

```
String[] names = { "Peter", "Paul", "Mary" };
Arrays.sort(names, new LengthComparator());
```

现在这个数组可能是["Paul", "Mary", "Peter"]或["Mary", "Paul", "Peter"]。

你将在 3.4 节中看到如何利用 Lambda 表达式更容易地使用 Comparator。

3.3.3 Runnable 接口

在每个处理器都有多个核的时候，你一定会希望让这些核能一起工作。也有可能想在单独的线程中运行某些指定任务，或者将它们交给线程池执行。因此需要通过实现 Runnable 接口来定义一个任务，这个接口只有一个方法：

```
class HelloTask implements Runnable {
    public void run() {
        for( int i = 0; i < 1000; i++) {
            System.out.println("Hello, World!");
        }
    }
}
```

如果要在新线程中执行此任务，那么需要从 Runnable 创建线程并启动它：

```
Runnable task = new HelloTask();
Thread thread = new Thread(task);
thread.start();
```

现在 run 方法在一个单独的线程中执行，当前线程可以继续执行其他工作。

注意： 在第 10 章中，你将看到其他执行 Runnable 的方法。

注意： 还有一个 Callable<T>接口可以用于任务处理，其返回类型为 T 的结果。

3.3.4 用户界面回调

在图形用户界面中，必须指定当用户单击按钮、选择菜单选项、拖动滑块等时要执行的操作。这些操作通常称为**回调**（callback），主要的功能是当用户做出某些操作时，调用并返回相应代码。

在基于 Java 的 GUI 库中，接口经常用于回调。例如，在 Swing 库中，以下接口通常用于报告事件：

```
public interface ActionListener {
    void actionPerformed(ActionEvent event);
}
```

为了指定动作，需要实现该接口：

```
class ClickAction implements ActionListener {
    public void actionPerformed(ActionEvent event) {
        System.out.println("Thanks for Clicking!");
    }
}
```

然后，生成一个该类的对象，并将其添加到按钮上：

```
var button = new JButton("Click me!");
button.addActionListener(new ClickAction());
```

注意： 由于它是 JDK 的一部分，因此我在这些示例中使用了 Swing。（不要担心，了解上面的语句就足够了，不需要要了解更多关于 Swing 的内容。）在每个用户界面的工具包中，无论是 Swing、JavaFX 还是 Android，都需要给按钮添加一些代码，每当按钮被点击时就运行那些代码。

当然，这种定义按钮操作的方式相当乏味。在其他语言中，只须给按钮指定要执行的函数就可以了，不必通过创建类并实例化来实现。下一节将展示如何在 Java 中实现相同的功能。

3.4 Lambda 表达式

Lambda 表达式是一个可传递的代码块，可以在以后执行一次或多次。在前面的小节中，你已经看到在很多情况下，指定这样的代码块是很有帮助的，例如：

- 将比较方法传递给 `Arrays.sort`；
- 在单独的线程中运行任务；
- 指定单击按钮时应该发生的操作。

然而，Java 是一种面向对象的语言，其中（几乎）所有内容都是对象。Java 中没有函数类型。为此，函数被表示为对象，是实现了特定接口的类的实例。Lambda 表达式可以提供一种更加方便的语法，来创建这种实例。

3.4.1 Lambda 表达式的语法

再来考虑 3.3.2 小节中的排序示例。我们传入代码，来检查一个字符串是否比另一个字符串短。例如，我们的一个运算：

```
first.length() - second.length()
```

其中的 `first` 和 `second` 是什么？它们都是字符串。Java 是一种强类型语言，我们还必须指定它们的类型：

```
(String first, String second) -> first.length() - second.length()
```

这就是你看到的第 1 个 Lambda 表达式（lambda expression）。这样的表达式就是一个代码块，再加上传入代码的变量规范。

为什么叫 Lambda 这个名字呢？很多年前，当时计算机还没有诞生，逻辑学家阿隆佐·丘奇（Alonzo Church）就想形式化地表示能有效计算的数学函数（奇怪的是，有些函数已知存在，但没有人知道如何计算它们的值）。他使用希腊字母 Lambda（λ）来标记参数：

```
λfirst.λsecond. first.length() - second.length()
```

注意： 为什么使用字母λ呢？是因为丘奇用完了字母表的字母么？事实上，权威的《数学原理》（*Principia Mathematica*）一书中就使用重音符 ^ 表示函数参数，受此启发，丘奇使用大写的 Lambda（Λ）。但是最后，他又改为使用小写版本。从那以后，带有参数变量的表达式就被称为 Lambda 表达式。

如果 Lambda 表达式的主体执行的运算不适合用单一的表达式实现，那么也可以像编写方法那样，使用一对花括号和显式的 `return` 语句来实现 Lambda，例如：

```
(String first, String second) -> {
   int difference = first.length() < second.length();
   if (difference < 0) return -1;
   else if (difference > 0) return 1;
   else return 0;
}
```

即使 Lambda 表达式没有参数，仍然要提供空括号，就像无参数方法那样：

```
Runnable task = () -> { for (int i = 0; i < 1000; i++) doWork(); }
```

如果可以推导出 Lambda 表达式的参数类型，则可以省略其类型。例如：

```
Comparator<String> comp
    = (first, second) -> first.length() - second.length();
    // Same as (String first, String second)
```

这里，编译器可以推导出 first 和 second 必然是字符串，因为 Lambda 表达式将赋值给字符串比较器。（我们将在下一节中更详细地分析此赋值。）

如果方法只有一个参数，而且这个参数类型可以推导得出，甚至可以省略圆括号：

```
ActionListener listener = event ->
    System.out.println("Thanks for clicking!");
        // Instead of (event) -> or (ActionEvent event) ->
```

无须指定 Lambda 表达式的返回类型。这是因为编译器能够从它的主体中推导出返回类型，并检查它是否与预期类型匹配。例如，表达式：

```
(String first, String second) -> first.length() - second.length()
```

可以在需要 int 类型（或兼容类型，例如 Integer、long 或 double）结果的代码中使用。

3.4.2 函数式接口

正如你已经看到的，Java 中有许多表示动作的接口，例如 Runnable 或 Comparator 接口。Lambda 表达式能够与这种接口兼容。

对于只有单个*抽象方法*（single abstract method）的接口，需要这种接口的对象时，就可以提供 Lambda 表达式。这样的接口称为*函数式接口*（functional interface）。

为了演示如何转换为函数式接口，考虑 Arrays.sort 方法。它的第二个参数需要 Comparator 的实例，Comparator 就是一个单函数接口，所以可以提供一个 Lambda 表达式：

```
Arrays.sort(names,
    (first, second) -> first.length() - second.length());
```

这样，Arrays.sort 方法的第二个参数变量将接收实现了 Comparator<String>的某个类的对象。在该对象上调用 compare 方法将执行 Lambda 表达式的主体。这些对象和类的管理完全依赖于具体的实现并且被高度优化。

在大多数支持函数字面量的编程语言中，都可以声明例如(String, String) -> int 的函数类型，再声明这些类型的变量，然后将函数放入这些变量中，并且调用它们。在 Java 中，Lambda 表达式只能做一件事：将其放在类型为函数式接口的变量中，这样就可以将其转换成为该接口的一个实例。

注意： 不能将 Lambda 表达式赋值给类型为 Object 的变量，Object 类是 Java 中所有类的通用超类（参见第 4 章）。Object 是一个类，不是一个函数式接口。

Java API 提供了大量的函数式接口（参见 3.6.2 小节）。以下是其中一个示例：

```
public interface Predicate<T> {
    boolean test(T t);
    // Additional default and static methods
}
```

ArrayList 类有一个参数为 Predicate 的 removeIf 方法。它是专门为接收 Lambda 表达式而设计的。例如，以下语句从数组列表中删除所有 null 值：

```
list.removeIf(e -> e == null);
```

3.5 方法引用和构造器引用

某些时候，可能已经有一个方法执行了你想要传递给其他代码的操作。这种特殊的语法叫做*方法引用*（method reference），它甚至比调用该方法的 Lambda 表达式更简短。构造器也存在类似的快捷方式。你将在下面的小节中看到这两种方式。

3.5.1 方法引用

假设你希望对字符串进行排序，而不考虑字母大小写。可以调用：

```
Arrays.sort(strings, (x, y) -> x.compareToIgnoreCase(y));
```

可以传递此方法表达式：

```
Arrays.sort(strings, String::compareToIgnoreCase);
```

表达式`String::compareToIgnoreCase`是一个与Lambda表达式`(x, y) -> x.compareToIgnoreCase(y)`等效的*方法引用*。

这里有另一个例子。`Objects` 类定义了一个 `isNull` 方法。调用 `Objects.isNull(x)` 只返回表达式 `x == null` 的值。对于这种情况，似乎不值得专门编写一个方法，但它被设计为作为方法表达式传递。调用以下方法将会从列表中删除所有 `null` 值：

```
list.removeIf(Objects::isNull);
```

另一个示例，假设要打印列表的所有元素。`ArrayList` 类有一个 `forEach` 方法，它将一个函数应用于每个元素。可以调用：

```
list.forEach(x -> System.out.println(x));
```

但是，如果可以将 `println` 方法传递给 `forEach` 方法，那就更好了。下面是如何做到这一点的示例：

```
list.forEach(System.out::println);
```

从这些示例中可以看到，`::`运算符将方法名与类名或对象名分开。这里有 3 个变体：

1. *`Class::instanceMethod`*;
2. *`Class::staticMethod`*;
3. *`object::instanceMethod`*。

在第一种情况下，第一个参数成为该方法的接收方，任何其他参数都传递给该方法。例如，`String::compareToIgnoreCase` 与 `(x, y) -> x.compareToIgnoreCase(y)` 相同。

在第二种情况下，所有参数都传递给静态方法。方法表达式 `Objects:isNull` 等同于 `x-> Objects::isNull(x)`。

在第三种情况下，在给定对象上调用方法，并将参数传递给实例方法。因此，`System.out::println` 等同于 `x->System.out.println(x)`。

> **注意：**当多个重载方法具有相同的名称时，编译器将尝试从上下文中查找你所指的方法。例如，`println` 方法有多个版本。当传递给 `ArrayList<String>`的 `forEach` 方法时，将选择 `println(String)` 方法。

可以在方法引用中捕获 `this` 参数。例如，`this::equals` 与 `x -> this.equals(x)` 相同。

> **注意：**在内部类中，可以捕获封闭类的 `this` 引用，例如，*`EnclosingClass`*`.this::`*`method`*。还可以捕获 `super`。参见第 4 章。

3.5.2 构造器引用

构造器引用与方法引用类似，只是方法名为 `new`。例如，`Employee::new` 就是对 `Employee` 构造器的引用。如果一个类有多个构造器，那么选择哪个构造器取决于上下文。

下面是使用此类构造器引用的示例。假设有一个字符串列表：

```
List<String> names = ...;
```

你需要一个雇员的列表，每个名字对应一个列表元素。正如你将在第8章中看到的，可以不使用循环，而使用流来实现这一点，即将列表转换为流，然后调用 map 方法。这样它会调用一个函数并收集所有结果。

```
Stream<Employee> stream = names.stream().map(Employee::new);
```

由于 names.stream()包含了 String 对象，因此编译器知道 Employee::new 引用构造器 Employee(String)。

可以使用数组类型的构造器引用。例如，int[]::new 是具有单个参数的构造器引用——数组的长度。它等同于 Lambda 表达式 n -> new int[n]。

数组构造器引用有助于克服 Java 的一个限制：无法构造泛型类型的数组（详细信息参见第6章）。因此，类似 Stream.toArray 的方法返回 Object 数组，而不是元素类型的数组：

```
Object[] employees = stream.toArray();
```

但这还不能令人满意。用户需要的是一个雇员数组，而不是对象数组。为了解决这个问题，toArray 的另一个版本接受构造器引用：

```
Employee[] staff = stream.toArray(Employee[]::new);
```

toArray 方法通过调用此构造器来获得正确类型的数组，然后填充并返回数组。

3.6 处理 Lambda 表达式

到目前为止，你已经了解了生成 Lambda 表达式并将其传递给那些需要函数式接口的方法。下面我们将了解如何编写自己的方法来处理 Lambda 表达式。

3.6.1 实现延迟执行

使用 Lambda 的重点是*延迟执行*（deferred execution）。毕竟，如果想立即执行代码，直接编写代码就可以了，无须将其封装在 Lambda 表达式中。延迟执行代码的原因有很多，例如：

- 在单独的线程中运行代码；
- 多次运行代码；
- 在算法中的恰当位置运行代码（例如，排序中的比较操作）；
- 发生某种情况时运行代码（单击按钮、数据已到达等）；
- 仅在必要时运行代码。

让我们来看一个简单的例子，假设要重复某一个动作 n 次。将该动作和重复次数传递到 repeat 方法。

```
repeat(10, () -> System.out.println("Hello, World!"));
```

要接受 Lambda 表达式，我们需要选择（偶尔可能需要提供）一个函数式接口。在这种情况下，我们可以使用 Runnable：

```
public static void repeat(int n, Runnable action) {
    for (int i = 0; i < n; i++) action.run();
}
```

注意： 这里有 Java API 的另一个示例。静态 Arrays.setAll 方法将把 IntFunction 应用于数组中的所有元素，把每个元素设置为以下结果。

```
var squares = new int[10];
Arrays.setAll(squares, index -> index * index)
   // Sets squares to { 0, 1, 4, ..., 81 }
```

请注意，Lambda 表达式的主体在调用 action.run()时执行。

现在让这个例子更复杂一点。我们想告诉这个动作它出现在哪次迭代中。为此，我们需要选择一个函数式接口，该接口包含一个方法，该方法有一个 int 参数而且返回类型为 void。强烈建议使用下一小节中描述的标准工具之一，而不是自己循环处理。处理 int 值的标准接口如下：

```
public interface IntConsumer {
```

```
    void accept(int value);
}
```

下面是 repeat 方法的改进版本：

```
public static void repeat(int n, IntConsumer action) {
    for (int i = 0; i < n; i++) action.accept(i);
}
```

我们按照如下的方式调用它：

```
repeat(10, i -> System.out.println("Countdown: " + (9 - i)));
```

3.6.2 选择函数式接口

在大多数函数式编程语言中，函数类型都是结构化（structural）的。要指定一个能够将两个字符串映射为整数的函数，可以使用类似 Function2 <String,String, Integer >或 (String, String) -> int 的形式。可以使用函数式接口（如 Comparator<String>）来声明函数的意图。在编程语言的相关理论中，这被称为*名义*（nominal）类型。

当然，在很多情况下，你想要接受没有特定语义的“任意函数”。为此，有许多通用函数式接口（见表 3-1）能实现这个目标，并且在条件允许的情况下，使用这些函数式接口也是很不错的选择。

表 3–1 通用函数式接口

函数式接口	参数类型	返回类型	抽象方法名	描述	其他方法
Runnable	无	void	run	运行不带参数或返回值的操作	
Supplier<T>	无	T	get	提供一个类型为 T 的值	
Consumer<T>	T	void	accept	消费类型 T 的值	andThen
BiConsumer<T, U>	T, U	void	accept	消费类型 T 和类型 U 的值	andThen
Function<T, R>	T	R	apply	参数类型为 T 的函数	compose, andThen, identity
BiFunction<T, U, R>	T, U	R	apply	参数类型为 T 和 U 的函数	andThen
UnaryOperator<T>	T	T	apply	类型 T 上的一元运算符	compose, andThen, identity
BinaryOperator<T>	T, T	T	apply	类型 T 上的二元运算符	andThen, maxBy, minBy
Predicate<T>	T	boolean	test	布尔值函数	and, or , negate, isEqual
BiPredicate<T, U>	T, U	boolean	test	有两个参数的布尔值函数	and, or, negate

例如，现在假设你编写了一个方法来处理符合特定标准的文件。应该使用描述性的 java.io.FileFilter 类还是 Predicate<File> ? 强烈建议使用标准的 Predicate<File>。除非已经有许多有效的方法来生成 FileFilter 实例，否则还是建议选择标准形式。

注意： 大多数标准函数式接口都有非抽象的方法用来生成或组合函数。例如，Predicate.isEqual(a)与 a::equals 相同，但如果 a 为 null，它也可以工作。这里有默认方法 and、 or、negate 来组合判定，示例如下：

```
Predicate.isEqual(a).or(Predicate.isEqual(b))
```

与

```
x -> a.equals(x) || b.equals(x)
```

相同。

表3-2列出了基本类型 int、long 和 double 的34个可用的特殊化。使用这些特殊化来减少自动装箱是一个好主意。出于这个原因，我在上一节的例子中使用了 IntConsumer 来替代 Consumer<Integer>。

表 3–2 基本类型的函数式接口

函数式接口	参数类型	返回类型	抽象方法名
BooleanSupplier	无	boolean	getAsBoolean
*P*Supplier	无	*p*	getAs*P*
*P*Consumer	*p*	void	Accept
Obj*P*Comsumer<T>	T, *p*	void	Accept
*P*Function<T>	*p*	T	Apply
*P*To*Q*Function	*p*	*q*	applyAs*Q*
To*P*Function	T	*p*	applyAs*P*
To*P*BiFunction<T,U>	T, U	*p*	applyAs*P*
*P*UnaryOperator	*p*	*p*	applyAs*P*
*P*BionaryOperator	*p*, *p*	*p*	applyAs*P*
*P*Predicate	*p*	boolean	test

注：*p*、*q*是 int、long、double；*P*、*Q*是 Int、Long、Double。

3.6.3 实现自己的函数式接口

很多时候，你可能会遇到无论哪一个标准函数式接口都不适合应用场景的情况，那么需要自己动手实现函数式接口。

假设你想用某种颜色模式填充图像，这时用户提供了一个为每个像素生成颜色的函数，其中并没有标准方式进行映射(int, int) -> Color。可以使用 BiFunction<Integer, Integer, Color>，但这涉及到自动装箱。

在这种情况下，定义一个新的接口非常有必要：

```
@FunctionalInterface
public interface PixelFunction {
    Color apply(int x, int y);
}
```

注意：使用@FunctionalInterface注解来标记函数式接口是一个非常好的做法。这有两个优点。首先，编译器用单个抽象方法检查带注解的实体是否是接口；其次，javadoc页面会包含一个说明你的接口是函数式接口的语句。

现在你准备好了实现方法：

```
BufferedImage createImage(int width, int height, PixelFunction f) {
    var image = new BufferedImage(width, height, BufferedImage.TYPE_INT_RGB);

    for (int x = 0; x < width; x++)
        for (int y  = 0; y < height; y++) {
            Color color = f.apply (x, y);
            image.setRGB(x, y, color.getRGB());
        }
    return image;
}
```

要调用它，还需要提供一个Lambda表达式，该表达式根据两个整数生成一个颜色值：

```
BufferedImage frenchFlag = createImage(150, 100,
    (x, y) -> x < 50 ? Color.BLUE : x < 100 ? Color.WHITE : Color.RED);
```

3.7 Lambda表达式作用域和变量作用域

下面你将了解变量是如何在Lambda表达式中工作的。这些内容可能有些技术难度，但对于更好地应用Lambda表达式是至关重要的。

3.7.1 Lambda 表达式作用域

Lambda 表达式体的作用域与嵌套块的作用域相同，名称冲突和隐藏规则也同样适用。在 Lambda 中，不能声明与局部变量同名的参数或局部变量。

```
int first = 0;
Comparator<String> comp = (first, second) -> first.length() - second.length();
    // Error: Variable first already defined
```

在一个方法中，不能有两个同名的局部变量，因此不能在 Lambda 表达式中引入这样的变量。

作为“相同作用域”规则的另一个结果，Lambda 表达式中的 this 关键字表示创建 Lambda 的方法的 this 参数。例如，请看下面的代码：

```
public class Application() {
    public void doWork(){
        Runnable runner = () -> { ...; System.out.println(this.toString()); ... };
        ...
    }
}
```

表达式 this.tostring()调用的是 Application 对象的 toString 方法，而不是 Runnable 实例的。在 Lambda 表达式中使用 this 没有什么特别之处。Lambda 表达式的作用域嵌套在 doWork 方法中，this 在该方法中的任何地方都具有相同的含义。

3.7.2 封闭作用域内访问变量

通常，你希望能够在 Lambda 表达式中访问封闭方法或类中的变量。考虑以下示例：

```
public static void repeatMessage(String text, int count) {
    Runnable r = () -> {
        for (int i = 0; i < count; i++) {
            System.out.println(text);
        }
    };
    new Thread(r).start();
}
```

需要注意的是，Lambda 表达式访问封闭作用域内定义的参数变量，而不是 Lambda 表达式本身。

考虑以下调用：

```
repeatMessage("Hello", 1000); // Prints Hello 1000 times in a separate thread
```

现在查看 Lambda 表达式中的变量 count 和 text。如果仔细考虑一下，这里发生了一些不明显的问题。在对 repeatMessage 的调用返回很久以后，Lambda 表达式的代码可能才会运行，而那时参数变量已经不存在了。当 Lambda 表达式准备好执行时，text 和 count 变量如何保持不变？

为了理解正在发生的事情，我们需要巩固对 Lambda 表达式的理解。Lambda 表达式有 3 个元素：

1. 一个代码块；
2. 参数；
3. 自由变量的值，指既不是参数，也不是在代码中定义的变量。

在示例中，Lambda 表达式有两个自由变量，text 和 count。表示 Lambda 表达式的数据结构必须存储这些变量的值，在示例中为"Hello"和 1000。我们说这些值已被 Lambda 表达式捕获。（这是一个实现细节。例如，可以将 Lambda 表达式转换为包含一个方法的对象，从而将自由变量的值复制到该对象的实例变量中。）

注意： 带有自由变量值的代码块的技术性术语是闭包（closure）。在 Java 中，Lambda 表达式就是闭包。

正如你所看到的，Lambda 表达式可以捕获封闭作用域内变量的值。为了确保捕获的值是明确定义的，这里有一个非常重要的限制。在 Lambda 表达式中，只能引用值不变的变量。这有时被描述为 Lambda 表达式捕获值，而不是变量。例如，以下代码会发生编译时错误：

```
for(int i = 0; i < n ; i++) {
    new Thread(() -> System.out.println(i)).start();
        // Error-cannot capture i
}
```

Lambda表达式试图捕获变量 i，但这是不合法的，因为 i 的值是会发生变化的。因此这里没有捕获任何值。规则就是，Lambda表达式只能从封闭作用域内访问局部变量，这些变量必须是 effectively final 的。effectively final 变量永远不会被修改——它要么已经被声明为 final，要么可以被声明为 final。

注意： 同样的规则适用于本地类捕获的变量（参见3.9节）。在过去，该规则更严格，要求捕获的变量需要声明为 final。但是现在已经不是这样了。

注意： 增强 for 循环的变量是 effectively final 的，因为它的作用域是一次迭代。以下代码完全合法。

```
for (String arg : args) {
    new Thread(() -> System.out.println(arg)).start();
        // OK to capture arg
}
```

在每次迭代中都会创建一个新变量 arg，并从 args 数组中分配下一个值。相反，前面示例中变量 i 的作用域是整个循环。

作为"effectively final"规则的结果，Lambda表达式不能改变任何捕获的变量。例如：

```
public static void repeatMessage(String text, int count, int threads) {
    Runnable r = () -> {
        while(count > 0) {
            count--; // Error: Can't mutate captured variable
            System.out.println(text);
        }
    };
    for(int i  = 0; i < threads; i++)  new Thread(r).start();
}
```

这其实是一件好事。正如你将在第10章中看到的，如果两个线程同时更新 count，则它的值将会是未定义的。

注意： 不要指望编译器捕获所有并发访问错误。禁止改动的规则只适用于局部变量。如果 count 是封闭类的实例变量或静态变量，那么即使结果未定义，也不会报告错误。

警告： 使用长度为1的数组可以避免对不适当改动的检查。

```
int[] counter = new int[1];
button.addActionListener(event -> counter[0]++);
```

counter 变量是 effectively final 的，因为它总是引用同一个数组，所以永远不会更改，因此你可以在Lambda表达式中访问它。

当然，这样的代码不是线程安全的。除了可能在单线程UI中进行回调之外，这是一个糟糕的想法。你将在第10章中了解如何实现线程安全共享计数器。

3.8 高阶函数

在函数式编程语言中，函数是"一等公民"。就像可以将数值传递给方法，并且可以使用生成数值的方法一样，你也可以将函数作为参数和返回值。处理或返回函数的函数称为高阶函数（high-order function）。这听起来很抽象，但在实践中非常有用。Java不完全是一种函数式语言，即使使用了函数式接口，但原理是相同的。在以下几小节中，我们将查看一些示例，并探讨 Comparator 接口中的高阶函数。

3.8.1 返回函数的方法

假设有时我们希望按升序对字符串数组进行排序，有时又希望按降序排序。可以制作一个产生正确比较器的方法：

```
public static Comparator<String> compareInDirecton(int direction) {
    return (x, y) -> direction * x.compareTo(y);
}
```

调用 compareInDirection(1) 将生成一个升序比较器，调用 compareInDirection(-1) 将生成

一种降序比较器。

结果可以传递给另一个方法（如 Arrays.sort），该方法期望使用以下接口：

```
Arrays.sort(names, compareInDirection(-1));
```

一般来说，不要羞于编写生成函数的方法（或者从技术上讲，是实现函数式接口的类的实例）。这对于生成自定义函数并将其传递给具有函数式接口的方法的非常有用。

3.8.2 修改函数的方法

在上一小节中，你看到了一个生成递增或递减字符串比较器的方法。我们可以通过反转任何比较器来推广这一观点：

```
public static Comparator<String> reverse(Comparator<String> comp) {
    return (x, y) -> comp.compare(y, x);
}
```

此方法对函数进行操作。它接收函数并返回修改后的函数。要获得不区分大小写的降序，请使用：

```
reverse(String::compareToIgnoreCase)
```

注意： Comparator 接口有一个默认方法 reversed，以这种方式生成给定比较器的反向比较形式。

3.8.3 Comparator 方法

Comparator 接口有许多有用的静态方法，这些方法是生成比较器的高阶函数。

comparing 方法接受一个“键提取器”函数，将类型 T 映射为一个可比较类型（如 String）。该函数应用于要比较的对象，然后对返回的键进行比较。例如，假设 Person 类有一个方法 getLastName。然后，可以按姓氏对 Person 对象数组进行排序，如下所示：

```
Arrays.sort(people, Comparator.comparing(Person::getLastName));
```

可以使用 thenComparing 方法链接比较器，来处理比较结果相同的情况。例如，按姓氏对一组人进行排序，然后对姓氏相同的人使用名字进行排序：

```
Arrays.sort(people, Comparator
    .comparing(Person::getLastName)
    .thenComparing(Person::getFirstName));
```

这些方法有很多变体形式。可以指定一个比较器，用于 comparing 和 thenComparing 方法提取的键。例如，这里我们根据人名长度对人进行排序：

```
Arrays.sort(people, Comparator.comparing(Person::getLastName,
    (s, t) -> s.length() - t.length()));
```

此外，comparing 和 thenComparing 方法都有避免 int、long 或 double 值自动装箱的变体。按人名长度排序的更简单的方法是：

```
Arrays.sort(people, Comparator.comparingInt(p -> p.getLastName().length()));
```

如果键函数可能返回 null，那么可能需要用到 nullsFirst 和 nullsLast 适配器。这些静态方法采用现有的比较器并对其进行修改，从而在遇到空值时不会引发异常，而是将这个值标记为小于或大于正常值。例如，假设当一个人没有中间名时，getMiddleName 返回 null，你就可以使用：

```
Comparator.comparing(Person::getMiddleName(), Comparator.nullsFirst(...))
```

在这种情况下，nullsFirst 方法需要一个比较器，它可以比较两个字符串。naturalOrder 方法可以为实现了 Comparable 接口的任何类生成一个比较器。这里是按中间名可能为空进行排序的完整调用。使用静态导入 java.util.Comparator.*，以使表达式更清晰。注意，naturalOrder 的类型是推导得到的。

```
Arrays.sort(people, comparing(Person::getMiddleName,
    nullsFirst(naturalOrder())));
```

静态 reverseOrder 方法会提供自然顺序的逆序。

3.9 局部类和匿名类

在引入Lambda表达式之前，Java就有了一种机制来简洁地定义一个实现接口的类（无论是函数式的还是非函数式的）。对于函数式接口，肯定应该使用Lambda表达式，但某些情况下可能需要一个非函数式接口的简洁形式。你还会在旧代码中遇到这些经典构造形式。

3.9.1 局部类

可以在方法内部定义一个类。这样的类称为*局部类*（local class）。当类只是作为一个实现接口的临时类时，你可能会这样做。当一个类实现了一个接口，而方法的调用者只关心接口，却不关心类时，这种情况经常发生。

例如，一起看看下面这个生成给定边界的无限随机整数序列的方法：

```
public static IntSequence randomInts(int low, int high)
```

由于`IntSequence`是一个接口，因此该方法必须返回实现该接口的某个类的对象。调用者不关心类，因此可以在方法中声明它：

```
private static RandomGenerator generator = RandomGenerator.getDefault();

public static IntSequence randomInts(int low, int high) {
    class RandomSequence implements IntSequence {
        public int next() { return low + generator.nextInt(high - low + 1); }
        public boolean hasNext() { return true; }
    }

    return new RandomSequence();
}
```

注意：局部类没有声明为`public`或`private`，因为它在方法外部永远无法访问。

将类设置为局部类有两个优点。第一，它的名称隐藏在方法作用域内。第二，类的方法可以从封闭作用域中访问变量，就像Lambda表达式的变量一样。

在示例中，`next`方法捕获3个变量：`low`、`high`和`generator`。如果将`RandomInt`转换为嵌套类，必须提供一个显式构造器，该构造器接收这些值并将它们存储在实例变量中（参见本章练习16）。

3.9.2 匿名类

在上一小节的示例中，名称`RandomSequence`被使用了一次，用于构造一个返回值。在这种情况下，可以使用匿名类：

```
public static IntSequence randomInts(int low, int high) {
    return new IntSequence() {
        public int next() { return low + generator.nextInt(high - low + 1); }
        public boolean hasNext() { return true; }
    }
}
```

以下表达式：

```
new Interface() { methods }
```

其含义是：定义一个实现具有给定方法的接口的类，并构造该类的一个对象。

注意：一如既往，`new`表达式中的`()`表示构造参数。匿名类的一个默认构造器将会被调用。

在Java有Lambda表达式之前，匿名内部类是提供可运行程序、比较器和其他函数式对象的最简洁的语法。你将经常在那些旧代码中看到它们。

现在，只有当需要提供两个或更多个方法的时候，匿名内部类才是唯一必要的，如前面的示例所示。如果`IntSequence`接口具有默认`hasNext`方法，如3.2.2小节中所示，则可以简单地使用Lambda表达式：

```
public static IntSequence randomInts(int low, int high) {
    return () -> low + generator.nextInt(high - low + 1);
}
```

练习

1. 提供一个包含 double getMeasure()方法的 Measurable 接口，该方法用某种方法来衡量一个对象。随后让 Employee 类实现 Measurable，并提供一个计算平均值的 double average(Measureable[] objects)方法。最后用它来计算一个雇员数组的平均工资。

2. 继续前面的练习，提供一个 Measurable largest(Measurable[] objects)方法。用它来查找薪水最高的雇员的姓名。请问这里需要强制转换么？

3. String 的所有超类型是什么？Scanner 呢？ImageOutputStream 呢？请注意，每种类型都是它自己的超类型。没有声明超类型的类或接口也是具有 Object 超类型的。

4. 实现 IntSequence 类的一个静态 of 方法，该方法生成一个带参数的序列。例如，IntSequence.of(3, 1, 4, 1, 5, 9)生成一个有 6 个值的序列。如果能返回一个匿名内部类的实例，将有额外奖励。

5. 给 IntSequence 类添加一个名为 constant 方法，该方法生成一个无限的常量序列。例如，IntSequence.constant(1)将生成值 1 1 1...，无穷无尽。如果使用 Lambda 表达式实现此功能，将获得额外奖励。

6. 由于整数溢出，SquareSequence 类实际上并没有提供无限的平方数序列。具体分析它的行为是怎样的？通过定义一个 Sequence<T>接口和一个实现了 Sequence<BigInteger>的 SquareSequence 类来解决这个问题。

7. 在本练习中，你将尝试将方法添加到接口后会发生什么。在 Java 7 中，可以从官方的 Java 文档中获取相关信息。实现一个实现了 Iterator<Integer>的 DigitSequence 类，而不是 IntSequence 类。提供 hasNext、next 方法和一个什么也不做的 remove 方法。编写一个打印实例元素的程序。在 Java 8 中，Iterator 类增加了 forEachRemaining 方法。当切换到 Java 8 时，你的代码还能编译吗？如果将 Java 7 的类放入 JAR 文件中并且不重新编译，那么它在 Java 8 中是否还有效？如果调用 forEachRemaining 方法又会怎样？此外，remove 方法已成为 Java 8 中的默认方法，并抛出 UnsupportedOperationException 异常。在类的实例上调用 remove 时会发生什么？

8. 实现方法 void luckySort(ArrayList<String> strings, Comparator<String> comp)，该方法持续调用数组列表上的 Collections.shuffle 方法，直到元素按照比较器确定的递增顺序排列。

9. 实现一个 Greeter 类，该类实现了 Runnable 接口，并且它的 run 方法打印 n 个"Hello," + target 副本，其中 n 和 target 在构造器中设置。尝试构造两个消息不同的实例，并在两个线程中并发执行。

10. 实现以下方法：

```
public static void runTogether(Runnable... tasks)
public static void runInOrder(Runnable... tasks)
```

其中第一个方法应该在单独的线程中运行每个任务，然后返回。第二种方法应该运行当前线程中的所有方法，并在最后一个方法完成时返回。

11. 使用 java.io.File 类的 listFiles(FileFilter)和 isDirectory 方法，编写一个返回给定目录的所有子目录的方法。使用 Lambda 表达式而不是 FileFilter 对象。重复该方法，改用方法表达式和匿名内部类。

12. 使用 java.io.File 类的 list(FilenameFilter)方法，编写一个返回给定目录中具有给定扩展名的所有文件的方法。使用 Lambda 表达式，而不是 FilenameFilter。它捕获了封闭作用域中的哪个变量？

13. 给定一个 File 对象数组，对其进行排序，使目录位于文件之前，并且在每个组中，元素都按路径名排序。使用 Lambda 表达式指定 Comparator。

14. 编写一个方法，它接受一个 Runnable 实例数组并返回一个 Runnable，其 run 方法按顺序执行它们。返回一个 Lambda 表达式。

15. 编写一个对 Arrays.sort 的调用，按薪水对雇员进行排序，并在薪水相同时按姓名排序。使用 Comparator.theComparing 实现该调用，然后再以逆序执行此调用。

16. 以嵌套类的形式，在 randomInts 方法外部实现 3.9.1 小节中的 RandomSequence。

第 4 章 继承与反射

前面的章节介绍了类和接口。在本章中，你将了解面向对象编程的另一个基本概念——继承。继承是在现有类的基础上创建新类的过程。当从现有类继承时，可以复用（或继承）这些类的方法，并且可以添加新的方法和字段。

注意： 实例变量和静态变量统称为字段（field）。类内的字段、方法和嵌套类/接口统称为类的成员。

本章的内容还包括反射，即在运行的程序中查找类及其成员的能力。反射是一个功能强大的特性，但也必须承认，它使用起来很复杂。由于主要是工具开发人员而不是应用编程人员对反射更感兴趣，因此可以在第一次阅读时快速浏览相关章节，待日后再回来仔细学习。

本章重点如下：

1. 子类可以继承或覆盖超类中的非 private 的方法。
2. 使用 super 关键字可以调用超类的方法或构造器。
3. 不能覆盖 final 方法；不能扩展 final 类。
4. abstract 方法没有具体实现；abstract 类不能被实例化。
5. 在子类方法中，可以访问超类的 protected 成员，但只能应用于相同子类的对象。它也可以在其包中访问。
6. 每个类都是 Object 的子类，Object 提供 toString、equals、hashCode 和 clone 方法。
7. sealed 类型用于限定哪些子类型可以在其他源文件中声明。
8. 每个枚举类型都是 Enum 的子类，Enum 提供了 toString 和 compareTo 的实例方法，以及静态 valueOf 方法。
9. Class 类提供有关 Java 类型的信息，Java 类型可以是类、数组、接口、基本类型或 void。
10. 可以使用 Class 对象加载与类文件放在一起的资源。
11. 可以使用类加载器从指定位置，而不是从类路径来加载类。
12. ServiceLoader 类提供了一种定位和选择服务实现的机制。
13. 反射库使程序能够发现对象成员、访问变量和调用方法。
14. 代理对象可以动态地实现任意接口，将所有方法调用路由到一个处理器。

4.1 扩展类

现在，让我们重新回到第 2 章中讨论的 Employee 类中。假设你在一家公司工作，经理的待遇与其他雇员存在一些差异。当然，经理在很多方面都和雇员一样，比如雇员和经理都有薪水。然而，雇员们完成指派的工作以后只领取薪水，但是如果经理完成了预期的业绩，他们就会得到奖金。这种情况就可以通过继承来进行建模。

4.1.1 超类和子类

让我们定义一个新的 Manager 类，这个类保留了 Employee 类的一些功能，但同时也明确了经理和其他雇员之间的一些不同：

```
public class Manager extends Employee {
    added fields
```

```
        added or overriding methods
    }
```

关键字 extends 表示正在创建一个从现有类派生出来的新类。现有的类就称为*超类*（superclass），新类称为*子类*（subclass）。在我们的示例中，Employee 类就是超类，Manager 类就是子类。需要注意的是，超类并非表示其“优于”子类。相反，子类比超类拥有更多的功能。“超”和“子”这两个术语来自集合理论。这里，经理集合是雇员集合的子集。

4.1.2 定义和继承子类方法

Manager 类有一个用于存储奖金的新的实例变量，以及一个用于设置这个实例变量的新方法：

```
public class Manager extends Employee {
    private double bonus;
    ...
    public void setBonus(double bonus) {
        this.bonus = bonus;
    }
}
```

当有了一个 Manager 对象，就可以调用 setBonus 方法了，也可以调用 Employee 类中的那些非私有的方法。这些方法都是继承得来的。

```
Manager boss = new Manager(...);
boss.setBonus(10000); // Defined in subclass
boss.raiseSalary(5); // Inherited from superclass
```

4.1.3 方法覆盖

有时，需要在子类中修改超类的方法。例如，假设 getSalary 方法应当报告雇员的薪水总额。那么继承得来的方法并不适合 Manager 类。因此，需要*覆盖*（override）该方法，使其返回经理的薪水和奖金的总和。

```
public class Manager extends Employee {
    ...
    public double getSalary() { // Overrides superclass method
        return super.getSalary() + bonus;
    }
}
```

这个方法调用了超类的方法，通过超类的方法得到薪水，并在此基础上加上奖金。这里需要注意，子类方法不能直接访问超类的私有实例变量。这就是为什么 Manager.getSalary 方法需要调用公有的 Employee.getSalary 方法。这里的 super 关键字用于调用超类方法。

注意： 与 this 不同的是，super 不是一个对象的引用，而是绕过动态方法查找（参见 4.1.5 小节）并调用特定方法的指令。

覆盖方法时并不需要调用超类方法，但这样做很常见。

在覆盖方法时，必须注意与参数类型完全匹配。例如，假设 Employee 类有一个方法：

```
public boolean worksFor(Employee  supervisor)
```

如果在 Manager 类中覆盖此方法，则无法更改参数类型，即使肯定不会有经理向普通雇员汇报工作。假设定义了一个方法：

```
public class Manager extends Employee {
    ...
    public boolean worksFor(Manager supervisor) {
        ...
    }
}
```

这只是一个新方法，现在 Manager 有两个单独的 worksFor 方法。可以通过使用@Override 注解来标记那些意图覆盖超类方法的方法，以确保不出现这种类型的错误：

```
@Override public boolean worksFor(Employee supervisor)
```

如果你犯了错误，并且正在定义新方法，编译器将报告错误。

覆盖方法时，可以将返回类型更改为子类型（从技术上讲，允许返回类型协变）。例如，如果 Employee

类有一个方法：

```
public Employee getSupervisor()
```

则 Manager 类可以使用以下方法来覆盖它：

```
@Override public Manager getSupervisor()
```

警告：与覆盖方法时，子类方法必须至少与超类方法具有一样的可访问性。特别是，如果超类方法是公有的，那么子类方法也必须声明为公有的。不小心忘记子类方法的 public 修饰符是一个常见错误。然后编译器会因为较弱的访问权限而报错。

4.1.4 子类构造

下面让我们为 Manager 类提供一个构造器。由于 Manager 的构造器不能访问 Employee 类的私有实例变量，因此必须通过超类的构造器来初始化它们：

```
public Manager(String name, double salary) {
    super(name, salary);
    bonus = 0;
}
```

这里的关键字 super 表示对超类 Employee 的构造器的调用，并传入 name 和 salary 作为超类构造器的参数。超类构造器的调用必须是子类构造器中的第一个语句。如果子类没有显式调用任何超类构造器，则超类必须具有一个隐式调用的无参数构造器。

4.1.5 超类赋值

将子类的对象赋值给类型为超类的变量是合法的。例如：

```
Manager boss = new Manager(...);
Employee empl = boss; // OK to assign to superclass variable
```

现在考虑一下当在超类变量上调用方法时会发生什么：

```
double salary = empl.getSalary();
```

即使变量 empl 的类型是 Employee，也会调用 Manager.getSalary 方法。当调用方法时，虚拟机会查看对象实际上属于哪个类，并找到它自己版本的方法。此过程称为动态方法查找（dynamic method lookup）。

为什么要将 Manager 对象赋值给 Employee 变量？它允许你编写适用于所有雇员的代码，无论是经理、清洁工还是其他 Employee 子类的实例：

```
Employee[] staff = new Employee[...];
staff[0] = new Employee(...);
staff[1] = new Manager(...); // OK to assign to superclass variable
staff[2] = new Janitor(...);
...
double sum = 0;
for (Employee empl : staff)
    sum += empl.getSalary();
```

由于动态方法查找，调用 empl.getSalary() 会调用 empl 引用的对象所属的 getSalary 方法，可能是 Employee.getSalary、Manager.getSalary 等。

警告：在 Java 中，超类赋值也适用于数组。你可以将 Manager[] 数组赋值给 Employee[] 变量。[这里的技术术语是，Java 数组是协变（covariant）的。]这样操作很方便，但也不可靠，也就是说，可能会发生类型错误。让我们一起看看以下示例。

```
Manager[] bosses = new Manager[10];
Employee[] empls = bosses; // Legal in Java
empls[0] = new Employee(...); // Runtime error
```

编译器能够接受最后一条语句，因为在 Employee[] 数组中存储 Employee 通常是合法的。然而，这里 empl 和 bosses 引用的是同一个 Manager[] 数组，它不能容纳普通的 Employee。虚拟机只有在运行时才会发现这个错误，并抛出 ArrayStoreException 异常。

4.1.6 强制类型转换

在上一小节中，你看到了 Employee 类型的变量 empl 是如何引用 Employee 类、Manager 类或 Employee 的其他子类的对象的。这对于处理来自多个类的对象的代码很有用。但是有一个缺点，只能调用属于超类的方法。考虑以下示例：

```
Employee empl = new Manager(...);
empl.setBonus(10000); // Compile-time error
```

尽管这样的调用在运行时可能成功，但这确实是一个编译时错误。因为，编译器会检查你是否只调用了那些属于接收器类型的方法。这里的 empl 是 Employee 类型，该类中并没有 setBonus 方法。

与接口一样，你可以使用 instanceof 运算符和强制类型转换将一个超类的引用转换为子类。

```
if (empl instanceof Manager mgr) {
    mgr.setBonus(10000);
}
```

4.1.7 匿名子类

就像你可以拥有一个实现接口的匿名类一样，你也可以拥有一个扩展超类的匿名类。这样调试会很方便：

```
var names = new ArrayList<String>(100) {
    public void add(int index, String element) {
        super.add(index, element);
        System.out.printf("Adding %s at %d\n", element, index);
    }
};
```

超类名称后的括号内的参数是传递给超类构造器的。在这里，我们构造了一个 ArrayList<String> 的匿名子类，并覆盖了 add 方法。该实例被构造时，初始容量为 100。

双括号初始化（double brace initialization）是一种使用内部类语法的奇特技巧。假设要构造一个数组列表并将其传递给一个方法：

```
var friends = new ArrayList<String>();
friends.add("Harry");
friends.add("Sally");
invite(friends);
```

如果之后不再需要数组列表，那么最好将其声明为匿名的。但是该如何添加元素呢？下面是解决办法：

```
invite(new ArrayList<String>() {{ add("Harry"); add("Sally"); }});
```

注意这里的双括号。外部花括号构成 ArrayList<String>的匿名子类。内部花括号是一个初始化块（见第 2 章）。

不建议在 Java 知识竞赛之外使用这个技巧，因为它效率很低。构造的对象在判等测试中的行为可能不一致，具体情况取决于 equals 方法的实现方式。

如果 invite 方法的参数类型为 List，可以直接调用如下：

```
invite(List.of("Harry", "Sally"));
```

4.1.8 带 super 的方法表达式

让我们一起回忆一下第 3 章的内容，方法表达式可以使用 *object*::*instanceMethod* 形式。这里同样可以使用 super 而不是 object 引用。方法表达式 super::*instanceMethod* 将 this 作为目标并调用给定方法的超类版本。下面是一个显示了这个机制的示例：

```
public class Worker {
    public void work() {
        for (int i = 0; i < 100; i++) System.out.println("Working");
    }
}

public class ConcurrentWorker extends Worker {
    public void work() {
        var t = new Thread(super::work);
```

```
        t.start();
    }
}
```

该线程通过 Runnable 构造，该 Runnable 的 run 方法调用了超类的 work 方法。

4.2 继承的层次结构

你刚刚看到了如何扩展类。很显然，你可以再次扩展子类，并不断重复该过程，这样就会形成类的层次结构。在下面的小节中，你将学习 Java 语言为控制继承层次结构中可以做的操作提供的构造。

4.2.1 final 方法和 final 类

当将方法声明为 final 时，任何子类都不能覆盖它：

```
public class Employee {
    ...
    public final String getName() {
        return name;
    }
}
```

Java API 中关于 final 方法的一个很好的例子是 Object 类中的 getClass 方法，你将在 4.5.1 小节中看到。允许对象谎报其所属的类似乎是不明智的，因此，这个方法将永远无法被更改。

一些编程人员认为，final 关键字有助于提高效率。在 Java 的早期阶段，这样的理解可能是正确的，但现在已经不再是这样的了。现代虚拟机将会推测性“内联”那些相对简单的方法，例如上面的 getName 方法，即使它们没有声明为 final。在极罕见的情况下，如果加载了一个覆盖了这样的方法的子类，那么内联会被取消。

一些编程人员认为，类的大多数方法都应该声明为 final，只有专门为覆盖而设计的方法才不应该是 final 的。其他人则认为这太严格了，因为它甚至阻止了无害的覆盖，例如，日志记录或调试目的相关的一些方法。

有时，你可能希望阻止其他人从你的某个类中创建子类。可以在类定义中使用 final 修饰符来实现这一功能。例如，以下示例介绍了如何防止其他人对 Executive 类进行子类化：

```
public final class Executive extends Manager {
    ...
}
```

Java API 中有相当数量的 final 类，例如 String、LocalTime 和 URL。

4.2.2 抽象方法和抽象类

类可以定义一个没有实现的方法，强制子类去实现它。这样的方法和包含它的类称为抽象的（abstract），并且必须用 abstract 修饰符进行标记。这通常用于非常通用的类，例如：

```
public abstract class Person {
    private String name;

    public Person(String name) { this.name = name; }
    public final String getName() { return name; }

    public abstract int getId();
}
```

这样，任何扩展 Person 类的类都必须提供 geteId 方法的实现，否则自身也需要声明为 abstract。需要注意的是，抽象类可以有非抽象方法，例如前面示例中的 getName 方法。

注意：与接口不同，抽象类可以有实例变量和构造器。

不可能构造抽象类的实例。例如，以下调用将会出现编译时错误：

```
Person p = new Person("Fred"); // Error
```

但是，你可以拥有一个类型为抽象类的变量，只要这个变量包含对具体子类对象的引用。假设 Student 类被声明为：

```
public class Student extends Person {
    private int id;

    public Student(String name, int id) { super(name); this.id = id; }
    public int getId() { return id; }
}
```

然后，你就可以构造一个 Student 对象，并将其赋值给 Person 变量：

```
Person p = new Student("Fred", 1729); // OK, a concrete subclass
```

4.2.3 受保护的访问

有时，你希望一个方法仅限于子类使用，或者只允许子类方法访问超类的某个实例变量。为此，需要将类的特性声明为 protected。

例如，假设超类 Employee 将实例变量 salary 声明为 protected，而不是 private：

```
package com.horstmann.employees;

public class Employee {
    protected double salary;
    ...
}
```

这样，与 Employee 在同一个包中的所有类都可以访问此字段。现在考虑来自不同包的子类：

```
package com.horstmann.managers;

import com.horstmann.employees.Employee;

public class Manager extends Employee {
    ...
    public double getSalary() {
        return salary + bonus; // OK to access protected salary variable
    }
}
```

Manager 类的方法只能查看 Manager 对象的 salary 变量，而不能查看其他 Employee 对象的 salary 变量。设置此限制是为了防止通过创建子类来访问受保护的特性，避免滥用受保护的机制。

当然，应当谨慎使用受保护的字段。因为一旦提供了受保护的字段，就无法在不破坏正在使用它们的类的情况下删除它们。

其实，受保护的方法和受保护的构造器更常见。例如，Object 类的 clone 方法是受保护的，因为它使用起来有些困难（参见 4.3.4 小节）。

警告：在 Java 中，protected 授予了包级别的访问权限，它只保护来自其他包的访问。

4.2.4 封闭类

除非类声明为 final，否则任何人都可以创建它的子类。如果想对它有更多的控制权应该怎么办？例如，假设觉得需要编写自己的 JSON 库，因为现有的 JSON 库都不能完全满足你的需要。

JSON 标准规定，JSON 值是数组、数值、字符串、布尔值、对象或 null。显而易见的方法是使用一些扩展了抽象类 JSONValue 的类（如 JSONArray、JSONNumber 等），对其进行建模：

```
public abstract class JSONValue {
    // Methods that apply to all JSON values
}

public final class JSONArray extends JSONValue {
    ...
}
public final class JSONNumber extends JSONValue {
    ...
}
```

通过将 JSONArray、JSONNumber 等类声明为 final 形式的，可以确保没有人在此基础上派生子类，但却不能阻止任何人创建 JSONValue 的其他子类。

为什么需要这种控制？考虑下面这段代码，它使用带有模式匹配的 switch 表达式（Java 17 中的预览特性）：

```
public String type() {
    return switch (this) {
        case JSONArray j -> "array";
        case JSONNumber j -> "number";
        case JSONString j -> "string";
        case JSONBoolean j -> "boolean";
        case JSONObject j -> "object";
        case JSONNull j -> "null";
        // No default needed here
    };
}
```

编译器可以检查出这里不需要 default 子句，因为 JSONValue 的所有直接子类都已经出现在 case 分支中。

注意： 前面的 type 方法看起来不太符合面向对象的思想。根据 OOP 的精神，这 6 个类中的每一个都应当提供自己的 type 方法，依赖多态性而不是 switch 语句。对于开放式的层次结构，这是一个好方法。但当存在一组固定的类时，在一种方法中处理所有备选方案通常更方便。

我们希望编译器能够知道 JSONValue 的所有直接子类。因为这不是一个开放的层次结构。通常情况下 JSON 的标准不会改变，如果改变了，库的实现者就将添加第七个子类。我们不想让其他人扰乱这样的一个类层次结构。

在 Java 中，密封（sealed）类控制哪些类可以扩展它，密封接口控制哪些类可以实现它。

这里是将 JSONValue 类声明为封闭类的方法：

```
public abstract sealed class JSONValue
    permits JSONArray, JSONNumber, JSONString, JSONBoolean, JSONObject, JSONNull {
    ...
}
```

定义一个不允许的子类是一个错误：

```
public class JSONComment extends JSONValue { ... } // Error
```

因为 JSON 不允许有注释，所以这其实是好事。如你所见，封闭类型允许对域约束进行精确建模。

封闭类型的所有直接子类型必须位于同一个包中。但是，如果使用了模块（参见第 15 章），则它们必须位于同一模块中。

注意： 封闭类型可以在没有 permits 子句的情况下声明。然后，必须在同一文件中声明其所有直接子类型。无法访问该文件的编程人员无法创建子类型。

乍一看，似乎封闭类的子类必须是 final 的。但是对于穷举性测试，我们只需要知道所有直接子类。如果这些类有自己的子类，那么这不是问题。例如，可以重新组织我们的 JSON 层次结构，如图 4-1 所示。

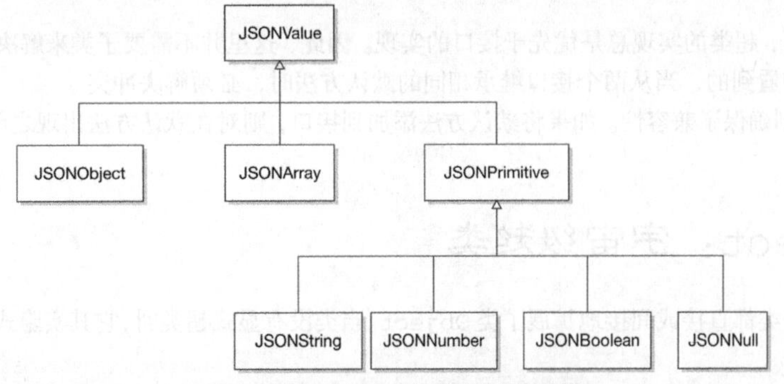

图 4-1 表示 JSON 值的完整类层次结构

在这个层次结构中，JSONValue 允许 3 个子类：

```
public abstract sealed class JSONValue permits JSONObject, JSONArray, JSONPrimitive {
    ...
}
```

JSONPrimitive 类也是密封的：

```
public abstract sealed class JSONPrimitive extends JSONValue
        permits JSONString, JSONNumber, JSONBoolean, JSONNull {
    ...
}
```

封闭类的子类必须指定它是 sealed、final，还是允许继续派生子类。对于最后一种情况，它必须声明为 non-sealed。

注意：因为 sealed 关键字比 Java 语言年轻得多，所以它是“上下文相关”的。它只有在用作类型修饰符时才有意义。所以你可以声明一个名为 sealed 的变量或方法，示例如下。

```
int sealed = 1; // OK to use contextual keyword as identifier
```

当然，出于连字符的原因，你不能用 non-sealed 作为标识符。这里唯一的歧义是减法，示例如下。

```
int non = 0;
non = non-sealed; // Subtraction, not keyword
```

为什么想要一个 non-sealed 子类呢？考虑具有 6 个直接子类的 XML 节点类：

```
public abstract sealed class Node permits Element, Text, Comment,
      CDATASection, EntityReference, ProcessingInstruction {
    ...
}
```

然而，下面的 Element 类不是封闭类，并且允许创建任意子类：

```
public non-sealed class Element extends Node { ... }
public class HTMLDivElement extends Element { ... }
public class HTMLImgElement extends Element { ... }
...
```

注意：本小节的示例显示了如何使用封闭类。此外，接口也可以是密封的。记录和枚举无法被扩展，因此无法是密封的。但是，它们可以扩展一个密封接口。

4.2.5 继承和默认方法

假设一个类扩展了一个类并且实现了一个接口，而这个超类和接口恰好有一个同名的方法：

```
public interface Named {
    default String getName() { return ""; }
}

public class Person {
    ...
    public String getName() { return name; }
}

public class Student extends Person implements Named {
    ...
}
```

在这种情况下，超类的实现总是优先于接口的实现。因此，这里并不需要子类来解决这个冲突。然而，正如你在第 3 章中看到的，当从两个接口继承相同的默认方法时，必须解决冲突。

“类优先”规则确保了兼容性。如果将默认方法添加到接口，则对在默认方法出现之前已经正常工作的代码没有影响。

4.3 Object：宇宙级超类

Java 中的每个类都直接或间接地扩展了类 Object。当类没有显式超类时，它其实隐式扩展了 Object。例如：

```
public class Employee{ ... }
```

相当于

```
public class Employee extends Object { ... }
```

Object 类定义了一些适用于任何 Java 对象的方法，如表 4-1 所示。我们将在以下几小节中详细介绍其中的几种方法。

表 4-1 java.lang.Object 类的方法

方法	功能描述
String toString()	生成此对象的字符串表示形式，默认情况下为类名和哈希码
boolean equals(Object other)	如果此对象被认为等于 other，则返回 true；如果与 other 不同或 other 为 null，则返回 false。默认情况下，如果两个对象相同，则它们相等。考虑空安全问题建议使用 Objects.equals(obj, other)，而不是 obj.equals(other)
int hashCode()	生成此对象的哈希码。相等对象必须具有相同的哈希码。除非被覆盖，否则虚拟机会以某种方式分配哈希码
Class<?> getClass()	生成描述该对象所属类的 Class 对象
protected Object clone()	复制此对象。默认情况下，副本是浅拷贝的
protected void finalize()	当垃圾收集器回收此对象时，将会调用此方法。不要覆盖它
wait, notify, notifyAll	见第 10 章

注意：数组是类。因此，将数组（甚至是基本类型数组）转换为 Object 类型的引用是合法的。

4.3.1 toString 方法

Object 类中的一个重要方法是 toString 方法，该方法返回对象的字符串描述。例如，Point 类的 toString 方法返回一个这样的字符串：

```
java.awt.Point[x=10, y=20]
```

许多 toString 方法遵循以下格式：首先是类名，随后是一对方括号括起来的实例变量。下面是 Employee 类中的 toString 方法的实现：

```
public String toString() {
    return getClass().getName() + "[name=" + name + ",salary=" + salary + "]";
}
```

这里通过 getClass().getName() 的形式进行方法调用，而不是硬连接字符串"Employee"，这样可以保证该方法对子类也是正确的。

在子类中，调用 super.toString()，并在一对单独的括号中添加子类的实例变量：

```
public class Manager extends Employee {
    ...
    public String toString() {
        return super.toString() + "[bonus=" + bonus + "]";
    }
}
```

每当对象与字符串拼接时，Java 编译器都会自动调用对象上的 toString 方法。例如：

```
var pos = new Point(10, 20);
String message = "The current position is " + pos;
    // Concatenates with pos.toString()
```

提示：可以写 "" + x，来代替 x.toString()。如果 x 为 null 或是基本类型的值，这个表达式也可以工作。

Object 类定义了 toString 方法来打印类名和哈希码（参见 4.3.3 小节）。例如以下调用会生成一个类似 java.io.PrintStream@2f6684 的输出：

```
System.out.println(System.out)
```

因为 PrintStream 类的实现者不愿意覆盖 toString 方法。

警告：数组继承了 Object 中的 toString 方法，但它会以一种过时的格式打印出数组类型。例如，如果你有一个数组，

```
int[] primes = { 2, 3, 5, 7, 11, 13 };
```

然后，primes.toString() 将会生成类似 "[I@1a46e30"的字符串。前缀[I 表示整数数组。补救方案是调用 Arrays.toString(primes) 来代替，这样会生成字符串"[2, 3, 5, 7, 11, 13]"。要正确打印多维数组（即数组的数组），需要使用 Arrays.deepToString。

4.3.2 equals 方法

equals 方法测试一个对象是否与另一个对象相等。equals 方法是在 Object 类中实现的，用于确定两个对象的引用是否相同。如果两个对象完全相同，那么它们肯定是相等的，这是一个非常合理的默认行为。对于很多类来说，这样已经足够了。例如，比较两个 Scanner 对象的相等性几乎没有意义。

覆盖 equals 方法仅用于基于状态的相等性测试，即两个对象如果具有相同内容则视为相等。例如，String 类覆盖了 equals，通过检查两个字符串是否由相同的字符组成来判断相等。

> **警告：** 无论何时覆盖 equals 方法，都必须提供一个兼容的 hashCode 方法，参见 4.3.3 小节。

假设考虑 Item 类的两个对象，如果它们的描述和价格是相匹配的，那么将两者视为相等。下面是如何实现 equals 方法：

```
public class Item {
    private String description;
    private double price;
    ...
    public boolean equals(Object otherObject) {
        // A quick test to see if the objects are identical
        if (this == otherObject) return true;

        // Must return false if the argument is null
        if (otherObject == null) return false;
        // Check that otherObject is an Item
        if (getClass() != otherObject.getClass()) return false;
        // Test whether the instance variables have identical values
        var other = (Item) otherObject;
        return Objects.equals(description, other.description)
            && price == other.price;
    }

    public int hashCode() { ... } // See Section 4.3.3
}
```

以下是需要在 equals 方法中完成的一些常规步骤。

1. 很常见的情况是相等对象也是同一对象，且这种测试很高效。
2. 与 null 进行比较时，每个 equals 方法都需要返回 false。
3. 由于 equals 方法覆盖了 Object.equals，因此其参数的类型是 Object。需要将其强制转换为实际类型，以便查看对象的实例变量。在进行强制转换之前，使用 getClass 方法或 instanceof 运算符进行类型检查。
4. 最后，比较实例变量。对于基本类型，使用 ==。但是对于 double 值，如果关心 ± ∞ 或 NaN，使用 Double.equals。对于对象，使用 Objects.equals，即 equals 方法的空安全版本。调用 Objects.equals(x, y) 会在 x 为 null 时返回 false，而 x.equals(y) 将抛出异常。

> **提示：** 如果实例变量是数组，可以使用静态 Arrays.equals 方法检查数组的长度是否相等以及对应的数组元素是否相等。

当为子类定义 equals 方法时，首先需要调用超类的 equals 方法。如果该测试未通过，则对象不相等。如果超类的实例变量相等，则可以比较子类的实例变量。

```
public class DiscountedItem extends Item {
    private double discount;
    ...
    public boolean equals(Object otherObject) {
        if (!super.equals(otherObject)) return false;
        var other = (DiscountedItem) otherObject;
        return discount == other.discount;
    }

    public int hashCode() { ... }
}
```

需要注意的是，如果 otherObject 不是 DiscountedItem，则超类中的 getClass 测试失败。

当比较属于不同类的值时，equals 方法应该如何操作？这是一个有争议的领域。在前面的示例中，如果类不完全匹配，那么 equals 方法将返回 false。但许多编程人员会使用 instanceof 测试：

```
if (!(otherObject instanceof Item)) return false;
```

这就会存在一种可能性，即 otherObject 可能属于子类。例如，可以比较 Item 和 DiscountItem。

然而，这种比较通常不起什么作用。eauals 方法的一个要求是它是对称（symmetric）的：对于非空的 x 和 y，调用 x.equals(y) 和 y.equals(x) 需要返回相同的值。

现在假设 x 是 Item，y 是 DiscountedItem。由于 x.equals(y) 不考虑折扣，那么 y.equals(x) 也不能考虑折扣。

注意： Java API 包含 150 多个 equals 方法的实现，其中混合了 instanceof 测试、调用 getClass、捕获 ClassCastException，当然也可能什么都不做。查看 java.sql.Timestamp 类的文档，实现者在文档中有些尴尬地指出，Timestamp 类继承自 java.util.Date，后者的 equals 方法使用了 instanceof 测试，因此就无法覆盖 equals，使之同时做到对称且正确。

有一种情况下，instanceof 测试是有意义的：如果相等的概念在超类中是固定的，并且在子类中也从不改变。例如，如果我们按 ID 比较雇员，就会出现这种情况。在这种情况下，可以进行 instanceof 测试并将 equals 方法声明为 final：

```
public class Employee {
    private int id;
    ...
    public final boolean equals(Object otherObject) {
        if (this == otherObject) return true;
        if (otherObject instanceof Employee other) return id == other.id;
        return false;

    }
    public int hashCode() { ... }
}
```

4.3.3 hashCode 方法

哈希码（hash code）是一个从对象派生出的整数值。哈希码应该是乱序的——如果 x 和 y 是两个不相等的对象，那么 x.hashCode() 和 y.hashCode() 有很大概率不同。例如，"Marry".hashCode() 是 2390779，"Myra".hashCode() 是 2413819。

String 类使用以下算法计算哈希码：

```
int hash = 0;
for (int i = 0; i < length(); i++)
    hash = 31 * hash + charAt(i);
```

hashCode 和 equals 方法必须兼容（compatible）：如果 x.equals(y) 为真，那么 x.hashCode() == y.hashCode() 也必须为真。正如你所看到的，String 类就是这种情况，因为具有相同字符的字符串产生相同的哈希码。

Object.hashCode 方法以某种依赖于实现的方式派生哈希码。它可以从对象的内存位置派生，或者从与对象缓存的数字（顺序或伪随机）派生，或者两者的组合。由于 Object.equals 方法会测试相同的对象，因此唯一重要的是相同对象具有相同的哈希码。

如果重新定义了 equals 方法，还需要重新定义 hashCode 方法来保证与 equals 方法兼容。如果不这样做，那么使用这些类的用户将对象插入到哈希集合或哈希映射中时，他们可能会出错。

在你的 hashCode 方法中，可以只组合实例变量的哈希码。例如，下面是 Item 类的 hashCode 方法：

```
class Item {
    ...
    public int hashCode() {
        return Objects.hash(description, price);
    }
}
```

Objects.hash 可变参数方法会计算其参数的哈希码并将其组合。该方法是空安全的。

如果你的类有数组类型的实例变量，则应当首先使用静态 Arrays.hashCode 方法计算其哈希码，该方法计算由数组元素的哈希码组成的一个哈希码。然后将最终结果传递给 Objects.hash。

警告： 在接口中，永远不能使用默认方法来重新定义 Object 类中的任何方法。特别是，接口中不能为 toString、equals 或 hashCode 定义默认方法。由于“类优先”的规则（参见 4.2.5 小节），这样的方法永远无法取代 Object.toString、Object.equals 或 Object.hashCode。

4.3.4 克隆对象

你刚刚看到 Object 类中通常被覆盖的 3 个重要方法：toString、equals 和 hashCode。在本小节中，你将学习如何覆盖 clone 方法。正如你将看到的，这些操作很复杂，并且 hashCode 很少需要覆盖。因此，除非有充分的理由，否则不要覆盖 clone。标准 Java 库中只有不到 5%的类实现了 clone 方法。

clone 方法的目的是“克隆”一个对象——一个状态与原始对象相同的不同对象。如果对其中一个对象进行修改，另一个对象保持不变：

```
Employee cloneOfFred = fred.clone();
cloneOfFred.raiseSalary(10); // fred unchanged
```

clone 方法在 Object 类内被声明为 protected，因此如果希望类的用户能够克隆实例，那么必须覆盖 clone 方法。

Object.clone 方法使用的是浅拷贝（shallow copy）模式，它只是简单地把原始对象中所有的实例变量复制到克隆对象中。如果这些变量都是基本类型或者不可变类型，那么这样做并没什么问题。但是如果不全是这两种类型，那么原始对象和克隆对象将会共享可变状态，这样将会导致错误。

考虑一个具有收件人列表的电子邮件信息类：

```
public final class Message {
    private String sender;
    private ArrayList<String> recipients;
    private String text;
    ...
    public void addRecipient(String recipient) { ... };
}
```

如果制作了 Message 对象的浅拷贝，那么原始对象和克隆对象将共享 recipients 列表，如图 4-2 所示。

```
Message specialOffer = ...;
Message cloneOfSpecialOffer = specialOffer.clone();
```

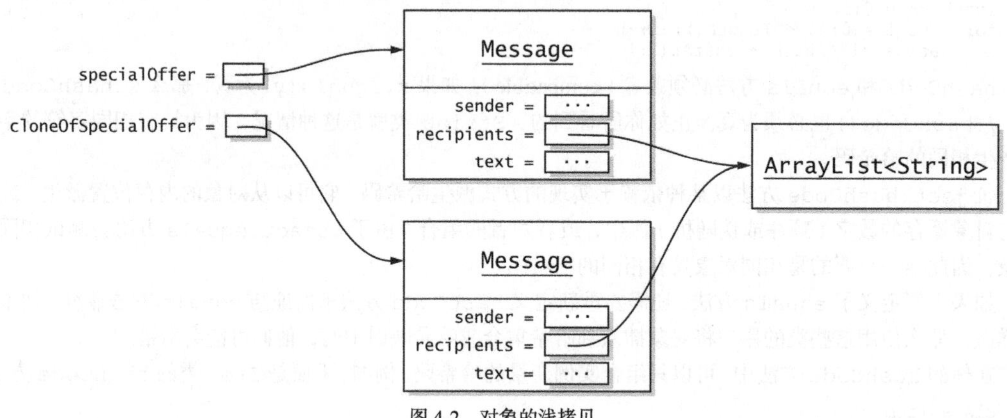

图 4-2 对象的浅拷贝

如果其中一个对象更改了收件人列表，那么这个更改将反映在另一个对象中。因此，Message 类需要覆盖 clone 方法以进行深拷贝（deep copy）。

但是，也存在这样的问题，即实现克隆是不可能的，或者不值得花费巨大代价的。例如，克隆 Scanner 对象将非常具有挑战性。

通常，当实现一个类时，需要决定以下几个方面：

1. 不希望提供 clone 方法；
2. 继承的 clone 方法是可接受的；
3. clone 方法应进行深拷贝。

对于第一个选项，什么都不需要做。类将继承 clone 方法，但类的任何用户都无法调用它，因为它是 protected 的。

要选择第二个选项，类必须实现 Cloneable 接口。这是一个没有任何方法的接口，称为*标记接口*（tagging interface）或*记号接口*（marker interface）。（回想一下，clone 方法是在 Object 类中定义的。）Object.clone 方法在进行浅拷贝之前会检查此接口是否已实现，如果没有实现，那么会抛出 CloneNotSupportedException 异常。

还需要将 clone 的作用域从 protected 提升为 public，并更改返回类型。

最后，还需要处理 CloneNotSupportedException 异常。这是一个检查型异常，正如你将在第 5 章中看到的，你必须声明或捕获它。如果类是 final 的，那么可以捕获它。否则，请声明该异常，因为可能会有子类想要再次抛出它。

```
public class Employee implements Cloneable {
    ...
    public Employee clone() throws CloneNotSupportedException {
        return (Employee) super.clone();
    }
}
```

对 Employee 的强制类型转换是必要的，因为 Object.clone 的返回类型是 Object。

实现 clone 方法的第三个选项是最复杂的情况，其中类需要进行深拷贝。你不需要使用 Object.clone 方法。下面是 Message.clone 的一个简单实现：

```
public Message clone() {
    var cloned = new Message(sender, text);
    cloned.recipients = new ArrayList<>(recipients);
    return cloned;
}
```

或者，可以在超类和可变的实例变量上调用 clone 方法。

ArrayList 类实现了 clone 方法，生成浅拷贝。也就是说，原始列表和克隆列表共享元素引用。这在我们的情况下是可行的，因为元素是字符串。如果不是的话，还需要克隆每个元素。

然而，由于历史原因，ArrayList.clone 方法的返回类型是 Object。需要使用强制类型转换：

```
cloned.recipients = (ArrayList<String>) recipients.clone(); // Warning
```

遗憾的是，正如你将在第 6 章中看到的，在编译时无法完全检查强制类型转换，因此会出现警告。可以使用注解来忽略警告，但该注解只能附加到声明中（参见第 12 章）。以下是完整的方法实现：

```
public Message clone() {
    try {
        var cloned = (Message) super.clone();
        @SuppressWarnings("unchecked") var clonedRecipients
            = (ArrayList<String>) recipients.clone();
        cloned.recipients = clonedRecipients;
        return cloned;
    } catch (CloneNotSupportedException ex) {
        return null; // Can't happen
    }
}
```

在这种情况下，CloneNotSupportedException 不会发生，因为 Message 类是 Cloneable 且 final 的，并且 ArrayList.clone 不会抛出异常。

注意： 数组有一个公有 clone 方法，其返回类型与数组类型相同。例如，如果 recipients 是一个数组，而不是数组列表，那么可以这样克隆它。

```
cloned.recipients = recipients.clone(); // No cast required
```

4.4 枚举

你在第 1 章中已经看到了如何定义枚举类型。下面是一个典型的示例，它定义了一个有 4 个实例的类型：

```
public enum Size { SMALL, MEDIUM, LARGE, EXTRA_LARGE };
```

在下面的小节中，你将看到如何使用枚举。

4.4.1 枚举的方法

由于枚举类型的每个实例都是唯一的，因此永远都不需要对枚举类型的值使用 equals 方法。只须使用 == 进行比较。（如果愿意，可以调用 equals，该方法会执行 == 测试。）

也不需要提供 toString 方法。它是自动提供的，用来生成枚举对象的名称——在我们的示例中是 "SMALL"、"MEDIUM"等。

toString 的逆方法是静态方法 valueOf，该方法对于每个枚举类型都会合成。例如，以下语句将 notMySize 设置为 Size.SMALL：

```
Size notMySize = Size.valueOf("SMALL");
```

如果没有给定名称的实例，则 valueOf 方法会抛出异常。

每个枚举类型都有一个静态 values 方法，该方法会返回包含枚举的所有实例的数组，并按声明顺序排列。以下调用返回包含 Size.SMALL、Size.MEDIUM 等元素的数组：

```
Size[] allValues = Size.values();
```

提示： 可以使用此方法在增强 for 循环方法中遍历枚举类型的所有实例，示例如下。

```
for (Size s : Size.values()) { System.out.println(s); }
```

ordinal 方法生成实例在 enum 声明中的位置，位置从零开始计数。例如，Size.MEDIUM.ordinal() 返回 1。当然，使用这种方法需要小心。如果插入了新常量，则对应的值会发生变化。

每个枚举类型 E 都自动实现 Comparable<E>，这样就会只允许与自己的对象通过序数值进行比较。

注意： 从技术上讲，枚举类型 E 扩展了 Enum<E>类，从中继承了 compareTo 方法以及本节中描述的其他方法。表 4-2 显示了 Enum 类的方法。

表 4-2 java.lang.Enum<E>类的方法

方法	功能描述
String toString() String name()	实例的名称，即 enum 声明中提供的名称。name 方法是 final 的
int ordinal()	此实例在 enum 声明中的位置
int compareTo(Enum<E> other)	按序号值将此实例与 other 实例进行比较
static T valueOf(Class<T> type, String name)	返回给定名称的实例。考虑改用枚举类型的合成的 valueOf 或 values 方法
Class<E> getDeclaringClass()	获取定义了此实例的类（如果该实例具有主体，则与 getClass() 不同）
int hashCode()	调用相应的 Object 方法
protected Object clone()	抛出 CloneNotSupportedException 异常

4.4.2 构造器、方法和字段

如果愿意，可以向枚举类型添加构造器、方法和字段。这里有一个例子：

```
public enum Size {
    SMALL("S"), MEDIUM("M"), LARGE("L"), EXTRA_LARGE("XL");

    private String abbreviation;
```

```
    Size(String abbreviation) {
        this.abbreviation = abbreviation;
    }

    public String getAbbreviation() { return abbreviation; }
}
```

每个枚举实例确保只被构造一次。

> **注意：** 枚举的构造器始终是私有的。可以像前面的示例一样，省略 private 修饰符。将枚举构造器声明为 public 或 protected 是语法错误。

4.4.3 实例的主体

可以向每个单独的 enum 实例添加方法，但它们必须覆盖枚举中已经定义了的方法。例如，要实现计算器，可以执行以下操作：

```
public enum Operation {
    ADD {
        public int eval(int arg1, int arg2) { return arg1 + arg2; }
    },
    SUBTRACT {
        public int eval(int arg1, int arg2) { return arg1 - arg2; }
    },
    MULTIPLY {
        public int eval(int arg1, int arg2) { return arg1 * arg2; }
    },
    DIVIDE {
        public int eval(int arg1, int arg2) { return arg1 / arg2; }
    };

    public abstract int eval(int arg1, int arg2);
}
```

在计算器程序的循环中，根据用户输入，将变量设置为其中一个值，然后调用 eval：

```
Operation op = ...;
int result = op.eval(first, second);
```

> **注意：** 从技术上讲，这些常量都属于 Operation 的匿名子类。任何可以放入匿名子类主体中的内容，都可以添加到成员主体中。

4.4.4 静态成员

枚举可以拥有静态成员，但是，必须注意构造顺序。枚举常量在静态成员之前构造，因此不能在枚举构造器中引用任何静态成员。例如，以下内容将是非法的：

```
public enum Modifier {
    PUBLIC, PRIVATE, PROTECTED, STATIC, FINAL, ABSTRACT;
    private static int maskBit = 1;
    private int mask;
    Modifier() {
        mask = maskBit; // Error-cannot access static variable in constructor
        maskBit *= 2;
    }
    ...
}
```

补救方法是在静态初始化块中进行初始化：

```
public enum Modifier {
    PUBLIC, PRIVATE, PROTECTED, STATIC, FINAL, ABSTRACT;
    private int mask;

    static {
        int maskBit = 1;
        for (Modifier m : Modifier.values()) {
            m.mask = maskBit;
            maskBit *= 2;
        }
    }
    ...
}
```

一旦构造了枚举常量，静态变量初始化和静态初始化块将以通常的自上而下的顺序运行。

注意：枚举类型可以嵌套在类中。这样的嵌套枚举是隐式静态嵌套类，也就是说，它们的方法不能引用封闭类的实例变量。

4.4.5 switch 中的枚举

可以在 switch 表达式或 switch 语句中使用枚举常量：

```
enum Operation { ADD, SUBTRACT, MULTIPLY, DIVIDE };

public static int eval(Operation op, int arg1, int arg2) {
    return switch (op) {
        case ADD -> arg1 + arg2;
        case SUBTRACT -> arg1 - arg2;
        case MULTIPLY -> arg1 * arg2;
        case DIVIDE -> arg1 / arg2;
    }
}
```

如果为所有的枚举实例提供了 case 语句，则不需要 default 分支。

注意，可以在 switch 语句中使用 ADD 代替 Operation.ADD。枚举类型可以根据操作数的类型推导出来。

提示：如果要在 switch 外部，通过简单名称来引用枚举的实例，则需要使用静态导入声明。例如，使用以下声明，

```
import static com.horstmann.corejava.Size.*;
```

这样就可以使用 SMALL 而不是 Size.SMALL。

4.5 运行时类型信息和资源

在 Java 中，可以在运行时查找指定对象属于哪个类。这样的操作有时很有用，例如在 equals 和 toString 方法的实现中。此外，可以了解类是如何被加载的，并加载相关数据，这些被加载的相关数据称为资源（resource）。

4.5.1 Class 类

假设有一个 Object 类型的变量，其中包含一些对象引用，并且想了解更多关于该对象的信息，例如它属于哪个类。

getClass 方法生成一个名为 Class 的类的对象：

```
Object obj = ...;
Class<?> cl = obj.getClass();
```

注意：关于<?>后缀的详细内容，参见第 6 章。现在可以暂时忽略它，但不要在语句中省略它。如果真的省略<?>，IDE 不仅会给你一个难看的警告，而且会在涉及该变量的表达式中关闭有用类型检查。

一旦有了 Class 对象，就可以找到类的名称：

```
System.out.println("This object is an instance of " + cl.getName());
```

或者，可以使用静态 Class.forName 方法获取 Class 对象：

```
String className = "java.util.Scanner";
Class<?> cl = Class.forName(className);
    // An object describing the java.util.Scanner class
```

警告：Class.forName 方法和许多其他使用反射的方法一样，在出现问题时会抛出检查型异常（例如，当没有具有给定名称的类时）。因此，需要在方法调用中标记 throws ReflectiveOperationException。你将在第 5 章中看到如何处理异常。

Class.forName 方法的主要目的是为编译时可能未知的类构造 Class 对象。如果事先已经知道需要哪个具体的类，请改用类字面量：

```
Class<?> cl = java.util.Scanner.class;
```

.class 后缀同样能够用来获取其他类型的信息：

```
Class<?> cl2 = String[].class; // Describes the array type String[]
Class<?> cl3 = Runnable.class; // Describes the Runnable interface
Class<?> cl4 = int.class; // Describes the int type
Class<?> cl5 = void.class; // Describes the void type
```

数组是 Java 中的类，但接口、基本类型和 void 不是。因此，Class 这个名字有点不合适——Type 应该更准确一些。

警告： getName 方法对数组类型返回奇怪的名称。

- String[].class.getName()返回"[Ljava.lang.String;"
- int[].class.getName()返回"[I"

该符号很早之前在虚拟机里就开始使用了。可以使用 getCanonicalName 来获取类似"java.lang.String[]"和"int[]"的名称。如果要为数组生成 Class 对象，则需要在 Class.forName 方法中使用这种古老的表示法。

虚拟机为每种类型维护一个唯一的 Class 对象。因此，可以使用 == 运算符来比较类对象。例如：

```
if (other.getClass() == Employee.class) ...
```

你已经在 4.3.2 小节中看到了类对象的这种用法。

在接下来的几小节中，你将看到可以使用 Class 对象做什么。表 4-3 中总结了一些有用的方法。

表 4–3 java.lang.Class<T>类的有用方法

方法	功能描述
static Class<?> forName(String className)	获取描述 className 的 Class 对象
String getCanonicalName() String getSimpleName() String getTypeName() String getName() String toString() String toGenericString()	使用数组、内部类、泛型类和修饰符的各种特性获取该类的名称（参见本章练习 10）
Class<? super T> getSuperClass() Class<?>[] getInterfaces() Package getPackage() int getModifiers()	获取该类的超类、已实现的接口、包和修饰符。表 4-4 显示了如何分析 getModifiers 返回的值
boolean isPrimitive() boolean isArray() boolean isEnum() boolean isAnnotation() boolean isMemberClass() boolean isLocalClass() boolean isAnonymousClass() boolean isRecord() boolean isSealed() boolean isSynthetic()	测试表示的类型是否是基本类型或 void 类型、数组类型、枚举类型、注解类型（参见第 12 章）、嵌套在另一个类中的类型、局部于方法或构造器中的类型、匿名类型、记录类型、封闭类型或合成类型（参见第 4.6.7 节）
Class<?> getComponentType() Class<?>[] getPermittedSubclasses() Class<?> getDeclaringClass() Class<?> getEnclosingClass() Constructor getEnclosingConstructor() Method getEnclosingMethod()	获取数组的组件类型、封闭类允许的子类、声明嵌套类的类、声明局部类的类以及构造器或方法
boolean isAssignableFrom(Class<?> cls) boolean isInstance(Object obj)	测试 cls 类型或 obj 类是否是此类型的子类型
String getPackageName()	获取此类的完全限定包名称，如果它不是顶级类，则获取其封闭类

续表

方法	功能描述
`ClassLoader getClassLoader()`	获取加载该类的类加载器（参见第4.5.3节）
`InputStream getResourceAsStream(String path)` `URL getResource(String path)`	从加载此类的同一位置加载请求的资源

`Field[] getFields()`
`Method[] getMethods()`
`Field getField(String name)`
`Method getMethod(String name, Class<?>...parameterTypes)`
	从该类或超类获取所有公有字段或方法，或指定的字段或方法

`Field[] getDeclaredFields()`
`Method[] getDeclaredMethods()`
`Field getDeclaredField(String name)`
`Method getDeclaredMethod(String name, Class<?>... parameterTypes)`
	从该类获取所有字段或方法，或指定的字段或方法

`Constructor[] getConstructors()`
`Constructor[] getDeclaredConstructors()`
`Constructor getConstructor(Class<?>... parameterTypes )`
`Constructor getDeclaredConstructor(Class<?>... parameterTypes)`
	获取该类所有公有构造器、或所有的构造器、或指定的公有构造器、或指定的构造器

`RecordComponent[] getRecordComponents()`	获取记录的组件描述符

表4–4　java.lang.reflect.Modifier类的方法

方法	功能描述
`static String toString(int modifiers)`	返回带有修饰符的字符串，该字符串与modifiers的位相对应
`static boolean is(Abstract|Interface|Native|Private|Protected|Public|Static|Strict|Synchronized|Volatile)(int modifiers)`	测试modifiers参数中与方法名中的修饰符相对应的位

4.5.2 加载资源

Class类的一个有用的服务是定位程序所需的资源，例如配置文件或图像。如果将资源放在与类文件相同的目录下，就可以打开一个文件的输入流，如：

```
InputStream stream = MyClass.class.getResourceAsStream("config.txt");
var in = new Scanner(stream);
```

注意：一些旧方法，例如Applet.getAudioClip和javax.swing.ImageIcon构造器，从URL对象中读取数据。在这种情况下，可以使用getResource方法，该方法返回资源的URL。

资源可以有相对或绝对的子目录。例如，MyClass.class.getResourceAsSream("/config/menus.txt")会定位到包含MyClass所属包的根目录的config/menus.txt文件。

如果需要将类打包到JAR文件中，那么将资源与类文件一起压缩，它们也将被定位到。

4.5.3 类加载器

虚拟机指令存储在类文件中。每个类文件包含单个类或接口的指令。类文件可以位于文件系统、JAR文件或远程位置，甚至可以在内存中动态构造。*类加载器*（class loader）负责加载字节，并将其转换为虚拟机中的类或接口。

虚拟机根据需要加载类文件，从准备调用main方法的类开始加载。该类将依赖于其他类，例如java.lang.System和java.util.Scanner，这些类将与它们依赖的类一起加载。

在执行Java程序时，至少需要3个类加载器。

- *引导类加载器*（bootstrap class loader）加载最基本的Java库类。它是虚拟机的一部分。
- *平台类加载器*（platform class loader）加载其他库类。与使用引导类加载器加载的类不同，平台类加载器可以使用安全策略配置平台类权限。

- 系统类加载器（system class loader）加载应用程序类。它在类路径和模块路径上查找目录和 JAR 文件中的类。

警告： 在 Oracle JDK 的早期版本中，平台和系统类加载器是 `URLClassLoader` 类的实例。现在的情况不再如此了。一些编程人员习惯使用 `URLClassLoader` 的 `getURLs` 方法来查找类路径，需要使用 `System.getProperty("java.class.path")` 来替代。

可以创建自己的 `URLClassLoader` 实例，以从类路径上不存在的目录或 JAR 文件加载类。这通常用于加载插件。

```
URL[] urls = {
    new URL("file:///path/to/directory/"),
    new URL("file:///path/to/jarfile.jar")
};
String className = "com.mycompany.plugins.Entry";
try (var loader = new URLClassLoader(urls)) {
    Class<?> cl = Class.forName(className, true, loader);
    // Now construct an instance of cl-see Section 4.6.4
    ...
}
```

警告： 在调用 `Class.forName(className, true, loader)` 方法时，第二个参数确保类的静态初始化在加载后发生。你肯定也希望是这样的。

不要使用 `ClassLoader.loadClass` 方法。它不运行静态初始化块。

注意： `URLClassLoader` 从文件系统加载类。如果要从其他地方加载类，则需要编写自己的类加载器。只需要实现 `findClass` 方法，如下所示。

```
public class MyClassLoader extends ClassLoader {
    ...
    @Override public Class<?> findClass(String name)
            throws ClassNotFoundException {
        byte[] bytes = the bytes of the class file
        return defineClass(name, bytes, 0, bytes.length);
    }
}
```

参见第 14 章，了解将类编译到内存中然后加载的示例。

4.5.4 上下文类加载器

大多数情况下，你都不必担心类加载的过程。类在被其他类需要时会自动加载。然而，如果一个方法动态加载类，并且该方法是从另一个类加载器加载的类中调用的，那么可能会出现问题。下面是一个具体的例子。

1. 你提供了一个由系统类加载器加载的工具类，它有一个方法：

```
public class Util {
    Object createInstance(String className) {
        Class<?> cl = Class.forName(className);
        ...
    }
    ...
}
```

2. 使用另一个类加载器加载插件，该类加载器从插件 JAR 中读取类。

3. 插件调用 `Util.createInstance("com.mycompany.plugins.MyClass")` 来实例化插件 JAR 中的类。

插件的作者希望加载该类。然而，`Util.createInstance` 使用自己的类加载器执行 `Class.forName`，并且该类加载器不会查找 JAR 插件。这种现象称为*类加载器反转*（classloader inversion）。

一种补救方法是将类加载器传递给工具方法，然后传递给 `forName` 方法。

```
public class Util {
    public Object createInstance(String className, ClassLoader loader) {
```

```
        Class<?> cl = Class.forName(className, true, loader);
        ...
    }
    ...
}
```

另一种策略是使用当前线程的上下文类加载器（context class loader）。主线程的上下文类加载器是系统类加载器。当创建新线程时，其上下文类加载器被设置为创建线程的上下文类加载器。因此，如果不执行任何操作，所有线程的上下文类加载器都将被设置为系统类加载器。但是，可以通过以下调用来设置任何类加载器：

```
Thread t = Thread.currentThread();
t.setContextClassLoader(loader);
```

然后，工具方法可以获取上下文类加载器：

```
public class Util {
    public Object createInstance(String className) {
        Thread t = Thread.currentThread();
        ClassLoader loader = t.getContextClassLoader();
        Class<?> cl = Class.forName(className, true, loader);
        ...
    }
    ...
}
```

当调用插件类的方法时，应用程序应该将上下文类加载器设置为插件类加载器。之后，应恢复以前的设置。

提示： 如果编写的方法按名称加载类，不要简单地使用方法类的类加载器。向调用者提供传递显式类加载器和使用上下文类加载器两个选择是一个好主意。

4.5.5 服务加载器

在组装或部署程序时，某些服务应当是可配置的。一种方法是提供不同的服务实现，并让程序从中选择最合适的一个。ServiceLoader 类使加载符合公有接口的服务实现变得容易。

定义一个接口（或者如果愿意，可以定义一个超类）来声明每个服务实例应该提供的方法。例如，假设你的服务提供加密服务：

```
package com.corejava.crypt;

public interface Cipher {
    byte[] encrypt(byte[] source, byte[] key);
    byte[] decrypt(byte[] source, byte[] key);
    int strength();
}
```

服务提供程序提供一个或多个实现此服务的类，例如：

```
package com.corejava.crypt.impl;

public class CaesarCipher implements Cipher {
    public byte[] encrypt(byte[] source, byte[] key) {
        var result = new byte[source.length];
        for (int i = 0; i < source.length; i++)
            result[i] = (byte)(source[i] + key[0]);
        return result;
    }
    public byte[] decrypt(byte[] source, byte[] key) {
        return encrypt(source, new byte[] { (byte) -key[0] });
    }
    public int strength() { return 1; }
}
```

实现类可以在任何包中，不一定与服务接口位于同一个包中。每个实现类都必须有一个无参数构造器。

现在，将提供程序类的名称添加到 META-INF/services 目录下的 UTF-8 编码文本文件中。文件名是接口的完全限定名称。在我们的示例中，文件 META-INF/services/com.corejava.crypt.Cipher 包含以下行：

```
com.corejava.crypt.impl.CaesarCipher
```

完成这些准备后，程序按如下方式初始化服务加载器：

```
public static ServiceLoader<Cipher> cipherLoader = ServiceLoader.load(Cipher.class);
```

这在程序中只应该做一次。

服务加载器的 iterator 方法提供了一个迭代器，用于遍历所有提供的服务实现（有关迭代器的更多信息，参见第 7 章）。使用增强 for 循环遍历它们是最简单的。在循环中，选择适当的对象来执行服务。

```
public static Cipher getCipher(int minStrength) {
    for (Cipher cipher : cipherLoader) // Implicitly calls iterator
        if (cipher.strength() >= minStrength) return cipher;
    return null;
}
```

或者，可以使用流（参见第 8 章）来定位所需的服务。stream 方法产生一个 ServiceLoader.Provider 实例的流。该接口具有 type 方法和 get 方法，用于获取提供程序类和提供程序实例。如果你按类型选择提供程序，那么只须调用 type 方法，而不会不必要地实例化服务实例。在示例中，需要获取提供程序，因为我们过滤流以获得具有所需强度的密码。

```
public static Optional<Cipher> getCipher2(int minStrength) {
    return cipherLoader.stream()
        .map(ServiceLoader.Provider::get)
        .filter(c -> c.strength() >= minStrength)
        .findFirst();
}
```

如果希望提供任何一个实现，只须调用 findFirst:

```
Optional<Cipher> cipher = cipherLoader.findFirst();
```

Optional 类将会在第 8 章中详细解释。

4.6 反射

反射允许程序在运行时检查对象的内容，并调用其任意方法。此功能对于实现诸如对象关系映射器或 GUI 构建器之类的工具非常有用。

由于主要是工具开发人员对反射感兴趣，因此应用编程人员可以先跳过这一部分，在今后需要的时候再仔细阅读本节。

4.6.1 枚举类的成员

java.lang.reflect 包中的 3 个类 Field、Method 和 Constructor 分别用来描述类的字段、方法和构造器。这 3 个类都有一个名为 getName 的方法，该方法返回成员的名称。Field 类有一个 getType 方法，该方法返回一个描述字段类型的对象，该对象也是 Class 类型。Method 和 Constructor 类都有方法来报告参数的类型，并且 Method 类还报告返回类型。

这 3 个类都有一个名为 getModifiers 的方法，该方法返回整数，该整数使用可变位来描述所使用的修饰符（如 public 或 static）。也可以使用静态方法，如 Modifier.isPublic 和 Modifier.isStatic 来分析 getModifiers 返回的整数。Modifier.toString 返回一个包含所有修饰符的字符串。

Class 类的 getFields、getMethods 和 getConstructors 方法返回包含类支持的公有字段、方法和构造器的数组，其中包括公有继承成员。而 getDeclaredFields、getDeclaredMethods 和 getDeclaredConstructors 方法返回由该类声明的所有字段、方法和构造器组成的数组。这包括私有、包和受保护成员，但不包括超类的成员。

getParameters 方法是 Method 和 Constructor 的公有超类 Executable 类的一个方法，它返回一个描述方法参数的 Parameter 对象数组。

注意：只有当类在编译时使用了-parameters 标志时，参数的名称才能在运行时访问。

例如，以下是如何打印类的所有方法的示例：

```
Class<?> cl = Class.forName(className);
while (cl != null) {
    for (Method m : cl.getDeclaredMethods()) {
        System.out.println(
            Modifier.toString(m.getModifiers()) + " " +
            m.getReturnType().getCanonicalName() + " " +
            m.getName() +
            Arrays.toString(m.getParameters()));
    }
    cl = cl.getSuperclass();
}
```

这段代码中值得注意的是，它可以分析Java虚拟机中可以加载的任何类，而不仅仅是编译程序时可用的类。

警告： 正如你将在第15章中看到的，Java平台模块系统对反射访问添加了很多的限制。默认情况下，只有同一模块中的类才能通过反射进行分析。如果你没有声明模块，那么所有类都属于一个单一的模块，它们都可以通过反射进行访问。但是，Java库类属于不同的模块，因此对其非公有成员的反射访问会受到限制。

4.6.2 检查对象

正如你在上一小节中看到的，可以获得描述对象字段类型和名称的`Field`对象。这些`Field`对象可以执行更多操作：它们可以访问具有给定字段的对象中的字段值。

例如，下面是如何枚举对象的所有字段内容的示例：

```
Object obj = ...;
for (Field f : obj.getClass().getDeclaredFields()) {
    f.setAccessible(true);
    Object value = f.get(obj);
    System.out.println(f.getName() + ":" + value);
}
```

关键是读取字段值的`get`方法。如果字段值是基本类型值，则返回一个包装器对象；在这种情况下，还可以调用`getInt`、`getDouble`等方法。

注意： 必须保证私有的`Field`和`Method`对象是"可访问"的，然后才能使用它们。调用`setAccessible(true)`将"解锁"用于反射的字段或方法。但是，模块系统或安全管理器可以阻止请求并保护对象不被以这种方式访问。在这种情况下，`setAccessible`方法将抛出`InaccessibleObjectException`或`SecurityException`。此外，也可以调用`trySetAccessible`方法，如果字段或方法不可访问，则该方法只返回`false`。

警告： 正如你将在第15章中看到的，Java平台包是包含在模块中的，它们的类受到反射保护。例如，如果调用以下方法，那么，一个`InaccessibleObjectException`异常将被抛出。

```
Field f = String.class.getDeclaredField("value");
f.setAccessible(true);
```

一旦字段是可访问的，那么你也可以设定它。例如，无论`obj`属于哪个类，只要它有一个可访问的`double`类型或`Double`类型的`salary`字段，该代码都会增加`obj`的值：

```
Field f = obj.getClass().getDeclaredField("salary");
f.setAccessible(true);
double value = f.getDouble(obj);
f.setDouble(obj, value * 1.1);
```

4.6.3 调用方法

就像`Field`对象可以用于读取和写入对象的字段一样，`Method`对象可以在对象上调用给定方法：

```
Method m = ...;
Object result = m.invoke(obj, arg1, arg2, ...);
```

如果方法是静态的，则为初始参数提供 null。

要获得一个方法，可以在 4.6.1 小节中看到的 getMethods 或 getDeclaredMethods 返回的数组中进行搜索，或者可以调用 getMethod 并提供参数类型。例如，要获取 Person 对象的 setName(String) 方法：

```
Person p = ...;
Method m = p.getClass().getMethod("setName", String.class);
m.invoke(obj, "********");
```

警告： 尽管 clone 是所有数组类型的公有方法，但当在描述数组的 Class 对象上调用时，getMethod 不会报告该方法。

4.6.4 构造对象

要构造一个对象，应当首先找到 Constructor 对象，然后调用它的 newInstance 方法。例如，假设你知道一个类有一个参数为 int 的公有构造器，那么可以像这样构造一个新实例：

```
Constructor constr = cl.getConstructor(int.class);
Object obj = constr.newInstance(42);
```

警告： Class 类有一个 newInstance 方法，用于使用无参数构造器构造给定类的对象。这种方法已经被弃用，因为它有一个奇怪的缺陷。如果无参数构造器抛出一个检查型异常，newInstance 方法会重新抛出它，即使它没有声明，这样完全破坏了检查型异常的编译时检查。相反，应该调用 cl.getConstructor().newInstance()。然后，任何异常都被封装在 InvocationTargetException 中。

表 4-5 总结了使用 Field、Method 和 Constructor 对象的一些最重要的方法。

表 4–5　java.lang.reflect 包中有用的类和方法

类	方法	注意
AccessibleObject	void setAccessible(boolean flag) static void setAccessible(　AccessibleObject[] 　array, boolean flag)	AccessibleObject 是 Field、Method 和 Constructor 的超类。方法设置此成员或给定成员的可访问性
Field	String getName() int getModifiers() Object get(Object obj) *p* get*P*(Object obj) void set(Object obj, Object 　newValue) void set*P*(Object obj, *P* newValue)	每一个基本类型 *p* 都有对应的 get 和 set 方法
Method	Object invoke(Object obj, 　Object ... args)	调用此对象描述的方法，传递给定的参数并返回该方法返回的值。对于静态方法，对 obj 传递 null。基本类型参数和返回值将会被封装
Constructor	Object newInstance(Object... args)	调用此对象描述的构造器，传递给定的参数并返回构造的对象
Executable	String getName() int getModifiers() Parameters[] getParameters()	Executable 是 Method 和 Constructor 的超类
Parameter	boolean isNamePresent() String getName() Class<?> getType()	getName 方法将获取名称，如果名称不存在则合成名称，如 arg0

4.6.5 JavaBeans

许多面向对象编程语言支持属性(property)，将表达式 *object.propertyName* 映射到 getter 或 setter 方法的调用，具体对应哪一个方法取决于该属性是读取还是写入。Java 没有这种语法，但它有一个约定，即属性和 getter/setter 方法对之间具有对应关系。

JavaBean 是一个具有无参数构造器、getter/setter 方法对和任意数量其他方法的类。

其中 getter 和 setter 方法必须遵循特定的模式：

```
public Type getProperty()
public void setProperty(Type newValue)
```

可以通过省略 setter 或 getter 方法来实现只读或只写属性。

其中属性的名称是 get/set 的后缀，并且将首字母小写，例如，getSalary/setSalary 对应的属性名为 salary。然而，如果后缀的前两个字母都是大写的，那么它将被完整记录下来。例如，getURL 对应一个名为 URL 的只读属性。

注意： 对于布尔属性，也可以使用 get*Property* 或 is*Property* 来表示 getter，更推荐使用后者。

JavaBeans 起源于 GUI 构建器，JavaBeans 规范涉及与属性编辑器、属性更改事件和自定义属性发现有关的古怪规则。这些特性现在很少被使用。

无论什么时候，当需要使用任意属性时，最好还是使用 JavaBeans 所支持的标准类。例如，对于一个给定的类，可以创建 BeanInfo 对象：

```
Class<?> cl = ...;
BeanInfo info = Introspector.getBeanInfo(cl);
PropertyDescriptor[] props = info.getPropertyDescriptors();
```

对于给定的 PropertyDescriptor，调用 getName 和 getPropertyType 以获取属性的名称和类型。getReadMethod 和 getWriteMethod 为 getter 和 setter 生成 Method 对象。

遗憾的是，并没有方法可以获取给定属性名的描述符，因此必须遍历描述符数组。

```
String propertyName = ...;
Object propertyValue = null;
for (PropertyDescriptor prop : props) {
    if (prop.getName().equals(propertyName))
        propertyValue = prop.getReadMethod().invoke(obj);
}
```

4.6.6 使用数组

isArray 方法检查给定的 Class 对象是否表示数组。如果是数组，getComponentType 方法将生成描述数组元素类型的 Class。要进一步分析或动态创建数组，请使用 java.lang.reflect 包中的 Array 类。表 4-6 展示了该类的方法。

表 4–6　java.lang.reflect.Array 类的方法

方法	功能描述
static Object get(Object array, int index) static *p* get*P*(Object array, int index) static void set(Object array, int index , Object newValue) static void set*P*(Object array, int index , *p* newValue)	获取或设置给定索引处数组的元素，其中 *p* 是基本类型
static int getLength(Object array)	获取给定数组的长度
static Object newInstance(Class<?> componentType, int length) static Object newInstance(Class<?> componentType, int[] lengths)	返回具有给定维度的给定组件类型的新数组

作为练习，我们将在 Arrays 类中实现 copyOf 方法。回想一下如何使用此方法来扩展已满的数组：

```
var friends = new Person[100];
...
// Array is full
friends = Arrays.copyOf(friends, 2 * friends.length);
```

如何编写出这样的通用方法？下面是第一次尝试：

```
public static Object[] badCopyOf(Object[] array, int newLength) { // Not useful
    var newArray = new Object[newLength];
    for (int i = 0; i < Math.min(array.length, newLength); i++)
        newArray[i] = array[i];
    return newArray;
}
```

然而，实际使用返回的结果数组时存在问题。此方法返回的数组类型为 Object[]。一个对象数组是不能转换为 Person[]数组的。正如前面提到的那样，重点是 Java 数组记住其元素的类型，即创建它的 new 表达式中使用的类型。将 Person[]数组临时转换为 Object[]数组，然后再将其转换回来是合法的，但一开始就是 Object[]类型的数组永远无法转换为 Person[]数组。

为了生成与原始数组相同类型的新数组，需要使用 Array 类的 newInstance 方法。为该方法提供组件类型和所需长度：

```
public static Object goodCopyOf(Object array, int newLength) {
    Class<?> cl = array.getClass();
    if (!cl.isArray()) return null;
    Class<?> componentType = cl.getComponentType();
    int length = Array.getLength(array);
    Object newArray = Array.newInstance(componentType, newLength);
    for (int i = 0; i < Math.min(length, newLength); i++)
        Array.set(newArray, i, Array.get(array, i));
    return newArray;
}
```

需要注意的是，此 copyOf 方法可用于给任何类型的数组增加长度，而不仅仅是对象数组：

```
int[] primes = { 2, 3, 5, 7, 11 };
primes = (int[]) goodCopyOf(primes, 10);
```

goodCopyOf 的参数类型是 Object，而不是 Object[]。int[]是一个 Object，但不是一个对象数组。

4.6.7 代理

Proxy 类可以在运行时创建实现了给定接口或接口集的新类。只有当在编译时不知道需要实现哪些接口时，才有必要使用代理。

代理类具有指定接口所需的所有方法，以及 Object 类中定义的所有方法（toString、equals 等）。但是由于无法在运行时为这些方法定义新代码，因此可以提供*调用处理程序*（Invocation Handler），这个调用处理程序是一个实现了 InvocationHandler 接口的类的对象。该接口只有一个方法：

```
Object invoke(Object proxy, Method method, Object[] args)
```

无论何时调用代理对象的方法，都会调用这个调用处理程序的 invoke 方法，并提供 Method 对象和原始调用的参数。然后，调用处理程序必须找出处理调用的方法。调用处理程序将会采取许多可能的操作，例如将调用路由到远程服务器或者为了调试而跟踪调用。

要创建代理对象，需要使用 Proxy 类的 newProxyInstance 方法。该方法有 3 个参数：

- 类加载器（参见 4.5.3 小节），或 null 以表示使用默认类加载器；
- Class 对象数组，每个要实现的接口都对应一个 Class 对象；
- 调用处理程序。

为了展示代理的运行机制，下面是一个简单示例，该示例用 Integer 对象的代理填充数组，在打印跟踪消息后将调用转发到原始对象：

```
var values = new Object[1000];

for (int i = 0; i < values.length; i++) {
    var value = Integer.valueOf(i);
    values[i] = Proxy.newProxyInstance(
        null,
        value.getClass().getInterfaces(),
        // Lambda expression for invocation handler
        (Object proxy, Method m, Object[] margs) -> {
            System.out.println(value + "." + m.getName() + Arrays.toString(margs));
            return m.invoke(value, margs);
        });
}
```

以下调用：

```
Arrays.binarySearch(values, Integer.valueOf(500));
```

将会输出以下内容：

```
499.compareTo[500]
749.compareTo[500]
624.compareTo[500]
561.compareTo[500]
530.compareTo[500]
514.compareTo[500]
506.compareTo[500]
502.compareTo[500]
500.compareTo[500]
```

可以看到二分查找算法是如何通过在每一步中将查找区间减半来查找关键值的。

重点是 compareTo 方法是通过代理调用的，尽管代码中没有明确提到这一点。由 Integer 实现的任何接口中的所有方法都被代理。

> **警告：**当使用没有参数的方法调用来对调用处理程序进行调用时，参数数组为 null，而不是长度为 0 的 Object[] 数组。这是完全应当受谴责的，不应该在自己的代码中这样做。

练习

1. 定义一个 Point 类，包括构造器 public Point(double x, double y) 和访问器方法 getX、getY。定义一个子类 LabeledPoint，包括构造器 public LabeledPoint(String label, double x,double y) 和一个访问器方法 getLabel。

2. 为上一练习中的类定义 toString、equals 和 hashCode 方法。

3. 将练习 1 中 Point 类的实例变量 x 和 y 设置成 protected。证明 LabeledPoint 类只能在 LabeledPoint 实例中访问这些变量。

4. 定义一个抽象类 Shape，其中包括：Point 类的实例变量、构造器、将点移动给定量的具体方法 public void moveBy(double dx, double dy) 和抽象方法 public Point getCenter()。提供具体子类 Circle、Rectangle、Line，其构造器分别为：public Circle(Point center, double radius)、public Rectangle(Point topLeft, double width, double height) 和 public Line(Point from, Point to)。

5. 为上一练习中的类定义 clone 方法。

6. 假设在 4.3.2 小节中，Item.equals 方法使用 instanceof 测试。实现 DiscountedItem.equals，使其在 otherObject 是 Item 时只比较超类，但在 otherObject 是 DiscountedItem 时还包括折扣。证明该方法保持对称性，但不具备传递性，即找到一组物品和折扣物品的组合，使 x.equals(y) 和 y.equals(z) 成立，但是 x.equals(z) 不成立。

7. 定义方法 Object add(Object first, Object second)。如果参数是 Number 的实例，则将这两个值相加。如果参数是 Boolean 的实例，则如果其中一个为真，则返回 Boolean.TRUE。否则，将它们拼接为字符串。使用 instanceof 运算符与模式匹配。

8. 定义一个枚举类型，包含 8 种主要颜色的组合（BLACK、RED、BLUE、GREEN、CYAN、MAGENTA、YELLOW 和 WHITE），并包含 getRed、getGreen 和 getBlue 方法。

9. 从概念上讲，列表要么是空的，要么有一个头元素和一个尾部，该尾部又是一个列表。使用封闭类对字符串列表进行建模。提供一个 StringList 接口，包含两个子类 EmptyStringList 和 NonEmptyStringList。使用全面的模式匹配，实现 size 和 append 方法。

10. Class 类有 6 个方法，它们生成 Class 对象所表示类型的字符串表示。当应用于数组、泛型类型、内部类和基本类型时，它们有何不同？

11. 编写一个通用的 toString 方法，该方法使用反射生成一个包含对象所有实例变量的字符串。如果能处理循环引用，则将获得加分。

12. 使用 4.6.1 小节中的 MethodPrinter 程序枚举 int[] 类的所有方法。如果能够识别出本章中错误描述的一个方法，则将获得加分。

13. 编写“Hello, World”程序，使用反射查找 java.lang.System 的 out 字段，并使用 invoke 调用 println 方法。

14. 测试通过反射调用方法和常规调用方法之间的性能差异。

15. 编写一个方法，该方法为任意 Method 表示的具有 double 或 Double 类型参数的静态方法打印值表。除了 Method 对象之外，还接受下限、上限和步长。通过打印 Math.sqrt 和 Double.toHexString 表格来演示你的方法。使用 DoubleFunction<Object>来替代 Method 重复该方法，并对比两种方法的安全性、效率和便利性。

第 5 章 异常、断言和日志

在许多程序中，处理意外情况可能比实现“正常情况”更加复杂。与大多数现代编程语言一样，Java 拥有强大的异常处理机制，用于将控制权从故障点转移给合适的处理程序。此外，assert 语句提供了一种结构化和高效率的方式来表示内部假设。最后，你将看到如何使用日志 API 来记录程序执行过程中的各种事件，无论是常规事件还是可疑事件。

本章重点如下：

1. 当抛出异常时，控制权将会转移给最近的异常处理程序。
2. 在 Java 中，检查型异常是由编译器跟踪的。
3. 使用 try/catch 结构来处理异常。
4. 带资源的 try 语句在正常运行或发生异常后能够自动关闭资源。
5. 使用 try/finally 结构来处理无论程序是否正常执行都必须发生的其他操作。
6. 可以捕获并重新抛出异常，或将其链接到另一个异常。
7. 栈跟踪描述在执行点处挂起的所有方法调用。
8. 断言用于条件检查，前提是对于该类启用了断言检查，如果该条件未被满足，则会抛出错误。
9. 日志记录器是按层次结构排列的，它们可以接收从 SEVERE 到 FINEST 的不同级别的日志消息。
10. 日志处理器可以将日志消息发送到其他目的地，格式化器负责控制消息格式。
11. 可以使用日志配置文件控制日志属性。

5.1 异常处理

当方法遇到无法按照原定计划正常运行的情况时，应该采取什么措施？传统的方案是该方法应该返回一些错误代码，但是对于调用该方法的编程人员来说，这是很繁琐的。方法调用者有义务去检查错误，如果无法处理它们，则应当向自己的调用者返回错误代码。可想而知，编程人员并不总是检查和传播返回的代码，导致错误未被及时发现，最终对程序造成严重破坏。

Java 支持异常处理（exception handling），而不是让错误代码在方法调用链上传递。在异常处理中，方法可以通过“抛出”异常的形式来表示严重问题。调用链中的某个方法（但不一定是直接调用者）负责通过“捕获”异常来处理它。异常处理的基本优点是它将检测和处理错误的过程分离开来。在下面的小节中，你将了解如何在 Java 中处理异常。

5.1.1 抛出异常

方法可能会发现自己无法完成当前的任务。可能是缺少任务所需的资源导致的，或者传入了不一致的参数导致的。在这种情况下，最好抛出一个异常。

假设实现了以下的方法，该方法在指定的范围区间生成随机整数：

```
public static int randInt(int low, int high) {
    return low + (int) (Math.random() * (high - low + 1));
}
```

如果有人调用 randInt(10, 5)会发生什么？试图解决这个问题可能不是一个好主意，因为方法调用者的困惑可能不仅来自这一种错误。相反，应当抛出一个适当的异常：

```
if (low > high)
    throw new IllegalArgumentException(
```

```
"low should be <= high but low is %d and high is %d".formatted(low, high));
```

正如你所看到的，throw 语句用于“抛出”一个类的对象，在这里是 IllegalArgumentException 类。对象是由一条调试消息构造的。你将在下一小节中看到如何选择合适的异常类。

当 throw 语句执行时，正常的执行流程被立即中断。randInt 方法停止执行，并且不向其调用者返回值。相反，控制权会被转移到一个处理程序，你将在 5.1.4 小节中看到。

5.1.2　异常层次结构

图 5-1 显示了 Java 异常层次结构。所有异常都是 Throwable 类的子类。Error 的子类是当程序无法处理的异常发生时抛出的异常，例如内存耗尽。对于错误来说，除了通知用户外，能做的事情并不多。

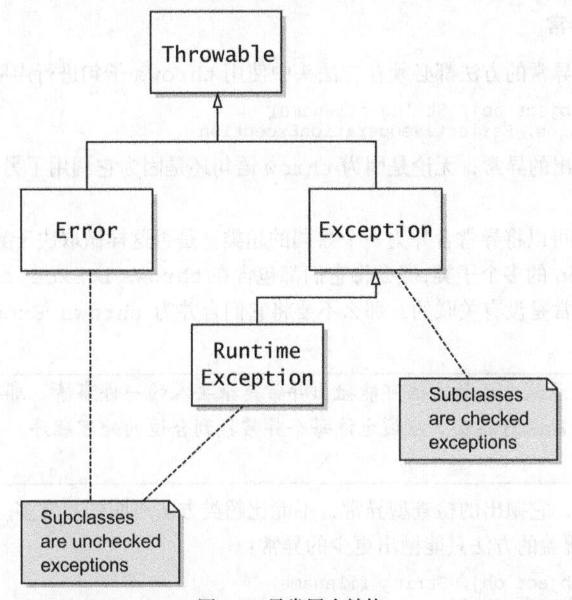

图 5-1　异常层次结构

编程人员报告的异常是 Exception 类的子类。这些异常分为以下两类：

- 未检查型（unchecked）异常是 RuntimeException 的子类；
- 所有其他异常均为检查型（checked）异常。

正如你将在下一小节中看到的，编程人员必须捕获检查型异常或在方法头中声明它们。编译器会检查这些异常是否被正确处理。

注意：RuntimeException 这个名称不是很恰当。所有的异常当然都是在运行时发生的。然而，编译时并不检查 RuntimeException 子类表示的异常。

检查型异常用于预期失败的情况，这种预期失败的一个常见原因是输入/输出。例如，文件可能损坏，网络连接可能失败。许多异常类都扩展了 IOException，你也应该使用适当的异常类来报告遇到的任何错误。例如，当一个应该存在的文件不存在时，抛出一个 FileNotFoundException 异常。

未检查型异常表示由编程人员导致的逻辑错误，而不是由不可避免的外部风险导致的错误。例如，NullPointerException 异常是一种未检查型异常。几乎任何方法都可能抛出一个未检测型异常，因此编程人员不应该浪费时间去捕捉它们。相反，他们应该首先确保没有 null 指针被解引用。

有时，实现者需要运用他们的判断力来区分检查型异常和未检查型异常。考虑调用 Integer.parseInt(str)。一方面，当 str 不包含有效整数时，它会抛出未检查型的 NumberFormatException 异常。另一方面，当 str 不包含有效的类名时，Class.forName(str) 会抛出 ClassNotFoundException 这个检查型异常。

为什么会有这种区别呢？主要原因是，在调用 Integer.parseInt 之前，可以检查字符串是否为有效整数；但直到实际尝试加载类时，才能知道是否可以加载这个类。

Java API 提供了许多异常类，例如 IOException、IllegalArgumentException 等。你应该在适当的时候使用这些异常类。然而，如果标准的异常类都不适合，可以通过扩展 Exception、RuntimeException 或其他现有的异常类来创建自己的异常类。

当创建自己的异常类时，同时提供无参数构造器和带消息字符串的构造器是比较好的选择。例如：

```
public class FileFormatException extends IOException {
    public FileFormatException() {}
    public FileFormatException(String message) {
        super(message);
    }
    // Also add constructors for chained exceptions—see Section 5.1.7
}
```

5.1.3 声明检查型异常

任何可能导致检查型异常的方法都必须在方法头中使用 throws 子句进行声明，例如：

```
public void write(Object obj, String filename)
    throws IOException, ReflectiveOperationException
```

列出该方法可能会抛出的异常，无论是因为 throw 语句还是因为它调用了另一个带有 throw 子句的方法。

在 throws 子句中，可以将异常合并为一个共同的超类。是否这样做取决于异常。例如，如果一个方法可以抛出 IOException 的多个子类，那么将它们都包含在 throws IOException 子句中是有意义的。但是，如果可能抛出的异常是没有关联的，那么不要将它们合并为 throws Exception，否则将会破坏异常检查的目的。

> **提示：**一些编程人员认为承认自己的方法可能抛出异常是很丢人的一件事情。那么自己处理好它们会更好吗？事实上，情况正好相反。应该允许每个异常找到合适的处理程序。异常处理的黄金法则是“早抛出，晚捕获”。

当你覆盖一个方法时，它抛出的检查型异常，不能比超类方法声明的异常多。例如，如果扩展了本节开头的 write 方法，则覆盖的方法只能抛出更少的异常：

```
public void write(Object obj, String filename)
    throws FileNotFoundException
```

但是，如果该方法试图抛出不相关的检查型异常，例如 InterruptedException 异常，它将不会被正确编译。

> **警告：**如果超类方法没有 throws 子句，那么覆盖方法也不能抛出检查型异常。

当方法抛出异常（包括检查型或者未检查型异常）时，可以使用 javadoc 的@throws 标记来记录。大多数编程人员只记录那些他们认为有意义的事情。例如，当存在输入/输出问题时，告诉用户会抛出 IOException 是没有什么价值的。但以下注释可能是有意义的：

```
@throws NullPointerException if filename is null
@throws FileNotFoundException if there is no file with name filename
```

> **注意：**永远不应该指定 Lambda 表达式的异常类型。但是，如果 Lambda 表达式可能抛出检查型异常，那么只能将其传递给方法声明了该异常的函数式接口。例如：
>
> ```
> list.forEach(obj -> write(obj, "output.dat"));
> ```
>
> 这个调用是一个错误的示例。forEach 方法的参数类型是函数式接口。
>
> ```
> public interface Consumer<T> {
>     void accept(T t);
> }
> ```
>
> 其中 accept 方法声明为不抛出任何检查型异常。

5.1.4 捕获异常

为了捕获异常，需要设置 try 语句块。最简单的形式如下：

```
try {
    statements
```

```
} catch (ExceptionClass ex) {
    handler
}
```

如果在执行 try 语句块中的语句时发生了给定类的异常，则控制将转移到处理程序。异常变量（在我们的示例中为 ex）引用异常对象，处理程序可以根据需要检查这个异常对象。

可以对该基本结构进行两种修改。可以为不同的异常类设置多个处理程序：

```
try {
    statements
} catch (ExceptionClass1 ex) {
    handler1
} catch (ExceptionClass2 ex) {
    handler2
} catch (ExceptionClass3 ex) {
    handler3
}
```

catch 子句是从上到下匹配的，因此最具体的异常类必须首先处理。

或者，也可以在多个异常类之间共享一个处理程序。例如：

```
try {
   statements
} catch (ExceptionClass1 | ExceptionClass2 | ExceptionClass3 ex) {
   handler
}
```

在这种情况下，处理程序只能调用异常变量上属于所有异常类的方法。

5.1.5　带资源的 try 语句

异常处理的一个问题是资源管理。假设写入一个文件并在完成后关闭它：

```
ArrayList<String> lines = ...;
var out = new PrintWriter("output.txt");
for (String line : lines) {
    out.println(line.toLowerCase());
}
out.close ();
```

以上代码是存在隐患的。如果任何一个方法抛出异常，那么 out.close() 方法将不会调用。这种情况非常糟糕。输出很可能会丢失，甚至如果异常被多次触发，系统可能会耗尽文件句柄。

一种特殊形式的 try 语句可以解决这个问题。可以在 try 语句的头部指定*资源*（resource）。资源必须属于实现了 AutoCloseable 接口的类。例如，可以在 try 块头部声明变量：

```
ArrayList<String> lines = ...;
try (var out = new PrintWriter("output.txt")) { // Variable declaration
    for (String line : lines)
        out.println(line.toLowerCase());
}
```

或者，可以在头部提供事先声明的 effectively final 变量：

```
var out = new PrintWriter("output.txt");
try (out) { // Effectively final variable
    for (String line : lines)
        out.println(line.toLowerCase());
}
```

其中 AutoCloseable 接口有单一的方法：

```
public void close() throws Exception
```

注意：还有一个 Closeable 接口。它是 AutoCloseable 的子接口，也具有单一的 close 方法。但是，该方法声明为抛出 IOException。

当 try 语句块退出时，无论是因为语句块正常结束，还是因为抛出异常，资源对象的 close 方法都会被调用。例如：

```
try (var out = new PrintWriter("output.txt")) {
    for (String line : lines) {
        out.println(line.toLowerCase());
    }
} // out.close() called here
```

也可以声明多个资源，并用分号分隔。下面是一个包含两个资源声明的示例：

```
try (var in = new Scanner(Path.of("/usr/share/dict/words"));
        var out = new PrintWriter("output.txt")) {
    while (in.hasNext())
        out.println(in.next().toLowerCase());
}
```

资源的关闭顺序与它们的初始化顺序相反，这里，out.close()在 in.close()之前调用。

假设 PrintWriter 构造器抛出异常。现在 in 已经初始化，但 out 没有初始化。try 语句会做正确的事情，即调用 in.close()并传播异常。

一些 close 方法也可能抛出异常。如果在 try 语句块正常完成时发生这种情况，则异常会被抛给调用者。但是，如果已经抛出了另一个异常，导致资源的 close 方法被调用，并且其中一个方法抛出了异常，则该异常的重要性可能低于原始异常。

在这种情况下，原始异常会被重新抛出，并且调用 close 时抛出的异常会被捕获并作为抑制的异常附加在原始异常上。这是一种非常有用的机制，但手工实现起来会很繁琐（参见本章练习 5）。当捕获主要异常时，可以通过调用 getSuppressed 方法来获取这些次要异常：

```
try {
    ...
} catch (IOException ex) {
    Throwable[] secondaryExceptions = ex.getSuppressed();
    ...
}
```

如果想在无法使用带资源的 try 语句的情况下自己实现这种机制（希望这种情况很少发生），请调用 ex.addSuppressed(secondaryException)。

带资源的 try 语句能够有选择地包含捕获语句中任何异常的 catch 子句。

5.1.6 finally 子句

正如你所看到的，无论是否发生异常，带资源的 try 语句都会自动关闭资源。有时，你需要清理一些不是 AutoCloseable 的东西。在这种情况下就需要使用 finally 子句：

```
try {
    Do work
} finally {
    Clean up
}
```

无论是正常结束还是由于异常导致的结束，finally 子句都会在 try 语句块结束时执行。

这种模式通常用于需要获取并释放锁、递增或递减计数器，或者推入数据到栈中并在完成时需要将其弹出等情况。你希望确保无论发生什么样的异常，这些操作都会发生。

应该避免在 finally 子句中抛出异常。如果 try 语句块的主体由于异常而终止，那么它将被 finally 子句中的异常掩盖。你在上一小节中看到的异常抑制机制仅适用于带资源的 try 语句。

同样，finally 子句不应包含 return 语句。如果 try 语句块的主体也有 return 语句，那么 finally 子句中的 return 语句将替换其返回值。请看以下示例：

```
public static int parseInt(String s) {
    try {
        return Integer.parseInt(s);
    } finally {
        return 0; // Error
    }
}
```

看起来好像在调用 parseInt("42")中，try 语句块的主体返回整数 42。然而，finally 子句在方法实际返回之前执行，最终导致 parseInt 方法返回 0，忽略了原始的返回值。

情况还会变得更糟。考虑调用 parseInt("zero")，Integer.parseInt 方法抛出 NumberFormatException，然后 finally 子句被执行，return 语句将会吞掉抛出的异常。

提示： finally 子句的主体用于清理资源。不要将更改控制流程的语句（例如 return、throw、break、continue 等语句）放在 finally 子句中。

可以用 catch 子句和 finally 子句组成 try 语句。但必须小心处理 finally 子句中的异常。例如以下根据在线教程改编的 try 语句块：

```
BufferedReader in = null;
try {
    in = Files.newBufferedReader(path, StandardCharsets.UTF_8);
    Read from in
} catch (IOException ex) {
    System.err.println("Caught IOException: " + ex.getMessage());
} finally {
    if (in != null) {
        in.close(); // Caution—might throw an exception
    }
}
```

编程人员显然考虑到了 Files.newBufferedReader 方法抛出异常的情况。看起来这段代码似乎可以捕获并打印所有输入/输出异常，但实际上它忽略了一个情况：可能由 in.close()抛出的异常。通常情况下最好将复杂的 try/catch/finally 语句重写为带资源的 try 语句，或者将 try/finally 嵌套在 try/catch 语句中，参见本章练习 6。

5.1.7 重新抛出异常和链接异常

当发生异常时，你可能不知道该如何处理，但可能想要记录下这个故障。在这种情况下，可以重新抛出异常，以便一个合适的处理程序可以处理它。

```
try{
   Do work
}
catch (Exception ex) {
    logger.log(level, message, ex);
    throw ex;
}
```

注意：当此代码在可能抛出检查型异常的方法内时，会有一些微妙的问题。假设封闭方法声明如下：

```
public void read(String filename) throws IOException
```

乍一看，似乎需要将 throws 子句更改为 throws Exception。然而，Java 编译器会仔细跟踪流程，并意识到 ex 只能是 try 块中某个语句抛出的异常，而不是任意的一个 Exception。

有时，可能需要更改抛出异常的类。例如，可能需要使用一个对子系统的用户有意义的异常类来报告子系统的故障。假设你在 servlet 小服务程序中遇到了数据库错误，执行 servlet 的代码可能并不想了解具体错误的细节，但它肯定需要知道 servlet 当前有错误发生。在这种情况下，可以捕获原始异常并将其链接到更高级别的异常：

```
try {
   Accsee the database
}
catch (SQLException ex) {
    throw new ServletException("database error", ex);
}
```

当 ServletException 被捕获后，可以通过以下途径获取原始异常：

```
Throwable cause = ex.getCause();
```

ServletException 类有一个构造器，该构造器将异常的原因作为参数。并非所有的异常类都有这种构造器。在这种情况下，必须调用 initCause 方法，如下所示：

```
try {
    Access the database
}
catch (SQLException ex) {
    var ex2 = new CruftyOldException("database error");
    ex2.initCause(ex);
    throw ex2;
}
```

如果提供自己的异常类，除了 5.1.2 小节中描述的两个构造器外，还应提供以下构造器：

```
public class FileFormatException extends IOException {
    ...
    public FileFormatException(Throwable cause) { initCause(cause); }
    public FileFormatException(String message, Throwable cause) {
        super(message);
        initCause(cause);
    }
}
```

提示：如果在不允许抛出检查型异常的方法中发生了检查型异常，则链接技术也很有用。可以捕获检查型异常并将其链接到未检查型异常中。

5.1.8 未捕获的异常和栈跟踪

如果一个异常在任何地方都没有被捕获到，那么就会显示一个栈跟踪（stack trace），即抛出异常时的所有待处理方法调用的列表。栈跟踪的信息会被发送到错误消息流 `System.err` 中。

如果想将异常保存在其他地方，例如为了让技术支持人员检查，可以设置默认的未捕获异常处理程序：

```
Thread.setDefaultUncaughtExceptionHandler((thread, ex) -> {
    Record the exception
});
```

注意：一个未捕获的异常会终止发生该异常的线程。如果应用程序只有一个线程（这是你目前所看到的程序的情况），则程序在调用未捕获异常处理程序后会退出。

有时，你被迫捕获了一个异常，但是又不知道该怎么处理。例如，`Class.forName` 方法抛出一个需要处理的检查型异常。与其忽略这个异常，不如至少打印栈跟踪：

```
try {
    Class<?> cl = Class.forName(className);
    ...
} catch (ClassNotFoundException ex) {
    ex.printStackTrace();
}
```

如果想存储所有异常的栈跟踪，可以把它们放到以下的字符串中：

```
var out = new ByteArrayOutputStream();
ex.printStackTrace(new PrintWriter(out));
String description = out.toString();
```

注意：如果需要更详细地处理栈跟踪，可以使用 `StackWalker` 类。例如，以下示例将打印所有栈帧。

```
StackWalker walker = StackWalker.getInstance();
walker.forEach(frame -> System.err.println("Frame: " + frame));
```

还可以详细分析 `StackWalker.StackFrame` 实例。详细信息参见 API 文档。

5.1.9 抛出异常的 API 方法

`Objects` 类有一个很方便的空参数检查方法。以下是示例用法：

```
public void process(String direction) {
    this.direction = Objects.requireNonNull(direction);
    ...
}
```

如果 `direction` 为 `null`，则会抛出 `NullPointerException` 异常。乍一看，这样的操作似乎毫无意义，因为当使用该值时，`NullPointerException` 异常最终也是会抛出的。但是也要考虑从栈跟踪中回溯。当看到调用 `requireNonNull` 方法时，就能立即知道做错了什么。

还可以为异常提供消息字符串：

```
this.direction = Objects.requireNonNull(direction, "direction must not be null");
```

此方法的变体允许提供替代值，而不是抛出异常：

```
this.direction = Objects.requireNonNullElse(direction, "North");
```

如果默认值的计算成本很高，请使用另一种变体：

```
this.direction = Objects.requireNonNullElseGet(direction,
    () -> System.getProperty("com.horstmann.direction.default"));
```

只有当 direction 为 null 时，才计算 Lambda 表达式。

还有一种方便的方法来进行范围检查：

```
this.index = Objects.checkIndex(index, length);
```

如果索引的范围为 0 到 length-1，则该方法返回索引，否则抛出一个 IndexOutOfBoundsException 异常。

5.2 断言

断言是防御性编程中常用的一种习惯语法。假设你确信满足某个特定属性，并且在代码中依赖该属性。例如，你可能正在计算：

```
double y = Math.sqrt(x);
```

你很确信 x 不是负数，但是仍然想进行双重检查，而不是让“不是数字”的浮点值进入计算。当然，也可以抛出一个异常：

```
if (x < 0) throw new IllegalStateException(x + " < 0");
```

但是，即使在测试完成后，这种特殊情况仍会留在程序中，从而降低运行速度。断言机制允许在测试期间进行检查，并在生产代码中自动删除这些检查。

注意：在 Java 中，断言旨在作为验证内部假设的调试辅助工具，而不是作为强制执行契约的机制。例如，如果想要报告公有方法的不适当参数，请不要使用断言，而是抛出 IllegalArgumentException 异常。

5.2.1 使用断言

Java 中有两种形式的断言语句：

```
assert condition;
assert condition : expression;
```

assert 语句会评估断言的条件，如果条件错误，则抛出 AssertionError 异常。在第二个语句中，表达式将转换为字符串，随后该字符串成为错误对象的消息。

注意：如果表达式是 Throwable，则它也会被设置为断言错误的原因（参见 5.1.7 小节）。

例如，要想断言 x 是一个非负数，只须使用以下语句：

```
assert x >= 0;
```

或者将 x 的实际值传递给 AssertionError 对象，以便稍后显示：

```
assert x >= 0 : x;
```

5.2.2 启用和禁用断言

默认情况下，断言是被禁用的。可以在运行程序时使用 -enableassertions 或-ea 选项启用断言：

```
java -ea MainClass
```

不必重新编译程序，因为启用或禁用断言是由类加载器处理的。当断言被禁用时，类加载器会删除断言代码，因此不会降低程序运行速度。甚至可以在特定类或整个包中启用断言，例如：

```
java -ea:MyClass -ea:com.mycompany.mylib... MainClass
```

该命令会启用 MyClass 类和 com.mycompany.mylib 包及其子包中所有类的断言。选项-ea... 会在默认包的所有类中启用断言。

还可以使用-disableassertions 或-da 选项来禁用指定类和包中的断言：

```
java -ea:... -da:MyClass MainClass
```

当使用 -ea 和 -da 开关启用或禁用所有断言（而不仅仅是特定的类或包）时，它们并不适用于那些没有类加载器的“系统类”。使用-enablesystemassertion/-esa 开关能够启用系统类的断言。

此外，还可以通过下面的方法以编程方式控制类加载器的断言状态：

```
void ClassLoader.setDefaultAssertionStatus(boolean enabled);
void ClassLoader.setClassAssertionStatus(String className, boolean enabled);
void ClassLoader.setPackageAssertionStatus(String packageName, boolean enabled);
```

与-enableassertions 命令行选项一样，setPackageAssertionStatus 方法设置给定包及其子包的断言状态。

5.3 日志

每个 Java 编程人员都熟悉这样的编程技巧，就是将 System.out.println 调用插入到问题代码中来了解程序具体的运行情况。当然，一旦找到了问题出现的具体原因，就可以删除这些打印语句，在下一个问题出现时再把它们重新添加进来就可以。日志框架的主要目标就是解决此类问题。

5.3.1 是否应使用 Java 日志框架

Java有一个标准的日志框架,通常可以通过其包名java.util.logging来调用,有时缩写为j.u.l。此外也有一些其他的日志框架可供选择，它们具有更多的功能，并且也正在被广泛使用，例如，Log4j 和 Logback。

如果希望代码的使用者自己选择日志框架，那么应该使用一个“façade”库，将日志消息发送到首选的框架。一个日常使用较多且颇受欢迎的 façade API 是 SLF4J。另一个 façade 是“平台日志 API”（也称为 JEP 246）。它非常基础，也是 JDK 的一部分。façade 有时被称为前端（frontend）。它提供了编程人员用来记录消息的 API。*后端*（backend）负责过滤和格式化消息，并将消息放置在某个位置。后端需要由部署人员进行配置，通常通过编辑配置文件来完成。

在后面的内容中，我将向你展示如何将平台日志 API 用作前端，并将 java.util.logging 用作后端。如果你发现前端 API 已经能够满足需求，那么这可能是一个合理的选择，因为你可以随时更换后端。

java.util.logging 后端的特性比其他更加流行的替代品要少，但它也足以满足许多用。由于它简单可靠，因此不易受到日志攻击。相比之下，Log4j 模糊不清的特性更容易让黑客编写程序侵入，当记录日志时会导致恶意代码执行。无论最终是否使用它们，研究平台日志 API 和 java.util.logging 后端都可以提供日志框架功能的良好基础。

5.3.2 日志记录基础

平台日志记录器实现了 System.Logger 接口。每个日志记录器都有一个名称。该名称可以是任意的，但通常是生成日志消息的方法的类所在的包名。可以通过以下方式获取平台日志记录器：

```
System.Logger logger = System.getLogger("com.mycompany.myapp");
```

当首次请求具有给定名称的日志记录器时，它将被创建。随后对同一名称的后续调用将产生相同的日志记录器对象。

现在你就可以开始记录日志了：

```
logger.log(System.Logger.Level.INFO, "Opening file " + filename);
```

记录将以如下方式打印：

```
Aug 04, 2022 09:53:34 AM com.mycompany.myapp read
INFO: Opening file data.txt
```

需要注意的是，时间和调用类和方法的名称是自动包含在内的。

为了在部署程序时关闭这些信息性消息，可以配置后端。对于 java.util.logging 后端，可以准备一个包含以下内容的 logging.properties 文件：

```
handlers=java.util.logging.ConsoleHandler
com.mycompany.myapp.level=WARNING
```

启动应用程序的方式如下：

```
java -Djava.util.logging.config.file=logging.properties com.mycompany.myapp.Main
```

由于 INFO 的级别低于 WARNING 的级别，因此相关消息不会被显示。获取日志记录器和记录消息的

API是前端的一部分，在本例中使用的是平台日志API。如果使用不同的前端，那么API也将不同。

消息的目的地、格式化和过滤，以及配置机制都是后端的一部分，在这里是java.util.logging。如果你使用了不同的后端，请按照对应的说明进行配置。

5.3.3 平台日志API

正如你在上一小节中看到的，每个记录下来的日志消息都有一个级别。System.Logger.Level 枚举有以下值，按照严重性降序排列为：ERROR、WARNING、INFO、DEBUG和TRACE。

提示： 通入导入语句：

```
import static java.lang.System.Logger.Level.*;
```

也可以缩短级别的写法：

```
logger.log(INFO, "Opening file " + filename);
    // Instead of System.Logger.Level.INFO
```

在上面的示例中，"Opening file" +filename 的消息即使被禁止，也会被创建。如果担心创建消息字符串的成本，可以改用Lambda表达式：

```
logger.log(INFO, () -> "Opening file " + filename);
```

这样，消息只在实际记录时计算。

通常这样记录一个异常：

```
catch (IOException ex) {
    logger.log(WARNING, "Cannot open file " + filename, ex);
}
```

可以使用第13章中的MessageFormat类来格式化这个消息：

```
logger.log(WARNING, "Cannot open file {0}", filename);
```

日志消息也可以使用第13章中介绍的资源包机制来本地化为不同的语言。

提供格式化字符串的包和键：

```
logger.log(WARNING, bundle, "file.bad", filename);
    // Looks up file.bad in the bundle
```

或者，也可以这样获取日志记录器：

```
System.Logger logger = System.getLogger("com.mycompany.myapp", bundle);
```

这样，就不需要在每次调用中都指定包了。

一部分特性的组合（延迟消息计算、添加throwable、格式化、使用包）能受到较好的支持，而不是所有组合都支持。表5-1显示了完整的API。

表5-1 System.Logger API

方法	功能描述
String getName()	获取当前日志记录器的名称
boolean isLoggable (System.Logger.Level level)	如果此记录器在给定级别处理日志，则为true
void log(System.Logger.Level level, String msg)	记录给定消息
void log(System.Logger.Level level, Object obj)	记录obj.toString()消息
void log(System.Logger.Level level, String msg, Throwable thrown)	记录给定消息和throwable信息
void log(System.Logger.Level level, Supplier<String> msgSupplier)	如果此日志记录器在给定级别处理日志，则调用供应商并记录结果
void log(System.Logger.Level level, Supplier<String> msgSupplier, Throwable thrown)	如果此记录器在给定级别处理日志，则调用供应商并记录结果和throwable信息
void log(System.Logger.Level level, String format, Object... params)	如果此记录器在给定级别处理日志，则使用给定参数记录格式化消息

续表

方法	功能描述
`void log(System.Logger.Level level, ResourceBundle bundle, String key, Throwable thrown)`	使用给定的键和 throwable 信息将消息记录在包中
`void log(System.Logger.Level level, ResourceBundle bundle, String key, Object... params)`	如果此记录器在给定级别处理日志，查找包中给定键的格式，并使用给定参数记录格式化消息

5.3.4 日志记录配置

现在让我们转到日志记录的后端。如前所述，平台日志 API 的默认后端是 java.util.logging。以下小节中的信息都是特定于该后端的。

可以通过编辑配置文件来更改后端的各种属性。默认配置文件位于 JDK 中的 conf/logging.properties 文件中。如果要使用另一个文件，可以通过以下形式启动应用程序并将 java.util.logging.config.file 属性设置为文件位置。例如：

```
java -Djava.util.logging.config.file=configFile MainClass
```

警告： 在 main 中调用 System.setProperty("java.util.logging.config.file", configFile) 是无效的，因为日志管理器在虚拟机启动期间，也就是在 main 执行之前就已经初始化了。

要更改默认日志记录级别，可以编辑配置文件并修改以下行：

```
.level=INFO
```

可以通过添加以下行来指定自己的日志记录器的日志级别，例如：

```
com.mycompany.myapp.level=WARNING
```

也就是说将 .level 后缀加到日志记录器名称后。

警告： 由于历史原因，某些级别在平台日志 API 和 java.util.logging 框架中具有不同的名称。表 5-2 显示了对应关系。

表 5-2 平台日志和 Java 日志框架的对应级别

平台日志	java.util.logging
ERROR	SEVERE
WARNING	WARNING
INFO	INFO
DEBUG	FINE
TRACE	FINER

与包名类似，日志记录器的名称也有层次结构。事实上，它们比包的层次性更强。包与其父级之间没有语义关系，但日志记录器父级和子级之间会共享某些属性。例如，如果关闭了记录器“com.mycompany”的消息，那么它的子记录器也将被停用。

正如你将在下一小节中看到的，日志记录器实际上不会将消息发送到控制台，这是处理程序的工作。处理程序也有级别。要在控制台上查看 DEBUG/FINE 消息，还需要设置：

```
java.util.logging.ConsoleHandler.level=FINE
```

警告： 日志管理器配置中的设置不是系统属性。使用 -Dcom.my company.myapp.level=FINE 启动程序不会对日志记录器产生任何影响。

还可以使用 jconsole 程序更改正在运行的程序中的日志级别。

5.3.5 日志处理程序

在默认配置中，日志记录器将记录发送到 ConsoleHandler，该处理程序将记录打印到 System.err 流。具体来说，日志记录器将记录发送给父处理程序，而最终的祖先处理程序（名称为""）有一个

ConsoleHandler。

与日志记录器一样，处理程序也具有日志级别。对于要记录的日志记录，其日志级别必须高于日志记录器和处理程序的阈值。日志管理器配置文件将默认控制台处理程序的日志级别设置为：

```
java.util.logging.ConsoleHandler.level=INFO
```

要使用 FINE 级别的日志，必须更改配置中的默认日志记录器级别和处理程序级别。

如果要将日志记录发送到其他位置，就要添加另一个处理程序。日志 API 为此提供了两个处理程序：FileHandler 和 SocketHandler。SocketHandler 将记录发送到指定的主机和端口。更有趣的是 FileHandler，它将记录收集到文件中。

可以简单地将记录发送到默认文件处理程序，如下所示：

```
var handler = new FileHandler();
logger.addHandler(handler);
```

记录将被发送到用户主目录中的 java*n*.log 文件中，其中 *n* 是保证文件唯一的编号。默认情况下，记录会格式化为 XML。典型的日志记录具有以下形式：

```
<record>
    <date>2014-08-04T09:53:34</date>
    <millis>1407146014072</millis>
    <sequence>1</sequence>
    <logger>com.mycompany.myapp</logger>
    <level>INFO</level>
    <class>com.horstmann.corejava.Employee</class>
    <method>read</method>
    <thread>10</thread>
    <message>Opening file staff.txt</message>
</record>
```

可以通过在日志管理器配置中设置不同参数（参见表 5-3）或使用以下构造器之一来修改文件处理程序的默认行为：

```
FileHandler(String pattern)
FileHandler(String pattern, boolean append)
FileHandler(String pattern, int limit, int count)
FileHandler(String pattern, int limit, int count, boolean append)
```

构造器的参数含义见表 5-3。

表 5–3　文件处理程序配置参数

配置属性	功能描述	默认值
java.util.logging.FileHandler.level	处理器级别	Level.ALL
java.util.logging.FileHandler.append	如果为 true，则将日志记录附加到现有文件；否则，将为每个运行的程序打开一个新文件	false
java.util.logging.FileHandler.limit	在打开另一个文件之前写入文件的近似最大字节数（0 表示无限制）	FileHandler 类中为 0，默认日志管理器配置中为 50000
java.util.logging.FileHandler.pattern	文件命名模式（参见表 5-4）	%h/java%u.log
java.util.logging.FileHandler.count	循环序列中的日志数量	1(不循环)
java.util.logging.FileHandler.filter	过滤日志记录的过滤器（参见 5.3.6 节）	不过滤
java.util.logging.FileHandler.encoding	字符编码	平台的字符编码
java.util.logging.FileHandler.formatter	每一个日志记录的格式化器	java.util.logging.XMLFormatter

你可能不想使用默认的日志文件名，那么可以使用%h/myapp.log 等模式。（关于模式变量的解释，参见表 5-4。）

表5-4 日志记录文件的模式变量

变量	功能描述
%h	用户主目录（user.home属性）
%t	系统临时目录
%u	唯一编号
%g	循环日志的生成编号。如果指定了循环并且模式不包含%g，则使用 .%g后缀
%%	百分比字符

如果多个应用程序（或同一应用程序的多个副本）使用同一日志文件，则应启用append标志。或者在文件名模式中使用%u，以便每个应用程序创建日志的唯一副本。

打开文件循环功能也是一个好主意。日志文件以循环序列的形式保存，例如 myapp.log.0、myapp.log.1、myapp.log.2等。只要文件超过了大小限制，最旧的日志将被删除，其他文件将被重命名，并创建生成编号为0的新文件。

5.3.6 过滤器和格式化器

除了按日志级别进行过滤之外，每个处理程序都可以有一个实现Filter接口的可选过滤器，该接口是一个带有方法boolean isLoggable(LogRecord record)的函数式接口。

要将过滤器安装到处理程序中，需要在日志记录配置中添加以下条目：

```
java.util.logging.ConsoleHandler.filter=com.mycompany.myapp.MyFilter
```

ConsoleHandler和FileHandler类以文本和XML格式生成日志记录。不过，也可以自定义格式。这需要扩展java.util.loging.Formatter类并覆盖以下方法：

```
String format(LogRecord record)
```

可以用你喜欢的任何方式格式化记录并返回结果字符串。在format方法中，可以通过调用表5-5中的方法之一来获取有关LogRecord的信息。

表5-5 LogRecord属性获取程序

方法	属性
Level getLevel()	此记录的日志级别
String getLoggerName()	记录此记录的日志记录器名称
ResourceBundle getResourceBundle() StringgetResourceBundleName()	资源包或其名称。用于本地化消息，如果未提供，则为null
String getMessage()	本地化或格式化之前的“原始”消息
Object[] getParameters()	参数对象，如果未提供，则为null
Throwable getThrown()	抛出的对象，如果未提供，则为null
String getSourceClassName() String getSourceMethodName()	记录此记录代码的位置。该信息可以由日志记录代码提供或从运行时栈自动推断。如果日志记录代码提供了错误的值，或者如果运行的代码被优化，以至于无法推断准确位置
Instant getInstant()	创建时间
long getSequenceNumber()	此记录的唯一序列号
long getLongThreadID()	创建此记录的线程的唯一ID。这些ID由LogRecord类分配，与其他线程ID没有关系

在format方法中，可能需要调用：

```
String formatMessage(LogRecord record)
```

该方法对记录的消息部分进行格式化，查找资源包中的消息键并替换消息格式参数。

许多文件格式（如XML）需要在已格式化的记录的前后加上头部和尾部。要实现这一点，需要覆盖以下方法：

```
String getHead(Handler h)
String getTail(Handler h)
```

最后，在日志配置中设置格式化器：

```
java.util.logging.FileHandler.formatter=com.mycompany.myapp.MyFormatter
```

练习

1. 编写一个方法：

```
public ArrayList<Double> readValues(String filename) throws ...
```

该方法读取包含浮点数的文件。如果无法打开文件或某些输入不是浮点数，则抛出适当的异常。

2. 编写一个方法：

```
public double sumOfValues(String filename) throws ...
```

该方法调用前面练习中的方法并返回文件中值的总和。此外，本方法要向调用者传播任何异常。

3. 编写一个程序，调用前面的方法并打印结果。捕捉异常并向用户提供有关任何错误条件的反馈。

4. 重复前面的练习，但不要使用异常。相反，让 readValues 和 sumOfValues 返回某种错误代码。

5. 使用 5.1.5 小节中的 Scanner 和 PrintWriter 相关代码实现一个方法。但不要使用带资源的 try 语句，只使用 catch 子句。当然要确保能够关闭两个对象，前提是它们已经被正确构造。还需要考虑以下条件：

- Scanner 构造器抛出异常；
- PrintWriter 构造器抛出异常；
- hasNext、next 或 println 抛出异常；
- out.close()抛出异常；
- in.close()抛出异常。

6. 5.1.6 小节中提供了一个包含 catch 和 finally 子句的错误 try 语句的示例。请通过以下途径修复代码：（a）捕获 finally 子句中的异常；（b）包含 try/finally 语句的 try/catch 语句；（c）带有 catch 子句的带资源的 try 语句。

7. 解释为什么第一段代码优于第二段代码。

第一段：

```
try (var in = new Scanner(Path.of("/usr/share/dict/words"));
        var out = new PrintWriter(outputFile)) {
    while (in.hasNext())
        out.println(in.next().toLowerCase());
}
```

第二段：

```
var in = new Scanner(Path.of("/usr/share/dict/words"));
var out = new PrintWriter(outputFile);
try (in; out) {
    while (in.hasNext())
        out.println(in.next().toLowerCase());
}
```

8. 为了完成本练习，需要通读 java.util.Scanner 类的源代码。如果在使用 Scanner 时输入失败，Scanner 类将捕获输入异常并关闭使用输入的资源。如果关闭资源引发异常，会发生什么？此实现如何与带资源的 try 语句中抑制异常的处理交互？

9. 设计一个辅助方法，以便在带资源的 try 语句中使用 ReentrantLock。调用 lock，并返回一个 AutoCloseable，该 AutoCloseable 的 close 方法调用 unlock 且不抛出异常。

10. Scanner 和 Printwriter 类的方法不会抛出检查型异常，以便初学者使用。如何发现在读取或写入过程中是否发生了错误？注意，构造器可以抛出检查型异常。为什么这违背了让初学者更容易使用类的目标？

11. 编写一个递归的 factorial 方法，在返回值之前打印所有栈帧。如 5.1.8 小节所述的那样，构造（但不要抛出）任何类型的异常对象并获取其栈跟踪。

12. 比较使用 `Objects.requireNonNull(obj)` 和 `assert obj != null` 的情况，并为每一种情况都提供令人信服的用例。

13. 编写一个方法 `int min(int[] values)`，在返回最小值之前，断言它确实 ≤ 数组中的所有值。使用一个私有的辅助方法，或者如果已经浏览了第8章，可以使用 `Stream.allMatch`，可以在大型数组上重复调用该方法，并在启用、禁用和删除断言的情况下测量运行效果。

14. 实现并测试一个日志记录过滤器，该过滤器过滤掉不良词汇的日志记录。

15. 实现并测试生成 JSON 文件的日志记录格式化器。

第 6 章　泛型编程

你可能经常需要实现适用于多种类型的类和方法。例如，ArrayList<T>可以存储任意类 T 的元素。我们称 ArrayList 类为泛型（generic），T 是类型参数（type parameter）。基本思想非常简单，但非常实用。本章的前两小节包括了简单的部分。

在任何具有泛型类型的编程语言中，当限制或更改类型参数时，细节都会变得非常棘手。例如，假设要对元素进行排序，那么必须为指定的类型 T 提供排序方法。此外，如果类型参数发生变化，这对泛型类型意味着什么？例如，需要 ArrayList<String> 的方法与需要 ArrayList<Object> 的方法之间的关系应该是什么？6.3 节和 6.4 节向你展示了 Java 如何处理这些问题。

在 Java 中，泛型编程可能比想象中更加复杂，因为泛型是在 Java 出现一段时间后添加的，并且它们被设计为向后兼容的。因此，泛型存在许多令人遗憾的限制，其中的一些限制规则甚至会影响到每个 Java 编程人员，也有一些会影响到对泛型类感兴趣的实现者。有关详细信息，参见 6.5 节和 6.6 节。最后一小节介绍了泛型和反射，如果没有在自己的程序中使用反射，可以安全地跳过它。

本章重点如下：

1. 泛型类是具有一个或多个类型参数的类。
2. 泛型方法是具有类型参数的方法。
3. 可以要求类型参数是一个或多个类型的子类型。
4. 泛型类型是不变的：当 S 是 T 的子类型时，G<S>和 G<T>之间没有关系。
5. 通过使用通配符 G<? extends T>或 G<? super T>，可以指定一个方法接受具有 T 的子类型或超类型的泛型类型 G 的实例化。
6. 编译泛型类和泛型方法时，类型参数将被擦除。
7. 擦除对泛型类型有许多限制。特别是不能实例化泛型类或泛型数组，将其强制转换为泛型类型，或抛出泛型类型的对象。
8. Class<T>类是一个很有用的泛型类，因为类似 cast 的方法被声明为生成类型 T 的值。
9. 即使在虚拟机中擦除了泛型类和泛型方法，你也可以在运行时了解它们是如何声明的。

6.1　泛型类

泛型类（generic class）是具有一个或多个类型参数（type parameter）的类。作为一个简单的示例，下面考虑这个用来存储键值对的类：

```
public class Entry<K, V> {
    private K key;
    private V value;

    public Entry(K key, V value) {
        this.key = key;
        this.value = value;
    }

    public K getKey() { return key; }
    public V getValue() { return value; }
}
```

如你所见，类型参数 K 和 V 在类名后的尖括号内指定。在类成员的定义中，它们被用作实例变量、方法参数和返回值的类型。

可以通过用类型替换的方式，替换类型变量来实例化（instantiate）泛型类。例如，Entry<String,Integer>是一个普通类，具有方法 String getKey() 和 Integer getValue()。

警告：类型参数不能用基本类型实例化。例如，Entry<String, int>在 Java 中无效。

当构造泛型类的对象时，可以在构造器中省略类型参数。例如：

```
Entry<String, Integer> entry = new Entry<>("Fred", 42);
    // Same as new Entry<String, Integer>("Fred", 42)
```

需要注意的是，在构造参数之前仍然需要提供一对空的尖括号。有人把这对空的尖括号称为*菱形*（diamond）。当使用菱形语法时，构造器的类型参数将被推导得出。

6.2 泛型方法

就像泛型类是带有类型参数的类一样，*泛型方法*（generic method）是一个带有类型参数的方法。泛型方法可以是常规类或泛型类中的方法。下面是一个非泛型类中泛型方法的示例：

```
public class Arrays {
    public static <T> void swap(T[] array, int i, int j) {
        T temp = array[i];
        array[i] = array[j];
        array[j] = temp;
    }
}
```

这个 swap 方法可用于交换任意数组中的元素，只要数组元素类型不是基本类型：

```
String[] friends = ...;
Arrays.swap(friends, 0, 1);
```

当声明泛型方法时，类型参数被放置在修饰符（如 public 和 static）之后和返回类型之前：

```
public static <T> void swap(T[] array, int i, int j)
```

调用泛型方法时，不需要指定类型参数。它是从方法参数和返回类型中推导出来的。例如，在调用 Arrays.swap(friends, 0, 1) 中，friends 的类型是 String[]，编译器可以推导出 T 应该是 String。

如果愿意，可以在方法名称之前显式提供类型，如下所示：

```
Arrays.<String>swap(friends, 0, 1);
```

可能想这样做的一个原因是，当出现问题时，可以更好地获得错误信息，参见本章练习 5。

在深入下面章节中的技术细节之前，最好再仔细研究一下 Entry 类和 swap 方法的示例，并欣赏泛型类型的实用性和自然性。对于 Entry 类，键和值的类型可以是任意的。对于 swap 方法，数组类型可以是任意的。这是用类型变量明确表示的。

6.3 类型限定

有时，泛型类或泛型方法的类型参数需要满足特定的要求。因此可以使用*类型限定*（type bound），要求该类型扩展特定的类或实现特定的接口。

例如，假设有一个实现了 AutoCloseable 接口的类的对象的 ArrayList，并且希望将它们全部关闭：

```
public static <T extends AutoCloseable> void closeAll(ArrayList<T> elems)
        throws Exception {
    for (T elem : elems) elem.close();
}
```

类型限定 extends AutoCloseable 可确保元素类型是 AutoCloseable 的子类型。因此，调用 elem.close() 方法将会确保有效。可以向该方法传递 ArrayList<PrintStream>，但不能传递 ArrayList<String>。注意，类型限定中的 extends 关键字实际上意味着“子类型”，Java 设计者只是使用了现有的 extends 关键词，而没有使用另一个关键字或符号。

本章练习 14 有一个更有趣的方法变体。

> **注意：** 在这个例子中，我们需要一个类型限定，因为参数的类型是 ArrayList。如果该方法接受数组，则不需要泛型方法。可以简单地使用常规方法，如下所示。
>
> ```
> public static void closeAll( AutoCloseable[]  elems) throws Exception
> ```

这是因为像 PrintStream[]这样的数组类型是 AutoCloseable[]的子类型。但是，正如你将在下一节中看到的，ArrayList<Printstream>不是 ArrayList<AutoCloseable>的子类型。通过使用限定类型参数可以解决很多编程问题。

类型参数可以有多个限定，例如：

```
T extends Runnable & AutoCloseable
```

以上的语法和捕获多个异常的语法非常相似，唯一的区别是类型使用“与”运算符的组合，而多个异常使用“或”运算符的组合。

可以有任意多的关于接口的类型限定，但最多只能有一个限定是类。如果有一个类作为限定，那么它必须是限定列表中的第一个限定。

6.4 类型差异和通配符

假设需要实现一个处理 Employee 类的子类的对象数组的方法。只须将参数声明为 Employee[]类型：

```
public static void process(Employee[] staff) { ... }
```

如果 Manager 是 Employee 的子类，则可以将 Manager[]数组传递给该方法，因为 Manager[]是 Employee[]的子类型。这种行为称为*协变*（covariance）。数组的变化方式与元素类型相同。

现在，假设想处理一个数组列表。然而存在这样一个问题：ArrayList<Manager> 类型并不是 ArrayList<Employee>的子类型。

这种限制是有原因的。如果允许将 ArrayList<Manager>赋值给 ArrayList<Employee>类型的变量，那么就可以通过存储非经理员工来破坏数组列表：

```
ArrayList<Manager> bosses = new ArrayList<>();
ArrayList<Employee> empls = bosses; // Not legal, but suppose it is . . .
empls.add(new Employee(...)); // A nonmanager in bosses!
```

由于不允许将 ArrayList<Manager>转换为 ArrayList<Employee>，因此不会发生这种形式的错误。

> **注意：** 在允许将 Manager[]转换为 Employee[]的数组中，是否可以发生相同的错误？当然可以，正如你在第 4 章中看到的那样。Java 数组是协变的，这很方便但并不安全。当在 Manager[]数组中仅存储一个普通的 Employee 时，将抛出一个 ArrayStoreException。相反，Java 中的所有泛型类型都是恒定不变的。

在 Java 中，使用通配符（wildcard）来指定方法参数和返回类型可以发生的变化。这种机制有时称为*使用点型变*（use-site variance）。你将在以下小节中看到详细信息。

6.4.1 子类型通配符

在许多情况下，在不同的数组列表之间进行转换是非常安全的，假设一个方法从未将数据写入数组列表，因此它不会破坏其参数。可以使用通配符表示这种情况：

```
public static void printNames(ArrayList<? extends Employee> staff) {
    for (int i = 0; i < staff.size(); i++) {
        Employee e = staff.get(i);
        System.out.println(e.getName());
    }
}
```

通配符类型? extends Employee 表示 Employee 的某个未知的子类型。可以使用 ArrayList<Employee>

或其子类型的数组列表（如 ArrayList<Manager>）调用此方法。

ArrayList<? extends Employee>类的 get 方法具有返回类型 ? extends Employee。以下语句是完全合法的：

```
Employee e = staff.get(i);
```

无论?表示什么类型，它都是 Employee 的子类型，staff.get(i) 的结果可以赋值给 Employee 类型变量 e。（在本例中，没有使用增强 for 循环来显示如何从数组列表中提取元素。）

如果尝试将元素存储到 ArrayList<? extends Employee>中会发生什么？那是行不通的。考虑以下调用：

```
staff.add(x);
```

add 方法具有一个类型为？extends Employee 的参数，并且没有对象可以传递给这个方法。如果传递了一个 Manager 对象，那么编译器将会拒绝这样的调用，毕竟?可以表示任何子类，也许是 Janitor，不能将 Manager 添加到 ArrayList<Janitor>中。

注意： 当然，你可以传递 null，但那不是一个对象。

总之，可以从? extends Employee 转换为 Employee，但不能将任何内容转换为? extends Employee。这就解释了为什么可以从 ArrayList<? extends Employee>中读取，但无法向其中写入。

6.4.2 超类型通配符

通配符类型? extends Employee 表示 Employee 的任意子类型。与之含义相反的是通配符类型? super Employee，它表示 Employee 的超类型。这些通配符通常用作函数式对象中的参数。下面是一个典型示例。Predicate 接口有一个用于测试 T 类型对象是否具有特定属性的方法：

```
public interface Predicate<T> {
    boolean test(T arg);
    ...
}
```

此方法打印具有给定属性的所有员工的姓名：

```
public static void printAll(Employee[] staff, Predicate<Employee> filter) {
    for (Employee e : staff)
        if (filter.test(e))
            System.out.println(e.getName());
}
```

可以使用 Predicate<Employee>类型的对象调用此方法。由于这是一个函数式接口，因此还可以传递 Lambda 表达式：

```
printAll(employees, e -> e.getSalary() > 100000);
```

现在假设你想使用 Predicate<Object>来修改调用，例如：

```
Predicate<Object> evenLength = e -> e.toString().length() % 2 == 0;
printAll(employees, evenLength);
```

这应该不是问题。毕竟每个 Employee 都是一个具有 toString 方法的 Object。然而，与所有泛型类型一样，Predicate 接口是不变的，并且 Predicate<Employee> 和 Predicate<Object>之间没有关系。

补救方法是允许任何 Predicate<? super Employee>：

```
public static void printAll(Employee[] staff, Predicate<? super Employee> filter) {
    for (Employee e : staff)
        if (filter.test(e))
            System.out.println(e.getName());
}
```

仔细查看 filter.test(e)的调用。由于 test 方法的参数类型是 Employee 的某个超类型，因此传递 Employee 对象是安全的。

这种情况非常典型。函数在其参数类型上是自然*逆变*（contravariant）的。例如，当需要一个能够处理员工对象的函数时，给出一个能够处理任意对象的函数也没有问题。

通常，当指定泛型函数式接口作为方法参数时，应该使用 super 通配符。

注意：一些编程人员喜欢使用通配符的“PECS”助记符来帮助记忆，即生产者使用 extends，消费者使用 super（producer extends，consumer super）。从 ArrayList 中被读取值的操作是生产者操作，因此使用 extends 通配符。而将值传递给 Predicate 进行测试的操作是消费者操作，因此使用 super 通配符。

6.4.3 带类型变量的通配符

考虑将上一小节中打印满足条件的任意元素的方法进行泛型化：

```
public static <T> void printAll(T[] elements, Predicate<T> filter) {
    for (T e : elements)
        if (filter.test(e))
            System.out.println(e.toString());
}
```

这是一个适用于任何类型数组的泛型方法。类型参数是要传递的数组的类型。然而，受到你在上一小节中看到的条件限制。Predicate 的类型参数必须与方法的类型参数完全匹配。

解决方案与你已经看到的相同，但这次通配符限定的是一个类型变量：

```
public static <T> void printAll(T[] elements, Predicate<? super T> filter)
```

以上方法将为类型 T 或 T 的任何超类型的元素提供过滤器。

还有另一个例子。Collection<E>接口，描述了一个类型 E 的元素的容器。具体内容将在下一章中详细介绍。该接口有一个方法：

```
public boolean addAll(Collection<? extends E> c)
```

可以从另一个元素类型是 E 或者 E 的某个子类型的容器中添加所有元素。使用此方法可以将经理集合添加到雇员集合中，但反过来不行。

要了解复杂的类型声明是如何实现的，请仔细查看 Collections.sort 方法的定义：

```
public static <T extends Comparable<? super T>> void sort(List<T> list)
```

List 接口将在下一章详细介绍，它描述了一组元素序列，例如链表或 ArrayList。如果 T 是 Comparable 的子类型，则 sort 方法能够对任何类型的 List<T>进行排序。但这里的 Comparable 接口又是泛型的：

```
public interface Comparable<T> {
    int compareTo(T other);
}
```

这里的类型参数指定了 compareTo 方法的参数类型，所以 Collections.sort 可以声明为：

```
public static <T extends Comparable<T>> void sort(List<T> list)
```

但这样限制过于严格，假设 Employee 类实现了 Comparable<Employee>接口，比较员工的薪水。现在假设 Manager 类扩展了 Employee 类。注意，它实现的是 Comparable<Employee>，而不是 Comparable<Manager>。因此，Manager 不是 Comparable<Manager>的子类型，而是 Comparable<?super Manager>的子类型。

注意：在一些编程语言（例如 C#和 Scala）中，可以将类型参数声明为协变或逆变。例如，通过将 Comparable 的类型参数声明为逆变就不必为每个 Comparable 参数使用通配符。这种“声明点型变”很方便，但它不如 Java 通配符的“使用点型变”功能强大。

6.4.4 无限定通配符

针对某些只执行非常通用的操作的情况，可以使用无限定通配符。例如，这里有一个检查 ArrayList 是否有 null 元素的方法：

```
public static boolean hasNulls(ArrayList<?> elements) {
    for (Object e : elements) {
        if (e == null) return true;
    }
```

```
    return false;
}
```

由于 ArrayList 的类型参数并不重要，因此使用 ArrayList<?> 的形式是有意义的。你同样可以将 hasNulls 设置为泛型方法：

```
public static <T> boolean hasNulls(ArrayList<T> elements)
```

但是这里使用无限定通配符更容易理解，因此这是首选方法。

6.4.5 通配符捕获

让我们尝试使用通配符定义一个 swap 方法：

```
public static void swap(ArrayList<?> elements, int i, int j) {
    ? temp = elements.get(i); // Won't work
    elements.set(i, elements.get(j));
    elements.set(j, temp);
}
```

这种方法行不通。可以将通配符?用作类型参数，但不能用作类型。有一个变通办法，即添加辅助方法，如下所示：

```
public static void swap(ArrayList<?> elements, int i, int j) {
    swapHelper(elements, i, j);
}

private static <T> void swapHelper(ArrayList<T> elements, int i, int j) {
    T temp = elements.get(i);
    elements.set(i, elements.get(j));
    elements.set(j, temp);
}
```

这里有一种被称为*通配符捕获*（wildcard capture）的特殊规则，使得对 swapHelper 的调用是有效的。编译器并不知道通配符?具体是什么，但它代表某种类型，所以通过它调用泛型方法是可以的。swapHelper 的类型参数 T“捕获”了通配符类型。由于 swapHelper 是一种泛型方法，而不是参数中带有通配符的方法，因此它可以使用类型变量 T 来声明变量。

那么通过这种途径，我们获得了什么？从 API 的用户的角度看，这是一个易于理解的 ArrayList<?>，而不是一个泛型方法。

6.5 Java 虚拟机中的泛型

当泛型类和泛型方法被添加到 Java 中时，Java 的设计者希望类的泛型形式与之前的版本能够兼容。例如，应该可以将 ArrayList<String>传递给那些接受 ArrayList 类的方法，该类收集 Object 类型的元素。语言设计者确定了这样一种实现，该实现可以“擦除”虚拟机中的类型。这种实现在当时非常流行，因为它能够使 Java 用户逐渐过渡到使用泛型。当然，正如你想象的那样，这种方案也存在缺陷，而且，像很多为了兼容性而做出妥协的方案那样，这种缺陷甚至在成功完成过渡后很长一段时间内仍然存在。

在本节中，你将看到虚拟机中到底发生了什么，下一节中将了解这样做的影响。

6.5.1 类型擦除

定义泛型类型时，它被编译为*原始*（raw）类型。例如，6.1 节中的 Entry<K, V>类转换成：

```
public class Entry {
    private Object key;
    private Object value;

    public Entry(Object key, Object value) {
        this.key = key;
        this.value = value;
    }

    public Object getKey() { return key; }
    public Object getValue() { return value; }
}
```

每个 K 和 V 都由 Object 替换。

如果一个类型变量有限定，则用第一个限定进行替换。假设我们将 Entry 类声明为：

```
public class Entry<K extends Comparable<? super K> & Serializable,
                   V extends Serializable>
```

然后将其擦除到类：

```
public class Entry {
    private Comparable key;
    private Serializable value;
    ...
}
```

6.5.2 强制类型转换插入

类型擦除听起来有点危险，但实际上是完全安全的。例如，假设你使用了一个 Entry<String,Integer> 对象。当构造对象时，必须提供一个 String 类型的键和一个 Integer 类型或可转化成 Integer 类型的值。否则，你的程序甚至无法编译。因此，可以保证 getKey 方法返回一个 String 类型。

然而，假设程序编译时出现“未检查”的警告，可能是因为使用了强制类型转换或混合使用了泛型和原始 Entry 类型。然后，Entry<String, Integer>就可能具有不同类型的键。

因此，在运行时也有必要进行安全检查。每当从具有擦除类型的表达式中读取时，编译器都会插入强制类型转换。例如：

```
Entry<String, Integer> entry = ...;
String key = entry.getKey();
```

由于擦除的 getKey 方法返回一个 Object，编译器生成的代码等效于：

```
String key = (String) entry.getKey();
```

6.5.3 桥接方法

在前面的小节中，你已经了解了擦除的基本功能。它是简单并且安全的，或者说还算简单。当擦除方法参数和返回类型时，编译器有时需要合成桥接方法。这是一个你不需要了解的实现细节，除非想知道为什么这样的方法会出现在栈跟踪中，或者想解释 Java 泛型的一些更模糊的限制（参见 6.6.6 小节）。

考虑以下示例：

```
public class WordList extends ArrayList<String> {
    public boolean add(String e) {
        return isBadWord(e) ? false : super.add(e);
    }
    ...
}
```

现在考虑一下这个代码片段：

```
WordList words = ...;
ArrayList<String> strings = words; // OK—conversion to superclass
strings.add("C++");
```

最后一个方法调用了 add(Object)方法，其中 add 方法调用了 ArrayList 类（擦除后的）。

在这种情况下，我们理所当然地希望能够实现动态方法查找，以便在 WordList 对象上调用 add 时调用 WordList 的 add 方法，而不是 ArrayList 的 add 方法。

为了实现这一功能，编译器会在 WordList 类中合成一个桥接方法：

```
public boolean add(Object e) {
    return add((String) e);
}
```

在调用 string.add("C++")时，add(Object)方法被调用，然后它会再调用 WordList 类的 add(String)方法。

当方法的返回类型发生变化时，也可以调用桥接方法。考虑以下方法调用：

```
public class WordList extends ArrayList<String> {
    public String get(int i) {
        return super.get(i).toLowerCase();
    }
    ...
}
```

在 WordList 类中，有两个 get 方法，分别是：

```
String get(int) // Defined in WordList
Object get(int) // Overrides the method defined in ArrayList
```

其中第二个方法是由编译器合成的，该方法会调用第一个方法。这样做也是为了实现动态方法查找。

这些方法具有相同的参数类型，但返回类型不同。在 Java 语言中，不能实现这样的一对方法。但在虚拟机中，方法由其名称、参数类型和返回类型共同指定，这使得编译器可以生成这对方法。

注意：桥接方法不仅用于泛型类型，还用于实现协变返回类型。例如，在第 4 章中，你看到了如何使用适当的返回类型声明 clone 方法，示例如下。

```
public class Employee implements Cloneable {
    public Employee clone() throws CloneNotSupportedException { ... }
}
```

在本例中，Employee 类有两个 clone 方法，示例如下。

```
Employee clone() // Defined above
Object clone() // Synthesized bridge method
```

桥接方法是为了实现动态方法查找而生成的，它调用第一个方法。

6.6 泛型的限制

在 Java 中使用泛型类型和泛型方法时有一些限制——有些只是令人感觉意外，但有些确实很不方便。其中大多数限制都是由类型擦除引起的。以下小节将向你展示在实践中最可能遇到的问题。

6.6.1 无基本类型参数

类型参数永远不能是基本类型。例如，不能创建一个 ArrayList<int>。正如你所看到的，在虚拟机中只有一种类型，即存储 Object 类型元素的原始 ArrayList，而 int 不是一个对象。

当泛型首次被引入时，这被认为不是一个大问题。毕竟，可以创建一个 ArrayList<Integer>，并依赖于自动装箱。然而，随着泛型的使用越来越普遍，这样的麻烦也越来越多。有大量的函数式接口，例如 IntFunction、LongFunction、DoubleFunction、ToIntFunction、ToLongFunction、ToDoubleFunction，它们只能处理一元函数和 8 种基本类型中的 3 种。

6.6.2 运行时所有类型都是原始的

在虚拟机中，只存在原始类型。例如，你无法在运行时查询 ArrayList 是否包含 String 对象：

```
if (a instanceof ArrayList<String>)
```

这是一种编译时错误，因为编译器永远不可能执行这样的类型检查。

对泛型类型实例化的强制类型转换同样没有效果，但它是合法的。例如：

```
Object result = ...;
ArrayList<String> list = (ArrayList<String>) result;
    // Warning—this only checks whether result is a raw ArrayList
```

这样的强制类型转换是允许的，因为有时无法避免。如果 result 是一个非常通用的过程的结果（例如通过反射调用方法，参见第 4 章），并且编译器不知道它的确切类型，那么编程人员必须使用强制类型转换。强制转换为 ArrayList 或 ArrayList<?> 是远远不够的。

要使消除警告信息，可以使用如下的变量注解：

```
@SuppressWarnings("unchecked") ArrayList<String> list
    = (ArrayList<String>) result;
```

警告： 滥用@SuppressWarnings注解可能会导致堆污染（heap pollution），即本应该属于特定泛型类型实例化的对象，实际上属于不同的实例化。例如，可以将ArrayList<Employee>赋值给ArrayList<String>引用。当检索到错误类型的元素时，结果是抛出ClassCastException异常。

提示： 堆污染的问题在于，报告的运行时错误与问题的根源相距甚远，问题的根源在于插入错误的元素。如果需要调试此类问题，可以使用“检查视图”，即在构造ArrayList<String>时，使用：

```
List<String> strings
   = Collections.checkedList(new ArrayList<>(), String.class);
```

视图会监视列表中的所有插入操作，并在添加错误类型的对象时抛出异常。

getClass方法始终返回原始类型。例如，如果list是ArrayList<String>，则list.getClass()返回ArrayList.class。事实上，根本没有ArrayList<String>.class，这样的类字面量原本就是一个语法错误。

此外，类字面量中不能有类型变量，即没有T.class、T[].class或ArrayList<T>.class。

6.6.3 无法实例化类型变量

不能在类似new T(...)或new T[...]的表达式中使用类型变量。这些形式都是非法的，因为当T被擦除时，它们不会正确执行编程人员原有的意图。

如果想创建一个泛型实例或泛型数组，那必须更加努力。假设你想提供一个repeat方法，以便Arrays.repeat(n, obj)可以创建一个包含n个obj副本的数组。当然，你希望数组的元素类型与obj的类型相同。下面的尝试是无效的：

```
public static <T> T[] repeat(int n, T obj) {
   T[] result = new T[n]; // Error—cannot construct an array new T[...]
   for (int i = 0; i < n; i++) result[i] = obj;
   return result;
}
```

要解决这个问题，需要让调用者提供数组构造器作为方法引用，即：

```
String[] greetings = Arrays.repeat(10, "Hi", String[]::new);
```

下面是该方法的实现：

```
public static <T> T[] repeat(int n, T obj, IntFunction<T[]> constr) {
   T[] result = constr.apply(n);
   for (int i = 0; i < n; i++) result[i] = obj;
   return result;
}
```

或者，也可以要求用户提供一个类对象，并使用反射来实现：

```
public static <T> T[] repeat(int n, T obj, Class<T> cl) {
   @SuppressWarnings("unchecked") T[] result
      = (T[]) java.lang.reflect.Array.newInstance(cl, n);
   for (int i = 0; i < n; i++) result[i] = obj;
   return result;
}
```

此方法的调用形式如下：

```
String[] greetings = Arrays.repeat(10, "Hi", String.class);
```

另一个选项是要求调用者分配数组。通常，调用者可以提供任意长度的数组，甚至是长度为零的数组。如果提供的数组长度不足，该方法将使用反射创建一个新的数组：

```
public static <T> T[] repeat(int n, T obj, T[] array) {
   T[] result;
   if (array.length >= n)
      result = array;
   else {
      @SuppressWarnings("unchecked") T[] newArray
         = (T[]) java.lang.reflect.Array.newInstance(
            array.getClass().getComponentType(), n);
      result = newArray;
   }
   for (int i = 0; i < n; i++) result[i] = obj;
   return result;
}
```

提示： 可以使用类型变量实例化ArrayList。例如，以下内容完全合法。

```
public static <T> ArrayList<T> repeat(int n, T obj) {
    var result = new ArrayList<T>(); // OK
    for (int i = 0; i < n; i++) result.add(obj);
    return result;
}
```

这种方法比你刚才看到的解决方案简单得多，建议在没有强烈的理由需要生成数组时使用这种方式。

注意： 如果泛型类需要泛型数组作为其实现的私有部分，那么可以构造Object[]数组。下面就是ArrayList类的实现示例。

```
public class ArrayList<E> {
    private Object[] elementData;

     public E get(int index) {
         return (E) elementData[index];
     }
     ...
}
```

6.6.4 不能构造参数化类型的数组

假设要创建一个Entry对象的数组：

```
var entries = new Entry<String, Integer>[100];
    // Error—cannot construct an array with generic component type
```

以上的语句是一个语法错误。这种构造器是非法的，因为在类型擦除之后，数组构造器将创建一个原始Entry数组。这样就会允许添加任何类型的Entry对象（例如Entry<Employee, Manager>），而不引发ArrayStoreException异常。

需要注意的是，Entry<String, Integer>[]的类型是完全合法的。可以声明该类型的变量。如果真的想初始化它，可以这样做：

```
@SuppressWarnings("unchecked") Entry<String, Integer>[] entries
    = (Entry<String, Integer>[]) new Entry<?, ?>[100];
```

但使用数组列表更简单：

```
var entries = new ArrayList<Entry<String, Integer>>(100);
```

回想一下，可变参数实际上是一个数组。如果这样的参数是泛型的，则可以绕过对创建泛型数组的限制。考虑以下方法：

```
public static <T> ArrayList<T> asList(T... elements) {
    var result = new ArrayList<T>();
    for (T e : elements) result.add(e);
    return result;
}
```

现在考虑以下调用：

```
Entry<String, Integer> entry1 = ...;
Entry<String, Integer> entry2 = ...;
ArrayList<Entry<String, Integer>> entries = Lists.asList(entry1, entry2);
```

T的推导类型是泛型类型Entry<String, Integer>，因此elements是Entry<String,Integer>类型的数组。这正是你无法自己创建的数组。

在这种情况下，编译器会发出警告，而不是错误。如果方法只从参数数组中读取元素，则应使用@SafeVarargs注解来抑制警告：

```
@SafeVarargs public static <T> ArrayList<T> asList(T... elements)
```

此注解可以应用于static、final、private的方法或构造器。任何其他方法都可能被覆盖，并且不适合使用此注释。

6.6.5 类类型变量在静态上下文中无效

考虑一个具有类型变量的泛型类，例如Entry<K, V>。不能将类型变量K和V与静态变量或静态方法一起使用。例如，以下代码是行不通的：

```
public class Entry<K, V> {
    private static V defaultValue;
        // Error—V in static context
    public static void setDefault(V value) { defaultValue = value; }
        // Error—V in static context
    ...
}
```

毕竟，类型擦除意味着在擦除后的 Entry 类中只有一个这样的变量或方法，而不是每个 K 和 V 都有一个。

6.6.6 擦除后方法不能发生冲突

不能声明在类型擦除后会导致冲突的方法。例如，以下是一个错误的示例：

```
public interface Ordered<T> extends Comparable<T> {
    public default boolean equals(T value) {
        // Error—erasure clashes with Object.equals
        return compareTo(value) == 0;
    }
    ...
}
```

equals(T value)方法在类型擦除后变成 equals(Object value)，这与 Object 中的同名方法产生冲突。

有时导致冲突的原因可能更为微妙。例如，以下是一个糟糕的情况：

```
public class Employee implements Comparable<Employee> {
    ...
    public int compareTo(Employee other) {
        return name.compareTo(other.name);
    }
}

public class Manager extends Employee implements Comparable<Manager> {
    // Error—cannot have two instantiations of Comparable as supertypes
    ...
    public int compareTo(Manager other) {
        return Double.compare(salary, other.salary);
    }
}
```

这里的 Manager 类扩展了 Employee 类，因此继承了超类型 Comparable<Employee>。当然，经理们希望通过薪水而不是名字来进行比较。这里没有类型擦除的问题。只有两种方法：

```
public int compareTo(Employee other)
public int compareTo(Manager other)
```

这里的问题是会产生桥接方法冲突。回想 6.5.3 小节，这两种方法都会生成以下桥接方法：

```
public int compareTo(Object other)
```

6.6.7 异常和泛型

你不能抛出或捕获泛型类的对象。事实上，甚至无法形成 Throwable 的泛型子类：

```
public class Problem<T> extends Exception
    // Error—a generic class can't be a subtype of Throwable
```

也不能在 catch 子句中使用类型变量：

```
public static <T extends Throwable> void doWork(Runnable r, Class<T> cl) {
    try {
        r.run();
    } catch (T ex) { // Error—can't catch type variable
        Logger.getGlobal().log(..., ..., ex);
    }
}
```

但是，在 throws 声明中可以有一个类型变量：

```
public static <V, T extends Throwable> V doWork(Callable<V> c, T ex) throws T {
    try {
        return c.call();
```

```
    } catch (Throwable realEx) {
        ex.initCause (realEx);
        throw ex;
    }
}
```

警告：可以使用泛型来消除检查型异常和和未检查型异常之间的区别。操作的关键部分是以下两种方法。

```
public class Exceptions {
    @SuppressWarnings("unchecked")
    private static <T extends Throwable>
            void throwAs(Throwable e)throws T {
        throw(T) e; // The cast is erased to (Throwable) e;
    }
    public static <V> V doWork(Callable<V> c) {
        try {
            return c.call();
        } catch (Throwable ex) {
            Exceptions.<RuntimeException>throwAs(ex);
            return null;
        }
    }
}
```

现在考虑以下方法：

```
public static String[] readWords(Path path) {
    return doWork(() -> Files.readString(path).split("\\s+"));
}
```

即使在找不到路径时，Files.readString 抛出一个检查型异常，该异常也不会在 readWords 方法中声明或被捕获。

6.7 反射和泛型

在下面的小节中，你将了解如何使用反射包中的泛型类，以及如何在虚拟机中找到在类型擦除过程中仍然存在的少量泛型类型信息。

6.7.1 Class<T>类

Class 类有一个类型参数，即 Class 对象所描述的类。下面让我们来慢慢理解。

首先考虑 String 类。在虚拟机中，该类有一个 Class 对象，可以通过"Fred".getClass()获取，或更直接地通过 String.class 类字面量获取。可以使用该对象来确定类具有哪些方法，或者构造一个实例。

类型参数有助于编写类型安全的代码。例如，考虑 Class<T>的 getConstructor 方法。该方法被声明为返回 Constructor<T>，而 Constructor<T>的 newInstance 方法被声明为返回一个类型为 T 的对象。这也就是 String.class 类型为 Class<String>的原因：它的 getConstructor 方法生成一个 Constructor<String>，而其 newInstance 方法又返回一个 String。

这个信息可以帮助你避免强制类型转换。考虑此方法：

```
public static <T> ArrayList<T> repeat(int n, Class<T> cl)
        throws ReflectiveOperationException {
    var result = new ArrayList<T>();
    for (int i = 0; i < n; i++)
        result.add(cl.getConstructor().newInstance());
    return result;
}
```

其中 cl.getConstructor().newInstance()返回一个类型为 T 的结果，因此该方法可以编译通过。

假设调用该方法，形式为 repeat(10, Employee.class)，那么 T 将被推导为 Employee 类型，因为 Employee.class 的类型为 Class<Employee>。因此，返回类型为 ArrayList<Employee>。

除了 getConstructor 方法之外，Class 类还有其他几个使用类型参数的方法。它们分别是：

```
Class<? super T> getSuperclass()
```

```
<U> Class<? extends U> asSubclass(Class<U> clazz)
T cast(Object obj)
Constructor<T> getDeclaredConstructor(Class<?>... parameterTypes)
T[] getEnumConstants()
```

正如你在第 4 章中看到的，在许多情况下，你对 Class 对象所描述的类其实是一无所知的。那么可以简单地使用通配符类型 Class<?>。

6.7.2 虚拟机中的泛型类型信息

类型擦除仅影响实例化类型参数。有关泛型类和泛型方法声明的完整信息可在运行时获得。

例如，假设调用 obj.getClass()生成 ArrayList.class。无法确定 obj 构造为 ArrayList<String>还是 ArrayList<Employee>。但是可以看出 ArrayList 类是一个泛型类，其类型参数 E 没有限定。

同样，考虑 Collection 类的方法：

```
static  <T extends Comparable<? super T>> void sort(List<T> list)
```

正如你在第 4 章中看到的，可以得到相应的 Method 对象为：

```
Method m = Collections.class.getMethod("sort", List.class);
```

从这个 Method 对象中，可以恢复整个方法签名。

java.lang.reflect 包中的 Type 接口表示泛型类型声明。该接口具有以下子类型：

（1）Class 类，描述具体类型；

（2）TypeVariable 接口，描述类型变量（例如 T extends Comparable <? super T>）；

（3）WildcardType 接口，描述通配符（例如 ? super T）；

（4）ParameterizedType 接口，描述泛型类或接口类型（例如 Comparable<? super T>）；

（5）GenericArrayType 接口，描述泛型数组（例如 T[]）。

注意，最后 4 个子类型是接口，虚拟机实例化实现这些接口的适当的类。

类和方法都可以有类型变量。从技术上讲，构造器不是方法，它们在反射库中由单独的类表示。构造器也可以是泛型的。要确定 Class、Method 或 Constructor 对象是否来自泛型声明，可以调用 getTypeParameters 方法。你将获得一个 TypeVariable 实例数组，每个数组元素对应声明中的一个类型变量，如果声明不是泛型的，则获得一个长度为 0 的数组。

TypeVariable<D>接口是泛型的。类型参数可以是 Class<T>、Method 或 Constructor<T>，具体取决于类型变量的声明位置。例如，下面是如何获取 ArrayList 类的类型变量：

```
TypeVariable<Class<ArrayList>>[] vars = ArrayList.class.getTypeParameters();
String name = vars[0].getName(); // "E"
```

下面是 Collections.sort 方法的类型变量：

```
Method m = Collections.class.getMethod("sort", List.class);
TypeVariable<Method>[] vars = m.getTypeParameters();
String name = vars[0].getName(); // "T"
```

上述类型变量有一个限定，可以这样处理：

```
Type[] bounds = vars[0].getBounds();
if (bounds[0] instanceof ParameterizedType p) { // Comparable<? super T>
    Type[] typeArguments = p.getActualTypeArguments();
    if (typeArguments[0] instanceof WildcardType t) { // ? super T
        Type[] upper = t.getUpperBounds(); // ? extends ... & ...
        Type[] lower = t.getLowerBounds(); // ? super ... & ...
        if (lower.length > 0) {
            String description = lower[0].getTypeName(); // "T"
            ...
        }
    }
}
```

希望以上内容能够帮助你更好地了解如何分析泛型声明。其余的问题我们就不再详细讨论细节了，因为大部分问题都不会经常出现在实践中。关键在于泛型类和泛型方法的声明不会被擦除，可以通过反射访问它们。

练习

1. 实现一个 Stack<E>类，该类管理一个类型 E 元素的数组列表。提供 push、pop 和 isEmpty 方法。

2. 重新实现 Stack<E>类，使用数组的形式保存元素。如果有必要，可以在 push 方法中增加数组长度。可以提供两种解决方案，一种是 E[]的数组，另一种是 Object[]数组。这两种解决方案都应该在没有警告的情况下进行编译。你更喜欢哪个实现形式？为什么？

3. 实现一个类 Table<K, V>，它管理一个 Entry<K, V>元素的数组列表。提供获取与键关联的值、为键设置值和删除键的方法。

4. 在上一练习中，将 Entry 改为嵌套类。该类应该是泛型的吗？

5. 考虑 swap 方法的这种变体，其中数组可以使用可变参数提供：

```
public static <T> T[] swap(int i, int j, T... values) {
    T temp = values[i];
    values[i] = values[j];
    values[j] = temp;
    return values;
}
```

现在调用该方法：

```
Double[] result = Arrays.swap(0, 1, 1.5, 2, 3);
```

你收到了什么错误消息？现在调用：

```
Double[] result = Arrays.<Double>swap (0, 1, 1.5, 2, 3);
```

错误消息是否得到了改善？应该怎么解决这个问题？

6. 实现一个泛型方法将一个数组列表中的所有元素添加到另一个数组列表中。对其中一个类型参数使用通配符。提供两种等效的解决方案，一种使用 ? extends E 通配符，另一种使用 ? super E 通配符。

7. 实现一个 Pair<E>类，该类存储一对类型为 E 的元素。提供一个能获取第一个和第二个元素的访问器。

8. 通过添加 max 方法和 min 方法修改上一个练习中定义的类，分别获取两个元素中的较大值或较小值。此外，为 E 提供合适的类型限定。

9. 在工具类 Arrays 中，提供一个方法：

```
public static <E> Pair<E> firstLast(ArrayList<___> a)
```

该方法返回由 a 的第一个和最后一个元素组成的对。提供适当的类型参数。

10. 在 Arrays 工具类中提供生成数组中最小和最大元素的泛型方法 min 和 max。

11. 继续前面的练习，并提供一个 minMax 方法，该方法产生一个由最小值和最大值组成的 Pair 对。

12. 实现以下方法，该方法在 result 列表的 elements 中存储最小和最大的元素：

```
public static <T> void minmax(List<T> elements,
    Comparator<? super T> comp, List<? super T> result)
```

注意最后一个参数中的通配符，任何 T 的超类型都可以用来保存结果。

13. 给定上一练习中的方法，考虑以下方法：

```
public static <T> void maxmin(List<T> elements,
        Comparator<? super T> comp, List<? super T> result) {
    minmax(elements, comp, result);
    Lists.swapHelper(result, 0, 1);
}
```

为什么在没有通配符捕获的情况下无法编译此方法？提示：尝试提供显式类型 Lists.<___> swapHelper(result, 0, 1)。

14. 实现 6.3 节中 closeAll 方法的改进版本。即使其中一些调用抛出了异常，也要关闭所有元素，随后再抛出异常。如果两个或多个调用抛出异常，则将它们链接在一起。

15. 实现一个 map 方法，该方法接收一个数组列表和一个 Function<T, R>对象（参见第 3 章），并返回一个数组列表，其中包含将函数应用于给定元素后的结果。

16. Collection 类中以下方法的类型擦除是什么？

```
public static <T extends Comparable<? super T>>
    void sort(List<T> list)
public static <T extends Object & Comparable<? super T>>
    T max(Collection<? extends T> coll)
```

17. 定义一个 Employee 类，该类实现 Comparable<Employee>。使用 javap 实用程序，演示已经合成的桥接方法。它的作用是什么？

18. 考虑 6.6.3 小节中的以下方法：

```
public static <T> T[] repeat(int n, T obj, IntFunction<T[]> constr)
```

调用 Arrays.repeat(10, 42, int[]::new) 将失败。为什么？如何解决？需要为其他基本类型做什么？

19. 考虑 6.6.3 小节中的以下方法：

```
public static <T> ArrayList<T> repeat(int n, T obj)
```

此方法在构造一个包含 T 值数组的 ArrayList<T>时没有问题。那么是否可以在不使用 Class 值或构造器引用的情况下从该数组列表生成 T[] 数组呢？如果无法生成，为什么？

20. 实现以下方法：

```
@SafeVarargs public static final <T> T[] repeat(int n, T... objs)
```

该方法返回一个包含给定对象的 n 个副本的数组。注意，不需要 Class 值或构造器引用，因为可以反射性地增加 objs。

21. 使用@SafeVarargs 注解，编写一个可以构造泛型类型数组的方法。例如：

```
List<String>[] result = Arrays.<List<String>>construct(10);
    // Sets result to a List<String>[] of size 10
```

22. 改进 6.6.7 小节中的方法：

```
public static<V, T extends Throwable> V doWork(Callable<V> c, T ex) throws T
```

这样就不必传递可能永远不会使用的异常对象，而是接受异常类的构造器引用。

23. 在 6.6.7 小节末尾的警告注解中，throwAs 辅助方法用于将 ex"强制类型转换"为 RuntimeException 并重新抛出它。为什么不能使用 throw (RuntimeExcept) ex 的常规强制类型转换？

24. 在不使用强制类型转换的情况下，可以对 Class<?>类型的变量调用哪些方法？

25. 编写一个方法：

```
public static String genericDeclaration(Method m)
```

该方法返回方法 m 的声明，其中列出类型参数及其限定，以及方法参数的类型，如果它们是泛型类型，则包括它们的类型参数。

第 7 章　容器

Java API 提供了常用数据结构和算法的实现，并将这些内容组织成为一套完整的框架。因此，编程人员可以高效地利用 Java API 存储和检索数值，而不必再重新定义这些数据结构。在本章中，你将学习如何使用列表、集合、映射和其他的一些常用的容器。

本章重点如下：

1. Collection 接口为所有容器提供通用方法，但 Map 接口描述的映射除外。
2. 列表是一个顺序集合，其中每个元素都有一个整数索引。
3. 集合为高效的包含性测试做了优化，Java 提供了 HashSet 实现和 TreeSet 实现。
4. 对于映射，可以在 HashMap 实现和 TreeMap 实现之间进行选择。LinkedHashMap 会保留插入顺序。
5. Collection 接口和 Collections 类提供了许多有用的算法：集合操作、搜索、排序、混编等。
6. 视图使用标准容器接口实现了对存储在其他地方的数据的访问。

7.1　容器框架概述

Java 的容器框架提供了常用数据结构的实现。为了更加简洁地编写与数据结构无关的代码，容器框架提供了许多通用接口，如图 7-1 所示。其中基本接口是 Collection 接口，其方法如表 7-1 所示。

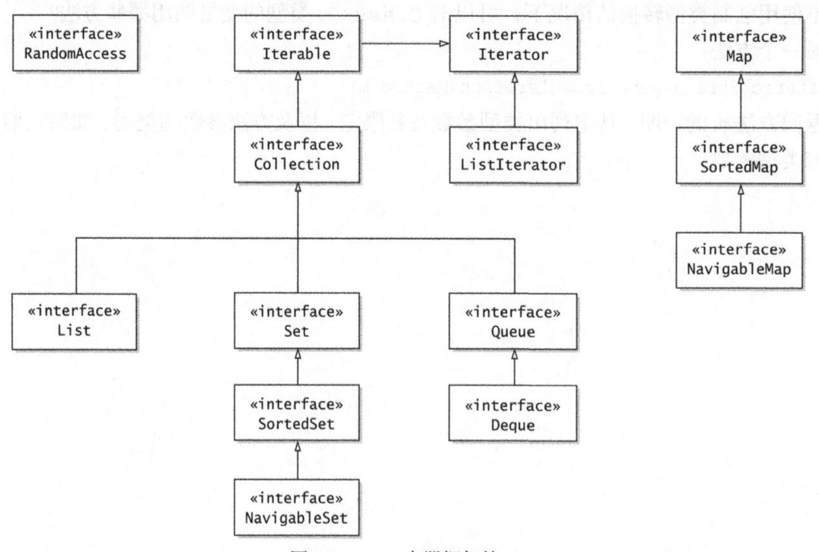

图 7-1　Java 容器框架接口

表 7-1　Collection<E>**接口的方法**

方法	功能描述
boolean add(E e) boolean addAll(Collection<? extends E> c)	添加 e，或添加 c 中的元素。如果容器已更改，则返回 true

续表

方法	功能描述
boolean remove(Object o) boolean removeAll(Collection<?> c) boolean retainAll(Collection<?> c) boolean removeIf(Predicate<? super E> filter) void clear()	删除 o，或删除 c 中的元素，或删除不在 c 中的元素，或删除匹配元素，或所有元素。如果容器已更改，则前 4 个方法返回 true
int size()	返回此容器中的元素数量
boolean isEmpty() boolean contains(Object o) boolean containsAll(Collection<?> c)	如果此容器为空，或包含 o，或包含 c 中的所有元素，则返回 true
Iterator<E> iterator() Stream<E> stream() Stream<E> parallelStream() Spliterator<E> spliterator()	生成一个迭代器或一个流，或一个可能的并行流，或拆分器，用于访问此容器的元素。有关迭代器的内容见 7.2 节，有关流的内容见第 8 章。拆分器只关注流的实现者
Object[] toArray() T[] toArray(T[] a)	返回包含此容器元素的数组。如果长度足够，则第二个方法返回 a

List 是一个顺序集合：元素按照位置 0、1、2 等顺序排列。表 7-2 显示了该接口的方法。

表 7–2　　List 接口的方法

方法	功能描述
boolean add(int index, E e) boolean addAll(int index, 　Collection<? extends E> c) boolean add(E e) boolean addAll(Collection<? extends E> c)	在 index 之前或在列表末尾添加 e，或添加 c 中的元素，如果列表已更改，则返回 true
E get(int index) E set(int index, E element) E remove(int index)	获取、设置或删除给定索引处的元素。最后两个方法在调用之前会返回索引处的元素
int indexOf(Object o) int lastIndexOf(Object o)	返回第一个或最后一个等于 o 的元素的索引，如果没有匹配项，则返回-1
ListIterator<E> listIterator() ListIterator<E> listIterator(int index)	为所有元素或从 index 开始的元素生成一个列表迭代器
void replaceAll(UnaryOperator<E> operator)	将每个元素替换为对其应用运算符的结果
void sort(Comparator<? super E> c)	使用 c 给出的顺序对列表进行排序
static List<E> of(E... elements)	生成包含给定元素的不可修改列表
List<E> subList(int fromIndex, int toIndex)	生成视图（参见 7.6 节），表示从 fromeIndex 开始到 toIndex 之前结束的子列表

ArrayList 类和 LinkedList 类都实现了 List 接口，你在本书中也已经使用过这两个类。如果你学习过数据结构，可能会记得链表——一系列带有元素的链接节点。在链表的中间插入元素很快，只须切入一个节点。但是，如果想要访问链表的中间元素，必须从头依次访问所有的链接，这样的操作速度很慢。有一些应用程序支持链表，但大多数应用编程人员可能会在需要顺序集合时使用数组列表。尽管如此，List 接口还是有用的。例如，Collections.nCopies(n, o) 方法返回带有 n 个 o 对象副本的 List 对象。这里的对象是一种“欺骗”形式，它实际上没有存储 n 个副本，但当请求其中任何一个副本时，它会返回 o。

警告： List 接口提供了访问列表的第 n 个元素的方法，即使这样的访问可能效率不高。为了表明这一点，容器类应该实现 RandomAcess 接口。这是一个没有方法的标记性接口。例如，ArrayList 类实现 List 接口和 RandomAcess 接口，但 LinkedList 类只实现 List 接口。

在 Set 中，元素并不会插入特定位置，并且不允许重复元素。SortedSet 允许按排序顺序进行迭代，NavigableSet 具有查找相邻元素的方法。你将在 7.3 节中了解更多内容。

Queue 能够保留插入顺序，但只能在尾部插入元素并从头部移除它们（就像人们排队一样）。Deque

是两端都允许插入和删除的双向队列。

所有容器接口都是泛型的，具有元素类型的类型参数（Collection<E>、List<E>等）。其中，Map<K,V>接口具有两个类型参数 K、V，分别表示键类型和值类型。

我们鼓励在代码中尽可能多地使用接口。例如，在构造 ArrayList 之后，将引用存储在 List 类型的变量中：

```
List<String> words = new ArrayList<>();
```

无论何时实现处理容器的方法，都应使用限制最少的接口作为参数类型。通常情况下，一个 Collection、List 或 Map 就足够了。

容器框架的一个优点是，当涉及到通用算法时，不必去重新发明轮子。一些基本算法（例如 addAll 和 removeIf）是 Collection 接口的方法。Collections 工具类包含许多对各种容器进行操作的其他算法。可以对列表进行排序、混编、旋转、逆转、查找最大值或最小值，或查找容器中任意元素的位置，甚至可以生成没有元素、一个元素或 n 个相同元素的容器等。表 7-3 提供了总结。

表 7–3　Collections 类中的有用方法

<table>
<tr><th>方法（全部是静态）</th><th>功能描述</th></tr>
<tr><td>boolean disjoint(Collection<?> c1, Collection<?> c2)</td><td>如果容器没有共同的元素，则返回 true</td></tr>
<tr><td>boolean addAll(Collection<? super T> c, T... elements)</td><td>将所有元素添加到 c 中</td></tr>
<tr><td>void copy(List<? super T> dest, List<? extends T> src)</td><td>将 src 中的所有元素复制到 dest 中的相同索引处（dest 的长度必须至少与 src 的长度相同）</td></tr>
<tr><td>boolean replaceAll(List<T> list, T oldVal, T newVal)</td><td>用 newVal 替换所有 oldVal 元素，其中任何一个元素都可以为 null。如果找到至少一个匹配项，则返回 true</td></tr>
<tr><td>void fill(List<? super T> list, T obj)</td><td>将列表的所有元素设置为 obj</td></tr>
<tr><td>List<T> nCopies(int n, T o)</td><td>生成一个不可变列表，其中包含 n 个 o 副本</td></tr>
<tr><td>int frequency(Collection<?> c, Object o)</td><td>返回 c 中与 o 相等的元素数量</td></tr>
<tr><td>int indexOfSubList(List<?> source, List<?> target)
int lastIndexOfSubList(List<?> source, List<?> target)</td><td>返回目标列表在源列表中第一次或最后一次出现的起始位置，如果没有，则返回-1</td></tr>
<tr><td>int binarySearch(List<? extends Comparable<? super T>> list, T key)
int binarySearch(List<? extends T> list, T key, Comparator<? super T> c)</td><td>返回键的位置，假设列表按自然元素顺序或 c 排序。如果键不存在，则返回-i-1，其中 i 是键应该插入的位置</td></tr>
<tr><td>sort(List<T> list)
sort(List<T> list, Comparator<? super T> c)</td><td>使用自然元素顺序或 c 对列表进行排序</td></tr>
<tr><td>void swap(List<?> list, int i, int j)</td><td>在给定位置交换元素</td></tr>
<tr><td>void rotate(List<?> list, int distance)</td><td>旋转列表，将索引为 i 的元素移动到(i + distance) % list.size()的位置</td></tr>
<tr><td>void reverse(List<?> list)
void shuffle(List<?> list)
void shuffle(List<?> list, Random rnd)</td><td>逆转或随机重新排列列表中的元素</td></tr>
<tr><td>synchronized(Collection|List|Set|SortedSet|NavigableSet|Map|SortedMap|NavigableMap)()</td><td>生成同步视图（参见 7.6 节）</td></tr>
<tr><td>unmodifiable(Collection|List|Set|SortedSet|NavigableSet|Map|SortedMap|NavigableMap)()</td><td>生成不可修改的视图（参见 7.6 节）</td></tr>
<tr><td>checked(Collection|List|Set|SortedSet|NavigableSet|Map|SortedMap|NavigableMap|Queue)()</td><td>生成检查型视图（参见 7.6 节）</td></tr>
</table>

7.2 迭代器

每个容器都提供了一个方式，按照某种顺序遍历其元素。在 Collection 的超接口 Iterable<T> 中定义了这样一个方法：

```
Iterator<T> iterator()
```

该方法能够生成一个迭代器，可以使用该迭代器遍历所有元素：

```
Collection<String> coll = ...;
Iterator<String> iter = coll.iterator();
while (iter.hasNext()) {
    String element = iter.next();
    Process element
}
```

在这种情况下，可以简单地使用增强 for 循环了：

```
for (String element : coll)  {
    Process element
}
```

注意：对于实现了 Iterable<E>接口的类的任意对象 c，增强 for 循环都可以转换成上面的形式。

Iterator 接口还有一个 remove 方法，该方法能够删除先前访问的元素。下面的循环删除了满足条件的所有元素：

```
while (iter.hasNext()) {
    String element = iter.next();
    if (element fulfills the condition)
        iter.remove();
}
```

然而，使用 removeIf 方法更简单：

```
coll.removeIf(e -> e fulfills the condition);
```

警告：remove 方法删除迭代器返回的最后一个元素，而不是迭代器指向的元素。在连续两次调用 remove 方法之间不能没有 next 或者 previous 方法的调用。

ListIterator 接口是 Iterator 的子接口，提供了在迭代器之前添加元素、将访问的元素设置为不同值以及向后导航的方法。它主要用于处理链表：

```
var friends = new LinkedList<String>();
ListIterator<String>
iter = friends.listIterator();
iter.add("Fred"); // Fred |
iter.add("Wilma"); // Fred Wilma |
iter.previous(); // Fred | Wilma
iter.set("Barney"); // Fred | Barney
```

警告：如果迭代器在遍历一个数据结构，该数据结构在迭代器方法调用期间发生了改变，那么迭代器可能会变得无效。如果继续使用这个无效的迭代器，可能会抛出 ConcurrentModificationException 异常。下面是一个典型的例子。

```
var friends = new LinkedList<String>(List.of("Fred", "Wilma", "Barney"));
for (String name : friends) {
    if (name.length() < 5) friends.remove(name); // Error—concurrent
                                                // modification
}
```

增强 for 循环使用迭代器遍历列表。当在删除元素后继续推进循环迭代器时，会发生 ConcurrentModificationException 异常。

7.3 集合

一个集合（set）可以非常高效地测试一个值是不是集合中的元素，但是它同时也放弃了一些其他功能：它记不住元素是按什么顺序添加的。因此，当元素的顺序无关紧要时，使用集合就非常合适。例如，如果想禁止一组不良单词被用作用户名，那么元素的顺序就是无关紧要的。只需要知道被提出的用户名是否在集合中。

HashSet 和 TreeSet 两个类都实现了 Set 接口。这些类在内部的具体实现方式非常不同。如果你曾经学习过数据结构，可能知道如何实现哈希表和二叉树，但是现在，你可以直接使用这些类而不需要知道它们的内部结构。

一般来说，如果希望哈希集合的效率更高，前提是为元素提供了一个优质的哈希函数。String 或 Path 等库类具有良好的哈希函数。在第 4 章中，你学习了如何为自己的类编写哈希函数。

例如，不良单词集合可以简单地通过以下方式实现：

```
var badWords = new HashSet<String>();
badWords.add("sex");
badWords.add("drugs");
badWords.add("c++");
if (badWords.contains(username.toLowerCase()))
    System.out.println("Please choose a different user name");
```

如果要按排序顺序遍历集合，可以使用 TreeSet。选择 TreeSet 的一个主要原因可能就是想为用户提供一个按顺序排列的选择列表。

集合的元素类型必须实现 Comparable 接口，或者需要在构造器中提供 Comparator 方法。

```
var countries = new TreeSet<String>(); // Visits added countries in sorted order
var countries2 = new TreeSet<String>((u, v) ->
    u.equals(v) ? 0
    : u.equals("USA") ? -1
    : v.equals("USA") ? 1
    : u.compareTo(v));
    // USA always comes first
```

TreeSet 类实现了 SortedSet 接口和 NavigableSet 接口，其方法如表 7-4 和表 7-5 所示。

表 7–4 SortedSet<E>**方法**

方法	功能描述
E first() E last()	此集合中的第一个和最后一个元素
SortedSet<E> headSet(E toElement) SortedSet<E> subSet(E fromElement, E toElement) SortedSet<E> tailSet(E fromElement)	返回从 fromElement 开始并在 toElement 之前结束的元素视图

表 7–5 NavigableSet<E>**方法**

方法	功能描述
E higher(E e) E ceiling(E e) E floor(E e) E lower(E e)	返回最近的元素 >|≥|≤|< e
E pollFirst() E pollLast()	移除并返回第一个或最后一个元素，如果集合为空，则返回 null
NavigableSet<E> headSet(E toElement, boolean inclusive) NavigableSet<E> subSet(E fromElement, boolean fromInclusive, E toElement, boolean toExclusive) NavigableSet<E> tailSet(E fromElement, boolean inclusive)	返回从 fromElement 到 toElement（包含或不含）的元素视图

7.4 映射

映射（map）是一种存储键和值之间关联关系的数据结构。可以调用 put 添加新的关联关系，或更改现有键的值。

```
var counts = new HashMap<String, Integer>();
counts.put("Alice", 1); // Adds the key/value pair to the map
counts.put("Alice", 2); // Updates the value for the key
```

这个例子使用了一个哈希映射。和集合类似，当不需要按排序顺序访问键时，哈希映射通常是一个更好的选择。如果需要按排序顺序访问键，可以改用 TreeMap 映射。

下面是获取一对键和值的方式：

```
int count = counts.get("Alice");
```

如果键不存在，则 get 方法将返回 null。在本例中，当值进行拆箱操作时将导致 NullPointerException

异常。因此，更好的选择是使用以下代码：

```
int count = counts.getOrDefault("Alice", 0);
```

如果键不存在，则返回值为 0。

当需要更新映射中的计数器时，首先需要检查计数器是否存在，如果存在，则将现有值加 1。下面的 merge 方法简化了这个常见操作。以下调用：

```
counts.merge(word, 1, Integer::sum);
```

如果该键原先不存在，则将 word 与 1 关联，否则使用 Integer::sum 函数将原值与 1 进行组合。

表 7-6 总结了映射操作。

表 7–6 Map<K, V>方法

方法	功能描述
V get(Object key) V getOrDefault(Object key, V defaultValue)	如果 key 与非 null 值 v 相关联，则返回 v；否则，返回 null 或 defaultValue
V put(K key, V value)	如果 key 与非 null 值 v 相关联，则将 key 与 value 关联并返回 v。否则，添加条目并返回 null
V putIfAbsent(K key, V value)	如果 key 和非 null 值 v 相关联，则忽略 value 并返回 v。否则，添加条目并返回 null
V merge(K key, V value, BiFunction<? super V,? super V,? extends V> remappingFunction)	如果 key 与非 null 值 v 相关联，则将函数应用于 v 和 value，并将 key 与结果关联，或者如果结果为 null，则删除 key。否则，将 key 与 value 关联。返回 get(key)
V compute(K key, BiFunction<? super K,? super V,? extends V> remappingFunction)	将函数应用于 key 和 get(key)。将 key 与结果关联，或者如果结果为 null，则删除 key。返回 get(key)
V computeIfPresent(K key, BiFunction<? super K,? super V,? extends V> remappingFunction)	如果 key 与非 null 值 v 相关联，则将函数应用于 key 和 v，并将 key 与结果关联，或者如果结果为 null，则删除 key。返回 get(key)
V computeIfAbsent(K key, Function<? super K,? extends V> mappingFunction)	将函数应用于 key，除非 key 与非 null 值相关联。将 key 与结果关联，或者如果结果为 null，则删除 key。返回 get(key)
void putAll(Map<? extends K, ? extends V> m)	添加 m 中的所有条目
V remove(Object key) V replace(K key, V newValue)	删除 key 及其关联值，或替换旧值。返回旧值，如果不存在则返回 null
boolean remove(Object key, Object value) boolean replace(K key, V value, V newValue)	如果 key 与 value 相关联，则删除条目或替换旧值并返回 true。否则，不执行任何操作并返回 false。这些方法主要用于并发访问映射时
int size()	返回条目数量
boolean isEmpty()	检查此映射是否为空
void clear()	删除所有条目
void forEach(BiConsumer<? super K, ? super V> action)	将操作应用于所有条目
void replaceAll(BiFunction<? super K, ? super V,? extends V> function)	对所有条目调用函数。将键与非 null 结果关联，并删除结果为 null 的键
boolean containsKey(Object key) boolean containsValue(Object value)	检查映射是否包含给定的键或值
Set<K> keySet() Collection<V> values() Set<Map.Entry<K, V>> entrySet()	返回键、值和条目的视图
static Map<K, V> of() static Map<K, V> of(K k1, V v1) static Map<K, V> of(K k1, V v1, K k2, V v2) ...	生成一个不可修改的映射，最多包含 10 个键和值

通过调用以下方法，可以获得映射的键、值和条目的视图：

```
Set<K> keySet()
Set<Map.Entry<K, V>> entrySet()
Collection<V> values()
```

返回的容器不是映射数据的副本，而是与映射相连的。如果从视图中删除键或条目，则该条目也将从基础映射中删除。

要遍历映射中的所有键和值，可以迭代 entrySet 方法返回的集合：

```
for (Map.Entry<String, Integer> entry : counts.entrySet()) {
    String k = entry.getKey();
    Integer oldValue = entry.getValue();
    int newValue = ...;
    entry.setValue(newValue);
}
```

Map.Entry 实例也与映射相连。从前面的代码片段中可以看到，可以使用条目对象更新基础映射中的值。相反，如果通过其他方式（例如，通过调用映射的 put 方法）更新值，则条目也会更新。

如果想将条目传递给其他方法，应该通过调用 Map.Entry.copyOf(entry) 方法取消与映射的连接。也可以通过调用 Map.entry(key, value) 来创建一个未关联的 Map.Entry 实例。当需要一对值时，这是一个快捷的途径。

如果不需要修改映射那么使用 forEach 方法遍历其条目会更加简单：

```
counts.forEach((k, v) -> {
    Process k, v
});
```

警告： 某些映射实现（如 ConcurrentHashMap）不允许键或值为 null。而对于那些允许使用 null 值的映射实现（如 HashMap），如果使用 null 值，那么需要非常小心。许多映射方法将 null 解释为条目不存在或应该被删除的指示。

提示： 有时，需要以不同于排序顺序的顺序显示映射中的键。例如，在 JavaServer Faces 框架中，使用映射指定选择框的标签和值。如果选项按字母顺序（其英文字母顺序为：星期五、星期一、星期六、星期日、星期四、星期二、星期三）或按哈希码顺序排序，用户会感到很困惑。在这种情况下，可以使用一个 LinkedHashMap，它会记住条目添加的顺序，并按照该顺序迭代它们。

7.5 其他容器

在接下来的小节中，我将简要讨论一些在实践中可能会有用的容器类。

7.5.1 属性

Properties 类实现了一个易于保存和加载的纯文本格式的映射。这种映射通常用于存储程序的配置选项。例如：

```
var settings = new Properties();
settings.put("width", "200");
settings.put("title", "Hello, World!");
try (OutputStream out = Files.newOutputStream(path)) {
    settings.store(out, "Program Properties");
}
```

以上代码会得到以下结果文件：

```
#Program Properties
#Mon Nov 03 20:52:33 CET 2014
width=200
title=Hello, World\!
```

注意： 从 Java 9 开始，属性文件采用 UTF-8 编码。（之前采用 ASCII 中编码，大于'\u007e'的字符被写成 Unicode 转义符\u*nnnn*。）注释以#或者!开头。键或值中的换行符被写成\n。字符\、#、!分别被转义为\\、\#、 \!。

如果要从文件加载属性，可以调用：

```
try (InputStream in = Files.newInputStream(path)) {
    settings.load(in);
}
```

然后使用 getProperty 方法获取键的值。可以指定键不存在时使用的默认值：

```
String title = settings.getProperty("title", "New Document");
```

注意：由于历史原因，Properties 类实现了 Map<Object, Object>，即使值始终是字符串，因此不要使用 get 方法，它会将值作为 Object 返回。

System.getProperties 方法生成具有系统属性的 Properties 对象。表 7-7 描述了最有用的部分属性。

表 7-7 有用的系统属性

属性键	功能描述
user.dir	此虚拟机的“当前工作目录”
user.home	用户主目录
user.name	用户账户名
java.version	Java 虚拟机运行时版本
java.home	Java 安装的主目录
java.class.path	启动此 VM 时使用的类路径
java.io.tmpdir	适合临时文件的目录（如/tmp）
os.name	操作系统的名称（如 Linux）
os.arch	操作系统的体系结构（如 amd64）
os.version	操作系统的版本（如 3.13.0-34-generic）
file.separator	文件分隔符（Unix 使用 /；Windows 使用 \）
path.separator	路径分隔符（Unix 使用 :；Windows 使用 ;）
line.separator	换行符（Unix 使用\n，Windows 使用\r\n）

7.5.2 位集

BitSet 类存储一个位序列。位集将位打包到一个 long 值的数组中，因此使用位集比使用 boolean 值的数组效率更高。位集对于标志位序列或表示非负整数集合非常有用，其中第 i 位为 1，表示 i 包含在集合中。

BitSet 类为获取和设置单个位提供了便捷的方法。这比在 int 或 long 变量中存储位所需的位操作要简单得多。此外，也有一些方法将所有位一起进行集合运算，例如并集和交集。完整列表见表 7-8。注意，BitSet 类不是容器类，它并没有实现 Collection<Integer>。

表 7-8 BitSet 类的方法

方法	功能描述
BitSet() BitSet(int nbits)	构造一个最初可以容纳 64 位或 nbits 位的位集
void set(int bitIndex) void set(int fromIndex, int toIndex) void set(int bitIndex, boolean value) void set(int fromIndex, int toIndex, boolean value)	将给定索引处的位，或从 fromIndex（包含）到 toIndex（不含）的位，设置为 1 或者给定的值
void clear(int bitIndex) void clear(int fromIndex, int toIndex) void clear()	将给定索引处的位，或从 fromIndex（包含）到 toIndex 的位（不含），或所有位设置为 0
void flip(int bitIndex) void flip(int fromIndex, int toIndex)	将给定索引处的位，或从 fromIndex（包含）到 toIndex（不含）的位翻转
boolean get(int bitIndex) BitSet get(int fromIndex, int toIndex)	获取给定索引处，或从 fromIndex（包含）到 toIndex（不含）的位

续表

方法	功能描述

`int nextSetBit(int fromIndex)`
`int previousSetBit(int fromIndex)`
`int nextClearBit(int fromIndex)`
`int previousClearBit(int fromIndex)`
	返回下一个/上一个 1/0 位的索引，如果不存在，则返回-1

`void and(BitSet set)`
`void andNot(BitSet set)`
`void or(BitSet set)`
`void xor(BitSet set)`
	与 set 形成交集 | 差集 | 并集 | 对称差集

`int cardinality()`	返回此位集中的 1 位的数量 **警告**：size 方法返回位向量的当前大小，而不是集合的大小
`byte[] toByteArray[]` `long[] toLongArray[]`	将此位集的位打包到数组中
`IntStream stream()` `String toString()`	返回此位集中整数的流或字符串（即 1 位的索引）

`static BitSet valueOf(byte[] bytes)`
`static BitSet valueOf(long[] longs)`
`static BitSet valueOf(ByteBuffer bb)`
`static BitSet valueOf(LongBuffer lb)`
	生成包含所提供位的位集

`boolean isEmpty()` `boolean intersects(BitSet set)`	检查此位集是否为空，或是否有与 set 相同的元素

7.5.3 枚举集合和枚举映射

如果要收集枚举值的集合，使用 EnumSet 类而不是 BitSet 类。EnumSet 类没有公有构造器。可以使用静态工厂方法来构建集合：

```
enum Weekday { MONDAY, TUESDAY, WEDNESDAY, THURSDAY, FRIDAY, SATURDAY, SUNDAY };
Set<Weekday> always = EnumSet.allOf(Weekday.class);
Set<Weekday> never = EnumSet.noneOf(Weekday.class);
Set<Weekday> workday = EnumSet.range(Weekday.MONDAY, Weekday.FRIDAY);
Set<Weekday> mwf = EnumSet.of(Weekday.MONDAY, Weekday.WEDNESDAY, Weekday.FRIDAY);
```

可以使用 Set 接口的方法来处理 EnumSet。

EnumMap 是具有枚举类型的键的映射。它被实现为一个值的数组。可以在构造器中指定键类型：

```
var personInCharge = new EnumMap<Weekday, String>(Weekday.class);
personInCharge.put(Weekday.MONDAY, "Fred");
```

7.5.4 栈、队列、双向队列和优先队列

栈（stack）是一种常用的数据结构，用于在一端（栈的“顶部”）添加和删除元素。队列（queue）可以有效地在一端（“尾部”）添加元素，然后从另一端（“头部”）删除元素。双向队列（deque）支持在两端进行插入和删除操作。所有这些数据结构都不支持在中间添加元素。

Queue 和 Deque 接口定义了这些数据结构的方法。Java 容器框架中没有 Stack 接口，只有早期 Java 的遗留代码中有 Stack 类，应该尽量避免使用它。如果需要栈、队列或双向队列，并且不关心线程安全，可以使用 ArrayDeque。

对于栈，使用 push 和 pop 方法：

```
var stack = new ArrayDeque<String>();
stack.push("Peter");
stack.push("Paul");
stack.push("Mary");
while (!stack.isEmpty())
    System.out.println(stack.pop());
```

对于队列，使用 add 和 remove 方法：

```
Queue<String> queue = new ArrayDeque<>();
queue.add("Peter");
queue.add("Paul");
queue.add("Mary");
```

```
while (!queue.isEmpty())
    System.out.println(queue.remove());
```

线程安全队列通常用于并发程序。你可以在第 10 章中找到更多关于线程安全队列的信息。

优先队列（priority queue）中的元素可以按照任意顺序插入，但会按照排序顺序获取元素。也就是说，无论何时调用 remove 方法，都会得到当前优先队列中最小的元素。

优先队列的典型用法是任务调度。每个任务都有一个优先级。任务以随机顺序添加到队列中。每当启动一个新的任务时，将从队列中删除优先级最高的任务。（因为传统上优先级 1 是“最高”优先级，所以 remove 操作产生最小值。）

```
public record Job(int priority, String description) implements Comparable<Job> { ... }
...
var jobs = new PriorityQueue<Job>();
jobs.add(new Job(4, "Collect garbage"));
jobs.add(new Job(9, "Match braces"));
jobs.add(new Job(1, "Fix memory leak"));
...
while (jobs.size() > 0) {
    Job job = jobs.remove(); // The most urgent jobs are removed first
    execute(job);
}
```

就像 TreeSet 一样，优先队列可以保存实现了 Comparable 接口的类的元素，或者可以在构造器中提供 Comparator。然而，与 TreeSet 不同，迭代元素不一定会按排序顺序产生它们。优先队列使用算法添加和删除元素，使最小的元素移动到根部，而不需要花费时间对所有元素进行排序。

7.5.5 弱哈希映射

WeakHashMap 类被设计为解决一个有趣的问题。如果某个值的键在程序中的任何位置都不再使用，会发生什么情况？如果对键的最后一次引用已消失，就没有办法引用值对象了，因此垃圾收集器应将其删除。

然而，情况并不这么简单。垃圾收集器会跟踪活动对象，只要映射对象是活动的，其中的所有条目也都是活动的并且不会被回收，被条目引用的值也不会被回收。

这正好是 WeakHashMap 类要解决的问题。当键的唯一引用来自哈希表条目时，此数据结构将与垃圾收集器合作删除键/值对。

从技术上讲，WeakHashMap 使用*弱引用*（weak reference）保存键。WeakReference 对象包含对另一个对象（在我们的例子中是哈希表键）的引用。垃圾收集器以特殊的方式处理这种类型的对象。如果对象只能由弱引用访问，则垃圾收集器会回收该对象并将弱引用放入与 WeakReference 对象关联的队列中。每当在其上调用一个方法时，WeakHashMap 就会检查其弱引用队列中是否有新加入的弱引用，并删除相关联的条目。

7.6 视图

容器*视图*（view）是一种实现容器接口但不存储元素的轻量级对象。例如，映射的 keySet 和 values 方法会将生成映射的视图。

在以下小节中，你将看到 Java 容器框架提供的一些视图。

7.6.1 小型容器

List、Set 和 Map 接口提供了一些静态方法，能够生成具有给定元素的集合或列表，以及具有给定键/值对的映射。

例如：

```
List<String> names = List.of("Peter", "Paul", "Mary");
Set<Integer> numbers = Set.of(2, 3, 5);
```

生成包含 3 个元素的列表和集合。对于映射，可以按如下方法指定键和值：

```
Map<String, Integer> scores = Map.of("Peter", 2, "Paul", 3, "Mary", 5);
```

元素、键或值不能为 null。

List 和 Set 接口有 11 个具有 0 ~ 10 个参数的 of 方法，以及一个具有可变参数数量的 of 方法。专门化是为了提高效率。

对于 Map 接口，不可能提供带有可变参数的版本，因为参数类型会在键类型和值类型之间交替。有一个静态 ofEntries 方法，可以接受任意数量的 Map.Entry<K, V>对象，可以使用静态 entry 方法创建这些对象。例如:

```
import static java.util.Map.*;
...
Map<String, Integer> scores = ofEntries(
    entry("Peter", 2),
    entry("Paul", 3),
    entry("Mary", 5));
```

of 和 ofEntries 方法生成类的对象，这些类的每个元素都有一个实例变量，或者由数组支持。这些容器对象是不可修改的。任何更改其内容的尝试都会导致 UnsupportedOperationException 异常。

如果需要可变容器，可以将不可修改容器传递给构造器：

```
var names = new ArrayList<String>(List.of("Peter", "Paul", "Mary"));
```

注意：还有一个静态 Arrays.asList 方法与 List.of 类似。它返回一个不可调整大小的可变列表。也就是说，可以针对列表调用 set 方法，但不能调用 add 或者 remove 方法。

7.6.2 范围

可以生成一个列表的子列表视图。例如：

```
List<String> sentence = ...;
List<String> nextFive = sentence.subList(5, 10);
```

此视图访问索引为 5 ~ 9 的元素。子列表的任何变化（例如设置、添加或删除元素）都会影响到原始列表。

对于已排序的集合和映射，可以通过下限和上限指定范围：

```
TreeSet<String> words = ...;
SortedSet<String> asOnly = words.subSet("a", "b");
```

与 subList 一样，第一个界限是包含的，第二个界限是不含的。

headSet 和 tailSet 方法产生一个没有下限或上限的子范围：

```
NavigableSet<String> nAndBeyond = words.tailSet("n");
```

使用 NavigableSet 接口可以为每个界限选择是包含还是不含，参见表 7-5。

对于已排序的映射，有等价的 subMap、headMap 和 tailMap 方法。

7.6.3 不可修改视图

有时，你希望共享容器的内容，但不希望它被修改。当然，可以将这些值复制到一个新的容器中，但这样的操作代价很大。因此，使用一个不可修改的视图是一个更好的选择。下面是一个典型的情况。Person 对象维护朋友列表。如果 getFriends 给出了对该列表的引用，则调用者可以对其进行修改。但提供一个不可修改的列表视图是安全的：

```
public class Person {
    private ArrayList<Person> friends;

     public List<Person> getFriends() {
         return Collections.unmodifiableList(friends);
     }
     ...
}
```

所有修改器方法在不可修改的视图上调用时，都会抛出异常。

正如从表 7-3 中看到的那样，你可以获得不可修改的视图，例如容器、列表、集合、有序集合、可导航集合、映射、有序映射和可导航映射等。

注意： 在第 6 章中，你看到了如何将错误类型的元素放入泛型容器（称为“堆污染”现象），并且在获取不适当的元素时报告运行时错误，而不是在插入该元素时报告。如果需要调试此类问题，可以使用检查型视图。在构造 ArrayList<String>时，改为使用以下方式：

```
List<String> strings
    = Collections.checkedList(new ArrayList<>(), String.class);
```

这个视图会监视所有插入到列表中的元素，并在添加错误类型的对象时抛出异常。

注意： Collections 类生成同步（synchronized）视图，以确保对数据结构进行安全的并发访问。在实践中，这些视图不像 java.util.concurrent 包中专门为并发访问设计的数据结构那样有用。建议使用这些类，并避免使用同步视图。

练习

1. 实现“埃拉托斯特尼筛法”算法，以确定所有≤ n 的素数。将从 2 到 n 的所有数字添加到一个集合中。然后重复查找集合中的最小元素 s 并删除 s^2、$s \cdot (s + 1)$、$s \cdot (s + 2)$等。当 $s^2 > n$ 时算法结束。使用 HashSet<Integer>和 BitSet 实现以上程序。

2. 在字符串数组列表中，使用（a）迭代器、（b）索引值循环和（c）replaceAll 方法将每个字符串转换为大写。

3. 如何仅使用 Set 接口的方法计算两个集合的并集、交集和差集，而不使用循环？

4. 设计一个能够导致 ConcurrentModificationException 异常的情况。怎样避免它？

5. 实现一个方法：

```
public static void swap(List<?> list, int i, int j)
```

当 list 类型实现 RandomAccess 接口时，该方法以常规的方式交换元素，否则，最小化访问索引 i 和 j 位置的成本。

6. 本书鼓励使用接口而不是具体的数据结构，例如，使用 Map 而不是 TreeMap。遗憾的是，这一建议的适用范围有限。假设你有一个类型为 Map<String, Set<Integer>>的方法参数，并且有人使用 HashMap<String, HashSet<Integer>>调用你的方法。会发生什么？可以改用什么参数类型来代替？

7. 编写一个程序，读取文件中的所有单词，并打印出每个单词出现的次数。使用 TreeMap<String, Integer>。

8. 编写一个程序，读取文件中的所有单词，并打印出每一个单词出现的行号。使用一个字符串到集合的映射来实现。

9. 可以使用以下形式更新计数器映射中的计数器：

```
counts.merge(word, 1, Integer::sum);
```

如果不使用 merge 方法，可以（a）使用 contains、（b）使用 get 和 null 检查、（c）使用 getOrDefault、（d）使用 putIfAbsent。

10. 实现 Dijkstra 算法来查找城市网络中的最短路径，其中一些城市由道路连接。（有关描述，请查阅你最喜欢的算法书或百科文章。）使用一个辅助器记录 Neighbor，它存储了邻近城市的名称和距离。将图表示为从城市到邻近城市集合的映射。在算法中使用 PriorityQueue<Neighbor>。

11. 编写一个将句子读入数组列表的程序。然后，使用 Collections.shuffle，对除第一个和最后一个单词外的所有单词进行乱序，而不是将单词复制到另一个容器中。

12. 使用 Collections.shuffle 编写一个程序，该程序读取一个句子，然后对单词进行混编，并打印结果。修正首个单词的大小写和最后一个单词的标点符号（混编前、后）。提示：不要混编单词。

13. 每当插入新元素时，LinkedHashMap 就会调用 removeEldestEntry 方法。实现一个子类 Cache，该子类将映射限制为构造器中给定的大小。

14. 编写一个程序来演示 HashMap 的 keySet、values 和 entries 方法返回的集合是“活动”的。更新映射时会发生什么？更新容器时映射会发生什么？

15. 编写一个方法，生成从 0 到 n 的数字的不可变列表视图，并且不实际存储这些数字。

16. 将前面的练习推广到任意 IntFunction。需要注意的是，结果是一个无限容器，因此某些方法（例如 size 和 toArray）应该抛出 UnsupportdOperationException 异常。

17. 通过缓存最后 100 个计算的函数值来改进前面练习的实现。

18. 演示检查型视图如何为堆污染的原因提供准确的错误报告。

19. Collections 类具有静态变量 EMPTY_LIST、EMPTY_MAP 和 EMPTY_SET。为什么它们不像 emptyList、emptyMap 和 emptySet 方法那样有用？

第8章 流

流提供了一个数据视图，让你能够在比容器更高级别的概念级别上指定计算形式。也就是说，通过流你可以指定要做什么，而不是如何去做，可以将操作的调度留给实现来处理。例如，假设要计算某个属性的平均值，可以指定数据源和相关属性，然后流库就可以优化计算。又例如，可以通过使用多线程进行求和运算和计数运算，并合并结果。

本章重点如下：

1. 迭代器意味着一种特定的遍历策略，并能够禁止有效的并发执行。
2. 可以从容器、数组、生成器或迭代器创建流。
3. 使用 filter 选择元素，并使用 map 转换元素。
4. 其他用于转换流的操作包括 limit、distinct 和 sorted 等。
5. 要从流中获得结果，可以使用 count、max、min、findFirst 或 findAny 等约简运算符。其中一些方法可以返回 Optional 值.
6. Optional 类型旨在作为一种安全处理 null 值的替代方法。为了能安全使用该类型，可以利用 ifPresent 和 orElse 方法。
7. 可以在容器、数组、字符串或映射中收集流结果。
8. Collectors 类的 groupingBy 和 partitionBy 方法允许你将流的内容分成多个组，并获得每个组的结果。
9. 基本类型 int、long 和 double 有专门的流。
10. 并行流能够自动将流操作并行化。

8.1 从迭代到流操作

当处理容器时，通常需要迭代它的所有元素，并对每个元素执行一些操作。假设我们想统计一本书中所有长单词的数量。首先，把所有的单词放到一个列表中：

```
String contents = Files.readString(Path.of("alice.txt"), StandardCharsets.UTF_8);
List<String> words = List.of(contents.split("\\PL+"));
    // Split into words; nonletters are delimiters
```

然后，就可以开始进行迭代处理：

```
int count = 0;
for (String w : words) {
   if (w.length() > 12) count++;
}
```

如果使用流，相同的操作如下所示：

```
long count = words.stream()
      .filter(w -> w.length() > 12)
      .count();
```

现在，不必通过循环扫描单词来进行过滤和计数了。流的方法名能够清晰地告诉你代码打算做什么。而且，循环需要详细规定操作顺序，而流可以以任何方式调度操作，只要结果正确即可。

简单地将 stream 更改为 parallelStream 就可以让流库并行地进行过滤和计数：

```
long count = words.parallelStream()
      .filter(w -> w.length() > 12)
      .count();
```

流遵循的基本原则是“关心要做什么，不关心如何做”。在流的示例中，我们描述了需要做什么：获取长单词并对其进行计数。我们没有指定应该以哪种顺序或在哪个线程中执行此操作。相反，本节开头的示例，在循环中确切地指定了计算的工作方式，这样也就失去了进行优化的机会。

从表面上看，流有些类似于容器，允许转换和获取数据。但两者在以下几个方面存在显著差异。

1. 流不存储其元素。这些元素可以存储在底层容器中，或者按需生成。

2. 流操作不会修改其数据源。例如，`filter`方法不会从流中删除元素，但会创建一个不包含被删除元素的新流。

3. 流操作在可能的情况下是*惰性的*（lazy）。这意味着它们只有在需要结果时才会被执行。例如，如果只要求输入前5个长单词而不是全部，则`filter`方法将在第5次匹配后停止过滤。因此，你甚至可以拥有无限流。

让我们再回顾一下上面那个例子。`stream`和`parallelStream`方法针对`words`列表生成一个流。`filter`方法返回另一个仅包含长度大于12的单词的流。`count`方法将该流约简为一个结果。

这样的工作流在流操作中很具有代表性。可以分3个阶段来建立一个操作管道。

1. 创建一个流。

2. 指定把初始流转换为其他流的*中间操作*（intermediate operation），这个操作可能包含多个步骤。

3. 应用*终止操作*（terminal operation）以产生结果。这个操作会强制执行前面的惰性操作。之后，流将不能再使用。

在我们的示例中，流是使用`stream`或`parallelStream`方法创建的。`filter`方法对流进行了转换，而`count`方法是终止操作。

在下一节中，你将看到如何创建流。接下来的3节将介绍流转换。随后5节是关于终止操作的内容。

8.2 流的创建

你已经看到，可以使用`Collection`接口的`stream`方法将任何容器转换为流。如果有一个数组，可以改用静态`Stream.of`方法来创建流：

```
Stream<String> words = Stream.of(contents.split("\\PL+"));
    // split returns a String[] array
```

`of`方法具有可变参数，因此可以使用任意数量的参数构造流：

```
Stream<String> song = Stream.of("gently", "down", "the", "stream");
```

使用`Array.stream(array, from, to)`可以用数组的部分元素创建流。要创建不包含任何元素的流，可以使用静态`Stream.empty`方法：

```
Stream<String> silence = Stream.empty();
    // Generic type <String> is inferred; same as Stream.<String>empty()
```

`Stream`接口有两个静态方法用于创建无限流。`generate`方法接受一个无参数的函数（或者，从技术上讲，是`Supplier<T>`接口的对象，参见3.6.2小节）。每当需要流值时，就会调用该函数来生成值。可以通过以下形式得到一个常量值的流：

```
Stream<String> echos = Stream.generate(() -> "Echo");
```

或得到一个随机数流：

```
Stream<Double> randoms = Stream.generate(Math::random);
```

要生成`0 1 2 3 ...`这样形式的序列，可以改用`iterate`方法。它接受一个“种子”值和一个函数（从技术上讲，是一个`UnaryOperator<T>`），并将该函数重复应用于先前的结果。例如：

```
Stream<BigInteger> integers
    = Stream.iterate(BigInteger.ZERO, n -> n.add(BigInteger.ONE));
```

序列中的第一个元素是种子`BigInteger.ZERO`。第二个元素是`f(seed)`，即`1`（作为大整数）。下一个元素是`f(f(seed))`，即`2`，以此类推。

若要生成有限流，则需要添加一个谓词判断来指定迭代应在何时完成，例如：

```
var limit = new BigInteger("10000000");
Stream<BigInteger> integers
    = Stream.iterate(BigInteger.ZERO,
        n -> n.compareTo(limit) < 0,
        n -> n.add(BigInteger.ONE));
```

一旦谓词判断拒绝了迭代生成的值，流就会结束。

最后，`Stream.ofNullable` 方法会用一个对象来创建一个非常短的流。如果对象为 `null`，则流的长度为 0；否则流的长度为 1，即仅包含该对象。这种流与 `flatMap` 结合起来使用时最有用，参见 8.7.7 小节中的示例。

> **注意：** Java API 中的许多方法都会产生流。例如，`String` 类有一个 `lines` 方法，该方法生成一个由字符串中所有的行构成的流，示例如下。
>
> ```
> Stream<String> greetings = "Hello\nGuten Tag\nBonjour".lines()
> ```

`Pattern` 类有一个通过正则表达式拆分 `CharSequence` 的 `splitAsStream` 方法。可以使用以下语句将字符串拆分为单词：

```
Stream<String> words = Pattern.compile("\\PL+").splitAsStream(contents);
```

`Scanner.tokens` 方法生成扫描器的标记流。从字符串中获取单词流的另一种方法是：

```
Stream<String> words = new Scanner(contents).tokens();
```

静态方法 `Files.lines` 可以返回一个包含文件中所有行的 `Stream`：

```
try (Stream<String> lines = Files.lines(path)) {
    Process lines
}
```

要查看本节中介绍的其中一个流的内容，可以使用 `toList` 方法，该方法将流的元素收集到一个列表中。就像 `count` 方法一样，`toList` 方法也是一个终止操作。如果流是无限的，那么首先需要用 `limit` 方法截断它：

```
System.out.println(Stream.generate(Math::random).limit(10).toList());
```

> **注意：** 如果有一个不是容器的 `Iterable` 对象，可以通过以下形式的调用将其转换为流。
>
> ```
> StreamSupport.stream(iterable.spliterator(), false);
> ```
>
> 如果有一个 `Iterator` 对象，并且想要它的结果流，可以使用以下语句。
>
> ```
> StreamSupport.stream(Spliterators.spliteratorUnknownSize(
>     iterator, Spliterator.ORDERED), false);
> ```

> **警告：** 在执行流操作时，非常重要的一点是不要修改流背后的容器。记住，流不会收集数据，数据始终保存在单独的集合中。如果修改了该容器，则流操作的结果将变为未定义的。JDK 文档将此要求称为“不干涉性”。
>
> 确切地说，由于中间的流操作是惰性的，因此在执行终止操作时，容器有可能已经发生了变化。例如，下面的代码片段虽然不推荐使用，但是也可以正常工作。
>
> ```
> List<String> wordList = ...;
> Stream<String> words = wordList.stream();
> wordList.add("END");
> long n = words.distinct().count();
> ```
>
> 但是下面这段代码是错误的。
>
> ```
> Stream<String> words = wordList.stream();
> words.forEach(s -> if (s.length() < 12) wordList.remove(s));
>     // Error—interference
> ```

8.3 filter、map 和 flatMap 方法

流转换可以产生一个新的流，它的元素派生自另一个流的元素。你已经看到了 `filter` 转换生成一个包含符合特定条件的元素的新流。下面，我们将一个字符串流转换为仅包含长单词的另一个流：

```
List<String> words = ...;
Stream<String> longWords = words.stream().filter(w -> w.length() > 12);
```

filter 的参数是 Predicate<T>，即一个从 T 到 boolean 的函数。

通常，你可能会希望以某种特定的方式转换流中的值。使用 map 方法可以传递执行该转换的函数。例如，可以像下面这样将所有单词转换为小写：

```
Stream<String> lowercaseWords = words.stream().map(String::toLowerCase);
```

在这里，我们使用带有方法引用的 map，此外，也可以使用 Lambda 表达式，例如：

```
Stream<String> firstLetters = words.stream().map(s -> s.substring(0, 1));
```

结果流包含每个单词的首字母。

当使用 map 时，会对每个元素应用一个函数，并且得到一个包含处理结果的新的流。有时，可能会遇到生成可选结果或多个结果的映射函数。例如，考虑一个 codePoints 方法，该方法生成字符串的所有码点。例如，codePoints("Hello 🌐")将生成"H""e""l""l""o"" ""🌐"。注意，地球符号（U+1F310）由两个 char 值组成，因此 codePoints 方法必须做一些复杂的处理才能实现这一点。我们将稍后看一些实现。

codePoints 应该如何收集它的多个结果呢？对于流 API 来说，最自然的方式是方法返回一个 Stream<String>。

现在，让我们在字符串流上映射这样一个 codePoints 方法：

```
Stream<Stream<String>> result = words.stream().map(w -> codePoints(w));
```

你将获得一个包含流的流，即[... ["y", "o", "u", "r"], ["b","o", "a", "t"], ...]。为了将其摊平为单一流的形式，即[... "y", "o", "u", "r", "b","o", "a", "t", ...]，可以使用 flatMap 方法代替 map 方法：

```
Stream<String> flatResult = words.stream().flatMap ( w -> codePoints(w));
   // Calls codePoints on each word and flattens the results
```

现在，你已经了解了使用 codePoints 方法，那么如何编写它呢？String 类有一个产生整数码点流的 codePoints 方法：

```
"Hello 🌐".codePoints() // A stream of integers 72, 101, 108, 108, 111, 32, 127760
```

下一步，我们需要将每个整数都转换为一个字符串，该字符串包含具有给定码点的 Unicode 字符。遗憾的是，现在有一点技术方面的困难。codePoints 方法产生一个 IntStream，这个流与 Stream<Integer> 稍有不同，正如你将在 8.13 节中看到的那样。可以使用 mapToObj 方法来转换元素，而不使用 map 方法。也许令人惊讶的是，没有简便的方法将整数码点转换为字符串。以下是我能想到的最好方法：

```
public static Stream<String> codePoints(String s) {
    return s.codePoints().mapToObj(cp -> new String(new int [] { cp }, 0, 1));
}
```

在使用 flatMap 时，需要提供一种为每个流元素生成新流的方法。正如你所看到的，这可能会繁琐且效率不高。mapMulti 方法提供了一种替代方法。与其生成结果流，不如生成结果然后将其传递给对象收集器，这个对象收集器是实现了函数式接口 Consumer 的类的对象。最后，每个结果都调用收集器的 accept 方法。

让我们通过一个例子来说明。以下循环生成字符串 s 的码点：

```
int i = 0;
while (i < s.length()) {
    int cp = s.codePointAt(i);
    i += Character.charCount(cp);
    ... // Do something with cp
}
```

调用 mapMulti 时，可以提供一个用流元素和收集器调用的函数。在函数中，将结果传递给收集器：

```
Stream<String> result = words.stream().mapMulti((s, collector) -> {
    int i = 0;
    while (i < s.length()) {
        int cp = s.codePointAt(i);
        collector.accept(new String(new int [] { cp }, 0, 1));
        i += Character.charCount(cp);
    }
});
```

8.4 提取子流和组合流

调用 `stream.limit(n)` 方法将返回一个新的流，该流在 n 个元素之后结束（如果原始流更短，则在原始流结束时结束）。该方法常用于将无限流缩减到一定大小。例如：

```
Stream<Double> randoms = Stream.generate(Math::random).limit(100);
```

这样就可以生成包含 100 个随机数的流。

调用 *stream*.skip(n) 正好相反，它将会丢弃前 n 个元素。例如，很多时候你在阅读本书中的示例代码时会感觉很方便，因为按照 split 方法的工作方式，如果第一个元素是一个不需要的空字符串，那么可以通过调用 skip 方法将其丢弃，例如：

```
Stream<String> words = Stream.of(contents.split("\\PL+")).skip(1);
```

stream.takeWhile(predicate) 的方法调用在谓词判断条件为真时从流中获取所有元素，然后停止。

假设我们使用上一节的 codePoints 方法将字符串拆分为字符，并且希望收集所有初始数字。利用 takeWhile 方法可以做到这一点，例如：

```
Stream<String> initialDigits = codePoints(str).takeWhile(
    s -> "0123456789".contains(s));
```

dropWhile 方法则正好相反，它会在条件为真时丢弃元素，并从使条件为假的第一个元素开始，生成所有元素的流。例如：

```
Stream<String> withoutInitialWhiteSpace = codePoints(str).dropWhile(String::isBlank);
```

还可以使用 Stream 类的静态 concat 方法连接两个流：

```
Stream<String> combined = Stream.concat(
    codePoints("Hello"), codePoints("World"));
    // Yields the stream ["H", "e", "l", "l", "o", "W", "o", "r", "l", "d"]
```

当然，在合并流时，第一个流不应该是无限的，否则第二个流永远不会有机会被合并。

8.5 其他流转换

distinct 方法返回一个流，该流以相同的顺序从原始流中生成元素，但重复元素被删除。重复元素不一定是相邻的。

```
Stream<String> uniqueWords
    = Stream.of("merrily", "merrily", "merrily", "gently").distinct();
    // Only one "merrily" is retained
```

对流进行排序的方法有多种，它们是 sorted 方法的变体。一种适用于 Comparable 元素流，另一种接受 Comparator。在这里，我们对字符串进行排序，以使最长的字符串排在最前：

```
Stream<String> longestFirst
    = words.stream().sorted(Comparator.comparing(String::length).reversed());
```

与所有流转换一样，sorted 方法以排序顺序产生一个新的流，其元素是原始流的元素。

当然，也可以在不使用流的情况下对集合进行排序。当排序过程是流管道的一部分时，sorted 方法很有用。

最后，peek 方法生成另一个流，该流的元素与原始流中的元素相同，但每次获取元素时都会调用一个函数。这对于调试很方便，例如：

```
Object[] powers = Stream.iterate(1.0, p -> p * 2)
    .peek(e -> System.out.println("Fetching " + e))
    .limit(20).toArray();
```

以上的代码中，当元素被实际访问时，将打印一条消息。通过这种方式，可以验证 iterate 返回的无限流是被惰性处理的。

提示：当使用调试器调试流的计算程序时，可以在其中一个转换方法的调用中设置断点。对于大多数IDE，都可以在Lambda表达式中设置断点。如果只是想知道在流管道中某个特定点发生了什么，可以添加以下代码，并在第二行设置断点。

```
.peek(x -> {
   return; })
```

8.6 简单约简

既然已经了解了如何创建和转换流，我们将开始讨论最重要的一点——从流数据中获得答案。我们在本节中介绍的方法称为约简（reduction）。约简是一种终止操作（terminal operation），它们的功能是将流中的数据约简为可以在程序中使用的非流值。

之前你已经看到了一个简单约简：返回流元素数量的count方法。

其他的简单约简还有max和min方法，它们分别返回最大值和最小值。这些方法返回一个Optional<T>值，该值要么封装了答案，要么表示没有答案（因为流碰巧是空的）。在过去，在这种情况下返回null是很常见的。但当发生在未完全测试的程序中时，这可能会导致空指针异常。Optional类型是用来表示缺少返回值的一种更好的方法。我们将在下一节详细讨论Optional类型。以下是如何获得流的最大值的示例：

```
Optional<String> largest = words.max(String::compareToIgnoreCase);
System.out.println("largest: " + largest.orElse(""));
```

findFirst方法返回非空集合中的第一个值。该方法与filter结合使用时通常很有用。例如，下面的示例的功能是找到以字母Q开头的第一个单词（如果存在）：

```
Optional<String> startsWithQ
    = words.filter(s -> s.startsWith("Q")).findFirst();
```

如果可以使用任何一个匹配，而不仅仅使用第一个匹配，那么可以使用findAny方法。该方法在并行化流时非常有效，因为流可以报告它找到的任何匹配，而不仅仅被限制为报告第一个匹配。

```
Optional<String> startWithQ
    = words.parallel().filter(s -> s.startsWith("Q")).findAny();
```

如果只想知道是否存在匹配，那么可以使用anyMatch方法。该方法采用一个谓词判断条件参数，因此不需要使用filter。

```
boolean aWordStartsWithQ
    = words.parallel().anyMatch(s -> s.startsWith("Q"));
```

allMatch和noneMatch方法分别在所有元素和没有元素匹配谓词判断条件的情况下返回true。此外，这些方法还能够通过并行运行，提高运行效率。

8.7 Optional类型

Optional<T>对象是类型T的对象或无对象的包装器。在前一种情况下，我们称值是存在的。对于引用对象或为null的类型T的引用，通常认为Optional<T>类型是更安全的选择。但这也只是在正确使用它的前提下才更安全。接下来的3个小节将展示如何正确使用它。

8.7.1 生成替代值

有效使用Optional的关键是在值不存在的情况下生成替代值，或者仅在值存在时使用该值。这两种策略都有相应的方法。

在本小节中，我们将介绍第一种策略。通常，在没有匹配时，可能希望使用默认值，比如空字符串：

```
String result = optionalString.orElse("");
   // The wrapped string, or "" if none
```

还可以调用代码来计算默认值：

```
String result = optionalString.orElseGet(() -> System.getProperty("myapp.default"));
    // The function is only called when needed
```

或者，如果没有值，可以抛出异常：

```
String result = optionalString.orElseThrow(IllegalStateException::new);
    // Supply a method that yields an exception object
```

8.7.2 值存在就消费值

在上一小节中，你了解了如果值不存在，如何生成替代值。处理可选值的另一种策略是仅在值存在时使用该值。

ifPresent 方法接受函数作为参数。如果存在可选值，则将其传递给该函数。否则，不会执行任何操作。

例如，如果要在该值存在的情况下将其添加到集合中，可以调用：

```
optionalValue.ifPresent(v -> results.add(v));
```

或者直接调用：

```
optionalValue.ifPresent(results::add);
```

如果希望在 Optional 有值时执行一项操作，而在它没有值时执行另一项操作，可以使用 ifPresentOrElse：

```
optionalValue.ifPresentOrElse(
    v -> System.out.println("Found " + v),
    () -> logger.warning("No match"));
```

8.7.3 流水线化 Optional 值

在前面的小节中，你了解了如何从 Optional 对象中获取值。另一个有用的策略是保持 Optinal 的完整性。可以使用 map 方法转换 Optional 中的值：

```
Optional<String> transformed = optionalString.map(String::toUpperCase);
```

如果 optionalString 为空，则 transformed 也为空。

下面是另一个例子。如果结果存在，则将其添加到列表中：

```
optionalValue.map(results::add);
```

如果 optionalValue 为空，则不会执行任何操作。

注意： 这个 map 方法类似于你在 8.3 节中看到的 Stream 接口的 map 方法。可以直接将可选值想象为大小为 0 或 1 的流。当结果的大小也是 0 或 1 时，在后一种情况下，函数会被调用。

类似地，可以使用 filter 方法来只处理在转换之前或之后满足某种特定属性的 Optional 值。如果不满足该属性，那么流水线将产生一个空结果：

```
Optional<String> transformed = optionalString
    .filter(s -> s.length() >= 8)
    .map(String::toUpperCase);
```

也可以使用 or 方法提供一个可替代的 Optional 来替换空的 Optional。需要注意的是这个可替代值是以惰性方式计算的。

```
Optional<String> result = optionalString.or(() -> // Supply an Optional
    alternatives.stream().findFirst());
```

若 optionalString 的值存在，则 result 为 optionalString。如果值不存在，则计算 Lambda 表达式的值，并使用计算出来结果。

8.7.4 不使用 Optional 值的方式

如果没有正确使用 Optional 值，就无法从之前的“有或 null”方法中获益。

get 方法能够在 Optional 值存在的情况下获取其中封装的元素，或者在不存在的情况下抛出 NoSuchElementException 异常。因此：

```
Optional<T> optionalValue = ...;
optionalValue.get().someMethod()
```

这样的操作并不比以下的方式更安全：

```
T value = ...;
value.someMethod();
```

isPresent 和 isEmpty 方法报告 Optional<T>对象是否具有值。但是，以下操作：

```
if (optionalValue.isPresent()) optionalValue.get().someMethod();
```

并不比以下方式更简单：

```
if (value != null) value.someMethod();
```

提示： 如果发现自己在使用 get 方法，重新思考你的方法，并尝试前两个小节中的策略之一。

注意： orElseThrow 是 get 方法的一个听起来更“吓人”的同义词。当调用 optionalValue.orElseThrow().someMethod()时，如果 optionalValue 为空，则会抛出异常。这样命名是希望编程人员只会在确定不会出现空值的情况下使用 orElseThrow。

以下是正确使用 Optional 类型的一些提示。

- Optional 类型的变量永远不应该为 null。
- 不要使用 Optional 类型的字段，因为这会增加一个额外的对象。在类内部，对于不存在的字段使用 null 来表示。为了阻止使用 Optional 类型的字段，该类不可序列化。
- 类型为 Optional 的方法参数是有问题的。在请求值存在的常见情况下，它们会使调用很麻烦。因此，应该考虑该方法的两个重载版本，分别是有参数和无参数的版本。另外，返回一个 Optional 是可以的。这是一种表示函数可能没有结果的正确方法。
- 不要将 Optional 对象放在集合中，也不要将它们用作映射的键。应该直接收集其中的值。

8.7.5 创建 Optional 值

到目前为止，我们已经讨论了如何使用其他人创建的 Optional 对象。如果想要编写一个创建 Optional 对象的方法，有多种静态方法可供使用，包括 Optional.of(result)和 Optional.empty()。例如：

```
public static Optional<Double> inverse(Double x) {
    return x == 0 ? Optional.empty() : Optional.of(1 / x);
}
```

ofNullable 方法被用来作为可能出现的 null 值和可选值之间的桥梁。如果 obj 不为 null，则 Optional.ofNullable(obj)返回 Optional.of(obj)，否则会返回 Optional.empty()。

8.7.6 用 flatMap 合成 Optional 值函数

假设有一个生成 Optional<T>的方法 f，而目标类型 T 有一个生成 Optional<U>的方法 g。如果它们是普通方法，可以通过调用 s.f().g()来组合它们。但是由于 s.f()的类型为 Optional<T>而不是 T，因此这种组合方式不起作用。相反，应当调用：

```
Optional<U> result = s.f().flatMap(T::g);
```

如果 s.f()存在，则 g 方法将应用于它。否则，将返回空的 Optional<U>。

显然，如果有更多的方法或 Lambda 表达式可以生成 Optional 值，那么可以重复该过程。然后，可以直接将对 flatMap 的调用链接起来，从而构建一个由步骤构成的流水线，只有所有步骤都成功，该流水线才会成功。

例如，考虑前一小节中安全的 inverse 方法。假设我们同样有一个安全的平方根方法：

```
public static Optional<Double> squareRoot(Double x) {
    return x < 0 ? Optional.empty() : Optional.of(Math.sqrt(x));
}
```

然后可以像下面这样计算 inverse 的平方根：

```
Optional<Double> result = inverse(x).flatMap(MyMath::squareRoot);
```

或者，可以选择下面的方式：

```
Optional<Double> result
```

```
    = Optional.of(-4.0).flatMap(Demo::inverse).flatMap(Demo::squareRoot);
```

无论是 inverse 方法还是 squareRoot 返回 Optional.empty()，结果都会为空。

注意：你已经在 Stream 接口中见过了 flatMap 方法(参见 8.3 节)。该方法通过将结果流中的子流摊平，从而组合两个产生流的方法。如果将可选值解释为具有 0 个或 1 个元素，则 Optional.flatMap 方法以相同的方式工作。

8.7.7 将 Optional 转换为流

stream 方法将 Optional<T>转换为具有 0 个或 1 个元素的 Stream<T>。当然，为什么不呢？但我们为什么希望这样做呢？

这对于返回 Optional 结果的方法很有用。假设有一个用户 ID 流和一个方法：

```
Optional<User> lookup (String id)
```

那么如何获得用户流，并跳过那些无效的 ID 呢？

当然，可以过滤掉无效的 ID，然后将 get 方法应用于剩余的 ID：

```
Stream<String> ids = ...;
Stream<User> users = ids.map(Users::lookup)
   .filter(Optional::isPresent)
   .map(Optional::get);
```

但这使用了我们警告过的 isPresent 和 get 方法。更加优雅的方式是调用：

```
Stream<User> users = ids.map(Users::lookup)
   .flatMap(Optional::stream);
```

每个对 stream 的调用都返回一个包含 0 个或 1 个元素的流。flatMap 方法将这些流组合在一起。这意味着不存在的用户会直接被删除。

注意：在本小节中，我们考虑一个令人愉快的场景，其中我们有一个返回 Optional 值的方法。现在，许多方法在没有有效结果时返回 null。假设 Users.classicLookup(id)返回 User 对象或 null，而不是 Optional<User>，我们当然可以过滤掉 null 值：

```
Stream<User> users = ids.map(Users::classicLookup)
    .filter(Objects::nonNull);
```

但如果更喜欢 flatMap 方法，可以使用以下代码：

```
Stream<User> users = ids.flatMap(
    id -> Stream.ofNullable(Users.classicLookup(id)));
```

或者是下面的代码：

```
Stream<User> users = ids.map(Users::classicLookup)
   .flatMap(Stream::ofNullable);
```

调用 Stream.ofNullable(obj)方法，如果 obj 为 null 将会生成一个空的流，否则会生成一个仅包含 obj 的流。

8.8 收集结果

当处理完流后，通常会想要查看流的结果。那么可以调用 iterator 方法，它生成一个传统的迭代器，可以使用它来访问元素。

或者，可以调用 forEach 方法将函数应用于每个元素：

```
stream.forEach(System.out::println);
```

在并行流中，forEach 方法以任意顺序遍历元素。如果要按流中的顺序处理元素，可以调用 forEachOrdered 方法。当然，这个方法会丧失并行性的部分甚至全部优势。

但通常情况下，需要将结果收集到数据结构中。可以调用 toArray 并获取流元素的数组。由于无法在运行时创建泛型数组，因此表达式 stream.toArray()会返回一个 Object[]数组。如果需要正确类型的数组，可以传递数组构造器：

```
String[] result = stream.toArray(String[]::new);
    // stream.toArray() has type Object[]
```

为了将流中的元素收集到另一个目标中，可以使用一个便捷的 collect 方法，它会接受一个 Collector 接口的实例。收集器是一个能够累积众多元素并产生单一结果的对象。Collectors 类为常见收集器提供了大量工厂方法。要将流收集到集合中，只须调用：

```
Set<String> result = stream.collect(Collectors.toSet());
```

如果想要控制获得的集合类型，可以使用以下调用：

```
TreeSet<String> result = stream.collect(Collectors.toCollection(TreeSet::new));
```

假设你想通过拼接来收集流中的所有字符串，可以调用：

```
String result = stream.collect(Collectors.joining());
```

如果想要在元素之间增加分隔符，可以将其传递给 joining 方法：

```
String result = stream.collect(Collectors.joining(", "));
```

如果流中包含字符串以外的对象，则需要首先将它们转换为字符串，如下所示：

```
String result = stream.map(Object::toString).collect(Collectors.joining(", "));
```

如果希望将流结果约简为总和、数量、平均值、最大值或最小值，可以使用 summarizing(Int|Long|Double) 方法之一。这些方法接受一个将流对象映射为数值的函数，并生成类型为 (Int|Long|Double)SummaryStatistics 的结果，同时计算总和、数量、平均值、最大值和最小值。

```
IntSummaryStatistics summary = stream.collect(
    Collectors.summarizingInt(String::length));
double averageWordLength = summary.getAverage();
double maxWordLength = summary.getMax();
```

8.9 收集到映射中

假设有一个 Stream<Person>，并希望将元素收集到映射中，以便后续可以通过其 ID 查找人员。Collectors.toMap 方法有两个函数参数，用于生成映射的键和值。例如：

```
Map<Integer, String> idToName = people.collect(
    Collectors.toMap(Person::id, Person::name));
```

通常情况下，当值是实际元素时，需要使用 Function.identity() 作为第二个参数：

```
Map<Integer, Person> idToPerson = people.collect(
    Collectors.toMap(Person::id, Function.identity()));
```

如果有多个元素具有相同的键，则会存在冲突，收集器将抛出 IllegalStateException 异常。可以通过提供第三个参数来覆盖该行为，这样就可以解决冲突，并确定现有值和新值的键的值。该函数可以返回现有值、新值或它们的组合。

在这里，我们为可用区域设置中的每种语言构建一个映射，该映射包含默认区域设置中的名称（如"German"）作为键，以及本地化名称（如"Deutsch"）作为值。

```
Stream<Locale> locales = Stream.of(Locale.getAvailableLocales());
Map<String, String> languageNames = locales.collect(
    Collectors.toMap(
        Locale::getDisplayLanguage,
        loc -> loc.getDisplayLanguage(loc),
        (existingValue, newValue) -> existingValue));
```

我们不关心同一种语言是否可能会出现两次（例如，德国和瑞士都使用德语），因此我们只保留第一次输入。

注意：在本章中，我使用 Locale 类作为数据集的数据源。有关使用区域设置的更多信息，参见第 13 章。

现在假设我们想了解给定国家/地区的所有语言。这样，我们就需要一个 Map<String, Set<String>>。例如，"Switzerland"的值是集合 [French, German, Italian]。首先，我们为每种语言存储一个单例集合。每当为一个给定的国家/地区找到一种新的语言时，我们就会将现有集合和新集合进行并集操作。

```
Map<String, Set<String>> countryLanguageSets = locales.collect(
```

```
    Collectors.toMap(
        Locale::getDisplayCountry,
        l -> Collections.singleton(l.getDisplayLanguage()),
        (a, b) -> { // Union of a and b
            var union = new HashSet<String>(a);
            union.addAll(b);
            return union; }));
```

在下一节中，你将看到获取此映射的更简单的方法。

如果需要 TreeMap，那么需要提供构造器作为第四个参数。你还必须提供合并函数。下面是本节开头的一个示例，现在它会生成一个 TreeMap：

```
Map<Integer, Person> idToPerson = people.collect(
    Collectors.toMap(
        Person::id,
        Function.identity(),
        (existingValue, newValue) -> { throw new IllegalStateException(); },
        TreeMap::new));
```

注意：对于每个 toMap 方法，都有一个等价的 toConcurrentMap 方法可以生成并发映射。单个并发映射可以用于并行容器处理。当使用并行流时，共享映射比合并映射更高效。注意，元素不再按流中的顺序收集，但这通常不会有什么影响。

8.10　分组和分区

在上一节中，你已经了解了如何收集给定国家/地区的所有语言。但这个处理有点冗长，必须为每个映射值生成一个单例集合，然后指定如何合并现有值和新值。对具有相同特征的值进行分组是非常常见的，groupingBy 方法直接支持这种操作。

让我们来看看按国家/地区分组的问题。首先，形成这样的一个映射：

```
Map<String, List<Locale>> countryToLocales = locales.collect(
    Collectors.groupingBy(Locale::getCountry));
```

Locale::getCountry 是用于分组的分类器函数（classifier function）。现在可以查找给定国家/地区代码对应的所有区域设置，例如：

```
List<Locale> swissLocales = countryToLocales.get("CH");
    // Yields locales [it_CH, de_CH, fr_CH]
```

注意：快速复习一下区域设置：每个区域设置都有一个语言代码（如英语的 en）和一个国家/地区代码（如美国的 US）。区域设置 en_US 描述的是美国的英语，而 en_IE 是爱尔兰的英语。有些国家有多种区域设置。例如，ga_IE 是爱尔兰的盖尔语，而前面的示例也展示了 JVM 知道瑞士至少有 3 个区域设置。

当分类器函数是谓词判断函数（即返回 boolean 值的函数）时，流内的元素可以分为两个列表：函数返回 true 的元素列表和返回 False 的元素列表。在这种情况下，使用 partitionBy 比使用 groupingBy 更高效。例如，这里我们将所有区域设置划分为使用英语和其他语言的两类：

```
Map<Boolean, List<Locale>> englishAndOtherLocales = locales.collect(
    Collectors.partitioningBy(l -> l.getLanguage().equals("en")));
List<Locale> englishLocales = englishAndOtherLocales.get(true);
```

注意：如果调用 groupingByConcurrent 方法，将得到一个并发映射。当与并行流一起使用时，该映射将被并发填充。这完全类似于 toConcurrentMap 方法。

8.11　下游收集器

groupingBy 方法生成值为列表的映射。如果想要以某种方式处理这些列表，就需要提供下游收集器（downstream collector）。例如，如果要使用集合而不是列表，那么可以使用在上一节中看到的 Collectors.toSet 收集器：

```
Map<String, Set<Locale>> countryToLocaleSet = locales.collect(
    groupingBy(Locale::getCountry, toSet()));
```

注意：在本示例以及本节的其余示例中，假设静态导入 java.util.stream.Collectors.*，会使表达式更易阅读。

系统提供了多个收集器，用于将分组元素约简为数字。

- counting 能够计算收集到的元素数量。例如：

```
Map<String, Long> countryToLocaleCounts = locales.collect(
    groupingBy(Locale::getCountry, counting()));
```

统计每个国家有多少个区域设置。

- summing(Int|Long|Double) 接受函数参数，将函数应用于下游元素，并生成它们的和。例如：

```
Map<String, Integer> stateToCityPopulation = cities.collect(
    groupingBy(City::state, summingInt(City::population)));
```

计算城市流中每个州的人口总数。

- maxBy 和 minBy 接受比较器并产生下游元素中的最大值和最小值。例如：

```
Map<String, Optional<City>> stateToLargestCity = cities.collect(
    groupingBy(City::state,
        maxBy(Comparator.comparing(City::population))));
```

产生每个州中人口最多的城市。

mapping 收集器将一个函数应用于下游结果，它需要另一个收集器来处理其结果。例如：

```
Map<String, Optional<String>> stateToLongestCityName = cities.collect(
    groupingBy(City::state,
        mapping(City::name,
            maxBy(Comparator.comparing(String::length)))));
```

这里，我们按州对城市进行分组。在每个州内，我们都会生成城市名称，并按最大长度进行约简。

mapping 方法还可以更好地解决上一节中的问题，即把一个国家/地区的所有语言收集到一个集合中：

```
Map<String, Set<String>> countryToLanguages = locales.collect(
    groupingBy(Locale::getDisplayCountry,
        mapping(Locale::getDisplayLanguage,
            toSet())));
```

还有一个 flatMapping 方法，可以与返回流的函数一起使用（参见本章练习 8）。

在上一节中，我使用了 toMap 而不是 groupingBy。在这种形式下，不必担心如何组合各个独立的集合。

如果分组或映射函数的返回类型为 int、long 或 double，则可以将元素收集到汇总统计对象中，如 8.8 节中所述。

```
Map<String, IntSummaryStatistics> stateToCityPopulationSummary = cities.collect(
    groupingBy(City::state,
        summarizingInt(City::population)));
```

然后，可以从每个组的汇总统计对象中获得函数值的总和、数量、平均值、最小值和最大值。

filtering 收集器对每个组应用一个过滤器，例如：

```
Map<String, Set<City>> largeCitiesByState
    = cities.collect(
        groupingBy(City::state,
            filtering(c -> c.population() > 500000,
                toSet()))); // States without large cities have empty sets
```

最后，可以使用 teeing 收集器将流分成两个并行的下游集合。当需要在流中计算多个结果时，这非常有用。假设要收集城市名称并计算其平均人口。虽然不能两次读取同一个流，但 teeing 使得我们可以进行两次计算。指定两个下游收集器和一个将结果组合起来的函数：

```
record Pair<S, T>(S first, T second) {}
```

```
Pair<List<String>, Double> result = cities.filter(c -> c.state().equals("NV"))
    .collect(teeing(
        mapping(City::name, toList()), // First downstream collector
        averagingDouble(City::population), // Second downstream collector
        (list, avg) -> new Pair<>(list, avg))); // Combining function
```

注意：还有 3 个版本的 reducing 方法，它们都应用了通用的约简操作，正如下一节中所描述的一样。

合并收集器功能强大，但也会导致非常复杂的表达式。因此最好使用 groupingBy 方法或 partitioningBy 方法来处理“下游”映射值。否则，应该直接在流上应用 map、reduce、count、max 或 min 等方法。

8.12 约简操作

reduce 方法是用于从流中计算值的通用机制，其最简单的形式将接受一个二元函数，并从前两个元素开始持续应用它。如果函数是求和函数，那么很容易解释这一机制：

```
List<Integer> values = ...;
Optional<Integer> sum = values.stream().reduce((x, y) -> x + y);
```

在这种情况下，reduce 方法计算 $v_0 + v_1 + v_2 + \ldots$，其中 v_i 是流元素。如果流为空，那么该方法会返回 Optional，因为没有有效结果。

注意：在这种情况下，可以将 reduce((x, y)-> x + y) 写作 reduce(Integer::sum)。

更一般地，可以使用任何操作将部分结果 x 与下一个值 y 组合起来以生成新的部分结果。

这里还有另一种看待约简的方法。给定一个约简运算 *op*，该约简可以产生 v_0 *op* v_1 *op* v_2 *op* . . .，其中 v_i *op* v_{i+1} 表示函数调用 $op(v_i, v_{i+1})$。有许多运算在实践中很有用，例如求和、乘积、字符串拼接、求最大值和最小值、求并集和交集等。

如果要对并行流使用约简，则运算必须是可结合的，即组合元素时使用的顺序不会产生任何影响。用数学符号表示，$(x\ op\ y)\ op\ z$ 必须等于 $x\ op\ (y\ op\ z)$。不可结合运算的一个例子是减法。例如，$(6-3)-2 \neq 6-(3-2)$。

通常，有一个单位元 e 使得 $e\ op\ x = x$，可以使用该元素作为计算的开始。例如，0 是加法的单位元。可以调用第二种形式的 reduce 方法：

```
List<Integer> values = ...;
Integer sum = values.stream().reduce(0, (x, y) -> x + y)
    // Computes 0 + v0 + v1 + v2 + . . .
```

如果流为空，则返回单位元值，并且不再需要处理 Optional 类。

现在假设有一个对象流，并希望对某些属性求和，例如字符串流中所有字符串的长度，那么就不能使用简单形式的 reduce，而需要使用参数和结果类型相同的函数 (T, T) -> T。但在这种情况下，有两种不同的类型：流元素的类型为 String，而累加结果的类型为整数。好在还有一种形式的 reduce 可以处理这种情况。

首先，需要提供一个“累加器”函数 (total, word) -> total + word.length()。该函数会被重复调用，形成累积总和。但是当计算被并行化时，将有多个这种类型的计算，需要合并它们的结果。因此，需要提供第二个函数来执行此处理。完整的调用如下：

```
int result = words.reduce(0,
    (total, word) -> total + word.length(),
    (total1, total2) -> total1 + total2);
```

注意：在实践中，可能不会经常使用 reduce 方法。通常，将其映射为数字流，并使用其方法之一计算总和、最大值或最小值会更容易（我们在 8.13 节中讨论了数字流。）在这个特定示例中，可以调用 words.mapToInt(String::Length).sum()，这样既简单又高效，因为它不涉及装箱操作。

注意： 有些时候，reduce 不够通用。例如，假设你希望收集 BitSet 中的结果。如果容器是并行的，则不能将元素直接放入单个 BitSet 中，因为 BitSet 对象不是线程安全的。因此，不能使用 reduce。每个部分都需要从自己的空集开始，reduce 只允许提供一个单位元值。相反，应该使用 collect。它需要 3 个参数。

1. 一个供给者（Supplier），用于为目标对象创建新实例，例如哈希集的构造器。
2. 一个累加器（Accumulator），用于向目标添加元素，例如 add 方法。
3. 一个合并器（Combiner），用于将两个目标合并为一个目标，例如 addAll 方法。

下面的代码展示了 collect 方法是如何操作位集的。

```
BitSet result = stream.collect(BitSet::new, BitSet::set, BitSet::or);
```

8.13 基本类型流

到目前为止，我们已经在 Stream<Integer>中收集了整数，但是将每个整数都封装到一个封装器对象中的操作效率显然很低。其他基本类型如 double、float、long、short、char、byte 和 boolean 也是如此。流库中有专门的类型 IntStream、LongStream 和 DoubleStream，它们能直接存储基本类型值，而不使用封装器。如果要存储 short、char、byte 和 boolean，可以使用 IntStream，对于 float 可以使用 DoubleStream。

为了创建 IntStream，可以调用 IntStream.of 和 Arrays.stream 方法：

```
IntStream stream = IntStream.of(1, 1, 2, 3, 5);
stream = Arrays.stream(values, from, to); // values is an int[] array
```

与对象流一样，也可以使用静态 generate 和 iterate 方法。此外，IntStream 和 Longstream 具有静态方法 range 和 rangeClosed，可以生成步长为 1 的整数范围：

```
IntStream zeroToNinetyNine = IntStream.range(0, 100); // Upper bound is excluded
IntStream zeroToHundred = IntStream.rangeClosed(0, 100); // Upper bound is included
```

CharSequence 接口具有 codePoints 和 chars 方法，这些方法能够生成 IntStream，该整数流由字符的 Unicode 代码或 UTF-16 编码中的代码单元构成（相关细节，参见第 1 章）。

```
String sentence = "\uD835\uDD46 is the set of octonions.";
    // \uD835\uDD46 is the UTF-16 encoding of the letter 𝕆, unicode U+1D546

IntStream codes = sentence.codePoints();
    // The stream with hex values 1D546 20 69 73 20 . . .
```

Randomgenerator 接口有 ints、longs 和 doubles 方法，它们返回随机数的基本类型流：

```
IntStream randomIntegers = RandomGenerator.getDefault().ints()
```

当有一个对象流时，可以使用 mapToInt、mapToLong 或 mapToDouble 方法将其转换为基本类型流。例如，如果有一个字符串流，并希望将其长度作为整数进行处理，那么可以在 IntStream 中进行处理：

```
Stream<String> words = ...;
IntStream lengths = words.mapToInt(String::length);
```

要将基元类型流转换为对象流，可以使用 boxed 方法：

```
Stream<Integer> integers = IntStream.range(0, 100).boxed();
```

通常，基本类型流的方法与对象流的方法类似。以下是最显著的差异。

- toArray 方法返回基本类型数组。
- 产生可选结果的方法会返回 OptionalInt、OptionalLong 或 OptionalDouble。这些类与 Optional 类类似，但它们有 getAsInt、getAsLong 和 getAsDouble 方法，而不是 get 方法。
- 具有返回总和、平均值、最大值和最小值的 sum、average、max 和 min 方法。这些方法不是为对象流定义的。

- summaryStatistics 方法会生成类型为 IntSummaryStatistics、LongSummaryStatistics 或 DoubleSummaryStatistics 的对象，它们可以同时报告流的总和、数量、平均值、最大值和最小值。

8.14　并行流

流能够使批量操作更容易并行化。这个过程基本上是自动实现的，但需要遵循一些规则。首先，必须有一个并行流。可以用 Collection.parallelStream() 方法从任何容器中获取一个并行流：

```
Stream<String> parallelWords = words.parallelStream();
```

此外，parallel 方法可以将任意顺序流转换为并行流：

```
Stream<String> parallelWords = Stream.of(wordArray).parallel();
```

只要流在终止方法执行时处于并行模式，所有中间流操作都将被并行化。

当流操作并行运行时，其目的是让其返回结果与顺序运行时返回的结果相同。重要的是这种操作是无状态（stateless）的，可以按任意顺序执行。

下面是一个你无法完成的例子。假设要对字符串流中的所有短单词计数：

```
var shortWords = new int[12];
words.parallelStream().forEach(
    s -> { if (s.length() < 12) shortWords[s.length()]++; });
        // Error—race condition!
System.out.println(Arrays.toString(shortWords));
```

这是一段非常糟糕的代码。传递给 forEach 的函数在多个线程中并发运行，每个线程都会更新共享数组。正如你将在第 10 章中看到的，这是一个经典的竞争情况（race condition）。如果多次运行这个程序，很可能在每次运行中都得到不同的计数值，而且每一次都是错误的。

你有责任确保传递给并行流操作的任何函数都可以安全地并行执行。要做到这一点，最好的方法是远离可变状态。在本例中，如果按长度对字符串进行分组并分别对它们进行计数，则可以安全地并行化计算。

```
Map<Integer, Long> shortWordCounts
    = words.parallelStream()
        .filter(s -> s.length() < 12)
        .collect(groupingBy(
            String::length,
            counting()));
```

默认情况下，从有序集合（数组和列表）、范围、生成器和迭代器产生的流，或者通过调用 stream.sorted 产生的流都是有序的。结果按照原始元素的顺序累积，并且完全可以预测。如果运行相同的操作两次，将得到完全相同的结果。

排序操作并不排斥使用高效的并行化。例如，当计算 stream.map(fun) 时，可以将流划分为 *n* 个部分，每个部分都是并发处理的。然后，结果将会按顺序重新组合起来。

当放弃排序要求时，某些操作可以更有效地并行化。通过调用 Stream.unordered 方法，可以表明你对排序不感兴趣。一个可以从中获益的操作是 Stream.distinct。在有序流中，distinct 保留所有相同元素中的第一个。这阻碍了并行化——处理每个部分的线程无法知道要丢弃哪些元素，直到处理完之前的所有部分。如果可以保留唯一元素中的任意一个，则可以并发处理所有部分（使用共享集合来跟踪重复元素）。

还可以通过放弃排序要求来提高 limit 方法的速度。如果只想从一个流中取出任意 n 个元素，而不在乎得到的是哪一个元素，那么可以调用：

```
Stream<String> sample = words.parallelStream().unordered().limit(n);
```

正如 8.9 节中所讨论的，合并映射的代价非常大。因此，Collectors.groupingByConcurrent 方法使用共享的并发映射。为了从并行性中获益，映射值的顺序将与流顺序不同。

```
Map<Integer, List<String>> result = words.parallelStream().collect(
    Collectors.groupingByConcurrent(String::length));
        // Values aren't collected in stream order
```

当然，如果使用独立于排序的下游收集器那么就不必在意了，例如：

```
Map<Integer, Long> wordCounts
    = words.parallelStream()
        .collect(
            groupingByConcurrent(
                String::length,
                counting()));
```

不要为了加快操作速度而将所有的流变成并行流。记住下面几点：

- 并行化会导致大量开销，只会为非常大的数据集带来好处；
- 只有在底层数据源可以有效地分割为多个部分时，将流并行化才是有意义的；
- 并行流使用的线程池可能会因阻塞操作（如文件输入/输出或网络访问）而耗尽。

并行流在处理大量内存数据集和计算密集型处理时效果最佳。

提示： 通常，并行化文件输入没有好处。但是 Files.lines 方法返回的流使用内存映射文件，因此拆分是有效的。如果处理一个大型文件的各个行，并行化流可能会提高性能。

注意： 如果需要并行流中的随机数，可以从工厂方法 RandomGenerator.SplittableGenerator.of 中获取生成器。

注意： 默认情况下，并行流使用 ForkJoinPool.commonPool 返回的全局 fork-join 池。如果你的操作不会阻塞，并且不与其他任务共享池，那么这种方式就没有问题。有一个技巧可以使用另一个不同的池，即将操作放在自定义池的 summit 方法中：

```
ForkJoinPool customPool = ...;
result = customPool.submit(() ->
    stream.parallel().map(...).collect(...)).get();
```

或者，使用异步方式：

```
CompletableFuture.supplyAsync(() ->
    stream.parallel().map(...).collect(...),
    customPool).thenAccept(result -> ...);
```

练习

1. 验证当找到第五个长单词后，请求前 5 个长单词不会再调用 filter 方法。简单记录每个方法调用即可。

2. 测量使用 parallelStream 计数长单词和使用 stream 计数长单词之间的时间差。在调用前后分别调用 System.currentTimeMillis 并打印时间差。如果你的计算机性能较好，那么可以改为使用更大的文档（如《战争与和平》）进行测试。

3. 假设有一个数组 int[] values = { 1, 4, 9, 16 }。Stream.of(value)会返回什么？应该如何获得 int 类型的流？

4. 使用 Stream.iterate 来生成无限的随机数流，不要调用 Math.random，而是直接实现线性同余生成器。在该生成器中，从 $x_0 = seed$ 开始，然后使用适当的 a、c 和 m 值生成 $x_{n+1} = (a x_n + c) \% m$。应该使用参数 a、c、m 和 seed 实现一个方法，该方法生成一个 Stream<Long>。使用 $a = 25214903917$、$c = 11$ 和 $m = 2^{48}$ 进行测试。

5. 8.3 节中的 codePoints 方法有点笨拙，首先填充数组列表，然后将其转换为流。改为编写一个基于流的版本，使用 IntStream.iterate 方法构造一个有限的偏移量流，然后提取其中的子字符串。

6. 使用 String.codePoints 方法实现一个方法，该方法测试字符串是不是一个仅由字母组成的单词。（提示：使用 Character.isAlphabetic 方法。）使用相同的方法，实现一个测试字符串是否为有效 Java 标识符的方法。

7. 将文件转换为一个符号流，列出前 100 个符号，这些符号是符合上一练习中要求的单词。再次读取文件，列出其中的 10 个出现频率最高的单词，忽略字母大小写。

8. 找到 Collectors.flatMapping 方法的实际用途。考虑一个生成 Optional 的方法的类，然后根据一些特征进行分组，并使用 flatMapping 和 Optional.stream 为每个组收集非空的 Optional 值。

9. 可以将流视为一种“拉取”机制，也就是说，可以在需要时从流中惰性地“拉”取值。相反，“推送”机制会急切地生成值，一旦流中的值可用，就将其传递给消费者。例如，Iterable.forEach 和 Iterator.forEchRemaining 方法。这些方法都具有参数 Consumer<? super T>。

编写一个静态方法，从这样的方法中产生一个流。例如：

```
Iterator<String> iter = ...;
Stream<String> stream = fromPusher(iter::forEachRemaining);
```

该方法具有以下签名：

```
public static <T> Stream<T> fromPusher(Consumer<Consumer<? super T>> pusher)
```

提示： *在一个虚拟的 Stream.of((T) null)上使用 mapMulti。*

10. 从路径/usr/share/dict/words（或类似的单词列表）中读取单词到流中，并生成包含 5 个不同元音字母的所有单词的数组。

11. 给定一个有限的字符串流，求出平均字符串长度。

12. 给定一个有限的字符串流，找到所有最大长度的字符串。

13. 你的经理要求你编写一个方法 public static <T> boolean isFinite(Streamt<T> stream)。为什么这并不是一个好主意？不过可以尝试编写出来。

14. 编写一个方法 public static <T> Stream<T> zip(Stream<T> first, Stream<T> second)，它将流 first 和 second 中的元素交替（如果流的元素用完了，则为 null）。

15. 将 Stream<ArryList<T>>中的所有元素合并为一个 ArrayList<T>。演示如何使用 3 种形式的 reduce 方法来实现这个操作。

16. 编写一个可以用来计算 Stream<Double>平均值的 reduce 调用。为什么不能简单地计算和，并除以 count()？

17. 使用 BigInteger 的并行流和 BigInter.isProbablePrime 方法查找 500 个具有 50 位小数的素数。这种形式比使用顺序流速度更快吗？

18. 用并行流找到《战争与和平》中最长的 500 个字符串。它比使用顺序流速度更快吗？

19. 如何消除流中的相邻重复元素？如果流是并行的，你的方法是否仍然有效？

第 9 章　输入和输出处理

在本章中，你将学习如何在编程中处理文件、目录和网页，以及如何应用二进制格式和文本格式实现数据的读写操作。此外，还将学习一些关于正则表达式的知识，正则表达式在处理输入时很有用，且它的 API 功能规范来属于 Java 的“新输入/输出”特性的功能规范。因此，我们和其他大部分 Java 开发人员一样，选择在本章节来讨论正则表达式这个主题。最后，本章讨论了对象的序列化机制，该机制能够使存储对象像存储文本和数值数据一样容易。

本章重点如下：

1. `InputStream` 是字节的来源，而 `OutputStream` 则是字节的目的地。
2. `Reader` 的功能是读取字符，`Writer` 的功能是写入字符。字符的读写过程中需要指定字符编码方式。
3. `Files` 类提供了方便的方法来读取文件中的所有字节或者行。
4. `DataInput` 和 `DataOutput` 接口中的方法可以以二进制格式写入数值数据。
5. 使用 `RandomAccessFile` 或内存映射文件可以随机访问文件。
6. `Path` 是文件系统中绝对或相对路径组件的序列，路径是可以被组合（或被“解析”）的。
7. 使用 `Files` 类的方法可以实现文件的复制、移动或删除，并且可以递归地遍历目录树。
8. 使用 ZIP 文件系统可以读取或更新 ZIP 文件。
9. 可以使用 `URL` 类读取网页的内容，也可以使用 `URLConnection` 类读取元数据或写入数据。
10. 通过 `Pattern` 和 `Macher` 类，可以在字符串中查找正则表达式的所有匹配项，以及每个匹配项的捕获组。
11. 序列化机制可以保存和恢复任何实现 `Serializable` 接口的对象，前提是该对象的实例变量也是可序列化的。

9.1　输入/输出流、读取器和写入器

在 Java API 中，能够从中读取字节的源通常称为*输入流*（input stream）。这些字节可以来源于文件、网络连接或者内存中的数组。（这里的流的概念与第 8 章中的流的概念不同。）类似地，这些字节的目的地通常称为*输出流*（output stream）。此外、*读取器*（reader）和*写入器*（writer）能够消费或者生成字符序列。在以下几小节中，你将学习如何在 Java 中读取和写入字节和字符。

9.1.1　获取流

从文件中获取流的最简单的方法是使用以下静态方法：

```
InputStream in = Files.newInputStream(path);
OutputStream out = Files.newOutputStream(path);
```

以上代码中的 `path` 是 `Path` 类的一个实例，该类在 9.2.1 小节中有详细的介绍。它描述了文件系统中的路径。

如果有一个 URL，那么可以通过 `URL` 类的 `openStream` 方法返回的输入流来读取它的内容。

```
var url = new URL("https://horstmann.com/index.html");
InputStream in = url.openStream();
```

9.3 节讲解了如何向 Web 服务器发送数据。

通过 `ByteArrayInputStream` 类，可以从字节数组中读取数据：

```
byte[] bytes = ...;
var in = new ByteArrayInputStream(bytes);
Read from in
```

反之，如果要将输出发送至字节数组，那么就需要使用ByteArrayOutputStream：

```
var out = new ByteArrayOutputStream();
Write to out
byte[] bytes = out.toByteArray();
```

9.1.2 字节的读取

InputStream类提供了一个读取单个字节的方法：

```
InputStream in = ...;
int b = in.read();
```

这里的read方法要么将字节作为一个0～255的整数返回，要么返回-1来表示已经到达输入的末尾。

警告： Java中的byte类型的取值范围是-128～127。因此，可以在检查返回值不是-1之后，将其强制转换为byte类型。

更常见的情况是，希望批量读取字节，最简单的方法是使用readAllBytes方法，该方法会将流中的所有字节读取到一个字节数组中：

```
byte[] bytes = in.readAllBytes();
```

提示： 如果需要读取文件中的所有字节，可以使用更加简便的方法，示例如下。

```
byte[] bytes = Files.readAllBytes(path);
```

如果只想读取部分字节而不是全部字节，那么可以提供一个字节数组并调用readNBytes方法：

```
var bytes = new byte[len];
int bytesRead = in.readNBytes(bytes, offset, n);
```

该方法将一直读取，直到读取了n个字节，或没有更多的输入可用，并返回实际读取的字节数。如果没有可用的输入，该方法返回-1。

注意： Java中还有一个read(byte[], int, int)方法，该方法的描述与readNBytes方法完全相同。两者的区别在于read方法只尝试读取字节，并且在读取失败时立即返回一个较小的字节数；而readNBytes方法则会一直调用read，直到读取到所有请求的字节或read返回-1。

最后，也可以通过以下代码跳过字节：

```
long bytesToSkip = ...;
in.skipNBytes(bytesToSkip);
```

9.1.3 字节的写入

OutputStream中的write方法可以写入单个字节或字节数组：

```
OutputStream out = ...;
int b = ...;
out.write(b);
byte[] bytes = ...;
out.write(bytes);
out.write(bytes, start, length);
```

当完成流的写入操作后必须关闭该流，从而将缓冲区的输出提交。这里最好使用带资源的try语句来实现该功能：

```
try (OutputStream out = ...){
    out.write(bytes);
}
```

如果需要将输入流复制到输出流，可以使用InputStream.transferTo方法：

```
try(InputStream in = ...; OutputStream out = ...){
    in.transferTo(out);
}
```

在调用transferTo方法后，两个流都需要被关闭。这里也建议像以上示例中那样，使用带资源的

`try`语句。

要将文件写入`OutputStream`，可以调用：

```
Files.copy(path, out);
```

相反，如果要将`InputStream`保存到文件中，可以调用：

```
Files.copy(in, path, StandardCopyOption.REPLACE_EXISTING);
```

9.1.4 字符编码

输入流和输出流主要用于字节序列，但是在许多情况下，也需要处理文本，即字符序列。在这种情况下，字符是如何编码成字节的就显得尤为重要。

Java 使用 Unicode 标准进行字符编码，每个字符或“码点”都有一个 21 位的整数数字。按照不同方式将这 21 位数字包装成字节，就会产生不同的字符编码方式。

最常用的编码方式是 UTF-8，它将每个 Unicode 码点编码为 1 ~ 4 个字节的序列（见表 9-1）。相比传统的只使用一个字节对字符进行编码的 ASCII 字符集（其中包含了英语中使用的所有字符），UTF-8 编码有更多的优势。

表 9–1 UTF–8 编码

字符范围	编码
0...7F	$0a_6a_5a_4a_3a_2a_1a_0$
80...7FF	$110a_{10}a_9a_8a_7a_6$ $10a_5a_4a_3a_2a_1a_0$
800...FFFF	$1110a_{15}a_{14}a_{13}a_{12}$ $10a_{11}a_{10}a_9a_8a_7a_6$ $10a_5a_4a_3a_2a_1a_0$
10000...10FFFF	$11110a_{20}a_{19}a_{18}$ $10a_{17}a_{16}a_{15}a_{14}a_{13}a_{12}$ $10a_{11}a_{10}a_9a_8a_7a_6$ $10a_5a_4a_3a_2a_1a_0$

另一种常用的编码方式是 UTF-16，它将每个 Unicode 码点编码为一个或两个 16 位的值（见表 9-2）。该编码是 Java 字符串中使用的编码方式。实际上，UTF-16 有两种具体形式，分别是“大端”（big-endian）和“小端”（little-endian）。考虑一个 16 位的值`0x2122`。大端格式和小端格式的主要区别在于，大端首先读取`0x21`，然后再读取`0x22`；而小端格式则恰好相反，先读取`0x22`，再读取`0x21`。文件中为了明确表示具体使用了哪一种格式，可以将“字节顺序标记”放在文件的开头，即保存一个 16 位数值`0XFEFF`。读取器可以使用这个值来确定字节顺序，然后丢弃它。

表 9–2 UTF–16 编码

字符范围	编码
0...FFFF	$a_{15}a_{14}a_{13}a_{12}a_{11}a_{10}a_9a_8a_7a_6a_5a_4a_3a_2a_1a_0$
10000...10FFFF	$110110b_{19}b_{18}b_{17}b_{16}a_{15}a_{14}a_{13}a_{12}a_{11}a_{10}$ $110111a_9a_8a_7a_6a_5a_4a_3a_2a_1a_0$ 其中 $b_{19}b_{18}b_{17}b_{16} = a_{20}a_{19}a_{18}a_{17}a_{16} - 1$

警告：包括 Microsoft Notepad（微软记事本）在内的一些程序会在 UTF-8 编码文件的开头添加字节顺序标记。由于 UTF-8 中没有字节顺序问题，因此这样做并不是必须的。但 Unicode 标准允许添加这样的字节顺序标记，甚至建议这样做，因为这样可以更加清楚地表示编码方式。但是在读取 UTF-8 编码的文件时，这个标记应该删除。但遗憾的是，Java 并没有这样做，而且针对这个问题的相关错误报告也已经被关闭，并“不会被修复”。因此，最好的办法就是去掉输入中发现的任何先导`\uFEFF`。

除了 UTF 编码方式，还有一些针对特定用户群体的字符范围的编码形式。例如，ISO 8859-1 是一种单字节编码，它包含西欧的各种语言中使用的重音字符。Shift_JIS 是一种用于日文字符的可变长度编码。目前还有大量这类编码方式被广泛使用。

现在并没有可靠的方法可以自动检测出字节流中的字符编码方式。一些 API 方法允许使用“默认字符集”（计算机操作系统首选的字符编码方式）。但是能确定你的所有字节源都使用默认编码吗？这些字节很可能来自世界各地。因此应该始终明确指定编码方式。例如，当阅读网页时，首先检查头部的`Content-Type`信息。

注意：平台使用的编码方式可以通过静态方法 Charset.defaultCharset 的返回值确定。静态方法 Charset.availableCharsets 能返回所有可用的 Charset 实例，返回结果是从字符集的规范名称到 Charset 对象的映射。

警告：Oracle 的实现中使用一个名为 file.encoding 的系统属性来覆盖平台的默认值。但该属性并未得到官方的支持，并且即使在 Java 库的 Oracle 实现中，该属性也没有完全一致地被遵循。因此，不应该设置它。

StandardCharsets 类有 Charset 类型的静态变量，用来表示每个 Java 虚拟机都必须支持的字符编码方式，其中包括：

```
StandardCharsets.UTF_8
StandardCharsets.UTF_16
StandardCharsets.UTF_16BE
StandardCharsets.UTF_16LE
StandardCharsets.ISO_8859_1
StandardCharsets.US_ASCII
```

要获取另一种编码方式的 Charset，可以使用 forName 静态方法：

```
Charset shiftJIS = Charset.forName("Shift_JIS");
```

在读取或写入文本时，应该使用 Charset 对象。例如，可以通过以下方式将一个字节数组转换成为字符串：

```
var contents =  new String(bytes, StandardCharsets.UTF_8);
```

提示：一些方法允许使用 Charset 对象或字符串来指定字符编码方式。如果选择使用 StandardCharsets 常量，那么就不必担心拼写是否正确。例如，newString(bytes, "UTF 8") 将不被接受，并且会导致运行时错误。

警告：如果没有指定任何编码方式，那么某些方法（如 String(bytes[]) 构造器）将使用默认的平台编码方式；而其他的方法（如 Files.readAllLines）将使用 UTF-8 编码方式。

9.1.5 文本输入

如果需要读取文本输入，那么可以使用 Reader。可以通过 InputStreamReader 适配器从任何输入流获取 Reader：

```
InputStream inStream = ...;
var in = new InputStreamReader(inStream, charset);
```

如果想一次处理一个 UTF-16 代码单元，可以调用 read 方法：

```
int ch = in.read();
```

该方法返回一个 0 ~ 65536 的代码单元，或者在读取到输入末尾时返回-1。当然，这种方法并不是很方便。也可以使用以下几种替代方案。

对于一个较短的文本文件，可以将其读入字符串，例如：

```
String content = Files.readString(path, charset);
```

但是，如果希望文件是一个行序列，那么可以调用：

```
List<String> lines = Files.readAllLines(path, charset);
```

如果文件很大，那么可以使用 Stream<String>进行惰性处理：

```
try (Stream<String> lines = Files.lines(path, charset)){
   ...
}
```

注意：如果在流读取行时发生了 IOException 异常，这种异常将被封装为 UncheckedIOException，并从流操作中抛出。（这种伪装很有必要，因为流操作没有声明抛出任何检查型异常。）

要从文件中读取数值或单词，可以像第 1 章中那样使用 Scanner，例如：

```
var in = new Scanner(path, StandardCharsets.UTF_8);
while (in.hasNextDouble()) {
```

```
    double value = in.nextDouble();
    ...
}
```

提示：如果要读取字母单词，可以将扫描器的分隔符设置为正则表达式，即通过正则表达式来补充和确定要读取的符号。例如：

```
in.useDelimiter("\\PL+");
```

扫描器将读取字母，因为任何非字母序列都是分隔符。参见9.4.1小节来详细了解正则表达式的语法。

可以通过以下方式获得所有单词的流：

```
Stream<String> words = in.tokens();
```

如果输入不是来自文件，那么可以将InputStream封装到BufferedReader：

```
try (var reader = new BufferedReader(new InputStreamReader(url.openStream()))) {
    Stream<String> lines = reader.lines();
    ...
}
```

BufferedReader以数据块的形式读取输入以提高效率。（奇怪的是，这不是基本读取器的功能选项。）BufferedReader可以通过readLine方法单独读取一行，或者通过lines方法生成行的流。

如果一个方法需要使用Reader，并且你希望它能够从文件读取数据，那么可以调用：

```
Files.newBufferedReader(path, charset)
```

9.1.6　文本输出

如果要写入文本，那么应当使用Writer。通过write方法，可以写入字符串。可以将任何输出流转换为一个Writer：

```
OutputStream outStream = ...;
var out = new OutputStreamWriter(outStream, charset);
out.write(str);
```

如果要创建一个文件的写入器，可以使用：

```
Writer out = Files.newBufferedWriter(path, charset);
```

更方便的方法是使用PrintWriter，它拥有print、println和printf方法，这些方法需要与System.out一起使用。可以直接使用它们输出数值并使用格式化输出。

如果需要写入文件，可以构造一个PrintWriter：

```
var out = new PrintWriter(Files.newBufferedWriter(path, charset));
```

如果要写入另一个流，可以使用：

```
var out = new PrinterWriter(new OutputStreamWriter(outStream, charset));
```

注意：System.out是PrintStream的一个实例，而不是PrintWriter的实例。这种状况是Java较早版本遗留下来的。但是，print、println和printf方法在PrintStream和PrintWriter类中的工作方式相同，都使用字符编码的方式将字符转换为字节。

如果已经有了要写入字符串的文本，可以调用：

```
String content = ...;
Files.write(path, content.getBytes(charset));
```

或者

```
Files.write(path, lines, charset);
```

上面代码中的lines可以是Collection<String>，或者是更通用的Iterable<? extends CharSequence>。

如果要将内容附加到文件末尾，可以使用：

```
Files.write(path, content.getBytes(charset), StandardOpenOption.APPEND);
Files.write(path, lines, charset, StandardOpenOption.APPEND);
```

警告：在使用ISO 8859-1等部分字符集写入文本时，任何无法映射的字符都会被自动更改为“替换字符”。在大多数情况下，替换字符是字符？或Unicode替换字符U+FFFD。

有时，一些库方法希望通过 Writer 写入输出。如果希望将输出捕获到字符串中，那么可以使用 StringWriter。如果需要使用 PrintWriter，那么应当将 StringWriter 进行如下形式的封装：

```
var writer = new StringWriter();
throwable.printStackTrace(new PrintWriter(writer));
String stackTrace = writer.toString();
```

9.1.7 二进制数据的读写

DataInput 接口声明了以下用于以二进制格式读取数值、字符、boolean 值或者字符串的方法：

```
byte readByte()
int readUnsignedByte()
char readChar()
short readShort()
int readUnsignedShort()
int readInt()
long readLong()
float readFloat()
double readDouble()
void readFully(byte[] b)
```

DataOutput 接口则声明了对应的 write 方法。

注意：这些方法都是以大端格式读取和写入数值。

警告：有使用"修订版 UTF-8"格式的 readUTF/writeUTF 方法，这些方法并不兼容于常规的 UTF-8 格式并且只能用于 JVM 内部。

二进制输入/输出的主要优势在于它具有固定的数据宽度，且读写效率更高。例如，writeInt 总是以大端格式 4 字节的二进制形式写入整数，而不论数字的位数。因此，给定类型的每个值所需的空间都是相同的，这样就可以加快随机访问速度。此外，读取二进制数据的速度也比解析文本的速度快很多。二进制输入/输出的主要缺点是无法在文本编辑器中轻松查看生成的文件。

可以将 DataInputStream 和 DataOutputStream 适配器与任何流一起使用。例如：

```
DataInput in = new DataInputStream(Files.newInputStream(path));
DataOutput out = new DataOutputStream(Files.newOutputStream(path));
```

9.1.8 随机访问文件

RandomAccessFile 类允许在文件中的任何位置读取或写入数据。可以打开一个随机访问文件，只用于读取或者同时用于读写，通常使用字符串"r"（表示读取操作）或"rw"（表示读取/写入操作）作为构造器的第二个参数来指定该选项。例如：

```
var file = new RandomAccessFile(path.toString(), "rw");
```

随机访问文件通过一个*文件指针*（file pointer）来表示文件中要读取或写入的下一个字节的位置。可以通过 seek 方法将文件指针设置为文件中的任意字节位置，该函数的参数是一个 0 和文件长度之间的长整型（文件长度可以通过 length 方法获得）。此外也可以使用 getFilePointer 方法来获取文件指针的当前位置。

RandomAccessFile 类同时实现了 DataInput 和 DataOutput 两个接口。如果需要从随机访问文件中读取和写入数值，可以使用上一小节中介绍的 readInt、writeInt 等方法。例如：

```
int value = file.readInt();
file.seek(file.getFilePointer() - 4);
file.writeInt(value + 1);
```

9.1.9 内存映射文件

内存映射文件提供了另一种非常高效的随机访问方法，适用于非常大的文件。但是，内存映射文件的数据访问 API 与输入/输出流的 API 完全不同。使用内存映射文件需要首先从文件中获取一个*通道*（channel）：

```
FileChannel channel = FileChannel.open(path,
    StandardOpenOption.READ, StandardOpenOption.WRITE)
```

然后，将文件的一个区域（如果文件不是太大，则可以直接处理整个文件）映射到内存中：

```
ByteBuffer buffer = channel.map(FileChannel.MapMode.READ_WRITE,
    0, channel.size());
```

可以使用 get、getInt、getDouble 等方法读取数值，并且可以使用对应的 put 方法写入数值。

```
int offset = ...;
int value = buffer.getInt(offset);
buffer.put(offset, value + 1);
```

在某个时刻，当通道关闭时，这些更改将被写回文件。

> **注意：** 默认情况下，读取和写入数值的方法使用大端字节顺序。也可以使用命令行更改字节顺序，例如：
> ```
> buffer.order(ByteOrder.LITTLE_ENDIAN);
> ```

9.1.10 文件锁定

当系统内有多个同时执行的程序需要修改同一个文件时，它们之间就需要以某种方式进行通信，否则这个文件很容易被损坏。文件锁就是用来解决这个问题的。

假设应用程序保存了一个带有用户偏好的配置文件。当用户调用这个应用程序的两个实例时，可能会发生两个实例想要同时写入配置文件的情况。在这种情况下，第一个实例应该锁定文件。当第二个实例发现文件被锁定时，它可以选择等到文件解锁后再写入数据，或者直接跳过写入文件的过程。要锁定文件，可以调用 FileChannel 类的 lock 或 tryLock 方法：

```
FileChannel channel = FileChannel.open(path, StandardOpenOption.WRITE);
FileLock lock = channel.lock();
```

或者

```
FileLock lock = channel.tryLock();
```

第一个调用会被阻塞，直到文件锁变为可用才能返回。第二个调用则会立即返回，如果文件锁可用则返回文件锁，如果文件锁不可用则返回 null。这样文件会保持锁定状态，直到锁或者通道被关闭。以上调用最好使用带资源的 try 语句来处理：

```
try (FileLock lock = channel.lock()) {
    ...
}
```

9.2 路径、文件和目录

你已经看过了表示文件路径的 Path 对象。在以下小节中，你将看到如何操作这些对象以及如何处理文件和目录。

9.2.1 路径

路径是一个目录名称序列，其后还可以跟着一个文件名。路径的第一个组件可以是根组件，例如 / 或 C:\ 。是否允许根组件取决于文件系统。以根组件开始的路径是绝对路径，否则就是相对路径。例如，下面我们构造了一个绝对路径和一个相对路径。假设计算机运行的是类 Unix 的文件系统：

```
Path absolute = Path.of("/", "home", "cay");
Path relative = Path.of("myapp", "conf", "user.properties");
```

静态 Path.of 方法使用一个或多个字符串作为参数，并将它们用默认文件系统的路径分隔符（类 Unix 文件系统的分隔符是 \ ，Windows 文件系统的分隔符是 /）连接，然后解析结果。如果 Path.of 的结果不是文件系统中的有效路径，则会抛出 InvalidPathException 异常。该函数的返回结果是 Path 对象。

也可以为 Path.of 方法提供一个带分隔符的字符串作为参数：

```
Path homeDirectory = Path.of("/home/cay");
```

> **注意：** Path 对象不必与文件系统内实际存在的文件相对应。它只是一个抽象的名称序列。如果要创建文件，那么需要首先创建一个路径，然后调用一个方法来创建相应的文件，具体参见 9.2.2 小节。

组合或“解析”路径是很常见的操作。调用 p.resolve(q) 根据以下规则返回路径。

- 如果 q 是绝对路径，则返回结果为 q。
- 如果 q 不是绝对路径，根据文件系统的规则，返回结果是将“p 后面跟着 q”作为结果。

例如，假设你的应用程序需要根据用户主目录下的相对路径来查找自己的配置文件，你可以这样组合路径：

```
Path workPath = homeDirectory.resolve("myapp/work");
  // Same as homeDirectory.resolve(Path.of("myapp/work"));
```

此外，还有一个简易方法 resolveSibling，它通过解析指定路径的上级路径（父路径）生成一个同级路径。例如，如果 workPath 是 /home/cay/myapp/work，则可以调用：

```
Path tempPath = workPath.resolveSibling("temp");
```

这样就可以生成路径/home/cay/myapp/temp，该路径与 workPath 同级。

resolve 方法的逆操作是 relativize 方法。调用 p.relativize(r) 方法将产生路径 q，而对 q 进行解析的结果正是 r。例如：

```
Path.of("/home/cay").relativize(Path.of("/home/fred/myapp"))
```

将生成 ../fred/myapp，这里我们假设文件系统使用 .. 表示父目录。

normalize 方法将删除路径中的任何冗余的 . 和 .. 组件(或文件系统认为可能冗余的任何组件)。例如，通过 normalize 规范化路径/home/cay/../fred/./myapp 将会得到/home/fred/myapp。

toAbsolutePath 方法将生成给定路径的绝对路径。如果路径本身不是绝对路径，那么该函数将相对于“用户目录”解析，即从 JVM 启动的目录。例如，从/home/cay/myapp 启动程序，那么 Path.of("config").toAbsulutePath()将会返回/home/cay/myapp/config。

Path 接口有一些方法可以将路径进行拆分，或者将它们与其他路径组合。下列代码示例显示了一些最有用的方法：

```
Path p = Path.of("/home", "cay", "myapp.properties");
Path parent = p.getParent(); // The path /home/cay
Path file = p.getFileName(); // The last element, myapp.properties
Path root = p.getRoot(); // The initial segment / (null for a relative path)
Path first = p.getName(0); // The first element
Path dir = p.subpath(1, p.getNameCount());
    // All but the first element, cay/myapp.properties
```

Path 接口扩展了 Iterable<Path>接口，因此，可以使用增强 for 循环来迭代 Path 的名称组件：

```
for (Path component : path) {
    ...
}
```

注意： 有时需要与遗留的 API 进行交互，它们使用的是 File 类而不是 Path 类。Path 接口提供了一个 toFile 方法，同时 File 类提供了一个 toPath 方法。

9.2.2 创建文件和目录

要创建一个新目录，可以调用：

```
Files.createDirectory(path);
```

该路径中除最后一个组件外，其他所有部分都必须已经存在。如果要创建中间的多个目录，那么应当使用：

```
Files.createDirectories(path);
```

如果要创建一个空文件，可以使用：

```
Files.createFile(path);
```

如果该文件已经存在，则会抛出异常。检查文件是否存在和创建文件是原子性的。如果文件不存在，那么该方法将在其他程序做同样的操作之前率先完成文件的创建操作。

调用 Files.exists(path)将会检查给定的文件或目录是否存在。如果要测试目标是目录还是“常规”文件（即其中包含数据，而不是目录或符号链接），可以调用 Files 类的静态方法 isDirectory 和 isRegularFile。

如果要在给定的位置或系统指定的位置创建临时文件或临时目录，有很多简便的方法，例如：

```
Path tempFile = Files.createTempFile(dir, prefix, suffix);
Path tempFile = Files.createTempFile(prefix, suffix);
Path tempDir = Files.createTempDirectory(dir, prefix);
Path tempDir = Files.createTempDirectory(prefix);
```

这里，dir 参数是一个 Path 对象，prefix 和 suffix 是一个可以为空的字符串。例如，调用 Files.createTempFile(null, ".txt")可能会返回一个像/tmp/1234405522364837194.txt 这样的路径。

9.2.3 复制、移动和删除文件

要将文件从一个位置复制到另一个位置，可以直接调用：

```
Files.copy(fromPath, toPath);
```

要移动文件（即复制并删除原始文件），可以调用：

```
Files.move(fromPath, toPath);
```

也可以使用此命令移动一个空目录。

如果目标文件或目录已经存在，则复制或移动将会失败。如果想要覆盖现有的目标文件或目录，可以使用 REPLACE_EXISTING 选项。如果需要复制所有的文件属性，可以使用 COPY_ATTRIBUTES 选项。也可以像下面这样同时使用两个选项：

```
Files.copy(fromPath, toPath, StandardCopyOption.REPLACE_EXISTING,
    StandardCopyOption.COPY_ATTRIBUTES);
```

可以通过将移动操作定义为原子性的，来确保移动操作能够成功完成，或者确保源文件继续保持在原来位置。具体可以使用 ATOMIC_MOVE 选项来实现：

```
Files.move(fromPath, toPath, StandardCopyOption.ATOMIC_MOVE);
```

其他文件操作的标准选项请参见表 9-3。

表 9–3 文件操作的标准选项

选项	描述
StandardOpenOption，与 newBufferedWriter、newInputStream、newOutputStream、write 一起使用	
READ	以只读方式打开文件
WRITE	以可写方式打开文件
APPEND	如果以可写方式打开文件，则在文件末尾追加内容
TRUNCATE_EXISTING	如果以可写方式打开文件，则删除已有内容
CREATE_NEW	创建新文件，如果该文件存在则创建失败
CREATE	当文件不存在时，自动创建新文件
DELETE_ON_CLOSE	当文件关闭时，尽可能地删除该文件
SPARSE	向文件系统发出提示，表示当前文件是稀疏的
DSYNC|SYNC	要求将文件数据和元数据的每次更新都同步写入到存储设备中
StandardCopyOption，与 copy、move 方法一起使用	
ATOMIC_MOVE	原子性地移动文件
COPY_ATTRIBUTES	复制文件属性
REPLACE_EXISTING	如果目标文件存在，则替换目标文件
LinkOption 与上面所有方法，以及 exists、 isDirectory、 isRegularFile 方法等一起使用	
NOFOLLOW_LINKS	不要跟踪符号链接
FileVisitOption，与 find、walk、walkFileTree 方法一起使用	
FOLLOW_LINKS	跟踪符号链接

最后，要删除文件，可以直接调用：

```
Files.delete(path);
```

如果要删除的文件不存在，此方法会抛出异常，因此可以使用以下方法来替代：

```
boolean deleted = File.deleteIfExists(path);
```

该删除方法也可以用于删除空目录。

9.2.4 访问目录条目

静态方法 Files.list 返回一个 Stream<Path>，通过该返回值能够非常简单地获取目录内的条目，从而能够更有效率地处理存储了大量条目的目录。

由于读取目录涉及需要关闭的系统资源，因此读取过程应该使用带资源的 try 语句块：

```
try (Stream<Path> entries = Files.list(pathToDirectory)) {
    ...
}
```

list 方法不会进入子目录。为了处理目录中的所有子目录，可以使用 Files.walk 方法：

```
try(Stream<Path>  entries = Files.walk(pathToRoot)) {
    // Contains all descendants, visited in depth-first order
}
```

以下是一个遍历未压缩的 src.zip 树的样例：

```
java
java/nio
java/nio/DirectCharBufferU.java
java/nio/ByteBufferAsShortBufferRL.java
java/nio/MappedByteBuffer.java
...
java/nio/ByteBufferAsDoubleBufferB.java
java/nio/charset
java/nio/charset/CoderMalfunctionError.java
java/nio/charset/CharsetDecoder.java
java/nio/charset/UnsupportedCharsetException.java
java/nio/charset/spi
java/nio/charset/spi/CharsetProvider.java
java/nio/charset/StandardCharsets.java
java/nio/charset/Charset.java
...
java/nio/charset/CoderResult.java
java/nio/HeapFloatBufferR.java
...
```

如你所见，在遍历生成目录时，它会首先进入该目录，然后再遍历同级目录。

也可以通过调用 Files.walk(pathToRoot, depth) 来限制要访问的树的深度。这两个 walk 方法都有一个类型为 FileVisitOption 的可变参数，但只能提供一个选项 FOLLOW _ LINKS 来实现跟踪符号链接的功能。

注意： 可以对 walk 返回的路径进行过滤，但是如果过滤标准包括目录内的文件属性，例如大小、创建时间或类型（文件、目录、符号链接）等，那么建议使用 find 方法来代替 walk 方法。find 方法中路径和 BasicFileAttributes 对象。这样它的运行效率更高。因为目录总是会被读入，所以属性很容易获取。

以下的代码片段使用 Files.walk 方法将一个目录复制到另一个目录：

```
Files.walk(source).forEach(p -> {
    try {
        Path q = target.resolve(source.relativize(p));
        if (Files.isDirectory(p))
            Files.createDirectory(q);
        else
            Files.copy(p, q);
    } catch (IOException ex){
        throw new UncheckedIOException(ex);
    }
});
```

遗憾的是，你不能很容易地使用 Files.walk 方法删除目录树，因为必须在删除父目录之前先处理子目录。在这种情况下，建议使用 walkFileTree 方法，该方法需要一个 FileVisitor 接口的实例。以下是文件访问者被通知的情况。

1. 在处理目录之前：

```
FileVisitResult preVisitDirectory(T dir, IOException ex)
```

2. 当遇到文件时：

```
FileVisitResult visitFile(T path, BasicFileAttributes attrs)
```

3. 当 visitFile 方法抛出异常时：

```
FileVisitResult visitFileFailed(T path, IOException ex)
```

4. 在处理目录之后：

```
FileVisitResult postVisitDirectory(T dir, IOException ex)
```

对于上述各种情况，通知方法返回以下结果之一：

- 继续访问下一个文件：FileVisitResult.CONTINUE
- 继续访问，但不再访问此目录中的条目：FileVisitResult.SKIP_SUBTREE
- 继续访问，但不再访问此文件的同级文件：FileVisitResult.SKIP_SIBLINGS
- 终止访问：FileVisiteResult.TERMINATE

如果任何方法抛出了异常，那么访问也会被中止，并且这个异常会从 walkFileTree 方法中抛出。

SimpleFileVisitor 类实现了 FileVisitor 接口，能够持续迭代并重新抛出任何异常。

下面是删除目录树的例子：

```
Files.walkFileTree(root, new SimpleFileVisitor<Path>() {
    public FileVisitResult visitFile(Path file,
             BasicFileAttributes attrs) throws IOException {
        Files.delete(file);
        return FileVisitResult.CONTINUE;
    }
    public FileVisitResult postVisitDirectory(Path dir,
            IOException ex) throws IOException {
        if (ex != null) throw ex;
        Files.delete(dir);
        return FileVisitResult.CONTINUE;
    }
});
```

9.2.5 ZIP 文件系统

Paths 类可以在默认文件系统中查找路径，即用户本地磁盘上的文件。也可以使用其他类型的文件系统。其中，ZIP 文件系统就是一个非常有用的文件系统。如果 zipname 是一个 ZIP 文件的文件名，那么调用：

```
FileSystem zipfs = FileSystems.newFileSystem(Path.of(zipname));
```

这样将会建立一个包含 ZIP 文档中所有文件的文件系统，在此基础上，如果知道文件名，那么就可以很容易地将文件从 ZIP 文档中复制出来：

```
Files.copy(zipfs.getPath(sourceName), targetPath);
```

这里，zipfs.getPath 对任意文件系统来说都与 Path.of 类似。

要列出 ZIP 文档中的所有文件，可以遍历文件树：

```
Files.walk(zipfs.getPath("/")).forEach(p -> {
    Process p
});
```

也可以创建一个新的 ZIP 文件，当然过程会稍有些复杂。以下是相关代码：

```
Path zipPath = Path.of("myfile.zip");
var uri = new URI("jar", zipPath.toUri().toString(), null);
    // Constructs the URI jar:file://myfile.zip
try (FileSystem zipfs = FileSystems.newFileSystem(uri,
        Collections.singletonMap("create", "true"))) {
    // To add files, copy them into the ZIP file system
    Files.copy(sourcePath, zipfs.getPath("/").resolve(targetPath));
}
```

注意： 还有一个旧版本的 API 用于处理 ZIP 文档，主要包括 ZipInputStream 类和 ZipOutputStream 类，但它不像本小节中描述的那些类一样简单易用。

9.3 HTTP 连接

可以通过使用 URL.getInputStream 方法返回的输入流从 URL 中读取数据。然而，如果想要获取有关 Web 资源的更多信息，或者如果想要写入数据，那么就需要比 URL 类功能更强大的控制方式。URLConnection 类是在 HTTP 成为 Web 通用协议之前设计的，它能够为许多协议提供很好的支持，但是它对 HTTP 的支持有些繁杂。因此，当决定支持 HTTP/2 后，提供一个更现代的客户端接口而不是重新设计现有 API 的需求就非常清晰了。在这种需求条件下，具有更加简单易用的 API，并且能更好地对 HTTP/2 提供支持的 HttpClient 就出现了。

在下面的小节中，我提供了使用 HttpURLConnection 类的快速指南，然后简要描述了 API。

9.3.1 URLConnection 类和 HttpURLConnection 类

使用 URLConnection 类包括以下步骤。

1. 获取 URLConnection 对象：

```
URLConnection connection = url.openConnection();
```

对于 HTTP URL，返回对象是一个 HttpURLConnection 实例。

2. 如果有必要，可以设置请求属性：

```
connection.setRequestProperty("Accept-Charset", "UTF-8, ISO-8859-1");
```

如果键有多个值，则用逗号分隔它们。

3. 向服务器发送数据，调用：

```
connection.setDoOutput(true);
try (OutputStream out = connection.getOutputStream()) {
    // Write to out
}
```

4. 如果想读取响应头，并且还未调用 getOutputStream，那么可以调用：

```
connection.connect();
```

然后就可以查询头信息：

```
Map<String, List<String>> headers = connection.getHeaderFields();
```

对于每个键，你会得到一个值列表，因为可能会有多个具有相同键的头字段。

5. 读取响应：

```
try (InputStream in = connection.getInputStream()) {
    // Read from in
}
```

提交表单数据也是常见的用例。当向 HTTP URL 写入数据时，URLConnection 类会自动将内容类型设置为 application/x-www-form-urlencoded，但需要手动对名称/值对进行编码。

```
URL url = ...;
URLConnection connection = url.openConnection();
connection.setDoOutput(true);
try (var out = new OutputStreamWriter(
        connection.getOutputStream(), StandardCharsets.UTF_8)) {
    Map<String, String> postData = ...;
    boolean first = true;
    for (Map.Entry<String, String> entry : postData.entrySet()) {
        if (first) first = false;
        else out.write("&");
        out.write(URLEncoder.encode(entry.getKey(), "UTF-8"));
        out.write("=");
        out.write(URLEncoder.encode(entry.getValue(), "UTF-8"));
    }
}
try(InputStream in = connection.getInputStream()) {
    ...
}
```

9.3.2 HTTP 客户端 API

HTTP 客户端 API 为连接到 Web 服务器提供了另一种机制，与 URLConnection 类及其一系列复杂的设定相比，HTTP 客户端 API 使用起来更加简单。更重要的是，它支持 HTTP/2。

HttpClient 能够发送请求和接收响应。可以通过以下调用获取客户端：

```
HttpClient client = HttpClient.newHttpClient();
```

或者，如果需要配置客户端，那么可以使用下面这样的构建器 API：

```
HttpClient client = HttpClient.newBuilder()
    .followRedirects(HttpClient.Redirect.ALWAYS)
    .build();
```

即，获取一个构建器，调用其方法来定制需要构建的条目，然后调用 build 方法来完成构建过程。这是构建不可变对象的常见模式。

也可以遵循同样的模式来定制请求。下面是一个 GET 请求：

```
HttpRequest  request = HttpRequest.newBuilder()
   .uri(new URI("https://horstmann.com"))
   .GET()
   .build();
```

其中 URI 是指“统一资源标识符”（Uniform Resource Identifier），在使用 HTTP 时，它与 URL 相同。但是在 Java 中，URL 类内有一些方法能够打开到某个 URL 的连接，而 URI 类只关心语法（模式、主机、端口、路径、查询、片段等）。

在发送请求时，必须告诉客户端如何处理响应。如果只想将体作为字符串处理，可以使用 HttpResponse.BodyHandlers.ofString() 发送请求：

```
HttpResponse<String> response
    = client.send(request, HttpResponse.BodyHandlers.ofString());
```

HttpResponse 类是一个模板，它的类型就表示体的类型。通过如下代码，可以直接获取响应体字符串：

```
String bodyString=response.body();
```

此外，还有一些其他的响应体处理程序，能够以字节数组或文件的形式来获取响应。希望今后 JDK 能够支持 JSON 并提供一个 JSON 处理程序。

对于 POST 请求，同样需要一个“体发布器”，将请求数据转换为要提交的数据。目前字符串、字节数组和文件都有体发布器。同样，我们也希望库的设计人员能够意识到大多数 POST 请求都涉及表单数据或 JSON 对象，并提供对应的发布器。

同时，要发送一个表单提交，需要像前面描述的那样，对请求数据进行 URL 编码：

```
Map<String, String> postData = ...;
boolean first = true;
var body = new StringBuilder();
for (Map.Entry<String, String> entry : postData.entrySet()) {
    if (first) first = false;
    else body.append("&");
    body.append(URLEncoder.encode(entry.getKey(), "UTF-8"));
    body.append("=");
    body.append(URLEncoder.encode(entry.getValue(), "UTF-8"));
}
HttpRequest request = HttpRequest.newBuilder()
    .uri(httpUrlString)
    .header("Content-Type", "application/x-www-form-urlencoded")
    .POST(HttpRequest.BodyPublishers.ofString(body.toString()))
    .build();
```

注意，与 URLConnection 类不同，你需要指定表单的内容类型。

同样，为了提交 JSON 数据，也需要指定内容类型，并提供 JSON 字符串。

HttpResponse 对象还生成状态码和响应头：

```
int status = response.statusCode();
HttpHeaders responseHeaders = response.headers();
```

可以将 HttpHeaders 对象转换为一个映射：

```
Map<String, List<String>> headerMap = responseHeaders.map();
```

在 HTTP 中，每个键可以对应多个值，因此映射值是列表。

如果只需要某个特定键的值，并且确定它不会有多个值，可以调用 firstValue 方法：

```
Optional<String> lastModified = headerMap.firstValue("Last-Modified");
```

该方法可以获得响应值，或者在没有提供响应值时会获得空的可选值。

提示： 为了启用 HttpClient 的日志记录功能，需要在 JDK 中的 net.properies 文件中加入一行代码，示例如下。

```
jdk.httpclient.HttpClient.log=all
```

除了 all，还可以指定一个以逗号分隔的列表，其中包含 headers、requests、content、errors、ssl、trace 和 frames，还可以在之后选择添加 :control、:data、:window 或 :all。注意中间不要使用任何空格。

为了将 jdk.httpclient.HttpClient 的日志记录器的记录级别设置为 INFO，可以在 JDK 中的 logging.properties 文件中添加以下行。

```
jdk.httpclient.HttpClient.level=INFO
```

9.4 正则表达式

正则表达式用于指定字符串模式，可以使用正则表达式来定位与特定模式匹配的字符串。例如，假设你想在 HTML 文件中查找超链接，需要查找<a href="...">模式的字符串。但请注意，这个字符串内可能会有多余的空格，或者 URL 可能被单引号括起来，这些都会影响对字符串的查找。但是正则表达式为你提供了一个更加精确的语法，用于判断哪些字符序列是合法匹配的。

在下面的小节中，你将看到 Java API 中的正则表达式语法，以及如何使用正则表达式。

9.4.1 正则表达式语法

在正则表达式中，字符表示其自身，除非它是保留字符之一：

```
. * + ? { | ( ) [ \ ^ $
```

例如，正则表达式 Java 只能匹配字符串 Java。

符号 . 匹配任意单个字符。例如，.a.a 能够匹配 Java 和 data。

符号 * 则表示前面的构造可以重复出现 0 次或任意多次，符号 +则表示前面的构造重复 1 次或任意多次。后缀 ? 表示前面的构造是可选的（0 次或 1 次）。例如，be+s? 能够匹配 be、bee 和 bees。可以使用 { } 来指定其他类型的重复次数 （见表 9-4）。

符号 | 表示选择：.(oo|ee)f 能够匹配 beef 或 woof。注意其中的圆括号，如果没有它们，那么.oo|eef 将表示.oo 或者 eef。圆括号也可以用于分组，见 9.4.4 小节。

字符类（character class）是一组用方括号括起来的可选择的字符集合，例如[Jj]、[0-9]、[A-Za-z]或[^0-9]。在字符类中，字符 - 表示一个范围（Unicode 值位于两个边界之间的所有字符）。然而如果符号-是字符类中的第一个或最后一个字符，则表示其自身（ - ）。如果字符 ^ 是字符类中的第一个字符，则表示补集（除指定的字符外的所有字符）。

此外还有许多预定义的字符类（predefined character class），例如 \d（数字）或 \p{Sc}（Unicode 货币符号）。参见表 9-4 和表 9-5。

表 9-4　正则表达式语法

表达式	功能描述	范例
字符		
c，除 .*+?{|()[\^$之外的字符	字符 *c*	J
.	表示除行终止符之外的其他任意字符，或者在 DOTALL 标志设置后的任意字符	

续表

<table>
<tr><th>表达式</th><th>功能描述</th><th>范例</th></tr>
<tr><td>\x{p}</td><td>十六进制码为 p 的 Unicode 码点</td><td>\x{1D546}</td></tr>
<tr><td>\uhhhh, \xhh, \0o, \0oo, \0ooo</td><td>具有给定十六进制或八进制值的 UTF-16 码元</td><td>\uFEFF</td></tr>
<tr><td>\a, \e, \f, \n, \r, \t</td><td>响铃符(\x{7})、转义符(\x{1B})、换页符(\x{B})、换行符(\x{A})、回车符(\x{D})、制表符(\x{9})</td><td>\n</td></tr>
<tr><td>\cc 其中 c 在[A-Z]范围内，或者是@[\]^_?其中之一</td><td>字符 c 的控制字符</td><td>\\cH 是一个退格符(\x{8})</td></tr>
<tr><td>\c，c 不在[A-Za-z0-9]的范围内</td><td>字符 c</td><td>\\</td></tr>
<tr><td>\Q ... \E</td><td>引号内的所有内容</td><td>\Q(...)\E 匹配字符串(...)</td></tr>
<tr><td colspan="3">字符类</td></tr>
<tr><td>[C_1C_2...]，其中 C_i 是 c-d 的多个字符，或者是字符类</td><td>任意由 C_1、C_2...表示的字符</td><td>[0-9+-]</td></tr>
<tr><td>[^...]</td><td>字符类的补集</td><td>[^\d\s]</td></tr>
<tr><td>[...&&...]</td><td>字符类的交集</td><td>[\p{L}&&[^A-Za-z]]</td></tr>
<tr><td>\p{...}, \P{...}</td><td>预定义字符类（见表 9-5）；它的补集</td><td>\p{L}匹配一个 Unicode 字母，同时\pL 也匹配该字母，可以忽略单个字母情况下的括号</td></tr>
<tr><td>\d, \D</td><td>数字([0-9]，或者在设置了 UNICODE_CHARACTER_CLASS 标记时表示\p{Digit}；它的补集</td><td>\d+是一个数字序列</td></tr>
<tr><td>\w, \W</td><td>单词字符[a-zA-Z0-9_]，或者在设置了 UNICODE_CHARACTER_CLASS 标记时表示 Unicode 单词字符；它的补集</td><td></td></tr>
<tr><td>\s, \S</td><td>空格（[\n\r\t\f\x{B}]，或者在设置了 UNICODE_CHARACTER_CLASS 标记时表示\p{IsWhite_Space}）；它的补集</td><td>\s*,\s*是一个由可选的空格字符包围的逗号</td></tr>
<tr><td>\h, \v, \H, \V</td><td>水平空白字符、垂直空白字符、它们的补集</td><td></td></tr>
<tr><td colspan="3">序列和选择</td></tr>
<tr><td>XY</td><td>任意从 X 开始，后面跟随 Y 的字符串</td><td>[1-9][0-9]*是一个非 0 开头的正整数</td></tr>
<tr><td>X|Y</td><td>任意 X 或者 Y 的字符串</td><td>http|ftp</td></tr>
<tr><td colspan="3">分组</td></tr>
<tr><td>(X)</td><td>捕获 X 的匹配</td><td>'([^']*)'捕获被引用的文本</td></tr>
<tr><td>\n</td><td>第 n 组</td><td>(['"]).*\1 匹配 'Fred' 或者 "Fred"，但是不匹配"Fred'</td></tr>
<tr><td>(?<name>X)</td><td>捕获与给定名称匹配的 X</td><td>'(?<id>[A-Za-z0-9]+)'捕获名称为 id 的匹配</td></tr>
<tr><td>\k<name></td><td>给定名称的组</td><td>\k<id>匹配名称为 id 的分</td></tr>
<tr><td>(?:X)</td><td>仅使用括号，不捕获 X</td><td>在(?:http|ftp)://(.*)中，在://之后的匹配是\1</td></tr>
<tr><td>(?f_1f_2...:X)，(?f_1...-f_k...:X)其中 f_i 在[dimsuUx]中</td><td>匹配但是不捕获给定标志开或关（在 - 之后）</td><td>(?i:jpe?g)是一个不区分大小写的匹配</td></tr>
<tr><td>其他(?...)</td><td>查阅 Pattern API 手册</td><td></td></tr>
<tr><td colspan="3">量词</td></tr>
<tr><td>X?</td><td>X 是可选的</td><td>\+?是可选的 + 号</td></tr>
<tr><td>X*, X+</td><td>0 或多个 X；1 或多个 X</td><td>[1-9][0-9]+表示大于等于 10 的整数</td></tr>
</table>

续表

表达式	功能描述	范例
X{*n*}, *X*{*n*,}, *X*{*m*,*n*}	*n* 个 *X*；至少 *n* 个 *X*；*m* 到 *n* 个 *X*	[0-7]{1,3}表示 1 到 3 位的八进制数
Q?，*Q* 是一个量词表达式	勉强量词，先尝试最短匹配，再尝试最长匹配	.*(<.+?>).* 捕获尖括号内的最短序列
Q+，*Q* 是一个量词表达式	独占量词，在不回溯的情况下获取最长匹配	'[^']*+'匹配单引号内的字符串，并且在字符串中没有右侧单引号的情况下立即匹配失败
边界匹配		
^ $	输入的开头和结尾（或者多行模式中的开头行和结尾行）	^Java$匹配输入中的 Java 或者单行的 Java
\A \Z \z	输入的开头、输入的结尾、输入的绝对结尾（在多行模式中不变）	
\b \B	单词边界，非单词边界	\bJava\b 匹配单词 Java
\R	Unicode 行分隔符	
\G	上一个匹配的结尾	

表 9–5 预定义的字符类 \p{...}

名字	功能描述
posixClass	*posixClass* 是 Lower、Upper、Alpha、Digit、Alnum、Punct、Graph、Print、Cntrl、XDigit、Space、Blank、ASCII 之一，它会依据 UNICODE_CHARACTER_CLASS 标志的值而被解释为 POSIX 或者 Unicode 类
Is*Script*, sc=*Script*, script=*Script*	能够被 Character.UnicodeScript.forName 接受的脚本
In*Block*, blk = *Block* , block = *Block*	能够被 Character.UnicodeBlock.forName 接受的块
Category, In*Category*, gc=*Category*, general_category=*Category*	Unicode 通用类别中的单字母或者双字母的名字
Is*Property*	*Property* 是以下种类之一：Alphabetic、Ideographic、Letter、Lowercase、Uppercase、Titlecase、Punctuation、Control、White_Space、Digit、Hex_Digit、Join_Control、Noncharacter_Code_Point、Assigned
java*Method*	调用 Character.is*Method* 方法（必须是没有被废弃的方法）

字符 ^ 和 $ 分别匹配输入的开头和结尾。

如果需要使用 . * + ? { | () [\ ^ $ 这些符号的字面意思，那么需要在这些符号前加一个反斜杠。在字符类中，只需要转译 [和 \ ，前提是仔细处理] - ^的位置。例如， []^-]是一个包含这 3 个字符的类。

或者也可以使用 \Q 和 \E 将字符串括起来。例如，\(\$0\.99\) 和 \Q($0.99)\E 都与字符串($0.99)匹配。

> **提示：** 如果字符串包含较多的正则表达式语法中的特殊字符，则可以通过调用 Parse.quote(str) 将它们全部转义。这样做会直接用\Q 和\E 把字符串括起来，而且可以处理好 str 内包含\E 的特殊情况。

9.4.2 检测匹配

通常使用正则表达式的方式有两种：检测字符串是否与正则表达式匹配，要么查找出字符串中正则表达式的所有匹配。

在第一种情况下，可以直接使用静态 matches 方法：

```
String regex = "[+-]?\\d+";
CharSequence input = ...;
```

```
if (Pattern.matches(regex, input)) {
    ...
}
```

如果需要多次使用同一个正则表达式，那么编译它能更好地提高运行效率。然后，为每个输入都创建一个 Matcher：

```
Pattern pattern = Pattern.compile(regex);
Matcher matcher = pattern.matcher(input);
if (matcher.matches()) ...
```

如果匹配成功，那么能够获取匹配组的位置，参见 9.4.4 小节。

如果想要测试输入是否包含匹配，可以使用 find 方法来替代：

```
if (matcher.find()) ...
```

也可以将模式转换为谓词判断：

```
Pattern digits = Pattern.compile("[0-9]+");
List<String> strings = List.of("December", "31st", "1999");
List<String> matchingStrings = strings.stream()
    .filter(digits.asMatchPredicate())
    .toList(); // ["1999"]
```

结果中包含所有与正则表达式匹配的字符串。

使用 asPredicate 方法可以测试字符串是否包含匹配：

```
List<String> sringsContainingMatch = strings.stream()
    .filter(digits.asPredicate())
    .toList(); // ["31st", "1999"]
```

9.4.3 查找所有匹配

在本小节中，考虑正则表达式的另一个常见用法——在输入中查找所有匹配。为此，我们可以使用下面的循环：

```
String input = ...;
Matcher matcher = pattern.matcher(input);
while (matcher.find()) {
    String match = matcher.group();
    int matchStart = matcher.start();
    int matchEnd = matcher.end();
    ...
}
```

通过这种方式，可以依次处理每个匹配。正如上面的代码片段所示，可以获取匹配的字符串及其在输入字符串中的位置。

更优雅的方式是，可以调用 results 方法来获取一个 Stream<MatchResult>。MatchResult 接口就像 Matcher 类一样，有 group、start 和 end 方法。（事实上，Matcher 类实现了这个接口。）下面展示了如何获取所有匹配的列表：

```
List<String> matches = pattern.matcher(input)
    .results()
    .map(Matcher::group)
    .toList();
```

如果在文件中保存了数据，则可以使用 Scanner.findAll 方法来获取一个 Stream< MatchResult>，这样就无须将先将内容读取到字符串中。可以将 Pattern 或模式字符串作为参数传递：

```
var in = new Scanner(path, StandardCharsets.UTF_8);
Stream<String> words = in.findAll("\\pL+")
    .map(MatchResult::group);
```

9.4.4 分组

通常可以使用分组来提取匹配的组件。例如，假设在发票中有一个行项目，包括商品名称、数量和单价等信息，如下所示：

```
Blackwell Toaster    USD29.95
```

以下是一个正则表达式，它可以用分组的形式来处理数据中每个部分：

```
(\p{Alnum}+(\s+\p{Alnum}+)*)\s+([A-Z]{3})([0-9.]*)
```

在匹配后，可以从匹配器中提取第 n 个分组：

```
String contents = matcher.group(n);
```

分组按照它们的左括号排序，编号从 1 开始（分组 0 表示整个输入）。下列代码片段演示了如何将输入拆分：

```
Matcher matcher = pattern.matcher(input);
if (matcher.matches()) {
    item = matcher.group(1);
    currency = matcher.group(3);
    price = matcher.group(4);
}
```

这里我们对分组 2 并不感兴趣，因为它由重复产生的括号组成。为了更加清楚地表示，我们可以使用非捕获组来处理：

```
(\p{Alnum}+(?:\s+\p{Alnum}+)*)\s+([A-Z]{3})([0-9.]*)
```

或者按名字捕获：

```
(?<item>\p{Alnum}+(\s+\p{Alnum}+)*)\s+(?<currency>[A-Z]{3})(?<price>[0-9.]*)
```

然后，就可以使用名称来获取商品了：

```
item = matcher.group("item");
```

通过 start 和 end 方法，可以获得分组在输入中的位置：

```
int itemStart = matcher.start("item");
int itemEnd = matcher.end("item");
```

注意：按名称获取分组只适用于 Matcher，而不适用于 MatchResult。

注意：如果分组中有重复，比如上面的例子中的 (\s+\p{Alnum}+)*，那么将不能得到它的所有匹配。group 方法只产生最后一个匹配，这基本是无意义的。这时，需要用另一个分组来捕获整个表达式。

9.4.5 按分隔符拆分

有时，你希望按照匹配的分隔符拆分输入，并保持其他内容不变。Pattern.split 方法将会自动完成这项工作。你可以获得一组去掉分隔符的字符串数组：

```
String input = ...;
Pattern commas = Pattern.compile("\\s*,\\s*");
String[] tokens = commas.split(input);
    // "1, 2, 3" turns into ["1", "2", "3"]
```

如果有很多标记，则可以通过以下代码惰性地获取它们：

```
Stream<String> tokens = commas.splitAsStream(input);
```

如果不关心预编译模式或惰性获取，那么可以使用 String.split 方法：

```
String[] tokens = input.split("\\s*,\\s*");
```

如果输入数据在文件中，那么需要使用扫描器：

```
var in = new Scanner(path, StandardCharsets.UTF_8);
in.useDelimiter("\\s*,\\s*");
Stream<String> tokens = in.tokens();
```

9.4.6 替换匹配

如果希望用字符串来替换正则表达式的所有匹配，那么可以调用匹配器的 replaceAll 方法：

```
Matcher matcher = commas.matcher(input);
String result = matcher.replaceAll(",");
    // Normalizes the commas
```

如果不关注预编译模式，那么可以使用 String 类的 replaceAll 方法：

```
String result = input.replaceAll("\\s*,\\s*", ",");
```

替换字符串可以包含分组编号 $*n*$ 或名称 ${*name*}，它们将被替换为对应的捕获组的内容：

```
String result = "3:45".replaceAll(
    "(\\d{1,2}):(?<minutes>\\d{2})",
    "$1 hours and ${minutes} minutes");
    // Sets result to "3 hours and 45 minutes"
```

可以使用 \ 来转义替换字符串中的 $ 和 \，也可以调用 Matcher.quoteReplacement 方法来进行便捷处理：

```
matcher.replaceAll(Matcher.quoteReplacement(str))
```

如果想执行比按照分组匹配拼接更复杂的操作，那么可以使用替换函数来取代替换字符串。该函数接受 MatchResult 作为参数并生成字符串。例如，下面的例子中我们用大写字母来替换所有的至少包含 4 个字母的单词：

```
String result = Pattern.compile("\\pL{4,}")
    .matcher("Mary had a little lamb")
    .replaceAll(m -> m.group().toUpperCase());
    // Yields "MARY had a LITTLE LAMB"
```

replaceFirst 方法将只替换模式匹配中第一次出现的匹配。

9.4.7 标志

标志（flag）可以改变正则表达式的行为。可以在编译模式时指定它们：

```
Pattern pattern = Pattern.compile(regex,
        Pattern.CASE_INSENSITIVE | Pattern.UNICODE_CHARACTER_CLASS);
```

也可以在模式内部指定：

```
String regex = "(?iU:expression)";
```

以下是一些常用标志。

- Pattern.CASE_INSENSTIVE 或 i：匹配字符时忽略字母大小写。默认情况下，此标志仅考虑 US ASCII 字符。
- Pattern.UNICODE_CASE 或 u：当与 CASE_INSENSITIVE 组合使用时，使用 Unicode 字母大小写进行匹配。
- Pattern.UNICODE_CHARACTER_CLASS 或 U：使用 Unicode 字符类代替 POSIX。该标志隐含了 UNICODE_CASE。
- Pattern.MULTILINE 或 m：使^和$匹配行的开头和结尾，不是整个输入的开头和结果。
- Pattern.UNIX_LINES 或 d：当在多行模式中匹配^和$时，仅'\n'表示行终止符。
- Pattern.DOTALL 或 s：使 . 符号匹配所有字符，包括行终止符。
- Pattern.COMMENTS 或 x：空白字符和注释（从 # 到行末尾）都会被忽略。
- Pattern.LITERAL：除大小写字母外，该模式将被逐字采纳，并且必须精确匹配。
- Pattern.CANON_EQ：考虑 Unicode 字符的规范等效性。例如，u 后跟 ¨（分音符）匹配 ü。

最后两个标志不能在正则表达式内部指定。

9.5 序列化

在以下小节中，你将了解对象序列化——一种将对象转换为一系列字节的机制，这些生成的字节可以传输到其他地方或存储在磁盘中，也可以从这些字节中重建对象。

序列化是分布式处理的必备工具，它可以将对象从一个虚拟机传输到另一个虚拟机。它还可以用于故障转移和负载平衡，即将序列化对象从一台服务器转移到另一台服务器。因此，在使用服务器端软件时，通常需要为类开启序列化功能。以下小节将告诉你如何实现这些操作。

9.5.1 Serializable 接口

为了使对象能够序列化，即将对象转换为一系列字节，那么它必须是实现了 Serializable 接口的类的实例。这是一个没有方法的标记接口，类似于我们在第 4 章中看到的 Cloneable 接口。

例如，要使 Employee 对象可序列化，需要将类声明为：

```
public class Employee implements Serializable {
    private String name;
    private double salary;
    ...
}
```

如果一个类内的所有实例变量都是基本类型、enum 类型，或包含对可序列化对象的引用，那么这个类就适合实现 Serializable 接口。Java 标准库中的许多类都是可序列化的。例如，第 7 章中介绍的数组和集合类都是可序列化的。

对于 Employee 类，或者对于大多数类来说，实现 Serializable 接口都是没有问题的。在下面的小节中，我们将看到序列化时的一些必要操作。

要序列化一个对象，需要一个 ObjectOutputStream，它由另一个专门负责接收实际字节的 OutputStream 构造。

```
var out = new ObjectOutputStream(Files.newOutputStream(path));
```

现在调用 writeObject 方法：

```
var peter = new Employee("peter", 90000);
var paul = new Manager("Paul", 180000);
out.writeObject(peter);
out.writeObject(paul);
```

为了读取对象，需要构造一个 ObjectInputStream：

```
var in = new ObjectInputStream(Files.newInputStream(path));
```

获取对象时，必须按照与写入顺序相同的顺序，使用 readObject 方法：

```
var e1 = (Employee) in.readObject();
var e2 = (Employee) in.readObject();
```

在写入对象时，类的名称以及所有实例变量的名称和值都会被保存下来。如果实例变量的值是基本类型，那么将会被保存为二进制数据。如果是对象，则会使用 writeObject 方法再次写入。

读取对象时，过程恰好相反。类名、实例变量的名称和值会被依次读取并重新构建成对象。

但是，这里会存在一个问题。假设有针对同一对象的两个引用。例如，每个雇员都有一个对他们经理的引用：

```
var peter = new Employee("Peter", 90000);
var paul = new Manager("Barney", 105000);
var mary = new Manager("Mary", 180000);
peter.setBoss(mary);
paul.setBoss(mary);
out.writeObject(peter);
out.writeObject(paul);
```

那么当读取这两个雇员对象时，它们都需要有相同的经理对象，而不是两个引用分别指向不同的经理对象。

为了实现这一点，每个对象在保存时都会得到一个序列号（serial number）。当将一个对象引用传递给 writeObject 时，ObjectOutputStream 会检查该对象引用是否曾经被写入。在这种情况下，它将只写出一个序列号，而不复制整个对象的内容。

按照同样的方法，ObjectInputStream 会记住它遇到的所有对象。当读取那些重复对象的引用时，它只会生成对先前读取对象的引用。

注意： 如果一个可序列化类的父类是不可序列化的，那么就必须有一个无参数的构造器，示例如下。

```
class Person // Not serializable
class Employee extends Person implements Serializable
```

当 Employ 对象在反序列化（从序列化中恢复）时，那么它的实例变量将从对象的输入流中读取，但是 Person 的实例变量将会通过 Person 类的构造器设定。

9.5.2 瞬态实例变量

某些实例变量是不应当序列化的，例如，在重新构建对象时没有意义的数据库连接。此外，当对象保留了值的缓存时，最好丢弃缓存，并重新计算，而不是将其存储起来。

为了防止这种实例变量被序列化，只须使用 transient 修饰符来标记它。如果实例变量中包含了不可序列化类的实例，那么应当始终将其标记为 transient。在序列化对象时，瞬态变量将会被跳过。

9.5.3 readObject 和 writeObject 方法

在极少数情况下，您可能需要调整序列化机制。可序列化类可以通过定义具有以下签名的方向，向默认的读取和写入行为添加任何需要的操作：

```
@Serial private void readObject(ObjectInputStream in)
    throws IOException, ClassNotFoundException
@Serial private void writeObject(ObjectOutputStream out)
    throws IOException
```

这样，对象的信息头就会继续像往常一样被写入，但是实例变量字段不再自动序列化。相反，会调用以上方法。

注意@Serial 注解。对序列化进行调整的方法不属于接口。因此，你将不能使用@Override 注解让编译器检查方法声明。@Serial 注解的含义是为序列化方法启用相同的检查。到 Java 17 为止，javac 编译器都不进行这种检查，但并不保证未来是否会进行注解检查。一些 IDE 会执行该检查。

java.awt.geom 包中的许多类，例如，Point2D.Double 就是不可序列化的。现在，假设你想序列化一个类 LabeledPoint，该类存储了 String 和 Point2D.Double。首先，需要将 Point2D.Double 字段标记为 transient，以避免抛出 NotSerializableException 异常。

```
public class LabeledPoint implements Serializable {
    private String label;
    private transient Point2D.Double point;
    ...
}
```

在 writeObject 方法中，首先通过调用 defaultWriteObject 方法，来完成对象描述符和 String 字段 label 的写入。该方法是 ObjectOutputStream 类中的一个特殊方法，只能在可序列化类的 writeObject 方法中调用。这样我们就可以使用标准 DataOutput 调用来写入点的坐标了。

```
@Serial before private void writeObject(ObjectOutputStream out) throws IOException {
    out.defaultWriteObject();
    out.writeDouble(point.getX());
    out.writeDouble(point.getY());
}
```

在 readObject 方法中，我们反过来执行上述过程：

```
@Serial before private void readObject(ObjectInputStream in)
        throws IOException, ClassNotFoundException {
    in.defaultReadObject();
    double x = in.readDouble();
    double y = in.readDouble();
    point = new Point2D.Double(x, y);
}
```

另一个例子是 HashSet 类，这个类提供自己的 readObject 和 writeObject 方法。该 writeObject 方法直接存储容量、负载因子、大小和元素，并没有存储哈希表的内部结构。readObject 法则读回哈希表的容量和负载因子，并构建新的哈希表，最后插入元素。

readObject 和 writeObject 方法只需要保存和加载数据。它们不关心超类数据或任何其他类的信息。

Date 类使用这样一种方法，它的 writeObject 方法保存了从“纪元”（1970 年 1 月 1 日）以来的毫秒数，但是缓存日历数据的数据结构并未被存储。

警告：就像构造器一样，readObject 方法是一种针对初始化对象的操作。如果你在 readObject 中调用了一个在子类中被覆盖的非 final 方法，那么它可能会访问未初始化的数据。

注意： 如果一个可序列化类定义了以下字段，那么序列化将使用这些字段描述符来代替非瞬态、非静态字段。

```
@Serial private static final ObjectStreamField[] serialPersistentFields
```

此外，还有一个专门的 API 可以在序列化之前设置字段的值，或在反序列化之后读取它们的值。这对于在类演化后保留旧版布局非常有用。例如，BigDecimal 类就使用此机制以不再反映实例字段的格式来序列化其实例。

9.5.4 readExternal 和 writeExternal 方法

一个类可以定义自己的机制来替代序列化机制，实现保存和恢复对象数据的功能。例如，可以加密数据或使用比序列化格式更高效的格式。

为了实现这个机制，该类必须实现 Externalizable 接口，这就要求它定义以下两个方法：

```
public void readExternal(ObjectInputStream in)
    throws IOException
public void writeExternal(ObjectOutputStream out)
    throws IOException
```

与 readObject 和 writeObject 方法不同，这些方法全权负责保存和恢复整个对象，甚至包括父类数据。在写入对象时，序列化机制仅在输出流中记录对象的类。当读取可外部化的对象时，对象输入流会先使用无参数构造器创建一个对象，然后再调用 readExternal 方法。

在本例中，LabeledPixel 类继承了可序列化的 Point 类，但是它接管了这个类和超类的序列化。因此对象的字段不是以标准的序列化格式存储的，而是被存放在一个不透明的块中。

```
public class LabeledPixel extends Point implements Externalizable {
    private String label;

    public LabeledPixel() {} // required for externalizable class

    @Override public void writeExternal(ObjectOutput out)
            throws IOException {
        out.writeInt((int) getX());
        out.writeInt((int) getY());
        out.writeUTF(label);
    }

    @Override public void readExternal(ObjectInput in)
            throws IOException, ClassNotFoundException {
        int x = in.readInt();
        int y = in.readInt();
        setLocation(x, y);
        label = in.readUTF();
    }
    ...
}
```

注意： 由于 readExternal 和 writeExternal 方法是在 Externalizable 接口中定义的，因此它们不应使用@Serial 进行注解。可以直接用@Override 对它们进行注解。

警告： readObject 和 writeObject 方法是私有的，它们只能由序列化机制调用。而 readExternal 和 writeExternal 方法是公有的。特别需要注意的是，readExternal 还允许修改现有对象的状态。

9.5.5 readResolve 和 writeReplace 方法

我们理所当然地认为对象只能由构造器构造。然而被反序列化的对象并不是通过构造器构造的，它的实例变量只是从对象流中恢复而来。

然而如果构造器加强某些条件限制也会造成一些问题。例如，单例对象可能被实现为只能调用一次构造器。另一个例子是，数据库实体也需要被构造，从而确保它们始终来自托管的实例池。

不应该为单例实现自己的序列化机制。如果真的需要单例，可以创建一个枚举类型，并且按照惯例将其实例命名为 INSTANCE。

```
public enum PersonDatabase {
    INSTANCE;

    public Person findById(int id) { ... }
    ...
}
```

这样是有效的，因为 enum 会确保能够正确地反序列化。

现在让我们假设你处于一种罕见的情况，即你希望能够控制每个反序列化实例。例如，假设一个 Person 类想要在反序列化时从数据库中还原其实例。因此，不应该序列化这个对象本身，而是序列化一个可以定位或构造对象的代理。提供 writeReplace 方法，该方法返回代理对象：

```
public class Person implements Serializable {
    private int id;
    // Other instance variables
    ...
    @Serial private Object writeReplace() {
        return new PersonProxy(id);
    }
}
```

当 Person 对象被序列化时，它的实例变量都不会被保存。相反，writeReplace 方法会被调用，其返回值被序列化并写入流。

代理类需要实现一个 readResolve 方法，该方法返回一个 Person 实例：

```
class PersonProxy implements Serializable {
    private int id;

    public PersonProxy(int id) {
        this.id = id;
    }

    @Serial private Object readResolve(){
        return PersonDatabase.INSTANCE.findById(id);
    }
}
```

当 readObject 方法在 ObjectInputStream 中找到 PersonProxy 时，它将反序列化该代理，并调用其 readResolve 方法，并返回结果。

注意：与 readObject 和 writeObject 方法不同，readResolve 和 writeReplace 方法不必是私有的。

注意：对于枚举和记录，readObject/writeObject 或 readExternal/writeExternal 方法并不用于序列化。记录（不包括枚举）将使用 writeReplace 方法序列化。

9.5.6 版本管理

序列化主要用于将对象从一个虚拟机发送到另一个虚拟机，或用于短期状态的持久化。如果使用序列化进行长期持久化，或者处于类在序列化和反序列化之间切换的情况下，就需要考虑类在演变时会发生什么。例如，版本 2 可以读取旧数据吗？仍然使用版本 2 的用户可以读取新版本生成的文件吗？

为了解决这个问题，序列化机制支持一个简单的版本控制方案。当一个对象被序列化时，类的名称及其 serialVersionUID 都会被写入对象流。这个唯一的标识符由实现者通过定义实例变量赋值。

```
@Serial private static final long serialVersionUID = 1L; // Version 1
```

当这个类以不兼容的方式演变时，实现者应该更改这个 UID。每当反序列化对象的 UID 与实际值不匹配时，readObject 方法就会抛出 InvalidClassException。

如果 serialVersionUID 匹配，即使类的实现已经被修改，反序列化也会继续执行。要读取的对象的每个非瞬态实例变量，在名称和类型都匹配的状况下会被设置为序列化状态下的值。其他实例变量都被设置为默认值：对象引用为 null，数值为 0，boolean 值为 false。其他在序列化状态中存在，但在要读取的对象中不存在的内容都会忽略。

这个过程安全吗？也许只有类的实现者才能正确地判断。如果安全，那么实现者可以为这个类的新版本提供与旧版本相同的 serialVersionUID。

如果不对 serialVersionUID 进行赋值，那么类会自动通过对实例变量、方法和超类型的规范性描述进行哈希来生成一个 serialVersionUID。可以使用 serialver 工具查看这个哈希码。具体命令是：

```
serialver ch09.sec05.Employee
```

命令将显示：

```
private static final long serialVersionUID = -4932578720821218323L;
```

当类的实现发生变化时，哈希码很可能也会发生变化。

如果需要读取旧版本的实例，并且确认这样做是安全的，那么可以在旧版本的类上运行 serialver，并将该结果添加到新版本中。

注意：如果想实现更复杂的版本控制方案，可以覆盖 readObject 方法，并调用 readFields 方法，而不是使用 defaultReadObject 方法。这样，你将获得流中所有字段的描述，可以根据需要对它们进行处理。

注意：枚举和记录会忽略 serialVersionUID 字段。枚举的 serialVersionUID 始终为 0L。可以声明记录的 serialVersionUID，但这些 ID 在反序列化时可以不匹配。

注意：在本小节中，你了解到了当类的读取版本与对象流中的实例变量不匹配时会发生什么情况。在类的演变过程中，还有可能添加一个超类。然后，使用新版本的读取器可能会读取一个对象流，其中超类的实例变量没有设置。通常，这些实例字段以 0/false/null 等作为默认值。这样会使超类处于不安全状态。因此，可以通过在超类定义一个初始化方法来防止这个问题。

```
@Serial private void readObjectNoData() throws ObjectStreamException
```

该方法应该设置成与无参数构造器相同的状态，或者抛出 InvalidObjectException 异常。这个方法只有在读取对象流异常时才会被调用，即当对象流内存在一个缺少超类数据的子类实例时才会被调用。

9.5.7 反序列化和安全性

在可序列化类的反序列化过程中，对象是在不调用该类的任何构造器的情况下创建的。即使该类具有无参数构造器也不会被调用。对象的字段值将直接从对象输入流的值中设置。

注意：对于可序列化的记录，反序列化过程会调用标准构造器，将从对象输入流中获取的组件值传递给它。（因此，记录中的循环引用将无法恢复。）

绕过构造器有很大的安全风险。攻击者可以通过编写一些字节来描述一个永远无法被构造的无效对象。例如，假设 Employee 的构造器会在薪水为负数时抛出一个异常，因此，我们认为没有 Emploee 对象的薪水为负值。但查看序列化对象的字节，并修改其中的一些字节并不困难。这样，攻击者就可以为薪水为负数的员工创建字节，然后反序列化它们。

可序列化类可以选择实现 ObjectInputValidation 接口，并定义一个 validateObject 方法，用来检查其对象是否正确地反序列化。例如，Employee 类可以通过这个方法来检查薪水是否是为负数：

```
public void validateObject() throws InvalidObjectException {
    System.out.println("validateObject");
    if (salary < 0)
        throw new InvalidObjectException("salary < 0");
}
```

遗憾的是，该方法并不是自动调用的。为了调用它，还必须提供以下方法：

```
@Serial private void readObject(ObjectInputStream in)
        throws IOException, ClassNotFoundException {
    in.registerValidation(this, 0);
    in.defaultReadObject();
}
```

然后，这个对象才会被调用进行验证，当这个对象及所有依赖对象都被加载之后，validateObiect

方法才会被调用。第二个参数允许指定优先级。优先级更高的验证请求会被首先完成。

序列化过程中还有一些其他安全风险。攻击者可以通过创建数据结构来消耗大量资源，从而使虚拟机崩溃。更隐蔽的是，类路径上的任何类都可以被反序列化。黑客采用迂回策略，将各种“小工具链”拼凑起来——这些小工具链是各种实用类中的操作序列，通过反射并最终使用特定字符串来调用例如（Runtime.exec 方法）进行系统攻击。

任何通过网络连接从不受信任的来源接收序列化数据的应用程序都容易受到此类攻击。例如，一些服务器会将会话数据序列化，并对 HTTP 会话的 Cookie 中返回的任何数据进行反序列化。

你应该避免反序列化那些来自不受信任来源的各类数据的情况。在会话数据中，服务器应该对数据进行签名，并且只能对具有有效签名的数据进行反序列化。

序列化过滤器机制可以增强应用程序对此类攻击的防御。过滤器可以查看反序列化的类名和若干指标（流大小、数组大小、引用总数、最长引用链等），并在这些数据的基础上，判断反序列化操作是否应当中止。

在形式最简单的过滤器中，可以提供一个描述有效类和无效类的模式。例如，如果设计了这样的序列化演示代码：

```
java -Djdk.serialFilter='serial.*;java.**;!*' serial.ObjectStreamTest
```

那么对象将会被加载，过滤器会允许 serial 包内的所有类，以及名字以 java 开头的包内的所有类序列化，然后会过滤掉其他类。如果不允许 java.**或至少不允许 java.util.Date，则反序列化操作失败。

可以将过滤器模式放在配置文件中，并为不同的目的指定多个过滤器。也可以实现自己的过滤器。有关详细信息，参见官网。

练习

1. 编写一个工具性方法，将 InputStream 的所有内容复制到 OutputStream 中，而不使用任何临时文件。此外，再通过另一种解决方案实现该功能，不使用循环而使用 Files 类和临时文件。

2. 编写一个程序，读取一个文本文件，并生成一个与输入文件名称相同但扩展名为 .toc 的文件，新文件包含按字母顺序排列的输入文件中所有单词的列表，以及每个单词出现的行号列表。假设文件的编码为 UTF-8。

3. 编写一个程序，读取一个包含文本的文件，并假设其中大部分单词是英语，判断其编码是 ASCII、ISO 8859-1、UTF-8 还是 UTF-16，如果是后者，还要确定使用的字节顺序。

4. 使用 Scanner 虽然很简便，但是它的速度比使用 BufferedReader 慢。逐行读取一个长文件，并计算输入的行数。使用以下方法：（a）Scanner 和 hasNextLine/nextLine；（b）BufferedReader 和 readLine；（c）BufferedReader 和 lines。其中哪种方法最快？哪种方法最方便？

5. 当具有部分 Unicode 覆盖范围的 Charset 编码器无法对字符进行编码时，系统会将其替换为默认值——通常是"?"编码，但不能保证总是该符号。查找所有支持编码的可用字符集的所有替换。使用 newEncoder 方法获取编码器，并调用 replacement 方法获取替换。对于每个唯一结果报告使用它的字符集的规范名称。

6. BMP 文件格式是一种未压缩图像文件，该格式易于文档化处理且操作简单。使用随机访问的形式编写一个程序，来反映图像中的每行像素，该程序不需要写入新文件。

7. 查阅 MessageDigest 类的 API 文档，并编写一个程序来计算文件的 SHA-512 摘要。使用 update 方法向 MessageDigest 对象提供字节块，然后显示调用 digest 的结果。最后验证你的程序与 sha512sum 工具是否能得到相同的结果。

8. 编写一个工具方法，其主要功能是生成一个 ZIP 文件，其中包含来自指定目录及其子目录的所有文件。

9. 使用 URLConnection 类，通过“基本”认证从受密码保护的网页读取数据。可以将用户名和密码用冒号连接，并计算其 Base64 编码：

```
String input = username + ":" + password;
String encoding = Base64.getEncoder().encodeToString(
    input.getBytes(StandardCharsets.UTF_8));
```

将 HTTP 头的 Authorization 设置为值"Basic" + encoding 形式，然后读取并打印页面内容。

10. 使用正则表达式，将字符串中的所有十进制整数（包括负数）提取到 ArrayList<Integer>中。使用以下方法（a）使用 find;（b）使用 split。注意后面没有跟数字的符号 + 或者 - 表示分隔符。

11. 使用正则表式，从绝对或相对路径（如 /home/cay/myfile.txt）提取目录路径名（作为字符串数组）、文件名和文件扩展名。

12. 设计并实现一个在 Matcher.replaceAll 中使用组引用的用例。

13. 实现一个可以克隆任何可序列化对象的方法，该方法通过将对象序列化为字节数组并反序列化来实现克隆功能。

14. 实现一个可序列化的 Point 类，该类有 x 和 y 两个实例变量。编写一个程序，将一个 Point 对象数组序列化为文件，再编写另一个程序读取该文件。

15. 在前面的练习的基础上，更改 Point 的数据表示形式，使其将坐标存储在数组中。当这个新版本尝试读取旧版本生成的文件时会发生什么？当修改好 serialVersionUID 时会发生什么？假设你的应用强烈要求新版本与旧版本兼容，该怎么办？

16. 在 Java 标准库中的哪些类实现了 Externalizable？又有哪些类使用了 writeReplace/readResolve 方法？

17. 解压缩 API 源代码，并研究 LocalDate 类是如何序列化的。为什么该类定义了 writeExternal 和 readExternal 方法，却没有实现 Externalizable？（提示：查看 Ser 类。为什么该类定义了 readObject 方法？如何调用它？）

第 10 章　并发编程

Java 是最早内置支持并发编程的主流编程语言之一。早期的 Java 编程人员总是热衷于研究如何更加轻松地使用后台线程来加载图像，或者让 Web 服务器能够并发处理多个请求。当时关注的重点是，在某些任务在等待网络时，保持处理器的忙碌状态。如今，大多数计算机都有多个处理器或内核，因此编程人员就会更加关注如何让那些处理器同时工作起来。

在本章中，你将学习如何将一个计算任务划分为并发任务以及如何安全地执行它们。我的重点是考虑应用编程人员的需求，而不是编写 Web 服务器或中间件的系统编程人员的需求。

出于这个原因，我在本章中调整了内容安排，以便尽可能地首先向你展示在工作中应该熟练掌握的工具。关于低级构造方面的内容将在本章后面小节介绍。了解这些低级构造的细节也是非常有用的，这样你就可以了解某些操作的成本。但最好将低级线程编程留给专家。如果你想成为其中之一，我强烈推荐布里安·戈茨（Brian Goetz）等人的优秀著作《Java 并发编程实战》（*Java Concurrenry in Practice*）。

本章重点如下：

1. Runnable 描述了一个可以异步执行但不返回结果的任务。
2. ExecutorService 调度任务实例以供执行。
3. Callable 描述了一个可以异步执行并返回结果的任务。
4. 可以将一个或多个 Callable 实例提交给 ExecutorService，并在它们有效时组合结果。
5. 当多个线程在没有同步的情况下对共享数据进行操作时，结果是不可预测的。
6. 与使用有锁编程相比，更加推荐使用并行算法和线程安全数据结构。
7. 并行流和数组操作会自动且安全地将计算并行化。
8. ConcurrentHashMap 是一个线程安全哈希表，允许对条目进行原子性更新。
9. 可以将 AtomicLong 用于无锁共享计数器，或者在争用较高时使用 LongAdder。
10. 锁确保一次只有一个线程执行关键部分。
11. 当设置了中断标志或发生 InterruptedException 异常时，应该终止可中断任务。
12. 长时间运行的任务不应阻塞程序的用户界面线程，但需要在用户界面线程中实现进度和最终更新。
13. Process 类允许在单独的进程中执行命令，并与输入流、输出流和错误流交互。

10.1　并发任务

当设计一个并发程序时，需要认真考虑那些可以同时运行的任务。在以下小节中，你将看到如何并发执行任务。

10.1.1　运行任务

在 Java 中，Runnable 接口描述了你希望运行的任务，这些任务可能会与其他任务并发运行。

```
public interface Runnable {
   void run();
}
```

与所有方法一样，run 方法在线程（thread）中执行。线程是一种通常由操作系统提供的，用于执行指令序列的机制。多线程的并发运行可以通过使用不同的处理器或在同一处理器上使用不同的时间片来实现。

如果想在单独的线程中执行 Runnable，可以为这个 Runnable 生成一个线程，你将在 10.8.1 小节中了解如何执行此操作。但在实践中，在任务和线程之间建立一对一的关系通常是没有意义的。当任务的生命周期很短时，你希望在同一个线程上运行多个任务，这样就不会浪费启动线程所需的时间。当任务是计算密集型任务时，只想要每个处理器使用一个线程，而不是每个任务使用一个线程，以避免在线程之间切换的开销。在设计任务时，你不想考虑这些问题，因此，最好将任务和任务调度分开。

在 Java 并发库中，一个执行器服务（executor service）负责调度和执行任务，并选择运行任务的线程。例如：

```
Runnable task = () -> { ... };
ExecutorService executor = ...;
executor.execute(task);
```

Executors 类提供了使用不同调度策略的执行器服务的工厂方法。

以下调用：

```
exec = Executors.newCachedThreadPool();
```

将会生成一个执行器服务，该服务针对具有许多任务的程序进行了优化，这些任务的生命周期很短或大部分时间都在等待。如果可能，每个任务都在空闲线程上执行，但如果所有线程都繁忙，则会分配一个新线程。这里的并发线程数量没有限制。长时间空闲的线程将被终止。

以下调用：

```
exec = Executors.newFixedThreadPool(nthreads);
```

将会生成具有固定线程数的线程池。当提交任务时，新任务将排队等待，直到线程可用。对于处理计算密集型任务或限制服务的资源消耗来说，这样的操作是一个很好的选择。此外，也可以从可用处理器的数量中获取线程的数量，调用形式如下：

```
int processors = Runtime.getRuntime().availableProcessors();
```

下面继续看本书配套代码中并发运行的演示程序。它并发运行两个任务：

```
public static void main(String[] args) {
    Runnable hellos = () -> {
        for (int i = 1; i <= 1000; i++)
            System.out.println("Hello " + i);
    };
    Runnable goodbyes = () -> {
        for (int i = 1; i <= 1000; i++)
            System.out.println("Goodbye " + i);
    };

    ExecutorService executor = Executors.newCachedThreadPool();
    executor.execute(hellos);
    executor.execute(goodbyes);
}
```

运行程序几次，让我们看看输出是如何交错的：

```
Goodbye 1
...
Goodbye 871
Goodbye 872
Hello 806
Goodbye 873
Goodbye 874
Goodbye 875
Goodbye 876
Goodbye 877
Goodbye 878
Goodbye 879
Goodbye 880
Goodbye 881
Hello 807
Goodbye 882
...
Hello 1000
```

注意： 你可能会注意到，程序在最后一次打印输出后稍有等待。当池线程空闲一段时间并且执行器服务终止它们时，程序才会终止。

警告：如果并发任务尝试读取或更新共享值，结果可能不可预测。我们将在 10.3 节中讨论这个问题。

10.1.2 Future

Runnable 接口用于不返回值的任务。如果有一个需要计算出结果的任务，可以改用 Callable<V> 接口。它的 call 方法与 Runnable 接口的 run 方法不同，其返回类型为 V 的值：

```
public interface Callable<V> {
    V call() throws Exception;
}
```

另外，call 方法可以抛出任意异常，这些异常可以转发给那些获得返回结果的代码。

要执行 Callable，可以将其提交给执行器服务：

```
ExecutorService executor = Executors.newFixedThreadPool();
Callable<V> task = ...;
Future<V> f = executor.submit(task);
```

当提交了这个任务时，你将获得一个 *future* 对象，该对象表示一个计算，该计算的主要特点是其结果将在未来某个时间可用。Future 接口具有以下方法：

```
V get() throws InterruptedException, ExecutionException
V get(long timeout, TimeUnit unit)
    throws InterruptedException, ExecutionException, TimeoutException
boolean cancel(boolean mayInterruptIfRunning)
boolean isCancelled()
boolean isDone()
```

get 方法将阻塞，直到结果可用或者直到超时。也就是说，在方法正常返回结果或抛出异常之前，包含调用的线程将不会继续执行。如果 call 方法产生一个值，那么 get 方法将返回该值。如果 call 方法抛出异常，那么 get 方法将抛出一个封装了该异常的 ExecutionException。如果已经超时，那么 get 方法将抛出 TimeoutException 异常。

cancel 方法尝试取消任务。如果任务尚未运行，则不会调度该任务。否则，如果 mayInterruptIfRunning 为 true，则运行任务的线程将被中断。

注意：希望可中断的任务必须定期检查是否有中断请求。这对于任何希望在其他子任务成功时取消的任务是必要的。有关中断的详细信息，参见 10.8.2 小节。

一个任务可能需要等待多个子任务的结果。可以使用 invokeAll 方法，传递一个 Callable 实例 Collection，而不是单独提交每个子任务。

例如，假设你想计算单词在一组文件中出现的次数。对于每个文件，你可以生成一个 Callable<Integer>，该值返回该文件的计数。然后将其全部提交给执行器。当所有任务都完成时，会得到一个 future 的列表，然后可以将答案加起来。

```
String word = ...;
Set<Path> paths = ...;
var tasks = new ArrayList<Callable<Long>>();
for (Path p : paths)
    tasks.add(() -> { return number of occurrences of word in p });
List<Future<Long>> futures = executor.invokeAll(tasks);
    // This call blocks until all tasks have completed
long total = 0;
for (Future<Long> f : futures) total += f.get();
```

此外，还有一个带有超时功能的 invokeAll 变体，它在超时后会取消所有尚未完成的任务。

注意：在所有子任务完成之前调用任务都会阻塞，如果这样的情况很困扰你，那么可以使用 ExecutorCompletionService，它将按完成顺序返回所有的 future。

```
var service = new ExecutorCompletionService(executor);
for (Callable<T> task : tasks) service.submit(task);
for (int i = 0; i < tasks.size(); i++) {
    Process service.take().get()
    Do something else
}
```

invokeAny 方法类似于 invokeAll，但它会在任何一个提交的任务正常完成后就返回，并且不会引发异常。该方法会返回其 Future 值，同时取消其他任务。这对于那种一找到匹配就可以结束的搜索非常有用。下面的代码段查找包含给定单词的文件：

```
String word = ...;
Set<Path> files = ...;
var tasks = new ArrayList<Callable<Path>>();
for (Path p : files)
    tasks.add(() -> { if (word occurs in p) return p; else throw ... });
Path found = executor.invokeAny(tasks);
```

正如你所看到的，ExecutorService 为你做了很多工作。它不仅将任务映射到线程，还处理任务结果、任务异常和任务取消。

注意：Java EE 提供了一个 ManagedExecutorService 子类，适用于 Java EE 环境中的并发任务。

10.2 异步计算

在上一节中，我们的并发计算方法是分解一个任务，然后等待，直到所有部分完成。但等待并不总是一个好主意。在下面的小节中，你将看到如何实现无等待或者异步的计算。

10.2.1 可完成 Future

如果有一个 Future 对象，则需要通过调用 get 来获取该值，这个方法会阻塞，直到该值可用。CompletableFuture 类实现 Future 接口，它提供了获取结果的第二种机制。可以首先注册一个回调（callback），一旦结果可用，就会在（在某个线程中）利用该结果调用这个回调。

```
CompletableFuture<String> f = ...;
f.thenAccept((String s) -> Process the result s);
```

通过这种方式，可以在结果可用时立即处理结果，而无须阻塞。

有一些 API 方法可以返回 CompletableFuture 对象。例如，HttpClient 类可以异步获取网页：

```
HttpClient client = HttpClient.newHttpClient();
HttpRequest request = HttpRequest.newBuilder(new URI(urlString)).GET().build();
CompletableFuture<HttpResponse<String>> f = client.sendAsync(
    request, HttpResponse.BodyHandlers.ofString());
```

要异步运行任务并获得 CompletableFuture，不要将其直接提交给执行器服务，而是应该调用静态方法 CompletableFuture.supplyAsync：

```
Supplier<V> task = ...;
CompletableFuture<V> f = CompletableFuture.supplyAsync(task, executor);
```

如果省略执行器，则任务将在默认执行器（即 ForkJoinPool.commonPool()返回的执行器）上运行。

需要注意的是，该方法的第一个参数是 Supplier<V>，而不是 Callable<V>。这两个接口都描述了无参数且返回值为 V 类型的函数，但 Supplier 函数不能抛出检查型异常。

CompletableFuture 可以通过两种方式完成：要么得到一个结果，要么有一个未捕获的异常。为了处理这两种情况，可以使用 whenComplete 方法。对结果（如果没有，则为 null）和异常（如果没有，则为 null）调用所提供的函数。

```
f.whenComplete((s, t) -> {
    if (t == null) { Process the result s; }
    else { Process the Throwable t; }
});
```

CompletableFuture 被称为是“可完成的”，因为可以手动设置完成值。（在其他并发库中，这样的对象称为承诺（promise））。当然，当使用 supplyAsync 创建 CompletableFuture 时，完成值将在任务完成时隐式设置。但显式设置结果可以提供更大的灵活性。例如，两个任务可以同时计算答案：

```
var f = new CompletableFuture<Integer>();
executor.execute(() -> {
    int n = workHard(arg);
    f.complete(n);
});
```

```
executor.execute(() -> {
    int n = workSmart(arg);
    f.complete(n);
});
```

如果要使用异常来完成 future，可以调用：

```
Throwable t = ...;
f.completeExceptionally(t);
```

注意： 在多个线程中，在同一个 future 上调用 complete 或 completeExceptionally 是安全的。如果该 future 已经完成，这些调用将无效。

isDone 方法指出 Future 对象是否已经完成（正常完成或产生一个异常）。在前面的示例中，当其他方法确定了结果时，workHard 和 workSmart 方法可以使用该信息停止工作。

警告： 与普通 Future 不同，CompletableFuture 的计算在调用其 cancel 方法时不会中断。取消操作仅仅会将 Future 对象设置为以异常方式完成（有一个 CancellationException 异常），一般来说，这是有意义的，因为 CompletableFuture 可能没有一个线程负责它的完成。然而，这一限制也适用于 supplyAsync 等方法返回的 CompletableFuture 实例，这在原则上讲是可以中断的。有关解决方法，参见本章练习 29。

10.2.2 组合可完成 Future

非阻塞调用通过回调实现。编程人员为任务完成后应该执行的动作注册一个回调。当然，如果下一个动作也是异步的，那么它之后的下一个动作将在不同的回调中。尽管编程人员会以“首先执行步骤 1，然后执行步骤 2，最后执行步骤 3”的思路考虑，但程序逻辑可能会分散在不同的回调中。当必须添加错误处理时，情况会变得更糟。假设步骤 2 是“用户登录”。可能需要重复该步骤，因为用户可能会输入错误的凭据。尝试在一组回调中实现这样的控制流，或者想要理解这样实现的控制流，可能非常有挑战性。

CompletableFuture 类通过提供一种将异步任务组合为一个处理流水线的机制来解决这个问题。

例如，假设我们想要从 Web 页面中提取所有链接。假设有一个方法：

```
public void CompletableFuture<String> readPage(URI url)
```

当 Web 页面可用时，它会生成这个页面的文本。此外，如果方法：

```
public static List<URI> getLinks(String page)
```

生成 HTML 页面中的 URI，则可以调度当页面可用时调度这个方法。

```
CompletableFuture<String> contents = readPage(url);
CompletableFuture<List<URI>> links = contents.thenApply(Parser::getLinks);
```

theApply 方法也不会被阻塞，它会返回另一个 future。当第一个 future 完成时，其结果会被反馈给 getLinks 方法，该方法的返回值就是最终结果。

对于可完成的 future，只须指定你希望完成的内容以及按什么顺序执行。当然，这不会立即发生，但重要的是所有代码都在一个地方。

从概念上讲，CompletableFuture 是一个简单的 API，但组成可完成 future 的方法有很多变体。让我们先看看那些处理单一 future 的方法（见表 10-1）。（对于所示的每个方法，还有两个 Async 形式没有显示。其中一种形式使用共享的 ForkJoinPool，另一种形式有一个 Executor 参数。）在表中，我使用了简记法来表示复杂的函数式接口，使用 T -> U 来代替 Function<? super T, U>。当然，这些不是实际的 Java 类型。

表 10-1　对 CompletableFuture<T>对象添加动作

方法	参数	功能描述
thenApply	T -> U	将函数应用于结果
thenAccept	T -> void	类似于 thenApply，但结果为 void

续表

方法	参数	功能描述
thenCompose	T -> CompletableFuture<U>	对结果调用函数并执行返回的 future
thenRun	Runnable	执行 runable，结果为 void
handle	(T, Throwable) -> U	处理结果或错误并产生新结果
whenComplete	(T, Throwable) -> void	类似于 handle，但结果为 void
exceptionally	Throwable -> T	将错误转换为默认结果
exceptionallyCompose	Throwable -> CompletableFuture<U>	对异常调用函数并执行返回的 future
completeOnTimeout	T, long, TimeUnit	在超时情况下生成给定值作为结果
orTimeout	long, TimeUnit	在超时情况下生成 TimeoutException 异常

你已经看到了 thenApply 方法。假设 f 是一个函数，它接收类型为 T 的值并返回类型为 U 的值。以下调用：

```
CompletableFuture<U> future.thenApply(f);
CompletableFuture<U> future.thenApplyAsync(f);
```

会返回一个 future，当结果可用时，会对 future 的结果应用函数 f。第二个调用会在另一个线程中运行 f。

thenCompose 方法不是接受将类型 T 映射到类型 U 的函数，而是接受将 T 映射到 CompletableFuture<U>的函数。这听起来很抽象，但实际上也很自然。考虑从给定 URL 读取 Web 页面的操作。这里不提供以下方法：

```
public String blockingReadPage(URI url)
```

而是让该方法返回一个 future，这样会显得更优雅：

```
public CompletableFuture<String> readPage(URI url)
```

现在，假设我们有另一种方法可以从用户输入中获取 URL，可能是从一个对话框中获取，在用户单击 OK 按钮之前不会显示答案。这也是一个将来的事件：

```
public CompletableFuture<URI> getURLInput(String prompt)
```

这里我们有两个函数 T -> CompletableFuture<U>和 U -> CompletableFuture<V>。显然，如果在第一个函数完成时调用第二个函数，则它们可以组合为函数 T -> CompletableFuture<V>。这正是 thenCompose 所做的。

在上一小节中，你看到了处理异常的 whenComplete 方法。还有另一种 handle 方法，它需要一个函数来处理结果或异常，并计算一个新的结果。在许多情况下，调用 exceptionally 方法更加简单：

```
CompletableFuture<String> contents = readPage(url)
    .exceptionally(t -> { Log t; return emptyPage; });
```

只有在发生异常时才会调用提供的处理程序，并且它会生成一个要在处理流水线中使用的结果。如果未发生异常，则使用原始结果。

表 10-1 中结果为 void 的方法通常在处理流水线的最后使用。

现在，让我们转向组合多个 future 的方法（见表 10-2）。

表 10-2　组合多个组合对象

方法	参数	功能描述
thenCombine	CompletableFuture<U>, (T, U) -> V	执行两者并将结果通过给定函数组合
thenAcceptBoth	CompletableFuture<U>, (T, U) -> void	与 thenCombine 类似，但是结果为 void
runAfterBoth	CompletableFuture<?>, Runnable	在两者都完成后执行 Runnable

续表

方法	参数	功能描述
applyToEither	CompletableFuture<T>, T -> V	当其中一个动作的结果可用时，将其传入给定的函数
acceptEither	CompletableFuture<T>, T -> void	与 appytoEither 类似，但结果为 void
runAfterEither	CompletableFuture<?>, Runnable	其中一个动作完成后，执行 Runnable
static allOf	CompletableFuture<?>...	在所有给定的 future 完成后完成，结果为 void
static anyOf	CompletableFuture<?>...	在任意的 future 完成后完成，结果为 void

前3个方法并发运行 CompletableFuture<T>和 CompletableFuture<U>动作，并组合结果。

接下来的3个方法并发运行两个 CompletableFuture<T>操作。一旦其中一个完成，其结果将被传递，而其他的结果将被忽略。

最后，静态 allOf 和 anyOf 方法采用可变数量的可完成 future，并生成一个 CompletableFuture<Void>，当所有 future 或其中任何一个 future 完成时，该可完成 future 完成。allOf 方法不会产生任何结果。anyOf 方法不会终止其余的任务。本章练习30和练习31显示了这两种方法的有用改进。

注意： 从技术上讲，本小节中的方法具有 CompletionStage 类型的参数，而不是 CompletableFuture 类型的参数。CompletionStage 接口描述了如何组合异步计算。而 Future 接口侧重于计算结果。CompletableFuture 既是 CompletionStage，也是 Future。

10.2.3 用户界面回调中的长时间运行任务

使用线程的原因之一是为了提高程序的响应性。这对于具有用户界面的应用程序尤为重要。当程序需要做一些耗时的工作时，不能在用户界面线程中完成这些工作，否则用户界面会冻结。应该启动另一个工作线程。

例如，如果想在用户单击按钮时读取一个 Web 页面，不要这样做：

```
var read = new JButton("Read");
read.addActionListener(event -> {
    // Bad-long-running action is executed on UI thread
    var in = new Scanner(url.openStream());
    while (in.hasNextLine()) {
        String line = in.nextLine();
        ...
    }
});
```

相反，应当在单独的线程中执行该工作：

```
read.addActionListener(event -> {
    // Good-long-running action in separate thread
    Runnable task = () -> {
        var in = new Scanner(url.openStream());
        while (in.hasNextLine()) {
            String line = in.nextLine();
            ...
        }
    }
    executor.execute(task);
});
```

但是，不能从执行长时间运行任务的线程直接更新用户界面。Swing、JavaFX 或 Android 等用户界面都不是线程安全的。不能从多个线程操作用户界面元素，否则它们可能会被破坏。事实上，JavaFX 和 Android 会对此进行检查，如果试图从 UI 线程以外的线程访问用户界面，则会抛出异常。

因此，你需要调度所有 UI 更新都在 UI 线程中执行。每个用户界面库都提供了一些机制来调度在 UI 线程上执行的 Runnable。以下是如何在 Swing 中执行此操作：

```
EventQueue.invokeLater(() -> message.appendText(line + "\n"));
```

注意：在工作线程中实现用户反馈很繁琐，因此用户界面库通常提供某种辅助类来管理细节，例如 Swing 中的 SwingWorker 和 Android 中的 AsyncTask。可以为长时间运行任务（在单独的线程中运行）指定动作，还要指定进度更新和最终的布局（在 UI 线程中运行）。

10.3 线程安全

许多编程人员最初认为并发编程非常简单。只须把工作分成不同的任务，就可以实现并发。这样可能会出什么问题？

在接下来的小节中，我将向你展示并发中可能出现的问题，并从一个更高层次来简要叙述可以采取的措施。

10.3.1 可见性

即使是像写入和读取变量这样简单的操作，在现代处理器中也会非常复杂。考虑以下示例：

```
private static boolean done = false;

public static void main(String[] args) {
    Runnable hellos = () -> {
        for (int i = 1; i <= 1000; i++)
            System.out.println("Hello " + i);
        done = true;
    };
    Runnable goodbye = () -> {
        int i = 1;
        while (!done) i++;
        System.out.println("Goodbye " + i);
    };
    Executor executor = Executors.newCachedThreadPool();
    executor.execute(hellos);
    executor.execute(goodbye);
}
```

第一个任务将“Hello”输出一千次，然后将 done 设置为 true。第二个任务等待 done 变为 true，然后就打印“Goodbye”一次，程序一直在快乐的等待中不断递增计数器。

你期望的输出是这样的：

```
Hello 1
...
Hello 1000
Goodbye 501249
```

当我在计算机上运行此程序时，程序将显示输出“Hello 1000”，然后会永不终止。程序的标记效果：

```
done = true;
```

可能对运行第二个任务的线程不可见。

为什么它不可见？现代编译器、虚拟机和处理器执行许多优化。这些优化都会假设代码是连续的，除非明确地告知。

一种优化是内存位置的缓存。我们把内存位置想象成 RAM 芯片晶体管中的位置。但 RAM 芯片的速度比现代处理器慢很多。因此，处理器试图将所需的数据保存在寄存器或板载内存的缓存中，并最终将更改写入内存。这种缓存对于处理器性能来说是必不可少的。有一些同步缓存副本的操作，但它们的性能成本很高，并且只有在请求时才会发生。

另一种优化是指令重新排序。允许编译器、虚拟机和处理器更改指令的顺序以加快操作速度，前提是不改变程序的顺序语义。

例如，考虑一个计算：

```
x = Something not involving y;
y = Something not involving x;
z = x + y;
```

前两个步骤必须在第三个步骤之前发生，但它们可以按任一顺序发生。如果第二个步骤的输入更快可用，处理器可以（并且通常会）同时运行前两个步骤或交换顺序。

在我们的例子中，循环：

```
while (!done) i++;
```

可以重新排序为：

```
if (!done) while (true) i++;
```

因为循环体不会更改 done 的值。

默认情况下，优化操作会假设没有并发内存访问。如果有，虚拟机需要知道，这样它就可以发出处理器指令，禁止不正确的重新排序。

有一些方法可以确保变量的更新是可见的。下面是一个简单总结。

1. 初始化后，final 变量的值可见。
2. static 变量的初始值在静态初始化后可见。
3. 对 volatile 变量的更改是可见的。
4. 在释放锁之前发生的更改对获得相同锁的任何人都是可见的（参见 10.7.1 小节）。

在我们的例子中，如果使用 volatile 修饰符声明共享变量 done，那么问题就会消失：

```
private static volatile boolean done;
```

然后，编译器生成指令，使虚拟机发出用于缓存同步的处理器命令。因此，在一个任务中所做的任何更改对其他任务都是可见的。

volatile 修饰符恰好足以解决这个特殊问题。但正如你将在下一小节中看到的，将共享变量声明为 volatile 并不是一个通用的解决方案。

提示：将初始化后未更改的任何字段声明为 final 是一个很好的主意，这样就不用担心它的可见性了。

10.3.2 竞争条件

假设多个并发任务更新一个共享的整数计数器。

```
private static volatile int count = 0;
...
count++; // Task 1
...
count++; // Task 2
...
```

变量已声明为 volatile，因此更新是可见的，但这还不够。

更新 count++实际上意味着：

```
register = count + 1;
count = register;
```

当这些计算交错进行时，一个错误的值可能会被存储回 count 变量中。按照并发的说法，我们称递增操作不是*原子性*（atomic）的。考虑以下情况：

```
int count = 0; // Initial value
register1 = count + 1; // Thread 1 computes count + 1
... // Thread 1 is preempted
register2 = count + 1; // Thread 2 computes count + 1
count = register2; // Thread 2 stores 1 in count
... // Thread 1 is running again
count = register1; // Thread 1 stores 1 in count
```

从以上代码中可以看出，现在的 count 是 1，而不是 2。这种错误被称为竞争条件（race condition），因为它取决于哪个线程赢得了更新共享变量的"竞争"。

这个问题真的会发生吗？的确如此。运行演示程序。它有100个线程，每个线程将计数器递增1000 次并打印结果：

```
for (int i = 1; i <= 100; i++) {
    int taskId = i;
    Runnable task = () -> {
        for (int k = 1; k <= 1000; k++)
```

```
        count++;
      System.out.println(taskId + ": " + count);
    };
    executor.execute(task);
}
```

通常，开始时的输出是无害的，就像：

```
1 : 1000
3 : 2000
2 : 3000
6 : 4000
```

过一会之后，结果看起来就有些不太正常了：

```
72 : 58196
68 : 59196
73 : 61196
71 : 60196
69 : 62196
```

这可能只是因为某些线程在不恰当的时候暂停了。重要的是最后完成的任务发生了什么。有没有把计数器增加到 100 000?

我在我的多核笔记本计算机上运行了几十次程序，每次都会失败。几年前，当个人计算机只有一个 CPU 时，这种状况更难被观察到，编程人员也不会经常注意到这种戏剧性的失败。但无论是在几秒钟内还是几小时内，还是会计算出错误的值。

这个示例探讨了示意性程序中共享计数器的简单情况。本章练习 17 在一个现实的例子中展示了同样的问题。但问题不仅仅出现在计数器上。每当共享变量发生改变时，竞争条件都会成为问题。例如，当向队列头部添加值时，插入代码可能如下所示：

```
var n = new Node();
if (head == null) head = n;
else tail.next = n;
tail = n;
tail.value = newValue;
```

如果这一指令序列在一个不恰当的时间暂停，而另一个任务获得控制权，也就是说如果在整个指令队列处于不一致状态时访问它，那么将会出现很多不可预期的问题。

我们也可以通过本章练习 21 了解数据结构是如何被并发的修改操作破坏的。

很多时候我们需要确保整个指令序列被一起执行，这样的指令序列称为*临界区*（critical section）。可以使用锁来保护这个关键操作并使关键操作序列原子化。你将在 10.7.1 小节中学习如何使用锁编程。

虽然使用锁来保护临界区很简单，但锁并不是解决所有并发问题的通用解决方案。它们很难正确使用，而且很容易出错，会导致性能严重降低甚至导致死锁。

10.3.3 安全并发策略

在 C 和 C++等语言中，编程人员需要手动分配和释放内存。这听起来很危险，确实如此。许多编程人员花了无数痛苦的时间来寻找内存分配错误。在 Java 中，有一个垃圾收集器，很少有 Java 编程人员需要担心内存管理。

遗憾的是，在并发程序中没有共享数据访问的等效机制。你能做得最好的就是遵循一套指导方针来管理固有的危险。

一个非常有效的策略是*限制*（confinement）。在多个任务间共享数据时，只需要说“不”。例如，当你的任务需要计数时，给每个任务一个私有计数器，而不是更新共享计数器。当任务完成后，它们可以将结果交给另一个任务来组合它们。

另一个好策略是使用数据的*不变性*（immutability）。共享不可变对象是安全的。例如，任务可以生成不可变的结果容器，而不是将结果添加到共享容器。另一个任务将结果组合到另一个不可变的数据结构中。这个想法很简单，但有一些事情需要注意，参见 10.3.4 小节。

第三种策略是加锁。通过一次只允许一个任务访问数据结构，可以防止其损坏。在 10.5 节中，你将看到 Java 并发库提供的可安全并发使用的数据结构。10.7.1 小节向你展示了并行中加锁的工作原理，以及专家如何构建这些数据结构。

加锁很容易出错，而且由于它减少了并发执行的机会，因此代价可能会很大。例如，如果你有很多任务将结果输出给一个共享的哈希表，并且该表在每次更新时都被锁定，那么这就会产生一个真正的瓶颈。如果大多数任务必须等待很长时间才能轮到它们执行，那么它们就没有在做有用的工作。有时可以对数据进行分区（partition），以便同时访问不同的数据块。Java 并发库中的一些数据结构使用分区的形式，例如流库中的并行算法也使用分区的方式。不要自己尝试这个方式，因为很难把它弄对。相反，应该使用 Java 库中的数据结构和算法。

10.3.4 不可变类

当类的实例一旦被构造就不能被更改时，我们说这个类是不可变的。一开始听起来好像不能用它们做很多操作，但事实并非如此。广泛使用的 String 类是不可变的，日期和时间库中的类也是不可变的（参见第 12 章）。每个日期实例都是不可变的，但你可以获得新的日期，例如给定日期后一天的日期。

或者考虑收集运算结果的集合。可以使用一个可变的 HashSet，并像这样来更新这个对象：

```
results.addAll(newResults);
```

但这显然是危险的。

不可变集合总是需要创建新的集合。应该像这样更新结果：

```
results = results.union(newResults);
```

这样仍然存在着可变性，但控制一个变量的变化要比控制一个具有多种方法的哈希集合的变化容易得多。

实现不可变类并不困难，但应该注意以下问题。

1. 构造后不要更改对象状态。确保将实例变量声明为 final。我们没有理由不这样做，而且这样做可以获得一个重要的优势：虚拟机确保 final 实例变量在构造后可见（10.3.1 小节）。

2. 当然，类中不能有修改器方法。应该使它们成为 final，或者直接将类声明为 final，这样就不能在子类中添加修改器。

3. 不要泄漏那些可以从外部修改的状态。你的所有（非private）方法都不能返回对任何可用于修改的内部结构的引用，例如内部数组或容器。当你的一个方法调用另一个类的方法时，它也不能传递任何此类引用，因为被调用的方法可能会使用它们进行修改。可以传递一个副本来替代。

4. 不要存储对构造器接收的可变对象的任何引用，可以用副本来替代。

5. 不要让 this 引用在构造器中转义。当调用另一个方法时，你知道不要传递任何内部引用，但 this 呢？这在构造之后是完全安全的，但是如果在构造器中显示了 this 引用，有人可能会观察到对象处于不完整状态。还要注意构造器发出的包含隐藏 this 引用的内部类引用。当然，这种情况非常罕见。

10.4 并行算法

在开始并行计算之前，应该检查 Java 库是否已经为你完成了这项工作。流库或 Arrays 类可能已经完成了所需的工作。

10.4.1 并行流

流库可以自动实现对大型数据集的并行化操作。例如，如果 coll 是一个字符串的大型容器，并且你想知道其中有多少字符串以字母 A 开头，那么可以调用：

```
long result = coll.parallelStream().filter(s -> s.startsWith("A")).count();
```

parallelStream 方法产生并行流。这个流将会被分成几部分。然后分别对每个部分进行过滤和计数，并组合结果。整个过程中可以不必担心细节。

警告：当将并行流与 Lambda 表达式一起使用时（例如，作为前面示例中 filter 和 map 的参数），确保远离共享对象的不安全修改。

为了使并行流正常工作，需要满足许多条件：

- 需要有足够的数据。并行流有很大的开销，只有大型数据集才能有效地补偿其开销；
- 数据应该在内存中。如果必须等待数据到达，那么运行效率会很低；
- 流应该能够有效地被分割成子区域。由数组或平衡二叉树支持的流运行良好，但链表或 Stream.iterate 的结果则不能；
- 流操作应该做大量的工作。如果总的工作量不大，那么为并发计算付出的高成本就没有意义；
- 流操作不应该被阻塞。

换句话说，不要把所有的流都变成并行流。只有在对内存中的数据进行大量持续的计算工作时，才能使用并行流。

10.4.2 并行数组操作

Arrays 类有许多并行化操作。与前面几小节的并行流操作一样，这些操作将数组分成多个部分，并发处理这些部分，然后组合结果。

静态 Arrays.parallelSetAll 方法用函数计算的值填充数组。函数接收元素索引并计算该位置上的值：

```
Arrays.parallelSetAll(values, i -> i % 10);
  // Fills values with 0 1 2 3 4 5 6 7 8 9 0 1 2 . . .
```

显然，并行化对这个操作很有好处。所有基本类型数组和对象数组都有对应的操作版本。

parallelSort 方法可以对基本数据类型或对象的数组进行排序。例如：

```
Arrays.parallelSort(words, Comparator.comparing(String::length));
```

对于所有方法，都可以提供范围的边界，例如：

```
Arrays.parallelSort(values, values.length / 2, values.length);
    // Sort the upper half
```

注意： 乍一看，这些方法的名称中有 parallel 似乎有点奇怪——用户不应该关心设置或排序是如何发生的。然而，API 设计者希望明确操作是并行化的。这样，用户就会注意避免使用带有副作用的生成器或比较函数。

最后，有一个相当特别的 parallelPrefix。本章练习 4 给出了一个简单的例子。

对于数组上的其他并行操作，需要将数组转换为并行流。例如，要计算长整数数组的和，请调用：

```
long sum = IntStream.of(values).parallel().sum();
```

10.5 线程安全数据结构

如果多个线程并发修改数据结构，例如队列或哈希表，则很容易损坏数据结构的内部结构。例如，一个线程可能开始插入新元素。假设它在重新路由链接的过程中被抢占，并且另一个线程开始遍历相同的位置。第二个线程可能跟踪无效链接并造成破坏，可能抛出异常，甚至陷入无限循环。

正如你将在 10.7.1 小节中看到的，可以使用锁来确保在给定的时间点只有一个线程可以访问数据结构，并且阻塞其他线程。但你可以做得更好。java.util.concurrent 包中的容器已经被巧妙地实现，这样多个线程可以在不互相阻塞的情况下访问它们，前提是它们访问不同的部分。

注意： 这些集合产生弱一致性的迭代器。这意味着迭代器会呈现在迭代操作开始时出现的元素，在构造之后所做的某些或全部修改可能或可能不会被反映出来。然而，这样的迭代器不会抛出 ConcurrentModificationException 异常。

相反，java.util 包中容器的迭代器在构造迭代器后修改了容器时会抛出 ConcurrentModificationException 异常。

10.5.1 并发哈希映射

首先，ConcurrentHashMap 是一个哈希映射，其操作是线程安全的。无论同时有多少线程在映射上操作，内部都不会损坏。当然，有些线程可能会暂时被阻塞，但映射可以有效地支持大量并发读取器和一定数量的并发写入器。

但这还不够。假设我们想使用映射来计算某些特征被观察到的频率。例如，假设多个线程遇到了单词，我们想计算它们的频率。显然，以下用于更新计数的代码不是线程安全的：

```
var map = new ConcurrentHashMap<String, Long>();
...
Long oldValue = map.get(word);
Long newValue = oldValue == null ? 1 : oldValue + 1;
map.put(word, newValue); // Error—might not replace oldValue
```

另一个线程可能正在同时更新完全相同的计数。

要安全地更新值，可以使用 compute 方法。使用键和函数调用它以计算新值。该函数接收键和关联值，如果没有，则为 null，并计算新值。例如，以下是我们如何更新计数：

```
map.compute(word, (k, v) -> v == null ? 1 : v + 1);
```

compute 方法是原子性的，在计算过程中，其他线程无法更改映射条目。

还有一些变体 computeIfPresent 和 computeIfAbsent，它们分别只在已有旧值时计算新值，或者在没有旧值时计算新值。

putIfAbsent 是另一个原子性操作，计数器可以初始化为：

```
map.putIfAbsent(word, 0L);
```

当第一次添加键时，通常需要做一些特殊的事情。merge 方法使这一点变得特别方便。它有一个初始值的参数，该参数在键尚未出现时使用。否则，将调用你提供的函数，组合现有值和初始值。（与 compute 不同，该函数不处理键。）

```
map.merge(word, 1L, (existingValue, newValue) -> existingValue + newValue);
```

或者直接：

```
map.merge(word, 1L, Long::sum);
```

当然，传递给 compute 和 merge 的函数应该很快完成，它们不应该试图改变映射。

> **注意：** 如果条目当前等于现有条目，则有一些方法可以自动删除或替换该条目。在 compute 方法可用之前，我们会编写这样的代码来增加计数：
>
> ```
> do {
>     oldValue = map.get(word);
>     newValue = oldValue + 1;
> } while (!map.replace(word, oldValue, newValue));
> ```

> **注意：** 有几个用于搜索、转换或访问 ConcurrentHashMap 的批量操作。它们对数据快照进行操作，即使在其他线程对映射进行操作时也可以安全地执行。在 API 文档中，可以查找名称以 search、reduce 和 forEach 开头的操作。有一些变体可以对键、值和条目进行操作。reduce 方法还有针对 int-、long-和 double-值的约简函数的特殊版本。

10.5.2 阻塞队列

阻塞队列是一种用于协调任务之间工作的常用工具。生产者任务将项目插入队列，消费者任务将获取项目。队列允许将数据从一个任务安全地移交到另一个任务。

当尝试添加元素而队列当前已满时，或者当队列为空尝试删除元素时，操作将阻塞。通过这种方式，队列平衡了工作负载。如果生产者任务的运行速度比消费者任务慢，则消费者在等待结果时会阻塞。如果生产者运行得更快，队列就会填满，直到消费者赶上。

表 10-3 显示了阻塞队列的方法。阻塞队列方法可以根据它们在队列满或空时执行的不同操作分为 3 类。除了阻塞方法之外，还有在操作不成功时抛出异常的方法，以及在无法执行任务时返回失败指示符而不是

抛出异常的方法。

表 10–3 阻塞队列操作

方法	正常操作	错误操作
put	向尾部添加元素	如果队列已满，则阻塞
take	删除并返回头部元素	如果队列为空，则阻塞
add	向尾部添加元素	如果队列已满，则抛出 IllegalStateException 异常
remove	删除并返回头部元素	如果队列为空，则抛出 NoSuchElementException 异常
element	返回头部元素	如果队列为空，则抛出 NoSuchElementException 异常
offer	添加元素并返回 true	如果队列已满，则返回 false
poll	删除并返回头部元素	如果队列为空，则返回 null
peek	返回头部元素	如果队列为空，则返回 null

注意：*poll 和 peek 方法返回 null 表示失败。因此，将空值插入这些队列是非法的。*

还有带有超时时间的 offer 和 poll 方法的变体。例如，以下调用：

```
boolean success = q.offer(x, 100, TimeUnit.MILLISECONDS);
```

尝试在 100 毫秒内将元素插入队列尾部。如果成功，则返回 true；否则，在超时后返回 false。类似地，以下调用：

```
Object head = q.poll(100, TimeUnit.MILLISECONDS)
```

尝试在 100 毫秒内移除队列的头部元素。如果成功，则返回头部元素；否则，在超时后返回 null。

java util.concurrent 包提供了阻塞队列的几个变体。LinkedBlockingQueue 基于链表；ArrayBlockingQueue 使用循环数组。

本章练习 11 显示了如何使用阻塞队列来分析目录中的文件。一个线程遍历文件树并将文件插入队列。一些线程删除文件并搜索它们。在这个应用程序中，生产者很可能会用文件和块快速填满队列，直到消费者能够追赶上。

这种设计的一个常见挑战是阻止消费者的运行。例如，当队列为空时，消费者不能简单地退出，毕竟，这时生产者可能还没有开始运行，或者生产者当前处于落后状态。如果只有一个生产者，它可以在队列中添加一个标识“最后一项“的指示器，类似于行李传送带上带有标签“最后一个行李”的虚拟行李箱。

10.5.3 其他线程安全数据结构

就像可以在 java.util 包中的哈希映射和树映射之间进行选择一样，有一个基于键比较的并发映射，称为 ConcurrentSkipListMap。如果需要按排序顺序遍历键，或者需要在 NavigableMap 接口（参见第 7 章）中添加的某个方法，可以选择使用这个类。类似地，还有一个 ConcurrentSkipListSet。

CopyOnWriteArrayList 和 CopyOnWriteArraySet 是线程安全容器，其中所有的修改器都会复制底层数组。如果对容器进行迭代的线程数量大大超过对其进行修改的线程数量，则这种安排非常有用。构造迭代器时，它包含对当前数组的引用。如果稍后对数组进行了修改，那么迭代器仍然具有旧数组，但容器数组将被替换。因此，较旧的迭代器都有一致（但可能过时）的视图，它可以访问而无需任何同步开销。

假设需要一个大型的非映射的线程安全集合。你很清楚，目前没有 ConcurrentHashSet 类，而定义一个自己的类也不划算。当然，这时可以使用带有伪值的 ConcurrentHashMap，但这样的操作会给你一个映射，而不是一个集合，并且不能应用 Set 接口的各种操作。

静态 newKeySet 方法生成了一个 Set<K>，它实际上是一个 ConcurrentHashMap<K, Boolean> 的封装器。（所有映射值都是 Boolean.TRUE，但实际上你并不关心，因为你只是将其用作一个集合。）

```
Set<String> words = ConcurrentHashMap.newKeySet();
```

如果有一个现有的映射，keySet 方法将生成一个键的集合。该集合是可变的。如果移除集合元素，则键（及其值）将从映射中移除。但将元素添加到键集合没有意义，因为没有相应的值可添加。可以使用第二个 keySet 方法，在将元素添加至集合时使用默认值：

```
Set<String> words = map.keySet(1L);
words.add("Java");
```

如果"Java"还没有出现在 words 中，则它现在的值为 1。

10.6 原子计数器和累加器

如果多个线程更新共享计数器，则需要确保以线程安全的方式进行更新。java.util.concurrent.atomic 包中有许多类使用安全高效的机器级指令来保证对整数、long 和 boolean 值、对象引用及其数组的原子性操作。正确使用这些类需要大量的专业知识。然而，原子计数器和累加器对应用程序级编程来说很方便。

例如，可以安全地生成如下数值序列：

```
public static AtomicLong nextNumber = new AtomicLong();
// In some thread . . .
long id = nextNumber.incrementAndGet();
```

incrementAndGet 方法原子地递增 AtomicLong 并返回递增后的值。也就是说，获取值、加 1、设置值和生成新值的操作是不能中断的。即使多个线程同时访问同一实例，也可以保证计算并返回正确的值。

有一些方法可以自动设置、添加和减去值，但假设你希望进行更复杂的更新。一种方法是使用 updateAndGet 方法。例如，假设你希望跟踪不同线程观察到的最大值。以下方法是行不通的：

```
public static AtomicLong largest = new AtomicLong();
// In some thread . . .
largest.set(Math.max(largest.get(), observed)); // Error-race condition!
```

此更新不是原子性的。相反，可以使用 Lambda 表达式调用 updateAndGet 来更新变量。在示例中，我们可以调用

```
largest.updateAndGet(x -> Math.max(x, observed));
```

或者

```
largest.accumulateAndGet(observed, Math::max);
```

accumulateAndGet 方法采用二进制运算符，用于组合原子值和提供的参数。

还有 getAndUpdate 和 getAndAccumulate 方法可以返回旧值。

> **注意：** 下列方法也为类提供原子操作。
>
> ```
> AtomicInteger                AtomicLongFieldUpdater
> AtomicIntegerArray           AtomicReference
> AtomicIntegerFieldUpdater    AtomicReferenceArray
> AtomicLongArray              AtomicReferenceFieldUpdater
> ```

当有大量线程访问同一个原子值时，性能会受到影响，因为更新是在最佳情况下进行的。也就是说，每个线程的操作都从给定的旧值计算新值，然后在旧值仍然是当前值，即旧值未发生变化的情况下进行替换，否则就会重新依据当前值计算。在竞争激烈的情况下，更新需要太多次的重试。

LongAdder 和 LongAccumulator 类解决了某些常见更新的这个问题。LongAdder 由多个变量组成，其总和为当前值。多个线程可以更新不同的被加数，当线程数增加时，会自动提供新的被加数。这在所有工作完成后才需要总和的值的情况下是有效的。性能的提高可以是实质性的，参见本章练习 9。

如果你预测到可能会出现较高的争用，那么应该直接调用 LongAdder 而不是调用 AtomicLong。需要注意这两个方法名称略有差异。调用 increment 可以递增计数器，调用 add 可以增加数量，调用 sum 可以获取总数。

```
final LongAdder count = new LongAdder();
for (...)
```

```
executor.execute(() -> {
    while (...) {
        ...
        if (...) count.increment();
    }
});
...
long total = count.sum();
```

注意： 当然，increment 方法不返回旧值。这样做会破坏将总和拆分为多个被加数的效率增益。

LongAccumulator 将此思想推广到任意累加操作。在构造器中，你提供了操作及其中性元素。要合并新值，可以调用 accumulate 方法。调用 get 获取当前值：

```
var accumulator = new LongAccumulator(Long::sum, 0);
// In some tasks . . .
accumulator.accumulate(value);
// When all work is done
long sum = accumulator.get();
```

在内部，累加器具有变量 a_1、a_2、……、a_n。每一个变量都用中性元素初始化（在我们的示例中为 0）。当使用值 v 调用 accumulate 时，其中一个值将原子更新，类似于 $a_i = a_i\ op\ v$，其中 op 是以中缀形式表示的累加运算。在我们的示例中，对 accumulate 的调用将会对某些 i 进行运算 $a_i = a_i + v$。

get 的结果是 $a_1\ op\ a_2\ op \ldots op\ a_n$。在我们的例子中，这是累加器的总和，即 $a_1 + a_2 + \ldots + a_n$。

如果选择不同的操作，则可以计算最大值或最小值（参见本章练习 10）。一般来说，运算必须是可结合的和可交换的。这意味着最终结果必须独立于中间值的组合顺序。

除了使用 double 值外，DoubleAdder 和 AoubleAccumulator 也按照同样的方式工作。

提示： 如果使用 LongAdder 的哈希映射，可以使用以下习惯用法来增加键的累加器。

```
ConcurrentHashMap<String,LongAdder> counts = ...;
counts.computeIfAbsent(key, k -> new LongAdder()).increment();
```

当 key 的计数第一次递增时，将设置一个新的累加器。

10.7 锁和条件

现在你已经看到了应用编程人员可以安全地用来构建并发应用程序的几种工具。你可能会好奇如何构建线程安全计数器或阻塞队列。以下各小节将向你展示如何完成，以便你了解成本和复杂性。

10.7.1 锁

为了避免共享变量被破坏，需要确保一次只有一个线程可以计算和设置新值。必须在不中断的情况下完整执行的代码称为临界区。可以使用锁来实现临界区：

```
public class Counter {
    private final Lock countLock = new ReentrantLock();
        // Shared among multiple threads
    private int count = 0; // Shared among multiple threads

    public int increment() {
        countLock.lock();
        try {
            count++ // Critical section
            return count;
        } finally {
            countLock.unlock(); // Make sure the lock is unlocked
        }
    }
}
```

注意： 在本小节中，我使用 ReentrantLock 类来解释加锁的工作原理。正如你将在下一小节中看到的，不需要使用显式锁，因为 synchronized 关键字使用的是"隐式"锁。但是通过查看显式锁更容易理解背后的情况。

执行 lock 方法的第一个线程锁定 countLock 对象，然后进入临界区。如果另一个线程试图调用同一对象上的 lock 方法，它将被阻止，直到第一个线程执行 unlock 调用。通过这种方式，可以保证一次只有一个线程可以进入临界区。

需要注意的是，通过将 unlock 方法放入 finally 子句，如果临界区发生任何异常，锁将被释放。否则，锁将被永久锁定，其他线程将永远阻塞。这显然是非常糟糕的。当然，在这种情况下，临界区不能抛出异常，因为它只执行整数递增。但无论如何，使用 try/finally 语句是一种常见的习惯用法，可以防止以后添加更多代码。

乍一看，使用锁来保护临界区似乎足够简单。然而，可怕的总是细节。经验表明，许多编程人员很难用锁编写正确的代码。他们可能使用了错误的锁，或者造成死锁（deadlock）的情况，即所有线程都在等待锁，从而导致线程无法进行。

出于这个原因，应用编程人员应该最后再考虑使用锁。首先，通过使用不可变数据或将可变数据从一个线程传递到另一个线程来避免共享。如果必须共享，那么可以使用预构建的线程安全结构，如 ConcurrentHashMap 或 LongAdder。尽管如此，了解锁还是很有用的，这样就可以了解如何实现这样的数据结构。

10.7.2 synchronized 关键字

在上一小节中，我向你展示了如何使用 ReentrantLock 实现临界区。不必使用显式锁，因为在 Java 中，每个对象都有一个内部锁（intrinsic lock）。然而，要理解内在锁，先认识显式锁是有帮助的。

synchronized 关键字用于锁定内部锁。它可以以两种形式出现。你可以锁定一个代码块：

```
synchronized (obj) {
    Critical section
}
```

这本质上意味着：

```
obj.intrinsicLock.lock();
try {
    Critical section
} finally {
    obj.intrinsicLock.unlock();
}
```

对象实际上没有作为内部锁的字段。这段代码只是用来说明当使用 synchronized 关键字时会发生什么。

还可以将方法声明为 synchronized。然后它的主体被锁定在接收器参数 this 上。也就是是：

```
public synchronized void method() {
    Body
}
```

等价于

```
public void method() {
    this.intrinsicLock.lock();
    try {
        Body
    } finally {
        this.intrinsicLock.unlock();
    }
}
```

例如，计数器可以直接声明为：

```
public class Counter {
    private int count = 0;
    public synchronized int increment() {
        count++;
        return count;
    }
}
```

通过使用 Counter 实例的内部锁，可以不再使用显式锁。

如你所见，使用 synchronized 关键字生成的代码非常简洁。当然，要理解这段代码，你必须知道每个对象都有一个内部锁。

注意：锁不仅仅是原子性的。锁还可确保数据的可见性。例如，考虑 10.3.1 小节中给我们带来如此多痛苦的 done 变量。如果在写入和读取变量时都使用了锁，则可以确保 get 的调用者通过 set 调用可以看到变量的任何更新：

```
public class Flag {
    private boolean done;
    public synchronized void set() { done = true; }
    public synchronized boolean get() { return done; }
}
```

需要注意的是，与上一小节中的 ReentrantLock 不同，内部锁是公有的。任何人都可以获得它。这有时很有用。例如，Java 1.0 有一个 Hashtable 类，该类具有用于修改表的同步方法。为了安全地遍历这样的表，可以像下面这样获取锁：

```
synchronized (table) {
    for (K key : table.keySet()) ...
}
```

这里，table 表示哈希表及其方法使用的锁。这种“客户端锁定”是误解的常见来源（参见本章练习 22），它可能导致死锁。

同步方法的灵感来自泊·派克·汉森（Per Brinch Hansen）和托尼·霍尔（Tony Hoare）在 20 世纪 70 年代首创的监视器（monitor）概念。监视器本质上是一个类，其中所有实例变量都是私有的，所有方法都由私有锁保护。然而，由于可以使用公有实例变量，并混合使用同步和非同步方法，Java 类不是一个合适的监视器。

10.7.3 等待条件

考虑一个简单的 Queue 类，其中包含用于添加和删除对象的方法。同步方法可确保这些操作是原子性的：

```
public class Queue {
    class Node { Object value; Node next; };
    private Node head;
    private Node tail;

    public synchronized void add(Object newValue) {
        var n = new Node();
        if (head == null) head = n;
        else tail.next = n;
        tail = n;
        tail.value = newValue;
    }

    public synchronized Object remove() {
        if (head == null) return null;
        Node n = head;
        head = n.next;
        return n.value;
    }
}
```

现在假设我们想将 remove 方法转换为一个 take 方法，如果队列为空，则该方法会阻塞。对队列是否为空的检查必须在同步方法中进行，否则查询将毫无意义，另一个线程可能会同时清空队列。

```
public synchronized Object take() {
    if (head == null) ... // Now what?
    Node n = head;
    head = n.next;
    return n.value;
}
```

但如果队列为空，会发生什么？在当前线程持有锁时，没有其他线程可以添加元素。这就是 wait 方法的作用。如果 take 方法发现无法继续执行，它会调用 wait 方法：

```
public synchronized Object take() throws InterruptedException {
    while (head == null) wait();
    ...
}
```

当前线程现在已经是非激活状态并且放弃锁定。我们希望，这可以让另一个线程向队列中添加元素。这被称为等待条件。

注意，wait 方法是 Object 类的一个方法。它与与对象关联的锁有关。

等待获取锁的线程与调用了 wait 的线程之间存在本质区别。一旦线程调用了 wait 方法，它就会进入对象的等待集合（wait set）。当锁可用时，线程不可运行。相反，它将保持非激活状态，直到另一个线程调用了同一对象上的 notifyAll 方法。

当另一个线程添加了元素时，它应该调用以下方法：

```
public synchronized void add(Object newValue) {
    ...
    notifyAll();
}
```

调用 notifyAll 将重新激活等待集合中的所有线程。当线程从等待集合中被移除时，它们将再次变为可运行，调度程序最终将再次激活它们。届时，它们将尝试重新获取锁。当其中一个线程成功获取锁时，该线程将从停止的地方继续运行，并从调用 wait 中返回。

此时，线程应再次测试条件。无法保证条件现在已经被满足，notifyAll 方法只向等待线程发出信号，表示此时可能已满足，并且可以再次检查条件。因此，测试处于循环中：

```
while (head == null) wait();
```

如果线程持有对象的锁，则只能对该对象调用 wait、notifyAll 或 notify。

警告： 另一种方法 notify 将仅从等待集合中解除单个线程的阻塞。这比解除阻塞所有线程更有效，但也存在一定的危险。如果所选线程发现它仍然无法继续，则会再次被阻塞。此外，如果没有其他线程再次调用 notify，程序将死锁。

注意： 当使用阻塞方法实现数据结构时，wait、notify 和 notifyAll 方法是合适的。但它们不容易正确使用。应用编程人员不应该使用这些方法。相反，可以使用预构建的数据结构，例如 LinkedBlockingQueue 或 ConcurrentHashMap。

10.8 线程

当我们接近本章的结尾时，终于到了讨论线程的时候了，线程是实际执行任务的基本单位。通常，最好使用执行器进行线程管理，但以下部分将为你提供一些有关直接使用线程的背景信息。

10.8.1 启动线程

下面是如何在 Java 中运行线程：

```
Runnable task = () -> { ... };
var thread = new Thread(task);
thread.start();
```

静态 sleep 方法使当前线程在给定的时间段内休眠，以便其他一些线程有机会完成工作。

```
Runnable task = () -> {
    ...
    Thread.sleep(millis);
    ...
}
```

如果要等待线程完成，可以调用 join 方法：

```
thread.join(millis);
```

这两个方法抛出检查型 InterruptedException 异常，这将在下一小节中讨论。

线程将会在其 run 方法返回时结束，这种结束可能是正常结束，也可能是因为抛出了异常而结束。在后一种情况下，线程的未捕获异常处理程序会被调用。创建线程时，该处理程序被设置为线程组的未捕获异常处理程序，它最终是全局处理程序（参见第 5 章）。可以通过调用 setUncaughtExceptionHandler 方法来更改线程的处理程序。

注意： Java 的初始版本定义了一个立即终止线程的 stop 方法，以及一个在另一个线程调用 resume 之前阻塞线程的 suspend 方法。目前这两种方法都已被弃用。

stop 方法本质上是不安全的。假设线程在临界区的中间停止，例如，将元素插入队列。然后，队列处于部分更新状态。但是，保护临界区的锁被解锁，其他线程可以使用被损坏的数据结构。当希望线程停止时，应该中断它。被中断的线程可以在安全的情况下停止。

suspend 方法风险不大，但仍有问题。如果一个线程在持有锁时被挂起，那么试图获取该锁的任何其他线程都会阻塞。如果恢复线程位于其中，则程序死锁。

10.8.2 线程中断

假设对于给定的查询，你总是对第一个结果感到满意。当搜索答案分布在多个任务中时，你希望在获得答案后立即取消所有其他任务。在 Java 中，任务取消是协作（cooperative）形式的。

每个线程都有一个中断状态（interrupted status），表示有人想“中断”线程。中断没有精确的定义，但大多数编程人员使用它来表示取消请求。

Runnable 可以检查此状态，这通常在循环中完成：

```
Runnable task = () -> {
    while (more work to do) {
        if (Thread.currentThread().isInterrupted()) return;
        Do more work
    }
};
```

当线程中断时，run 方法也会结束。

注意： 还有一个静态 Thread.interrupted 方法，它获取当前线程的中断状态，然后将其清除，并返回原始状态。

有时，线程会暂时处于非活动状态。如果一个线程等待另一个线程的运算结果，或者等待输入/输出，或者如果它进入休眠状态以给其他线程一个机会，就会发生这种情况。

如果线程在等待或休眠时中断，它将立即重新激活，但在这种情况下，不会设置中断状态。而是抛出 InterruptedException 异常。这是一个检查型异常，必须在 Runnable 的 run 方法中捕获它。对异常的通常反应是结束 run 方法：

```
Runnable task = () -> {
    try {
        while (more work to do) {
            Do more work
            Thread.sleep(millis);
        }
    }
    catch (InterruptedException ex) {
        // Do nothing
    }
};
```

当以这种方式捕获 InterruptedException 异常时，是无须检查中断状态的。如果线程在对 Thread.sleep 的调用之外被中断，则会首先设置线程状态，并且在调用时 Thread.sleep 方法立即抛出 InterruptedException 异常。

提示： InterruptedException 异常可能看起来很烦人，但当调用 sleep 等方法时，不应该只捕捉并隐藏它。如果不能做任何其他事情，至少应该设置中断状态：

```
try {
    Thread.sleep(millis);
} catch (InterruptedException ex) {
    Thread.currentThread().interrupt();
}
```

或者更好的是，只须将异常传播给合格的处理程序：

```
public void mySubTask() throws InterruptedException {
    ...
    Thread.sleep(millis);
    ...
}
```

10.8.3 线程局部变量

在前面的小节中，我们讨论了在线程之间共享变量的风险。有时，可以通过使用 ThreadLocal 辅助类为每个线程提供各自的实例来避免共享变量。例如，SimpleDateFormat 类不是线程安全的。假设有一个静态变量：

```
public static final SimpleDateFormat dateFormat = new SimpleDateFormat("yyyy-MM-dd");
```

如果两个线程都执行以下操作：

```
String dateStamp = dateFormat.format(new Date());
```

那么得到的结果可能是垃圾数据，因为 dateFormat 使用的内部数据结构可能会被并发访问破坏。当然可以使用同步，但是这样开销很大；或者也可以在需要时构造局部 SimpleDateFormat 对象，但这也很浪费。

要为每个线程构造一个实例，可以使用以下代码：

```
public static final ThreadLocal<SimpleDateFormat> dateFormat
    = ThreadLocal.withInitial(() -> new SimpleDateFormat("yyyy-MM-dd"));
```

要访问具体的格式化器，可以调用：

```
String dateStamp = dateFormat.get().format(new Date());
```

在给定线程中首次调用 get 时，将调用构造器中的 Lambda 表达式。在此之后，get 方法会返回属于当前线程的实例。

在多个线程中生成随机数也存在类似的问题。java.util.Random 类是线程安全的。但如果多个线程需要等待一个共享的生成器，那么效率仍然会很低。

可以使用 ThreadLocal 辅助类为每个线程提供一个单独的生成器，但已经有一个使用很方便的类。只须调用以下方法：

```
int random = ThreadLocalRandom.current().nextInt(upperBound);
```

调用 ThreadLocalRandom.current()会返回当前线程唯一的随机数生成器实例。

线程局部变量有时也用于使目标可用于协作执行任务的所有方法，而无须在调用者之间传递这个方法。例如，假设你想要共享数据库连接。声明以下变量：

```
public static final ThreadLocal<Connection> connection
    = ThreadLocal.withInitial(() -> null);
```

任务开始时，为了这个线程初始化这个连接：

```
connection.set(connect(url, username, password));
```

该任务调用同一线程中的一些方法，最终其中一个方法需要这个连接：

```
var result = connection.get().executeQuery(query);
```

需要注意的是，同一调用可能发生在多个线程中。每个线程都会得到自己的连接对象。

警告： 在前面的示例中，只能有一个任务使用线程，这一点非常重要。当使用线程池执行任务时，你不希望将数据库连接用于共享同一线程的其他任务。

10.8.4 其他线程特性

Thread 类公开了线程的许多特性，但其中大多数对认证考试的学生比对编程人员更有用。本小节将简要回顾它们。

线程可以按组收集，并且有 API 方法来管理线程组，例如中断组中的所有线程。如今，执行器是管理任务组的首选机制。

可以为线程设置优先级（priority），其中高优先级线程被安排在低优先级线程之前运行。通常我们希望虚拟机和主机平台能够遵守优先级，但具体的细节高度取决于平台。因此，使用优先级来确定线程的执行先后是脆弱的，通常不建议使用。

线程有状态（state），你可以判断线程是新建的、正在运行的、输入/输出阻塞的、等待的还是终止的。

当将线程用作应用编程人员时，你很少有理由查询它们的状态。

线程有名称，你可以出于调试目的更改名称。例如：

```
Thread.currentThread().setName("Bitcoin-miner-1");
```

当线程由于未捕获异常而终止时，该异常将传递给线程的未捕获异常处理程序。默认情况下，其栈跟踪将转而存储到 System.err，但你可以安装自己的处理程序（参见第5章）。

守护线程是一个线程，它在生活中除了为他人服务之外没有其他作用。这对于发送计时器信号或清理过时缓存项的线程非常有用。当只剩下守护线程时，虚拟机就会退出。

要创建守护线程，可以在启动线程之前调用 thread.setDaemon(true)。

10.9 进程

到目前为止，你已经了解了如何在同一程序的不同线程中执行 Java 代码。有时，你还需要执行另一个程序。为此，可以使用 ProcessBuilder 和 Process 类。Process 类在单独的操作系统进程中执行命令，并允许你与标准输入、输出和错误流进行交互。ProcessBuilder 类允许你配置 Process 对象。

注意： ProcessBuilder 类是对 Runtime.exec 调用的一种更灵活的替换形式。

10.9.1 创建进程

首先指定想要执行的命令。可以提供 List<String>，或者直接提供组成命令的字符串：

```
var builder = new ProcessBuilder("gcc", "myapp.c");
```

警告： 第一个字符串必须是可执行命令，不是一个 shell 内置命令。例如，要在 Windows 中运行 dir 命令，需要使用字符串"cmd.exe"、"/C"和"dir"创建进程。

每个进程都有一个工作目录，用于解析相对目录名。默认情况下，进程具有与虚拟机相同的工作目录，通常是启动 java 程序的目录。可以使用 directory 方法改变工作目录：

```
builder = builder.directory(path.toFile());
```

注意： 用于配置 ProcessBuilder 的每个方法都会返回其自身，以便你可以把命令串起来。最终，将调用以下方法。

```
Process p = new ProcessBuilder(command).directory(file).start();
```

接下来，要指定如何处理进程的标准输入、输出和错误流。默认情况下，它们中的每一个都是一个管道，可以使用以下方法访问：

```
OutputStream processIn = p.getOutputStream();
InputStream processOut = p.getInputStream();
InputStream processErr = p.getErrorStream();
```

或用于文本输入和输出：

```
BufferedWriter processIn = p.outputWriter(charset);
BufferedReader processOut = p.inputReader(charset);
BufferedReader processErr = p.errorReader(charset);
```

注意，进程的输入流是 JVM 的输出流！向该流进行写入，所写的任何内容都将成为进程的输入。相反，可以读取进程写入输出和错误流的内容。对你来说，它们都是输入流。

可以指定新进程的输入、输出和错误流与 JVM 的这 3 个流相同。如果用户在控制台运行 JVM，则所有用户输入都会转发到进程，而进程的输出将会显示在控制台上。调用以下方法可以对所有的 3 个流进行这样的设置：

```
builder.inheritIO()
```

如果只想继承其中某些流，可以将以下的值传入 redirectInput、redirectOutput 或者 redirectError 方法：

```
ProcessBuilder.Redirect.INHERIT
```

例如：

```
builder.redirectOutput(ProcessBuilder.Redirect.INHERIT);
```

通过提供 File 对象，可以将进程流重定向到文件：

```
builder.redirectInput(inputFile)
    .redirectOutput(outputFile)
    .redirectError(errorFile)
```

进程启动时，将创建或删除用于输出和错误文件。要追加到现有文件，可以使用：

```
builder.redirectOutput(ProcessBuilder.Redirect.appendTo(outputFile));
```

合并输出和错误流通常很有用，这样就可以按进程生成输出和错误消息的顺序查看它们。调用来启用合并：

```
builder.redirectErrorStream(true)
```

如果这样做，就不能再在 ProcessBuilder 上调用 redirectError，也不能在 Process 上调用 getErrorStream。

最后，你可能还想修改流程的环境变量。这里，构建器的串链语法就不能用了。需要获取构建器的环境（由运行 JVM 的进程的环境变量初始化），然后加入或删除环境变量条目。

```
Map<String, String> env = builder.environment();
env.put("LANG", "fr_FR");
env.remove("JAVA_HOME");
Process p = builder.start();
```

如果要利用管道将一个进程的输出作为另一个进程中的输入（就像 shell 中的 | 运算符一样），可以使用 startPipeline 方法。传入一个进程构造器列表，并读取最后一个进程的结果。下面是一个示例，列举目录树中的唯一扩展：

```
List<Process> processes = ProcessBuilder.startPipeline(List.of(
    new ProcessBuilder("find", "/opt/jdk-17"),
    new ProcessBuilder("grep", "-o", "\\.[^./]*$"),
    new ProcessBuilder("sort"),
    new ProcessBuilder("uniq")
));
Process last = processes.get(processes.size() - 1);
var result = new String(last.getInputStream().readAllBytes());
```

这只是一个展示机制的例子。当然，对于特定的任务来讲，通过在 Java 中创建目录遍历来解决比运行 4 个进程效率更高。

10.9.2 运行进程

配置了构建器后，要调用其 start 方法启动进程。如果将输入、输出和错误流配置为管道，那么现在可以写入输入流并读取输出和错误。例如：

```
Process process = new ProcessBuilder("/bin/ls", "-l")
    .directory(Path.of("/tmp").toFile())
    .start();
try (var in = new Scanner(process.getInputStream())) {
    while (in.hasNextLine())
        System.out.println(in.nextLine());
}
```

警告：进程流的缓冲空间是有限的。因此，不能写入太多输入，而且要及时读取输出。如果有大量的输入和输出，可能需要在单独的线程中生产和消费这些输入和输出。

要等待进程完成，可以调用：

```
int result = process.waitFor();
```

或者，如果不想无限期地等待，可以这样做：

```
long delay = ...;
if (process.waitfor(delay, TimeUnit.SECONDS)) {
    int result = process.exitValue();
    ...
} else {
    process.destroyForcibly();
}
```

对 waitFor 的第一次调用返回进程的退出值（按照惯例，0 表示成功，或者返回一个非零的错误代码）。如果进程没有超时，则第二个调用返回 true。然后，需要通过调用 exitValue 方法来获取退出值。

不必等待进程结束，可以让它继续运行，偶尔调用 isAlive 来查看它是否还处于活动状态。要终止进程，可以调用 destroy 或 destroyForcibly。这两个调用之间的区别取决于平台。在 Unix 上，前者使用 SIGTERM 终止进程，后者使用 SIGKILL 终止进程。（如果 destroy 方法可以正常终止进程，supports NormalTermination 方法返回 true。）

最后，会在流程完成时收到异步通知。调用 process.onExit() 会生成一个 CompletableFuture<Process>，可以使用它来调度任何动作。

```
process.onExit().thenAccept(
    p -> System.out.println("Exit value: " + p.exitValue()));
```

10.9.3 进程句柄

要获取程序启动的进程或计算机上当前运行的任何其他进程的更多信息，可以使用 ProcessHandle 接口。可以通过 4 种方式获得 ProcessHandle。

1. 给定 Process 对象 p，p.toHandle() 会生成它的 ProcessHandle。
2. 给定一个 long 类型的操作系统进程 ID，ProcessHandle.of(id) 将生成该进程的句柄。
3. ProcessHandle.current() 是运行此 Java 虚拟机的进程的句柄。
4. ProcessHandle.allProcesses() 生成当前进程可见的所有操作系统进程的 Stream<ProcessHandle>。

给定一个进程句柄，可以获得它的进程 ID、其父进程、子进程及后代进程：

```
long pid = handle.pid();
Optional<ProcessHandle> parent = handle.parent();
Stream<ProcessHandle> children = handle.children();
Stream<ProcessHandle> descendants = handle.descendants();
```

注意： allProcesses、children 和 descendants 方法返回的 Stream<ProcessHandle> 实例只是当时的快照。流中的任何进程都可能在你看到它们时已经终止了，而流中不存在的其他进程可能已经启动。

info 方法生成一个 ProcessHandle.Info 对象，其中包含用于获取进程信息的方法。

```
Optional<String[]> arguments()
Optional<String> command()
Optional<String> commandLine()
Optional<String> startInstant()
Optional<String> totalCpuDuration()
Optional<String> user()
```

所有这些方法都返回 Optional 值，因为特定操作系统可能无法报告信息。

对于监视或强制进程终止，ProcessHandle 接口具有与 Process 类相同的 isAlive、supports NormalTermination、destroy、destroyForcibly 和 onExit 方法。然而，没有与 waitFor 方法对应的方法。

练习

1. 使用并行流，查找目录中包含给定单词的所有文件。你是怎么找到第一个的？实际搜索的文件是否同时存在？

2. 数组必须有多大，才能使得 Arrays.parallelSort 在你的计算机上比 Arrays.sort 更快呢？

3. 实现一个方法，该方法生成一个读取文件中所有单词的任务，并尝试查找给定的单词。当任务被中断时，它应该立即完成（带有调试消息）。对于目录中的所有文件，为每个文件安排一个任务，并且当其中一个任务完成时，就中断所有其他的任务。

4. 10.4.2 小节中未讨论的一个并行操作是 parallelPrefix 方法，该方法使用给定的关联运算的前缀累加替换每个数组元素。下面是一个例子。考虑数组 [1, 2, 3, 4, ...] 和 × 运算。在执行

`Arrays.parallelPrefix(values, (x, y) -> x * y)` 后，该数组包含：

```
[1, 1 × 2, 1 × 2 × 3, 1 × 2 × 3 × 4, ...]
```

这样也许很让人惊讶，这种计算是可以并行化的。首先，连接相邻元素，如下所示：

```
[1, 1 × 2, 3, 3 × 4, 5, 5 × 6, 7, 7 × 8]
```

灰色值保持不变。显然可以在数组的不同区域中使此计算并行化。在下一步中，通过将指示的元素与以下一个或两个位置的元素相乘来更新指示的元素：

```
[1, 1 × 2, 1 × 2 × 3, 1 × 2 × 3 × 4, 5, 5 × 6, 5 × 6 × 7, 5 × 6 × 7 × 8]
```

这样的操作也可以并发进行。在 log(n)个步骤之后，该进程将会完成。如果有足够的处理器可用，那么这种计算形式将是线性计算的胜利。

在本练习中，你将使用 `parallelPrefix` 方法并行化斐波那契数的计算。我们使用的形式是，第 n 个斐波那契数是 F^n 的左上系数，其中 $F = \begin{pmatrix} 1 & 1 \\ 1 & 0 \end{pmatrix}$。用 2 × 2 矩阵填充一个数组。用乘法方法定义一个 `Matrix` 类，使用 `parallelPrefix` 生成一个矩阵数组，并使用 `parallelPrefix` 将它们相乘。

5. 制作一个示例，演示如何在不可变类的构造器中转义 `this`（参见 10.3.3 小节）。此外，尝试提出一些令人信服或者出人意料的东西。如果使用事件监听器（就像 Web 上的许多示例一样），它应该监听一些有趣的东西，这样的操作对于不可变类来说其实并不容易。

6. 编写一个应用程序，其中有多个线程读取文件容器中的所有单词。使用 `ConcurrentHashMap<String, Set<File>>`来跟踪每个单词出现在哪个文件中，最后使用 `merge` 方法更新映射。

7. 重复前面的练习，但改为使用 `computeIfAbsent`。使用这种方法的优点是什么？

8. 在 `ConcurrentHashMap<String, Long>` 中，找到具有最大值的键（可以任意地断开连接）。提示：可以使用 `reduceEntries`。

9. 生成 1000 个线程，每个线程将计数器递增 100 000 次。比较使用 `AtomicLong` 与使用 `LongAdder` 的性能差异。

10. 使用 `LongAccumulator` 计算累加元素的最大值或最小值。

11. 使用阻塞队列处理目录中的文件。一个线程遍历文件树并将文件插入队列。一些线程删除这些文件，并在每个文件中搜索给定的关键字，打印出匹配。生产者完成后，应将一个虚拟文件放入队列。

12. 重复前面的练习，但让每个消费者编译一个单词及其频率的映射，并将其插入到第二个队列中。最后一个线程合并字典并打印 10 个最常见的单词。这里为什么不需要使用 `ConcurrentHashMap`？

13. 重复前面的练习，为每个文件创建一个 `Callable<Map<String, Integer>>`，并使用适当的执行器服务。最后当所有结果都可用时合并结果。这里为什么不需要使用 `ConcurrentHashMap`？

14. 当结果可用时，立即使用 `ExecutorCompletionService` 实现合并。

15. 重复前面的练习，使用全局 `ConcurrentHashMap` 收集单词的频率。

16. 使用并行流重复上一练习。任何流操作都不应有副作用。

17. 编写一个程序，遍历目录树并为每个文件生成一个线程。在线程中，计算文件中的单词数，并在不使用锁的情况下更新声明为以下形式的共享计数器：

```java
public static long count = 0;
```

多次运行程序。发生了什么？为什么？

18. 使用锁修复上一练习中的程序。

19. 使用 `LongAdder` 修复上一练习中的程序。

20. 考虑以下栈的实现：

```java
public class Stack {
    class Node { Object value; Node next; };
    private Node top;

    public void push(Object newValue) {
        var n = new Node();
```

```
            n.value = newValue;
            n.next = top;
            top = n;
        }

        public Object pop() {
            if (top == null) return null;
            Node n = top;
            top = n.next;
            return n.value;
        }
    }
```

描述数据结构无法包含正确元素的两种不同方式。

21. 考虑此队列实现：

```
public class Queue {
    class Node { Object value; Node next; };
    private Node head;
    private Node tail;

    public void add(Object newValue) {
        var n = new Node();
        if (head == null) head = n;
        else tail.next = n;
        tail = n;
        tail.value = newValue;
    }

    public Object remove() {
        if (head == null) return null;
        Node n = head;
        head = n.next;
        return n.value;
    }
}
```

描述数据结构无法包含正确元素的两种不同方式。

22. 以下代码段有什么问题?

```
public class Stack {
    private Object myLock = "LOCK";

    public void push(Object newValue) {
        synchronized(myLock) {
            ...
        }
    }
    ...
}
```

23. 以下代码段有什么问题?

```
public class Stack {
    public void push(Object newValue) {
        synchronized (new ReentrantLock()) {
            ...
        }
    }
    ...
}
```

24. 以下代码段有什么问题?

```
public class Stack {
    private Object[] values = new Object[10];
    private int size;

    public void push(Object newValue) {
        synchronized(values) {
            if (size == values.length)
                values = Arrays.copyOf(values , 2 * size);
            values[size] = newValue;
            size++;
        }
    }
    ...
}
```

25. 编写一个程序，向用户请求 URL，读取该 URL 处的 Web 页面，并显示所有链接。对每个步骤使用 CompletableFuture。不要调用 get 方法。

26. 使用两个线程编写一个演示死锁的程序。

27. 使用单个线程编写一个演示死锁的程序。提示：join。

28. 编写一个方法：

```
public static <T> CompletableFuture<T> repeat(
    Supplier<T> action, Predicate<T> until)
```

该方法将异步重复该操作，直到它得到一个被 until 函数接受的值。until 函数也需要是异步运行的。使用控制台的 java.net.PasswordAuthentication 方式读取数据，并进行函数功能性测试，它需要休眠一秒钟然后检查密码是否为"secret"来模拟有效性检查。提示：使用递归实现。

29. 实现一个静态方法：

```
CompletableFuture<T> <T> SupplyAsync(Supplier<T> action, Executor  exec)
```

该方法返回 CompletableFuture<T>子类的一个实例，其 cancel 方法可以中断执行该操作的 action 方法，当然，中断的前提是该任务正在执行。在 Runnable 中，捕获当前的线程，然后调用 action.get()方法，并使用结果或异常完成 CompletableFuture。

30. 以下方法：

```
static CompletableFuture<Void>
    CompletableFuture.allOf(CompletableFuture<?>... cfs)
```

不生成参数的结果，这使得它使用起来有点麻烦。实现一种方法，该方法合并了相同类型的 CompletableFuture。即：

```
static <T> CompletableFuture< List<T>>
    allOf(List<CompletableFuture<T>> cfs)
```

需要注意的是，因为不能有泛型类型的变量参数，所以此方法有一个 List<T>参数。

31. 以下方法：

```
static CompletableFuture<Object>
    CompletableFuture.anyOf(CompletableFuture<?>... cfs)
```

无论是在正常还是异常情况下，只要任何参数被完成，该方法就会立即返回。这个方法与 ExecutorService.invokeAny 有着显著的区别。ExecutorService.invokeAny 会一直持续运行直到其中一个任务成功完成，并阻止该方法用于并发搜索。实现一个方法：

```
static CompletableFuture<T>
    anyOf(List<Supplier<T>> actions, Executor exec)
```

该方法将得到第一个实际产生的结果。如果所有操作都已异常完成，则抛出 NoSuchEmentException 异常。

第 11 章　注解

注解是插入到源代码中的标记，某些特定的工具可以处理这些注解。这些工具可以在源代码级别上进行操作，也可以处理那些被编译器置入注解的类文件。

注解不会改变程序的编译方式。也就是说，Java 编译器对于带有或不带有注解的代码会生成相同的虚拟机指令。

为了更好地利用注解进行编程，需要选择一种注解处理工具，并使用处理工具能够理解的注解，然后才能将该注解处理工具应用于代码。

注解有多种用途。例如，JUnit 可以使用注解来标记执行测试的方法，并指定测试的运行方式。此外，Java 持久性体系结构使用注解来定义类和数据库表之间的映射，这样，开发人员就可以自动持久化对象，而无须编写 SQL 查询语句。

在本章中，你将学习注解语法的详细内容，包括如何定义自己的注解，如何编写在源码级或运行时工作的注解处理器。

本章重点如下：

1. 可以像使用 public 或 static 等修饰符一样对各类声明进行注解。
2. 还可以注解那些出现在声明、强制转换、instanceof 检查或方法引用中的类型。
3. 注解以@符号开头，其中可能包含称为元素的键/值对。
4. 注解值必须是编译时常量：基本类型、enum 常量、class 字面量、其他注解或数组。
5. 项目可以具有重复的注解或不同类型的注解。
6. 要定义注解，需要指定一个方法与注解元素相对应的注解接口。
7. Java 库定义了十几个注解，在企业版 Java 中注解的应用则更加普遍。
8. 要在运行的 Java 程序中处理注解，可以使用反射并查询反射项以获取注解信息。
9. 注解处理器在编译期间处理源文件，使用 Java 语言模型 API 查找注解项。

11.1　使用注解

下面是一个简单注解的示例：

```
public class CacheTest {
    ...
    @Test public void checkRandomInsertions()
}
```

注解@Test 用于注解 checkRandomInsertions 方法。

在 Java 中，注解的用法类似于修饰符（如 public 或 static）。每个注解的名称前面都有一个@符号。

@Test 注解本身不做任何事情。它还需要工具支持才会有用。例如，在测试一个类的时候，JUnit 4 测试工具会调用标记为@Test 的所有方法。另一个工具可能会从类文件中删除所有测试方法，以便在测试完这个类后，不会将这些测试方法与程序装载在一起。

11.1.1　注解元素

注解可以具有称为元素的键/值对，例如：

```
@Test(timeout=1000)
```

元素的名称和类型由每个注解定义（参见 11.2 节）。元素可以由读取注解的工具处理。

注解元素是以下元素之一：

- 基本类型值；
- String；
- Class 对象；
- enum 的实例；
- 注解；
- 以上类型的数组（但不是数组的数组）。

例如：

```
@BugReport(showStopper=true,
    assignedTo="Harry",
    testCase=CacheTest.class,
    status=BugReport.Status.CONFIRMED)
```

警告： 注解元素的值永远不能为 null。

注解元素可以具有默认值。例如，JUnit @Test 注解的 timeout 元素具有默认值 0L。因此，注解@Test 等价于@Test(timeout=0L)。

如果元素名称是 value，并且这是你指定的唯一元素，则可以省略 value=。例如，@SuppressWarnings("unchecked")与@SuppressWarnings(value="unchecked")相同。

如果元素值是数组，那么可以将其组件括在花括号中：

```
@BugReport(reportedBy={"Harry", "Fred"})
```

如果数组只有一个组件，则可以省略花括号：

```
@BugReport(reportedBy="Harry") // Same as {"Harry"}
```

注解元素可以是另一个注解：

```
@BugReport(ref=@Reference(id=11235811), ...)
```

注意： 由于注解是由编译器处理的，因此所有元素值都必须是编译时常量。

11.1.2 多重注解和重复注解

一个项目可以有多个注解：

```
@Test
@BugReport(showStopper=true, reportedBy="Joe")
public void checkRandomInsertions()
```

如果注解的作者声明它是可重复的，则可以将同一注解重复多次：

```
@BugReport(showStopper=true, reportedBy="Joe")
@BugReport(reportedBy={"Harry", "Carl"})
public void checkRandomInsertions()
```

11.1.3 注解声明

到目前为止，你已经看到了应用于方法声明的注解。还有许多其他地方可以出现注解。它们分为两类：声明（declaration）和类型使用（type use）。声明注解可以出现在以下几种声明中：

- 类（包括 enum）和接口（包括注解接口）；
- 方法；
- 构造器；
- 实例变量（包括 enum 常量）；
- 局部变量（包括在 for 和带资源的 try 语句中声明的变量）；
- 参数变量和 catch 子句参数；
- 类型参数；
- 包。

对于类和接口，需要将注解放在 class 或 interface 关键字和任何修饰符之前：

```
@Entity public class User { ... }
```

对于变量，需要将它们放在类型之前：

```
@SuppressWarnings("unchecked") List<User> users = ...;
public User getUser(@Param("id") String userId)
```

泛型类或方法中的类型参数可以像下面这样注解：

```
public class Cache<@Immutable V> { ... }
```

包是在文件 package-info.java 中注解的，该文件只包含前面带有注解的包语句：

```
/**
   Package-level Javadoc
*/
@GPL(version="3")
package com.horstmann.corejava;
import org.gnu.GPL;
```

需要注意的是，注解的 import 语句在 package 声明之后。

注意： 编译类时，局部变量和包的注解将被丢弃。因此，只能在源码级别处理它们。

11.1.4 类型使用注解

声明注解提供了正在被声明项的相关信息。例如，在下面的声明中：

```
public User getuser(@NonNull String userId)
```

它断言 userId 参数不为 null。

注意： @NonNull 注解是 Checker Framework 的一部分。通过使用该框架可以在程序中包含断言，例如参数为非 null 或 String 包含正则表达式。此外，静态分析工具会检查断言在给定的源代码中是否有效。

现在假设我们有一个 List<String>类型的参数，并且想要表达所有字符串都是非 null 的。这就是类型使用注解的主要用处，可以将注解放在类型参数之前：List<@NonNull String>。

类型使用注解可以出现在以下位置。

- 与泛型类型参数一起使用：List<@NonNull String>、Comparator.<@NonNull String> reverseOrder()。
- 数组中的任何位置：@NonNull String[][] words (words[i][j]为非 null)、String @NonNull [][] words（words 为非 null）、String[] @NonNull [] words（words[i] 为非 null）。
- 与超类和实现接口一起使用：class Warning extends @Localized Message。
- 与构造器调用一起使用：new @Localized String(...)。
- 与嵌套类型一起使用：Map.@Localized Entry。
- 与强制转换和 instanceof 检查一起使用：(@Localized String) text，if (text instanceof @Localized String)。（注解仅供外部工具使用。它们对强制转换或 instanceof 检查没有影响。）
- 与异常规范一起使用：public String read() throws @Localized IOException。
- 与通配符和类型限定一起使用：List<@Localized ? extends Message>，List<? extends @Localized Message>。
- 与方法和构造器引用一起使用：@Localized Message::getText。

此外，有一些类型位置无法进行注解：

```
@NonNull String.class // Error-cannot annotate class literal
import java.lang.@NonNull String; // Error-cannot annotate import
```

可以在其他修饰符（例如 private 和 static）之前或之后放置注解。通常（但不是必须）将类型使用注解放在其他修饰符之后，并将声明注解放在其他修饰符之前。例如：

```
private @NonNull String text; // Annotates the type use
```

```
@Id private String userId; // Annotates the variable
```

注意： 如 11.2 节中所示，注解的作者需要指定特定注解可以出现的位置。如果变量和类型使用都允许使用注解，并且在变量声明中使用了注解，则变量和类型使用都会被注解，示例如下。

```
public User getUser(@NonNull String userId)
```

如果@NonNull 可以同时应用于参数和类型使用，则会注解 userId 参数，并且参数类型为@NonNull String。

11.1.5 使接收器显式

假设想要将参数注解为在方法中不会被修改：

```
public class Point {
    public boolean equals(@ReadOnly Object other) { ... }
}
```

那么，处理此注解的工具将在看到调用 p.equals(q)时，推断出 q 没有被改变。

但是 p 呢?

调用方法时，接收器变量 this 绑定到 p，但 this 从未被声明过，因此无法对其进行注解。

实际上，可以使用一个很少使用的语法变体来声明它，这样就可以添加注解了：

```
public class Point {
    public boolean equals(@ReadOnly Point this, @ReadOnly Object other) { ... }
}
```

第一个参数称为接收器参数，它必须命名为 this，它的类型是正在构造的类。

注意： 你只能为方法提供接收器参数，而不能为构造器提供接收器参数。从概念上讲，在构造器完成之前，构造器中的 this 引用不是给定类型的对象。相反，放置在构造器上的注解描述了构造对象的属性。

传递给内部类构造器的是另一个不同的隐藏参数，即对封闭类对象的引用。也可以让这个参数显式化：

```
static class Sequence {
    private int from;
    private int to;

    class Iterator implements java.util.Iterator<Integer> {
        private int current;

        public Iterator(@ReadOnly Sequence Sequence.this) {
            this.current = Sequence.this.from;
        }
        ...
    }
    ...
}
```

参数的名称必须与引用它时的名称相同，即 *EnclosingClass*.this，并且其类型是封闭类。

11.2 定义注解

每个注解都必须由**注解接口**（annotation interface）使用@interface 语法声明。接口的方法对应于注解的元素。例如，Junit 的 Test 注解由以下接口定义：

```
@Target(ElementType.METHOD)
@Retention(RetentionPolicy.RUNTIME)
public @interface Test {
    long timeout();
    ...
}
```

@interface 声明创建了一个真正的 Java 接口。处理注解的工具接收实现了这个注解接口的对象。当 JUnit 测试运行器工具获得一个实现了 Test 的对象时，它只须调用 timeout 方法来获取特定 Test 注解的 timeout 元素。

注解接口中的元素声明实际上是方法声明。注解接口的方法可以没有参数和 throws 子句，并且不能是泛型的。

@Target 和@Retention 注解是元注解（meta-annotation）。它们负责对 Test 注解进行注解，指明注解可以出现的位置和可以访问的位置。

@Target 元注解的值是一个 ElementType 对象的数组，指定注解可以应用的项。也可以指定任意数量的元素类型，并用花括号括起来。例如：

```
@Target({ElementType.TYPE, ElementType.METHOD})
public @interface BugReport
```

表 11-1 显示了所有可能的@Target。编译器检查你是否仅在允许的情况下使用注解。例如，如果将@BugReport 应用于变量，则会导致编译时错误。

表 11–1 @Tagrget 注解的元素类型

元素类型	注解适用场合
ANNOTATION_TYPE	注释类型声明
PACKAGE	包
TYPE	类（包括 enum）和接口（包括注释类型）
METHOD	方法
CONSTRUCTOR	构造器
FIELD	实例变量（包括 enum 常量）
PARAMETER	方法或构造器参数
LOCAL_VARIABLE	局部变量
TYPE_PARAMETER	类型参数
TYPE_USE	类型使用

注意：没有@Target 限制的注解可以应用于任何声明，但不能与类型参数和类型使用一起使用。（这些是第一个支持注解的 Java 版本中唯一可能的目标。）

@Retention 元注解指定可以访问注解的位置。主要的位置包括 3 种。

- RetentionPolicy.SOURCE：注解对源处理器可用，但不包含在类文件中。
- RetentionPolicy.CLASS：注解包含在类文件中，但虚拟机不会加载它们。这是默认设置。
- RetentionPolicy.RUNTIME：注解在运行时可用，可以通过反射 API 访问。

在本章后面部分，你将看到所有 3 种场景的示例。

还有一些其他元注解，参见 11.3 节以获取完整列表。要为元素指定默认值，可以在定义元素的方法之后添加 default 子句。例如：

```
public @interface Test {
    long timeout() default 0L;
    ...
}
```

此示例显示如何表示空数组的默认值和注解的默认值：

```
public @interface BugReport {
    String[] reportedBy() default {};
        // Defaults to empty array
    Reference ref() default @Reference(id=0);
        // Default for an annotation
    ...
}
```

警告：默认值不会与注解一起存储；相反，它们是动态计算得到的。如果更改默认值并重新编译注解类，则所有带注解的元素都将使用新的默认值，即使是在默认值更改之前已编译的类文件中。

你不能扩展注解接口，也不能提供实现注解接口的类。相反，源处理工具和虚拟机在需要时会生成代理类和对象。

11.3 标准注解

Java API 在 java.lang、java.lang.annotation 和 javax.annotation 包中定义了许多注解接口。其中 4 个是描述注解接口行为的元注解。其他注解是用于注解源代码中项目的常规注解。表 11-2 列出了这些注解。本书将在下面两个小节中详细讨论它们。

表 11-2 标准注解

注解接口	应用场合	目的
Override	方法	检查此方法是否覆盖了超类方法
Serial	方法	检查此方法是否为正确的序列化方法
Deprecated	所有声明	将项目标记为已弃用
SupressWarnings	除包之外的所有声明	阻止给定类型的警告
SafeVarargs	方法和构造器	断言可变参数可以安全使用
FunctionalInterface	接口	将接口标记为函数式接口（使用单个抽象方法）
Generated	所有声明	将项目标记为工具生成的源代码
Target	注解	指定可以应用此注解的位置
Retention	注解	指定可以在哪里使用此注解
Documented	注解	指定此注解应包含在带注解项的文档中
Inherited	注解	指定此注解由子类继承
Repeatable	注解	指定此注解可以多次应用于同一项目

11.3.1 编译用注解

@Deprecated 注解可以被添加到任何不再鼓励使用的项目中。当使用一个已过时的项目时，编译器将发出警告。此注解与 Javadoc 的@deprecated 标记具有相同的作用。然而，注解功能将持续到运行时。

注意：JDK 中的 jdeprscan 工具可以扫描 JAR 文件集合以查找已过时的元素。

@Override 注解使编译器检查带有这种注解的方法是否真的覆盖了超类中的方法。例如，如果声明如下：

```
public class Point {
    @Override public boolean equals(Point other) { ... }
    ...
}
```

那么编译器将报告一个错误，该 equals 方法没有覆盖 Object 类的 equals 方法，因为该方法的参数类型为 Object，而不是 Point。

@Serial 注解检查用于序列化的方法（未在接口中声明）是否具有正确的参数类型。

@SuppressWarnings 注解告诉编译器阻止特定类型的警告，例如：

```
@SuppressWarnings("unchecked") T[] result
    = (T[]) Array.newInstance(cl, n);
```

@SafeVarargs 注解断言方法不会损坏其可变参数（参见第 6 章）。

@Generated 注解旨在供代码生成工具使用。任何生成的源代码都可以被注解，以区别于编程人员提供的代码。例如，代码编辑器可以隐藏生成的代码，或者代码生成器可以删除生成代码的旧版本。每个注解都必须包含代码生成器的唯一标识符。而日期字符串（ISO 8601 格式）和注释字符串是可选的。例如：

```
@Generated(value="com.horstmann.generator",
    date="2015-01-04T12:08:56.235-0700");
```

你已经在第 3 章中看到了 FunctionalInterface 注解。它用于注解 Lambda 表达式的转换标记，例如：

```
@FunctionalInterface
public interface IntFunction<R> {
    R apply(int value);
}
```

如果稍后添加另一个抽象方法，编译器将生成错误。

当然，应该只将此注解添加到描述函数的接口中。还有其他具有单一抽象方法（如 `AutoCloseable`）的接口在概念上不是函数。

11.3.2 元注解

你已经在 11.2 节中看到了`@Target` 和`@Retention` 元注解。

`@Documented` 元注解为 Javadoc 等文档工具提供了提示。出于归档的目的，文档注解应该与其他修饰符（例如 `private` 或 `static`）一样处理。然而，文档中不应包含其他注解。

例如，`@SuppressWarnings` 注解并未被归档。如果方法或字段具有该注解，则它是 Javadoc 读者不感兴趣的实现细节。另一方面，`@FunctionalInterface` 注解会被归档，因为这有利于让编程人员知道该接口是用来描述函数的。图 11-1 显示了文档。

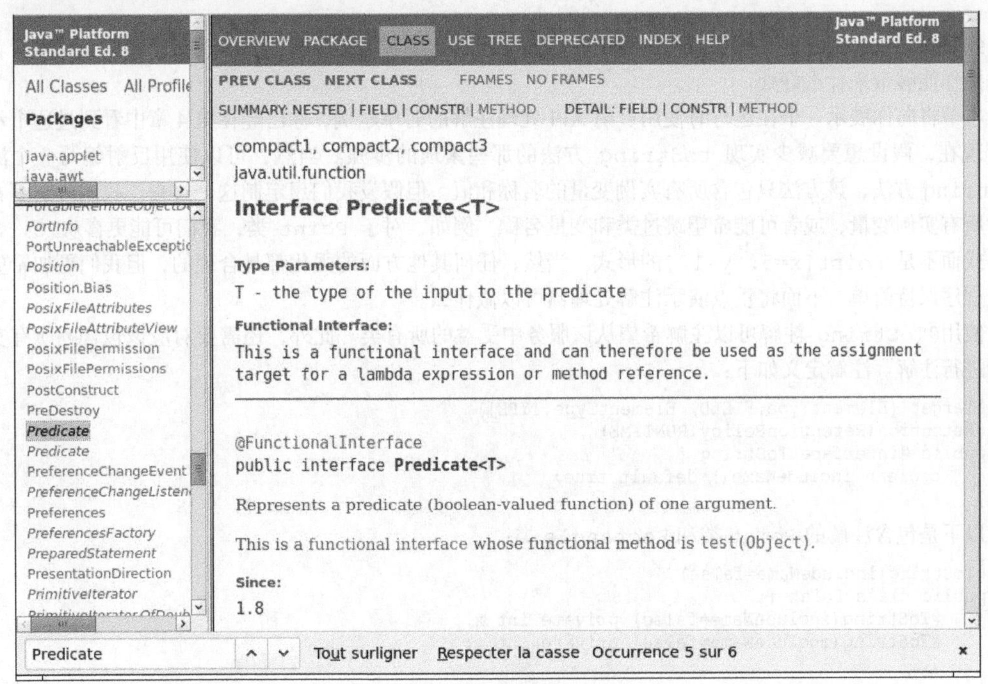

图 11-1 文档化注解

`@Inherited` 元注解仅能应用于对类的注解。当类具有继承注解时，其所有子类都自动具有相同的注解。这使得创建类似于标记接口（例如 `Serializable` 接口）的注解变得容易。

假设定义了一个继承注解`@Persistent`，以表明类的对象可以存储在数据库中，那么持久类的子类会被自动注解为持久类。

```
@Inherited @interface Persistent { }

@Persistent class Employee { ... }
class Manager extends Employee { ... } // Also @Persistent
```

`@Repeatable` 元注解允许多次应用同一注解。例如，假设`@TestCase` 注解是可重复的，那么可以这样使用该注解：

```
@TestCase(args="4", expected="24")
@TestCase(args="0", expected="1")
public static long factorial(int n) { ... }
```

由于历史原因，可重复注解的实现者需要提供一个容器注解（container annotation），它可以将重复注解存储在数组中。

以下是如何定义@TestCase注解及其容器：

```
@Repeatable(TestCases.class)
@interface TestCase {
    String args();
    String expected();
}

@interface TestCases {
    TestCase[] value();
}
```

每当用户提供两个或多个@TestCase注解时，它们都会自动包装到@TestCase注解中。这会使注解的处理变得复杂，你将在下一节中看到。

11.4 在运行时处理注解

到目前为止，你已经了解了如何向源文件添加注解以及如何定义注解类型。现在让我们一起来看看这样的操作能够带来什么好处。

本节将向你展示一个在运行时使用反射API处理注解的简单示例，你已经在第4章中看到过这个示例了。现在，假设想要减少实现 toString 方法的那些繁琐的步骤。当然，可以使用反射编写一个泛型toString方法，该方法只包含所有实例变量的名称和值。但假设我们想定制这个过程。我们可能不希望包含所有实例变量，或者可能希望跳过类和变量名称。例如，对于 Point 类，我们可能更喜欢[5, 10]的形式而不是 Point[x=5, y=10]的形式。当然，任何其他方面的强化都是合理的，但我们更加希望能够使程序保持简单。下面将重点演示注解处理器可以做什么。

使用@ToString 注解可以注解希望从该服务中受益的所有类。此外，还需要对应该包含的所有实例变量进行注解。注解定义如下：

```
@Target({ElementType.FIELD, ElementType.TYPE})
@Retention(RetentionPolicy.RUNTIME)
public @interface ToString {
    boolean includeName() default true;
}
```

以下是包含注解的 Point 类和 Rectangle 类：

```
@ToString(includeName=false)
public class Point {
    @ToString(includeName=false) private int x;
    @ToString(includeName=false) private int y;
    ...
}

@ToString
public class Rectangle {
    @ToString(includeName=false) private Point topLeft;
    @ToString private int width;
    @ToString private int height;
    ...
}
```

代码的主要目的是将矩形表示为字符串 Rectangle[[5, 10],width=20,height=30]。

在运行时，我们不能修改给定类的 toString 方法的实现。相反，我们可以提供一种方法，它可以格式化任何对象，用来发现并使用 ToString 注解（如果存在）。

关键是 AnnotatedElement 接口的方法：

```
T getAnnotation(Class<T>)
T getDeclaredAnnotation(Class<T>)
T[] getAnnotationsByType(Class<T>)
T[] getDeclaredAnnotationsByType(Class<T>)
```

```
Annotation[] getAnnotations()
Annotation[] getDeclaredAnnotations()
```

反射类Class、Field、Parameter、Method、Constructor和Package实现该接口。

与其他反射方法一样，名称中带有Declared的方法在类自身中生成注解，而其他方法则包含了继承注解。在注解的上下文中，这意味着注解是@Inherited并应用于超类。

如果注解不可重复，那么可以调用getAnnotation来定位该注解。例如：

```
Class cl = obj.getClass();
ToString ts = cl.getAnnotation(ToString.class);
if (ts != null && ts.includeName()) ...
```

需要注意的是，你传递了注解的类对象（这里是ToString.class），并返回了实现ToString接口的某个代理类的对象。这样就可以调用接口方法来获取注解元素的值。如果注解不存在，那么getAnnotation方法返回null。

如果注解是可重复的，则会有点混乱。如果调用getAnnotation来查找可重复注解，并且该注解确实是重复的，那么也会得到null。这是因为重复的注解被封装在容器注解中。

在这种情况下，应该调用getAnnotationsByType。这个调用会"逐一查看"容器并返回给一个重复注解的数组。如果只有一个注解，那么会得到一个长度为1的数组。通过使用这个方法，就不必担心如何处理容器注解了。

getAnnotations方法能够获取某个特定的被注解项目的所有注解内容（任何类型），并将那些重复的注解封装到容器中。

下面是注解感知的toString方法的实现：

```
public class ToStrings {
    public static String toString(Object obj) {
        if (obj == null) return "null";
        Class<?> cl = obj.getClass();
        ToString ts = cl.getAnnotation(ToString.class);
        if (ts == null) return obj.toString();
        var result = new StringBuilder();
        if (ts.includeName()) result.append(cl.getName());
        result.append("[");
        boolean first = true;
        for (Field f : cl.getDeclaredFields()) {
            ts = f.getAnnotation(ToString.class);
            if (ts != null) {
                if (first) first = false; else result.append(",");
                f.setAccessible(true);

                if (ts.includeName()) {
                    result.append(f.getName());
                    result.append("=");
                }
                try {
                    result.append(ToStrings.toString(f.get(obj)));
                } catch (ReflectiveOperationException ex) {
                    ex.printStackTrace();
                }
            }
        }
        result.append("]");
        return result.toString();
    }
}
```

当使用 ToString 对类进行注解时，方法会在其字段上迭代，并打印同样被注解的字段。如果includeName元素为true，则类或字段名将包含在字符串中。

需要注意的是，方法会递归调用自身。每当一个对象属于一个没有注解的类时，它的常规toString方法就会被使用，并且递归会停止。

这是运行时注解API的一个简单但典型的用法。使用反射查找类、字段等，并对可能包含注解的元素调用getAnnotation或getAnnotationsByType以获取注解，然后调用注解接口的方法以获取元素值。

11.5 源码级注解处理

在上一节中，你了解了如何分析正在运行的程序中的注解。注解的另一个用途是自动处理源文件，以生成更多的源代码、配置文件、脚本或任何其他可能需要生成的内容。

为了向你展示这个机制，我将重复生成 toString 方法的示例。不过，这次我们在 Java 源代码中生成它们。这样，这些方法将与程序的其余部分一起编译，并且将以全速运行，而不是使用反射来实现。

11.5.1 注解处理器

注解处理被集成到了 Java 编译器中。在编译期间，可以通过运行以下命令来调用注解处理器：

```
javac -processor ProcessorClassName1,ProcessorClassName2,... sourceFiles
```

编译器会定位源文件中的注解。每个注解处理器会依次执行，并给出它表示感兴趣的注解。如果注解处理器创建了新的源文件，那么上述过程将重复执行。如果某次处理循环再产生新的源文件，则编译所有源文件。

注意：注解处理器只能生成新的源文件。它无法修改现有的源文件。

注解处理器通常通过扩展 AbstractProcessor 类来实现 Processor 接口。需要指定处理器支持的注解。在我们的示例中：

```
@SupportedAnnotationTypes("com.horstmann.annotations.ToString")
@SupportedSourceVersion(SourceVersion.RELEASE_8)
public class ToStringAnnotationProcessor extends AbstractProcessor {
    @Override
    public boolean process(Set<? extends TypeElement> annotations,
            RoundEnvironment currentRound) {
        ...
    }
}
```

注解处理器可以声明特定的注解类型和通配符，例如"com.horstmann.*"（com.horstmann 包或任何子包中的所有注解），甚至是"*"（所有注解）。

每个循环都会调用一次 process 方法，其中包含此循环期间在任何文件中找到的所有注解集合，以及包含当前处理循环信息的 RoundEnvironment 引用。

11.5.2 语言模型 API

可以使用语言模型（language model）API 来分析源代码级别的注解。与反映类和方法的虚拟机表示形式的反射 API 不同，语言模型 API 允许你根据 Java 语言的规则分析 Java 程序。

编译器会生成一个树，其节点是实现 javax.lang.model.element.Element 接口及其 TypeElement、VariableElement、ExecutableElement 等子接口的类的实例。这些节点可以类比于编译时的 Class、Field/Parameter 和 Method/Constructor 反射类。

本书并不会详细介绍该 API，但以下是处理注解时需要了解的要点。

- RoundEnvironment 通过调用以下方法为你提供由使用特定注解标准的所有元素构成的集合。

```
Set<? extends Element> getElementsAnnotatedWith(Class<? extends Annotation> a)
Set<? extends Element> getElementsAnnotatedWithAny(
    Set<Class<? extends Annotation>> annotations)
        // Useful for repeated annotations
```

- 与 AnnotatedElement 接口等效的源代码级别是 AnnotatedConstruct。使用以下方法获取给定注解类的单条注解或重复注解。

```
A getAnnotation(Class<A> annotationType)
A[] getAnnotationsByType(Class<A> annotationType)
```

- TypeElement 表示类或接口。getEnclosedElements 方法生成其字段和方法的列表。
- 在 Element 上调用 getSimpleName 或在 TypeElement 上调用 getQualifiedName 会生成

一个 Name 对象，该对象可以用 toString 方法转换为字符串。

11.5.3 使用注解生成源代码

让我们回到自动生成 toString 方法的任务。我们不能将这些方法放入原来的类中，因为注解处理器只能生成新类，而不能修改现有类。

因此，我们将所有方法添加到工具类 ToStrings 中：

```
public class ToStrings {
    public static String toString(Point obj) {
        Generated code
    }
    public static String toString(Rectangle obj) {
        Generated code
    }
    ...
    public static String toString(Object obj) {
        return Objects.toString(obj);
    }
}
```

我们不想使用反射，因此注解访问器方法，而不是字段：

```
@ToString
public class Rectangle {
    ...
    @ToString(includeName=false) public Point getTopLeft() { return topLeft; }
    @ToString public int getWidth() { return width; }
    @ToString public int getHeight() { return height; }
}
```

注解处理器应该生成以下源代码：

```
public static String toString(Rectangle obj) {
    var result = new StringBuilder();
    result.append("Rectangle");
    result.append("[");
    result.append(toString(obj.getTopLeft()));
    result.append(",");
    result.append("width=");
    result.append(toString(obj.getWidth()));
    result.append(",");
    result.append("height=");
    result.append(toString(obj.getHeight()));
    result.append("]");
    return result.toString();
}
```

其中，灰色代码为“模板”代码。下面的框架所描述的方法可以为具有给定 TypeElement 的类生成 toString 方法：

```
private void writeToStringMethod(PrintWriter out, TypeElement te) {
    String className = te.getQualifiedName().toString();
    Print method header and declaration of string builder
    ToString ann = te.getAnnotation(ToString.class);
    if (ann.includeName()) Print code to add class name
    for (Element c : te.getEnclosedElements()) {
        ann = c.getAnnotation(ToString.class);
        if (ann != null) {
            if (ann.includeName()) Print code to add field name
            Print code to append toString(obj.methodName())
        }
    }
    Print code to return string
}
```

下面是注解处理器的 process 方法的框架。它为辅助类创建一个源文件，并为每个带注解的类编写类头和一个方法。

```
public boolean process(Set<? extends TypeElement> annotations,
        RoundEnvironment currentRound) {
```

```
        if (annotations.size() == 0) return true;
        try {
            JavaFileObject sourceFile = processingEnv.getFiler().createSourceFile(
                "com.horstmann.annotations.ToStrings");
            try (var out = new PrintWriter(sourceFile.openWriter())) {
                Print code for package and class
                for (Element e : currentRound.getElementsAnnotatedWith(ToString.class)) {
                    if (e instanceof TypeElement te) {
                        writeToStringMethod(out, te);
                    }
                }
                Print code for toString(Object)
            } catch (IOException  ex) {
                processingEnv.getMessager().printMessage(
                    Kind.ERROR, ex.getMessage());
            }
        }
        return true;
    }
```

对于相关的稍显冗长的细节，可以查看本书附带的代码。

注意，在后续循环中，process 方法是用空的注解列表调用的。然后它会立即返回，这样就不会多次创建源文件。

提示： 要查看循环，可以运行带有-XprintRounds 标志的 javac 命令，示例如下。

```
Round 1:
  input files: {ch11.sec05.Point, ch11.sec05.Rectangle,
    ch11.sec05.SourceLevelAnnotationDemo}
  annotations: [com.horstmann.annotations.ToString]
  last round: false
Round 2:
  input files: {com.horstmann.annotations.ToStrings}
  annotations: []
  last round: false
Round 3:
  input files: {}
  annotations: []
  last round: true
```

此示例演示了工具如何获取源文件注解以生成其他文件。生成的文件不必是源文件。注解处理器可以选择生成 XML 描述符、属性文件、Shell 脚本、HTML 文档等。

注意： 现在你已经了解了如何在源文件和正在运行的程序中处理注解。第三种可能性是在类文件中处理注解，通常在将注解加载到虚拟机时进行处理。你需要一个像 ASM 这样的工具定位和评估注解，并重写字节码。

练习

1. 描述 Object.clone 可以如何被修改为使用@Cloneable 注解，而不是使用 Cloneable 标记接口。

2. 如果注解在 Java 的早期版本中已经存在，那么 Serializable 接口肯定是一个注解。实现一个@Serializeable 注解。可以选择文本或二进制格式来保证其持久性。此外，为流或读取器/写入器提供一个类，并通过保存和恢复所有基本类型值或那些可序列化的字段来持久化对象的状态。暂时不需要担心循环引用的问题。

3. 重复前面的工作，但这次需要考虑循环引用问题。

4. 向序列化机制添加一个@Transient 注解，其作用类似于 transient 修饰符。

5. 定义一个@Todo 注解，其中包含一条消息，描述需要执行的操作。定义从源文件生成提醒列表的注解处理器，其中包括注解项目和待办事项消息的说明。

6. 将上一练习的注解转换为重复注解。

7. 如果注解在早期版本的 Java 中已经存在，它们可能会扮演 Javadoc 的角色。定义注解@Param、

@Return 等，并使用注解处理器从中生成基本的 HTML 文档。

8. 实现一个@TestCase 注解，生成一个源文件，其名称是出现注解的类的名称，后跟 Test。例如，如果 MyMath.java 包含：

```
@TestCase(args="4", expected="24")
@TestCase(args="0", expected="1")
public static long factorial(int n) { ... }
```

则使用下面的语句生成文件 MyMathTest.java：

```
assert(MyMath.factorial(4) == 24);
assert(MyMath.factorial(0) == 1);
```

可以假设测试方法是静态的，并且 args 包含正确类型参数的用逗号分隔的列表。

9. 将@TestCase 注解实现为运行时注解，并提供一个检查它的工具。同样，假设测试方法是静态的，并限制为合理的参数类型集合，返回可以通过注释元素中的字符串来描述的类型。

10. 为@Resource 注解实现一个处理器，它接受某个类的对象，并查找用@Resource(name="*URL*")注解的 String 类型的字段。然后加载 URL 并使用反射将字符串变量“注入”到该内容中。

第 12 章　日期和时间 API

光阴似箭，我们可以很容易地设置一个时间的起点，并从该时间点开始按秒向前和向后计时。但是为什么在计算机内处理时间如此困难呢？问题在于人类本身。如果我们只需告诉对方："1371409200 来见我，不要迟到！"那么一切都会很简单。但我们希望时间能够与昼夜和季节相关，这就使事情变得复杂了。Java 1.0 有一个 `Date` 类，现在看来，这个类过于简单了，当 Java 1.1 中引入 `Calendar` 类之后，`Date` 类中的大部分方法已经被弃用。但是，`Calendar` 的 API 设计得并不出色，它的实例是可修改的，并且不能处理闰秒等问题。第三次升级很有吸引力，Java 8 中引入的 `java.time` 的 API 弥补了过去的缺陷，应该可以为我们服务很长一段时间。在本章中，你将了解是什么使得时间计算如此令人烦恼，以及日期和时间 API 是如何解决这些问题的。

本章重点如下：

1. 所有 `java.time` 对象都是不可修改的。
2. `Instant` 是时间线上的某个点（类似于一个 `Date`）。
3. 在 Java 时间中，每天正好有 86 400 秒（即没有闰秒）。
4. `Duration` 是两个时刻之间的差值。
5. `LocalDateTime` 没有时区信息。
6. `TemporalAdjuster` 方法处理常见的日历计算，例如查找某个月的第一个星期二。
7. `ZonedDateTime` 是给定时区中的时间点（类似于 `GregorianCalendar`）。
8. 在利用不同时区的时间计算夏令时的变化时，应当使用 `Period`，而不应当使用 `Duration`。
9. 使用 `DateTimeFormatter` 可以格式化和分析日期和时间。

12.1　时间线

在历史上，"秒"这个基本的时间单位是从地球的自转推导出来的。地球自转一圈需要 24 个小时，即 $24 \times 60 \times 60 = 86\,400$ 秒，因此精确定义秒似乎只是天文度量问题。遗憾的是，地球有轻微的摄动，所以需要更精确的定义。1967 年，人们根据铯-133 原子的内在特性，人们推导出了一个与历史定义相匹配的秒新的精确定义。从那时起，一直由一个原子钟网络维护着官方时间。

官方时间的维护器经常需要将绝对时间与地球自转同步。起初，官方的秒数需要稍作调整，但从 1972 年开始，偶尔需要插入"闰秒"。（理论上，偶尔也需要删除一秒，但这还没有发生过。）这又是有关修改系统时间的话题。显然，闰秒是一个痛点，许多计算机系统会在闰秒之前人为地减慢或加快时间，以保证每天都是 86 400 秒。这种做法是有效的，因为计算机上的本地时间并不那么精确，而且计算机也习惯于与外部时间服务同步。

Java 日期和时间 API 规范要求 Java 使用的时间尺度为：

- 每天 86 400 秒；
- 每天正午需要与官方时间精确匹配；
- 在其他时间点上，以精确定义的方式与官方时间接近匹配。

这使 Java 能够灵活地适应官方时间的未来变化。

在 Java 中，`Instant` 表示时间线上的某个点。一个称为纪元（epoch）的原点被设置为穿过伦敦格林尼治天文台的本初子午线所处时区的 1970 年 1 月 1 日午夜。这与 Unix/POSIX 时间中使用的惯例相同。从这个原点开始，时间以每天 86 400 秒向前和向后度量，精确到纳秒。Instant 值可以往回追溯 10 亿年（Instant.MIN）。这还不足以表示宇宙年龄（约 135 亿年），但对于所有实际用途来说，这应该足够了。毕竟，10 亿年前，地球还被冰层覆盖，只有当今植物和动物的微生物祖先在繁衍。最大的值 Instant.MAX 是公元 1 000 000 000 年的 12 月 31 日。

静态方法调用 Instant.now() 会给出当前时刻。可以按照常用的方式使用 equals 和 compareTo 方法比较两个 Instant，因此可以将 Instant 对象用作时间戳。

为了得到两个时刻之间的时间差，可以使用静态方法 Duration.between。例如，下面的代码展示了如何度量算法的运行时间：

```
Instant start = Instant.now();
runAlgorithm();
Instant end = Instant.now();
Duration timeElapsed = Duration.between(start, end);
long millis = timeElapsed.toMillis();
```

Duration 是两个时刻之间的时间量。可以通过调用 toNanos、toMillis、toSeconds、toMinutes、toHours 或 toDays 来获得按照传统单位度量的 Duration 的时间长度。

相反，可以使用 ofNanos、ofMills、ofSeconds、ofMinutes、ofHours、ofDays 静态方法中的一个来获得持续时间：

```
Duration oneWeek = Duration.ofDays(7);
long secondsPerWeek = oneWeek.toSeconds();
```

持续时间对其内部存储的需求超过 long 值。可以将秒数存储在 long 中，将纳秒数存储在另外一个 int 中。如果想进行纳秒级精度的计算，并且实际上需要整个 Duration 范围，可以使用表 12-1 中的方法之一。否则，可以调用 toNanos 并使用 long 值进行计算。

表 12-1　　时间的 Instant 和 Duration 类的算术运算

方法	功能描述
plus, minus	从 Instant 或者 Duration 中添加或减去持续时间
plusNanos, plusMillis, plusSeconds, plusMinutes, plusHours, plusDays	向 Instant 或者 Duration 中添加一定数量的给定时间单位
minusNanos, minusMillis, minusSeconds, minusMinutes, minusHours, minusDays	从 Instant 或者 Duration 中减去一定数量的给定时间单位
multipliedBy, dividedBy, negated	返回通过将此 Duration 乘以或除以给定的 long、或-1，或除以两个持续时间获得的 long。注意，只能缩放 Duration，而不能是 Instant
isZero, isNegative	检查此 Duration 是零还是负数
ofNanos, ofMillis, ofSeconds, ofMinutes, ofHours, ofDays	这些静态方法都有一个 long 参数，构造给定长度的时长

注意： 大概 300 年时间对应的纳秒数会溢出一个 long 值。

例如，如果想要检查某个算法是否比另一个算法快至少 10 倍，那么可以执行以下计算：

```
Duration timeElapsed2 = Duration.between(start2, end2);
boolean overTenTimesFaster
    = timeElapsed.multipliedBy(10).minus(timeElapsed2).isNegative();
    // Or timeElapsed.toNanos() * 10 < timeElapsed2.toNanos()
```

注意： Instant 和 Duration 类都是不可修改的。所有方法（如 multipliedBy 或 minus）都返回一个新实例。

12.2 本地日期

现在，让我们从绝对时间转向人类时间。在 Java API 中有两种人类时间，本地日期/时间和时区时间。本地日期/时间只有日期与当天的时间，但没有相关的时区信息。本地日期的一个例子是 1903 年 6 月 14 日

（Lambda 演算的发明者阿隆佐·丘奇（Alonzo Church）出生的那天）。由于该日期既没有当天时间，也没有时区信息，因此它并不对应精确的时刻。相比之下，1969 年 7 月 16 日，美国东部时间 09:32:00（阿波罗 11 号发射的时刻）是一个时区日期/时间，表示时间线上的一个精确时刻。

有许多计算并不需要时区，在某些情况下，时区甚至会成为障碍。假设每周 10：00 安排一次会议。如果在最后一个时区时间上加上 7 天（即 7 × 24 × 60 × 60 秒），那么可能会恰好跨越了夏令时的时间调整边界，这次会议将提前一小时或推迟一小时！

因此，API 设计者建议不要使用时区时间，除非确实希望表示绝对时间实例。生日、假日、日程安排时间等建议最好使用本地日期或时间表示。

LocalDate 是包含年、月和日的日期。要构造一个 LocalDate，可以使用 now 或 of 静态方法：

```
LocalDate today = LocalDate.now(); // Today's date
LocalDate alonzosBirthday = LocalDate.of(1903, 6, 14);
alonzosBirthday = LocalDate.of(1903, Month.JUNE, 14);
    // Uses the Month enumeration
```

与 Unix 和 java.util.Date 中的不规则约定不同，Unix 和 java.util.Date 中使用的月从 0 开始计算，而年从 1900 开始计算。你需要提供一年中通常使用的月份的数字，也可以使用 Month 枚举。

表 12-2 显示了处理 LocalDate 对象的常用方法。

表 12–2　LocalDate 方法

方法	功能描述
now, of, ofInstant	这些静态方法从当前时间，从给定的年、月和日，或从 Instant 和 ZoneId 中构造 LocalDate
plusDays, plusWeeks, plusMonths, plusYears	将天数、周数、月数或年数添加到此 LocalDate
minusDays, minusWeeks, minusMonths, minusYears	从该 LocalDate 中减去天数、周数、月数或年数
plus, minus	添加或减去 Duration 或 Period
withDayOfMonth, withDayOfYear, withMonth, withYear	返回一个新的 LocalDate，其中的日期、年份、月份或年份更改为给定值
getDayOfMonth	获取月份日期（1 ~ 31）
getDayOfYear	获取年日期（1 ~ 366）
getDayOfWeek	获取星期日期，返回 DayOfWeek 枚举值
getMonth, getMonthValue	获取 Month 枚举值表示的月份或者用 1 ~ 12 的数字表示的月份
getYear	获取年份，-999 999 999 ~ 999 999 999
until	获取 Period 或两个日期之间给定 ChronoUnits 的数量
toEpochSecond	给定 LocalTime 和 ZoneOffset，生成从纪元到指定时间点的秒数
isBefore, isAfter	将此 LocalDate 与另一个 LocalDate 进行比较
isLeapYear	如果年份是闰年，即可以被 4 整除但不能被 100 整除，或可以被 400 整除，则返回 true。该算法适用于过去的所有年份，尽管这在历史上是不准确的。（闰年发明于公元前 46 年，1582 年的公历改革中引入了 100 和 400 整除的规则。这项改革经历了 300 多年才普及。）
dateUntil	给定一个结束日期和一个可选的 Period，将生成从该日期到结束日期的所有日期的 Stream<LocalDate>，步长为 1 或给定时段

例如，程序员日是一年中的第 256 天。下面的代码可以轻松计算得到：

```
LocalDate programmersDay = LocalDate.of(2014, 1, 1).plusDays(255);
    // September 13, but in a leap year it would be September 12
```

回想一下，两个时刻之间的时间差是 Duration。本地日期的等效值是 Period，它表示经过的年数、月数或天数。可以调用 birthday.plus(Period,ofYears(1)) 获得明年的生日。当然，也可以通过调用 birthday.plusYears(1) 来获得。但是 birthday.plus(Duration.ofDays(365)) 不会在闰年产生正确的结果。

until 方法产生两个本地日期之间的时间差。例如：

```
independenceDay.until(christmas)
```

生成一个 5 个月 21 天的时段。这实际上并不是很有用，因为每个月的天数不同。要查找天数，可以使用：

```
independenceDay.until(christmas, ChronoUnit.DAYS) // 174 days
```

警告：表 12-2 中的某些方法可能会创建不存在的日期。例如，将 1 月 31 日增加一个月不应该产生 2 月 31 日。这些方法将返回该月的最后一个有效日，而不是抛出异常。

```
LocalDate.of(2016, 1, 31).plusMonths(1)
```

和

```
LocalDate.of(2016, 3, 31).minusMonths(1)
```

将得到 2016 年 2 月 29 日。

datesUntil 方法会生成一个在开始日期和结束日期之间的 LocalDate 流对象：

```
Stream<LocalDate> allDaysInMay2018
    = LocalDate.of(2018,5,1).datesUntil(LocalDate.of(2018,6,1));
Stream<LocalDate> allMondaysIn2018
    = LocalDate.of(2018,1,1).datesUntil(LocalDate.of(2019,1,1), Period.ofDays(7));
```

getDayOfWeek 生成工作日，是一个 DayOfWeek 枚举值。DayOfWeek.MONDAY 的数值为 1，DayOfWeek.SUNDAY 的数值为 7。例如：

```
LocalDate.of(1900, 1, 1).getDayOfWeek().getValue()
```

以上语句将得到 1。DayOfWeek 枚举有方便的 plus 和 minus 方法来模 7，从而计算工作日。例如，DayOfWeek.SATURDAY.plus(3) 将获得 DayOfWeek.TUESDAY。

注意：周末实际上是每一周的最后两天。这与 java.util.Calendar 不同。java.util.Calendar 中周日的值为 1，周六的值为 7。

除了 LocalDate，还有 MonthDay、YearMonth 和 Year 类来描述部分日期。例如，12 月 25 日（未指定年份）可以表示为 MonthDay。

12.3 日期调整器

对于日程安排应用来说，通常需要计算日期，例如每月的第一个星期二。TemporalAdjusters 类提供了许多用于常见调整的静态方法。可以将调整方法的结果传递给 with 方法。例如，一个月的第一个星期二可以这样计算：

```
LocalDate firstTuesday = LocalDate.of(year, month, 1).with(
    TemporalAdjusters.nextOrSame(DayOfWeek.TUESDAY));
```

一如既往，with 方法返回一个新的 LocalDate 对象，而不修改原来的对象。表 12-3 显示了可用的调整器。

表 12-3　TemporalAdjusters 类的日期调节器

方法	功能描述
next(weekday), nextOrSame(weekday), previous(weekday), previousOrSame(weekday)	将日期调整为给定的星期日期
dayOfWeekInMonth(n, weekday)	当月的第 n 个 weekday
lastInMonth(weekday)	当月最后一个 weekday
firstDayOfMonth(), firstDayOfNextMonth(), firstDayOfYear(), firstDayOfNextYear(), lastDayOfMonth(), lastDayOfPreviousMonth(), lastDayOfYear()	方法名中描述的日期

还可以通过实现 TemporalAdjuster 接口来创建自己的调整器。下面是用于计算下一个工作日的调整器：

```
TemporalAdjuster NEXT_WORKDAY = w -> {
    var result = (LocalDate) w;
    do {
        result = result.plusDays(1);
    } while (result.getDayOfWeek().getValue() >= 6);
    return result;
};

LocalDate backToWork = today.with(NEXT_WORKDAY);
```

需要注意的是，Lambda 表达式的参数类型为 `Temporal`，必须将其强制转换为 `LocalDate`。可以使用 `ofDateAdjuster` 方法来避免这个强制转换，该方法需要 `UnaryOperator<LocalDate>`类型的参数。这里我们将调整器指定为 Lambda 表达式：

```
TemporalAdjuster NEXT_WORKDAY = TemporalAdjusters.ofDateAdjuster(w -> {
    LocalDate result = w; // No cast
    do {
        result = result.plusDays(1);
    } while (result.getDayOfWeek().getValue() >= 6);
    return result;
});
```

12.4 本地时间

`LocalTime` 表示当日时刻，例如 15:30:00。可以使用 `now` 或 `of` 方法创建实例：

```
LocalTime rightNow = LocalTime.now();
LocalTime bedtime = LocalTime.of(22, 30); // or LocalTime.of(22, 30, 0)
```

表 12-4 列出了 `LocalTime` 的常见操作。其中 `plus` 和 `minus` 操作以每天 24 小时进行循环运算。例如：

```
LocalTime wakeup = bedtime.plusHours(8); // wakeup is 6:30:00
```

表 12-4 `LocalTime` 方法

方法	功能描述
`now, of, ofInstant`	这些静态方法根据当前时间，或者根据给定的小时、分钟、秒和纳秒（可选），或者根据 `Instant` 和 `ZoneId` 构造 `LocalTime`
`plusHours, plusMinutes, plusSeconds, plusNanos`	在 `LocalTime` 上分别增加小时、分钟、秒或纳秒数
`minusHours, minusMinutes, minusSeconds, minusNanos`	从 `LocalTime` 中减去小时、分钟、秒或纳秒数
`plus, minus`	添加或减去 `Duration`
`withHour, withMinute, withSecond, WithNano`	返回将小时、分钟、秒或纳秒更改为给定值的新 `LocalTime`
`getHour, getMinute, getSecond, getNano`	获取 `LocalTime` 的小时、分钟、秒或纳秒
`toSecondOfDay,toNanoOfDay`	返回午夜与此本地时间之间的秒数或纳秒数
`toEpochSecond`	给定 `LocalDate` 和 `ZoneOffset`，生成从纪元到指定时间点的秒数
`isBefore, isAfter`	将两个 `LocalTime` 进行比较

注意：`LocalTime` 本身并不关心 AM/PM。这种愚蠢的问题被留给了格式化器，参见 12.6 节。

有一个表示日期和时间的 `LocalDateTime` 类。该类适合存储固定时区中的时间点，例如，用于类或事件的时间表。然而，如果需要进行跨越夏令时的计算，或者如果需要处理不同时区的用户，则应使用我们接下来讨论的 `ZonedDateTime` 类。

12.5 时区时间

或许是因为时区完全是人类自己创造的，它甚至比地球不规则旋转造成的复杂情况还要混乱更多。在理性的世界里，我们都会遵循格林尼治时间，有些人会在 02:00 吃午饭，而有些人会在 22:00 吃午饭。我们的胃会弄清楚什么时间吃饭这个问题。实际上，这个时间问题在中国更加突出，因为中国跨越了 4 个传统时区。在其他地方，我们有不规则的和不断变化的时区，更糟糕的是我们还需要考虑夏令时。

尽管时区问题确实有一些反复无常，但这的确是无法避免的现实生活。当实现日历应用程序时，它需要为坐飞机在不同国家穿梭的人们提供服务。当你有个 10:00 在纽约召开的电话会议，但恰好人在柏林时，你肯定希望在正确的本地时间得到提醒。

因特网编号分配机构（Internet Assigned Numbers Authority，IANA）保存着一个存储了世界上所有已知时区的数据库，每年这个数据库会更新几次。大部分更新涉及夏令时规则的变化。Java 使用 IANA 数据库。

每个时区都有一个 ID，例如 America/New_York 或 Europe/Berlin。要查找所有可用的时区，可以调用 ZoneId.getAvailableIds。在撰写本书时，一共大约有 600 个 ID。

在指定了时区 ID 后，静态方法 ZoneId.of(id) 将会生成一个 ZoneId 对象。可以使用该对象通过调用 local.atZone(zoneId)，将 LocalDateTime 对象转换为 ZonedDateTime 对象，也可以通过调用静态方法 ZonedDateTime.of(year, month, day, hour, minute, second, nano, zoneId) 来构造一个 ZonedDateTime 对象。例如：

```
ZonedDateTime apollo11launch = ZonedDateTime.of(1969, 7, 16, 9, 32, 0, 0,
    ZoneId.of("America/New_York"));
    // 1969-07-16T09:32-04:00[America/New_York]
```

这是一个特定的时刻。调用 apollo11launch.toInstant 可以获得对应的 Instant。相反，如果有一个时刻对象，可以调用 instant.atZone(ZoneId.of("UTC"))，以获取格林尼治天文台的 ZonedDateTime，或者使用另一个 ZoneId 来获取地球上其他地方的 ZonedDateTime。

注意： UTC 代表“协调世界时”，这是英语“Coordinated Universal Time”和法语“Temps Universel Coordiné”首字母缩写的折中，看上去它和这两种语言中的缩写都不一致。UTC 是格林民治天文台的时间，不考虑夏令时。

ZonedDateTime 的许多方法与 LocalDateTime 的方法相同（见表 12-5）。大多数都很简单，但夏令时会带来一些复杂性。

夏令时开始时，时钟要向前拨快一小时。当构造的时间对象正好落入了这跳过的一个小时内，会发生什么？例如，2013 年，中欧地区于 3 月 31 日 2:00 改用夏令时。如果试图构造的时间是不存在的 3 月 31 日 2:30，那么实际上得到了 3:30。

```
ZonedDateTime skipped = ZonedDateTime.of(
    LocalDate.of(2013, 3, 31),
    LocalTime.of(2, 30),
    ZoneId.of("Europe/Berlin"));
    // Constructs March 31 3:30
```

相反，当夏令时结束时，时钟要向回拨慢一小时，这样就会有两个时刻相同的本地时间。当在这个时间段内构造时间时，会得到两者中较早的一个：

```
ZonedDateTime ambiguous = ZonedDateTime.of(
    LocalDate.of(2013, 10, 27), // End of daylight savings time
    LocalTime.of(2, 30),
    ZoneId.of("Europe/Berlin"));
    // 2013-10-27T02:30+02:00[Europe/Berlin]
ZonedDateTime anHourLater = ambiguous.plusHours(1);
     // 2013-10-27T02:30+01:00[Europe/Berlin]
```

一小时后，时间又具有相同的小时和分钟，但时区的偏移量会发生变化。

在跨越夏令时边界调整日期时，也需要注意。例如，如果将会议安排在下周，则不要直接增加 7 天的持续时间：

```
ZonedDateTime nextMeeting = meeting.plus(Duration.ofDays(7));
    // Caution! Won't work with daylight savings time
```

而是应该使用 Period 类：

```
ZonedDateTime nextMeeting = meeting.plus(Period.ofDays(7)); // OK
```

表 12–5 ZonedDateTime 方法

方法	功能描述
now, of, ofInstant	这些静态方法根据当前时间，或者根据年、月、日、小时、分钟、秒、纳秒（或 LocalDate 和 LocalTime）以及 ZoneId，或者根据 Instant 和 ZoneId 构造 ZonedDateTime
plusDays, plusWeeks, plusMonths, plusYears, plusHours, plusMinutes, plusSeconds, plusNanos	将多个时间单位添加到此 ZonedDateTime
minusDays, minusWeeks, minusMonths, minusYears, minusHours, minusMinutes, minusSeconds, minusNanos	从该 ZonedDateTime 中减去若干时间单位
plus, minus	添加或减去 Duration 或 Period
withDayOfMonth, withDayOfYear, withMonth, withYear, withHour, withMinute, withSecond, withNano	返回一个新的 ZonedDateTime，其中一个时间单位更改为给定值
withZoneSameInstant, withZoneSameLocal	返回给定时区中的新 ZonedDateTime，表示相同的时刻或相同的本地时间
getDayOfMonth	获取月份日期（1 ~ 31）
getDayOfYear	获取年日期（1 ~ 366）
getDayOfWeek	获取星期日期，返回 DayOfWeek 枚举值
getMonth, getMonthValue	以 Month 枚举值或 1 到 12 之间的数字形式获取月份
getYear	获取年份，–999 999 999 ~ 999 999 999
getHour, getMinute, getSecond, getNano	获取此 ZonedDateTime 的小时、分钟、秒或纳秒
getOffset	获取 UTC 的偏移量，作为 ZoneOffset 实例。偏移可以在 -12:00 ~ +14:00 变化。有些时区具有小数偏移。偏移随夏令时变化
toLocalDate, toLocalTime, toInstant	生成本地日期或本地时间，或相应的时刻
isBefore, isAfter	比较两个 ZonedDateTime

警告：还有一个 OffsetDateTime 类，它表示从 UTC 偏移的时间，但没有时区规则。该类适用于指定需要缺少这些规则的特定应用程序，例如某些网络协议。对于人类时间，使用 ZonedDateTime。

12.6 格式化和解析

DateTimeFormatter 类提供了 3 种格式器来打印日期/时间值：

- 预定义的标准格式化器（见表 12-6）；
- 特定于区域设置的格式化器；
- 具有自定义模式的格式化器。

要使用标准格式化器之一，可以直接调用其 format 方法：

```
String formatted = DateTimeFormatter.ISO_DATE_TIME.format(apollo11launch);
    // 1969-07-16T09:32:00-05:00[America/New_York]
```

标准格式化器主要用于机器可读的时间戳。要向人类读者显示日期和时间，可以使用特定于区域设置的格式化器。日期和时间有 4 种样式，SHORT、MEDIUM、LONG 和 FULL，见表 12-7。

表 12-6 预定义格式化器

格式化器	功能描述	示例
BASIC_ISO_DATE	不带分隔符的年、月、日、时区偏移量	19690716-0500
ISO_LOCAL_DATE, ISO_LOCAL_TIME, ISO_LOCAL_DATE_TIME	分隔符为 -、:、T	1969-07-16,09:32:00,1969-07-16T09:32:00
ISO_OFFSET_DATE ISO_OFFSET_TIME, ISO_OFFSET_DATE_TIME	与 ISO_LOCAL_*XXX* 类似，但具有时区偏移量	1969-07-16-05:00, 09:32:00-05:00, 1969-07-16T09:32:00-05:00
ISO_ZONED_DATE_TIME	带时区偏移量和时区 ID	1969-07-16T09:32:00-05:00[America/ New_York]
ISO_INSTANT	在 UTC 中，用 Z 时区 ID 表示	1969-07-16T14:32:00Z
ISO_DATE, ISO_TIME, ISO_DATE_TIME	与 ISO_OFFSET_DATE、ISO_OFFSET_TIME 和 ISO_ZONED_DATE_TIME 类似，但时区信息是可选的	1969-07-16-05:00, 09:32:00-05:00, 1969-07-16T09:32:00-05:00[America /New_York]
ISO_ORDINAL_DATE	LocalDate 的年份和年份日期	1969-197
ISO_WEEK_DATE	LocalDate 的年、星期和星期日期	1969-W29-3
RFC_1123_DATE_TIME	电子邮件时间戳的标准，在 RFC 822 中编码，在 RFC 1123 中将年份更新为 4 位	Wed, 16 Jul 1969 09:32:00-0500

表 12-7 日期和时间的格式化风格

风格	日期	时间
SHORT	7/16/69	9:32 AM
MEDIUM	Jul 16, 1969	9:32:00 AM
LONG	July 16, 1969	9:32:00 AM EDT
FULL	Wednesday, July 16, 1969	9:32:00 AM EDT

静态方法 ofLocalizedDate、ofLocalizedTime 和 ofLocalizedDateTime 可以创建一个格式化器，例如：

```
DateTimeFormatter formatter = DateTimeFormatter.ofLocalizedDateTime(FormatStyle.LONG);
String formatted = formatter.format(apollo11launch);
    // July 16, 1969 9:32:00 AM EDT
```

这些方法使用默认区域设置。要更改为不同的区域设置，可以直接使用 withLocale 方法：

```
formatted = formatter.withLocale(Locale.FRENCH).format(apollo11launch);
    // 16 juillet 1969 09:32:00 EDT
```

DayOfWeek 和 Month 枚举具有 getDisplayName 方法，用于以不同的区域设置和格式提供星期日期和月份的名称：

```
for (DayOfWeek w : DayOfWeek.values())
    System.out.print(w.getDisplayName(TextStyle.SHORT, Locale.ENGLISH) + " ");
    // Prints Mon Tue Wed Thu Fri Sat Sun
```

有关区域设置的更多信息，参见第 13 章。

注意： java.time.format.DateTimeFormatter 类旨在替代 java.util.DateFormat 格式。如果需要后者的实例以实现向后兼容性，那么可以调用 formatter.toFormat()。

最后，可以通过指定模式来定制自己的日期格式。例如：

```
formatter = DateTimeFormatter.ofPattern("E yyyy-MM-dd HH:mm");
```

会将日期格式化为 Wed 1969-07-16 09:32 的形式。每个字母表示一个不同的时间字段，字母重复的次数对应于所选择的特定格式。这些规则似乎随着时间的推移而不断地发展。表 12-8 展示了最有用的模式元素。

表 12-8 日期/时间格式的常用格式化符号

时间域或用途	示例
ERA	G: AD, GGGG: Anno Domini, GGGGG: A
YEAR_OF_ERA	yy: 69, yyyy: 1969
MONTH_OF_YEAR	M: 7, MM: 07, MMM: Jul, MMMM: July, MMMMM: J
DAY_OF_MONTH	d: 6, dd: 06
DAY_OF_WEEK	e: 3, E: Wed, EEEE: Wednesday, EEEEE: W
HOUR_OF_DAY	H: 9, HH: 09
CLOCK_HOUR_OF_AM_PM	K: 9, KK: 09
AMPM_OF_DAY	a: AM
MINUTE_OF_HOUR	mm: 02
SECOND_OF_MINUTE	ss: 00
NANO_OF_SECOND	nnnnnn: 000000
Time Zone ID	VV: America/New_York
Time Zone name	Z: EDT, ZZZZ: Eastern Daylight Time
Zone offset	X: -04, XX: -0400, xxx: -04:00, XXX: 与 xxx 相同，但使用 Z 表示 0
Localized zone offset	O: GMT-4, OOOO: GMT-04:00
Modified Julian Day	g: 58243

要从字符串中解析日期/时间值，可以使用静态 parse 方法之一。例如：

```
LocalDate alonzosBirthday = LocalDate.parse("1903-06-14");
ZonedDateTime apollo11launch
    = ZonedDateTime.parse("1969-07-16 03:32:00-0400",
        DateTimeFormatter.ofPattern("yyyy-MM-dd HH:mm:ssxx"));
```

第一个调用使用了标准 ISO_LOCAL_DATE 格式化器，第二个调用使用的是自定义格式化器。

12.7 与遗留代码互操作

Java 日期和时间 API 必须与现有类之间进行互操作，特别是无处不在的 java.util.Date、java.util.GregorianCalendar 和 java.sql.Date/Time/Timestamp 等。

Instant 类近似于 java.util.Date，该类有一个 toInstant 方法能够将 Date 转换为 Instant，以及一个静态方法 from 可以从反方向进行转换。

类似地，ZonedDateTime 近似于 java.util.GregorianCalendar。toZonedDateTime 方法将 GregorianCalendar 转换为 ZonedDateTime，而静态 from 方法执行反方向的转换。

另外一个可用于日期和时间类的转换集合位于 java.sql 包中。可以将 DateTimeFormatter 传递给使用 java.text.Format 的遗留代码。表 12-9 总结了这些转换。

表 12-9 java.time 类与遗留类转换

类	转换到遗留类	转换自遗留类转换
Instant ↔ java.util.Date	Date.from(instant)	date.toInstant()
ZonedDateTime ↔ java.util.GregorianCalendar	GregorianCalendar.from(zonedDateTime)	cal.toZonedDateTime()
Instant ↔ java.sql.Timestamp	TimeStamp.from(instant)	timestamp.toInstant()
LocalDateTime ↔ java.sql.Timestamp	Timestamp.valueOf(localDateTime)	timestamp.toLocalDateTime()
LocalDate ↔ java.sql.Date	Date.valueOf(localDate)	date.toLocalDate()
LocalTime ↔ java.sql.Time	Time.valueOf(localTime)	time.toLocalTime()
DateTimeFormatter → java.text.DateFormat	formatter.toFormat()	None

续表

类	转换到遗留类	转换自遗留类转换
java.util.TimeZone → ZoneId	Timezone.getTimeZone(id)	timeZone.toZoneId()
java.nio.file.attribute.FileTime → Instant	FileTime.from(instant)	fileTime.toInstant()

练习

1. 计算程序员日，不使用 plusDays 方法。

2. 当在 LocalDate.of(2000, 2, 29) 中添加一年时会发生什么？4 年呢？一年 4 次呢？

3. 实现一个 next 方法，该方法接受 Predicate<LocalDate>并返回一个日期调整器，该调整器将产生满足判断条件的下一个日期。例如：

```
today.with(next(w -> getDayOfWeek().getValue() < 6))
```

计算下一个工作日。

4. 编写一个 Unix cal 的等价程序，显示一个月的日历。例如，java Cal 3 2013 应当显示：

```
                1  2  3
 4  5  6  7  8  9 10
11 12 13 14 15 16 17
18 19 20 21 22 23 24
25 26 27 28 29 30 31
```

以上日历表明 3 月 1 日是星期五。（末尾处显示周末）

5. 编写一个程序，计算和打印你已经存活了多少天。

6. 列出 20 世纪所有的 13 号是星期五的日期。

7. 实现一个 TimeInterval 类，它表示一个时间间隔，适用于日历事件（例如在给定日期从 10:00 到 11:00 的会议）。提供一个方法来检查两个时间间隔是否重叠。

8. 获取当前时刻所有支持的时区中当天日期的偏移量，将 ZoneId.getAvailableZoneIds 转换到流中并使用流进行操作。

9. 再次使用流操作，查找偏移量不是整小时的所有时区。

10. 从洛杉矶飞往法兰克福的航班将于本地时间下午 3:05 起飞，耗时 10 小时 50 分钟。航班什么时候抵达？编写一个程序，使它可以处理这样的计算。

11. 回程航班于 14:05 从法兰克福起飞，16:40 抵达洛杉矶。航班飞行了多长时间？编写一个程序，使它可以处理这样的计算。

12. 编写一个程序，解决 12.5 节开头描述的问题。读取不同时区的约会集合，并提醒用户哪些约会将在本地时间的下一个小时内开始。

第 13 章　国际化

世界很大，我们希望其他国家/地区的用户也能够对你开发的软件感兴趣。一些编程人员认为，要将应用程序进行国际化，所需要做的就是支持 Unicode，并翻译用户接口中的消息。然而，仅有这两项还远远不够，国际化一个程序还有很多事情需要处理。日期、时间、货币，甚至数值的格式在世界各地都有不同的表示。在本章中，你将学习如何使用 Java 的国际化特性，以便你的程序能够以对用户有意义的方式呈现和接收信息，无论用户身在何处。

在本章的末尾，你将看到关于用于存储用户首选项的 Java Preferences API 的概述。

本章重点如下：

1. 为国际用户本地化应用程序需要的不仅仅是翻译消息。特别是，数值和日期的格式在世界各地差异非常大。
2. 区域设置描述了用户群体的语言和格式首选项。
3. NumberFormat 和 DateTimeFormat 类用于处理数值、货币、日期和时间的区域设置格式。
4. MessageFormat 类可以使用占位符来格式化消息字符串，每个占位符都可以有自己的格式。
5. 使用 Collator 类可以按照区域设置相关的方式对字符串进行排序。
6. ResourceBundle 类能够管理多个区域设置的本地化字符串和对象。
7. Preferences 类可用于以独立于平台的方式存储用户首选项。

13.1　区域设置

当你看到一个面向国际市场的应用程序时，它与其他程序最明显的区别就是语言。但除此之外，还有许多更细微的差异。例如，数值在英语和德语中的格式截然不同。对于德国用户，数字：

```
123,456.78
```

应该显示为：

```
123.456,78
```

也就是说，小数点和十进制数的逗号分隔符的角色是相反的。此外，日期的显示也有类似的变化。在美国，日期显示为月/日/年；德国使用的是更合理的顺序，即日/月/年；而在中国，则使用年/月/日。因此，对于德国用户，美国的日期：

```
3/22/61
```

应该显示为：

```
22.03.1961
```

如果月份名称被显式地写出来，那么语言的差异就更加明显了。英语：

```
March 22, 1961
```

在德国应该显示为：

```
22. März  1961
```

在中国，则显示为：

```
1961年3月22日
```

区域设置指定了用户的语言和位置，这允许格式化器考虑用户的首选项。以下小节将向你展示如何指定区域设置以及如何控制 Java 程序的区域设置。

13.1.1 指定区域设置

区域设置最多由以下 5 个组件构成。

- 语言，是由两个或 3 个小写字母表示，例如 en（英语）、de（德语）和 zh（汉语）。表 13-1 显示了常用代码。

表 13-1 常用语言代码

语言	代码	语言	代码
汉语	zh	日语	ja
丹麦语	da	韩语	ko
荷兰语	du	挪威语	no
英语	en	葡萄语	pt
法语	fr	西班牙语	es
芬兰语	fi	瑞典语	sv
意大利语	it	土耳其语	tr

- 可选的脚本，由首字母大写的 4 字母表示，例如 Latn（拉丁语）、Cyrl（西里尔语）和 Hant（繁体中文）。这个可选项很有用，因为某些语言，例如塞尔维亚语，可以用拉丁语或西里尔语书写，而有些中文读者更喜欢繁体中文而不是简体中文。
- 可选的地区，由两个大写字母或 3 个数字指定的国家或地区，如 US（美国）或 CH（瑞士）。表 13-2 内显示了常用的代码。

表 13-2 常用国家和地区代码

国家和地区	代码	国家和地区	代码
奥地利	AT	日本	JP
比利时	BE	韩国	KR
加拿大	CA	荷兰	NL
中国	CN	挪威	NO
丹麦	DK	葡萄牙	PT
芬兰	FI	西班牙	ES
德国	DE	瑞典	SE
英国	GB	瑞士	CH
希腊	GR	台湾	TW
爱尔兰	IE	土耳其	TR
意大利	IT	美国	US

- 可选的变体项（variant）。
- 可选的扩展。扩展描述了日历（例如日本历）、数字（泰语数字而非西方数字）等内容的本地首选项。Unicode 标准指定了其中的一些扩展。扩展应该以 u-和两个字母的代码开头，指定扩展处理的是日历（ca）还是数字（nu），或者是其他内容。例如，扩展 u-nu-thai 表示使用泰语数字。其他扩展是完全任意的，以 x-开头，例如 x-java。

注意： 现在已经很少使用变体了。过去曾经有一个挪威语的变体“尼诺斯克语”，但是它现在已经用另一种不同的代码 nn 来表示了。过去曾经用于日本历和泰语数字的变体现在也都已经用扩展表示。

互联网工程任务组的“最佳当前实践”备忘录 BCP 47 中制定了区域设置规则，可以在相关网站上找到需要的内容信息。

注意：语言、国家和地区的代码看起来有点乱，因为其中一些代码源自本地语言。德语中的德语是 Deutsch，汉语中中文的拼音是 zhongwen，因此这两者的代码分别是 de 和 zh。另外，瑞士是 CH，源自瑞士联邦的拉丁语 Confoederatio Helvetica。

区域设置通过连字符将区域设置的各个元素连接到一起描述，例如 en-US。

在德国，可以使用区域设置 de-DE。瑞士有 4 种官方语言（德语、法语、意大利语和列托-罗曼语）。在瑞士讲德语的人会想使用 de-CH 的区域设置。此区域设置使用德语作为语言，但是货币值会以瑞士法郎表示，而不是欧元。

如果只指定语言，例如 de，则区域设置不能用于特定于国家/地区的问题，例如货币。

可以像下面这样用标记字符串构造 Locale 对象：

```
Locale usEnglish = Locale.forLanguageTag("en-US");
```

toLanguageTag 方法可以生成给定区域设置的语言标记。例如，Locale.US.toLanguageTag() 就生成字符串"en-US"。

为了方便起见，有许多针对不同国家/地区的预定义区域设置对象：

```
Locale.CANADA
Locale.CANADA_FRENCH
Locale.CHINA
Locale.FRANCE
Locale.GERMANY
Locale.ITALY
Locale.JAPAN
Locale.KOREA
Locale.UK
Locale.US
```

许多预定义的区域设置只指定一种语言而不指定位置。例如：

```
Locale.CHINESE
Locale.ENGLISH
Locale.FRENCH
Locale.GERMAN
Locale.ITALIAN
Locale.JAPANESE
Locale.KOREAN
Locale.SIMPLIFIED_CHINESE
Locale.TRADITIONAL_CHINESE
```

最后，静态 getAvailableLocales 方法返回由虚拟机能够识别的所有区域设置构成的数组。

注意：可以通过 Locale.getISOLanguages() 获得所有的语言代码，通过 Locale.getISOCountries() 获得所有国家和地区代码。

13.1.2 默认区域设置

Locale 类的静态 getDefault 方法能够获取本地操作系统存储的默认区域设置。

某些操作系统允许用户为显示消息和格式化指定不同的区域设置。例如，生活在美国的法语使用者可以使用法语菜单，但货币值为美元。

要获取这些首选项，可以调用：

```
Locale displayLocale = Locale.getDefault(Locale.Category.DISPLAY);
Locale formatLocale = Locale.getDefault(Locale.Category.FORMAT);
```

注意：在 Unix 中，通过设置 LC_NUMERIC、LC_MONETARY 和 LC_TIME 环境变量，可以为数值、货币和日期分别指定区域设置。但是 Java 并不关注这些设置。

提示：出于程序测试的目的，你可能需要切换程序的默认区域设置。可以在启动程序时提供语言和区域属性。例如，这里我们将默认区域设置为德语（瑞士）：

```
java  -Duser.language=de -Duser.country=CH MainClass
```

还可以修改脚本和变体，例如，可以对显示和格式区域进行单独的设置：

```
-Duser.script.display=Hant
```

可以通过以下的方法调用来更改虚拟机的默认区域设置：

```
Locale.setDefault(newLocale);
Locale.setDefault(category, newLocale);
```

第一个调用修改Locale.getDefault()返回的区域设置，以及Locale.getDefault(category)返回的所有类别的默认值。

13.1.3 显示名称

假设你希望允许用户在区域设置集合中进行选择。如果你不想显示那些神秘的标记字符串，那么getDisplayName方法可以返回一个字符串，该字符串以面向用户的形式描述区域设置，例如：

```
German (Switzerland)
```

实际上，这里有一个问题。显示名称是以默认区域设置的形式表示的。这可能不太恰当。如果你的用户已经选择德语作为首选语言，那么你可能希望以德语显示字符串。可以指定德语区域设置的参数来实现这一点。以下代码：

```
Locale loc = Locale.forLanguageTag("de-CH");
System.out.println(loc.getDisplayName(Locale.GERMAN));
```

将会打印

```
Deutsch (Schweiz)
```

此示例说明了为什么需要Locale对象。可以把它们传给支持区域设置的方法，这些方法生成文本，并呈现给不同位置的用户。你将在下面的章节中看到许多示例。

警告：即使是把字符串中的字母全部转换为小写或大写这样的普通操作，也可能是特定于区域设置的。例如，在土耳其区域设置中，字母I的小写字母是一个无点I，试图通过将字符串存储为小写格式来正则化字符串的程序对土耳其用户来说就会显得失败。始终使用接受Locale参数的toUpperCase和toLowerCase的变体是一个好主意。例如，尝试以下代码。

```
String cmd = "QUIT".toLowerCase(Locale.forLanguageTag("tr"));
    // "quıt" with a dotless ı
```

当然，在土耳其，Locale.getDefault()只生成那里的区域设置，"QUIT".toLowerCase()与"quit"不同。

如果要将英语字符串规范化为小写形式，则应将英语区域设置传递给toLowerCase方法。

注意：可以显式地设置输入和输出操作的区域设置。

- 从Scanner读取数值时，可以使用useLocale方法设置其区域设置。
- String.format和PrintWriter.printf方法也可以接收一个Locale参数。

13.2 数值格式

java.text包中的NumberFormat类提供了3种工厂方法，用以格式化和解析数值格式getNumberInstance、getCurrencyInstance和getPercentInstance。例如，以下是将德语中的货币值进行格式化的示例：

```
Locale loc = Locale.GERMANY;
NumberFormat formatter = NumberFormat.getCurrencyInstance(loc);
double amt = 123456.78;
String result = formatter.format(amt);
```

结果是：

```
123.456,78€
```

注意，货币符号是€，并且位于字符串的末尾。此外，还要注意小数点和十进制分隔符与其他语言中的情况是相反的。

相反，要读取使用特定区域设置的约定而输入或存储的数值，需要使用parse方法：

```
String input = ...;
```

```
NumberFormat formatter = NumberFormat.getNumberInstance();
   // Get the number formatter for default format locale
Number parsed = formatter.parse(input);
double x = parsed.doubleValue();
```

parse 的返回类型是抽象类型 Number。返回的对象是 Double 或 Long 封装器对象，具体取决于解析的数值是否为浮点数。如果不在乎两者的区别，可以直接使用 Number 类的 doubleValue 方法来读取被封装的数值。

如果数值文本格式不正确，该方法将抛出一个 ParseException 异常。例如，字符串中不允许以空白字符开头。（可以调用 strip 将其删除。）然而，任何跟在数字后面的字符都会被忽略，因此不会抛出异常。

13.3 货币

要格式化货币值的格式，可以使用 NumberFormat.getCurrencyInstance 方法。然而，该方法不太灵活，它返回一个针对单一货币的格式化器。假设你为一位美国用户准备了一张发票，其中一些商品的金额是用美元表示的，另一些是用欧元表示的。此时，不能只使用两个格式化器：

```
NumberFormat dollarFormatter = NumberFormat.getCurrencyInstance(Locale.US);
NumberFormat euroFormatter = NumberFormat.getCurrencyInstance(Locale.GERMANY);
```

这样一来，你的发票看起来会很奇怪，有些值的格式是$100,000，有些值是 100.000€。（注意，欧元值使用小数点作为分隔符，而不是逗号。）

因此，可以使用 Currency 类来控制格式化器使用的货币。可以通过向静态 Currency.getInstance 方法传递货币标识符来获得 Currency 对象。表 13-3 列出了常用货币标识符。静态方法 Currency.getAvailableCurrencies 使用虚拟机已知的货币形式生成一个 Set<Currency>。

表 13-3 常用货币标识符

货币	标识符号	货币	标识符号
美元	USD	人民币（元）	CNY
欧元	EUR	印度卢比	INR
英镑	GBP	俄罗斯卢布	RUB
日元	JPY	瑞士法郎	CHF

一旦有了 Currency 对象，就可以为格式化器调用 setCurrency 方法。以下是如何为美国用户设置欧元格式：

```
NumberFormat formatter = NumberFormat.getCurrencyInstance(Locale.US);
formatter.setCurrency(Currency.getInstance("EUR"));
System.out.println(formatter.format(euros));
```

如果需要显示货币的本地化名称或符号，那么可以调用：

```
getDisplayName()
getSymbol()
```

这些方法返回默认显示区域设置中的字符串，还可以提供显式的区域设置参数。

13.4 日期和时间格式化

在格式化日期和时间时，需要考虑 4 个与区域设置相关的问题：

- 月份和工作日应以本地语言表示；
- 年、月和日的顺序要符合本地习惯；
- 公历可能不是本地首选的日期表示方法；
- 必须考虑本地时区。

使用 java.time.format 包中的 DateTimeFormatter 替换掉遗留的 java.util.DateFormat，

并决定是否需要日期、时间，或两者都需要。可以从表 13-4 所示的 4 种风格中选择一种。如果要格式化日期和时间，那么可以分别选择它们。然后获取一个格式化器：

```
FormatStyle style = ...; // One of FormatStyle.SHORT, FormatStyle.MEDIUM, . . .
DateTimeFormatter dateFormatter = DateTimeFormatter.ofLocalizedDate(style);
DateTimeFormatter timeFormatter = DateTimeFormatter.ofLocalizedTime(style);
DateTimeFormatter dateTimeFormatter = DateTimeFormatter.ofLocalizedDateTime(style);
    // or DateTimeFormatter.ofLocalizedDateTime(style1, style2)
```

表 13-4　　特定区域设置的格式化风格

风格	日期	时间
SHORT	7/16/69	9:32 AM
MEDIUM	Jul 16, 1969	9:32:00 AM
LONG	July 16, 1969	9:32:00 AM EDT
FULL	Wednesday, July 16, 1969	9:32:00 AM EDT

这些格式化器使用当前的区域设置。要使用不同的区域设置，可以使用 withLocal 方法：

```
DateTimeFormatter dateFormatter
    = DateTimeFormatter.ofLocalizedDate(style).withLocale(locale);
```

现在可以格式化 LocalDate、LocalDateTime、LocalTime 或者 ZonedDateTime：

```
ZonedDateTime appointment = ...;
String formatted = formatter.format(appointment);
```

要解析字符串，可以使用 LocalDate、LocalDateTime、LocalTime 或 ZonedDateTime 的静态 parse 方法：

```
LocalTime time = LocalTime.parse("9:32 AM", formatter);
```

如果无法成功解析字符串，将抛出 DateTimeParseException 异常。

警告： 这些方法不适合解析人类的输入，至少在没有预处理的情况下不适用。例如，用于美国的短时间格式化器可以解析"9:32 AM"，但是解析不了"9:32AM"或"9:32 am"。

警告： 日期格式化器可以解析不存在的日期，例如 11 月 31 日，并将其调整为给定月份的最后一天。

有时，需要仅显示工作日和月份的名称，例如，在日历应用程序中。此时可以调用 DayOfWeek 和 Month 枚举的 getDisplayName 方法。

```
for (Month m : Month.values())
    System.out.println(m.getDisplayName(textStyle, locale) + " ");
```

表 13-5 显示了文本风格。STANDALONE 版本用于格式化日期之外的显示。例如，在芬兰语中，“tammikuuta”表示日期中的一月，但是“tammikuu”表示单独显示时的一月。

注意： 一周的第一天可以是星期六、星期日或星期一，具体取决于区域设置。示例如下。

```
DayOfWeek first = WeekFields.of(locale).getFirstDayOfWeek();
```

表 13-5　　java.time.format.TextStyle 枚举的值

风格	示例
FULL / FULL_STANDALONE	January
SHORT / SHORT_STANDALONE	Jan
NARROW / NARROW_STANDALONE	J

13.5 排序和规范化

大多数编程人员都知道如何使用 String 类的 compareTo 方法对字符串进行比较。遗憾的是，当与人类用户交互时，这种方法不太有用。compareTo 方法使用的是字符串的 UTF-16 编码值，这可能会导致很荒唐的结果，即使在英语中也是如此。例如，以下 5 个字符串是根据 compareto 方法进行排序的：

```
Athens
Zulu
able
zebra
Ångström
```

按照字典中的顺序，你希望将大写和小写看作是等价的，重音符号可以不用考虑。对于一个英语使用者来说，单词的样本列表应该按以下顺序排列：

```
able
Ångström
Athens
zebra
Zulu
```

然而，瑞典用户不接受该排序结果。在瑞典语中，字母 Å 与字母 A 不同，它的排序应该在字母 Z 之后。也就是说，瑞典用户希望的排序结果是：

```
able
Athens
zebra
Zulu
Ångström
```

要获取一个区域设置敏感的比较器，可以调用静态 `Collator.getInstance` 方法：

```
Collator coll = Collator.getInstance(locale);
words.sort(coll);
    // Collator implements Comparator<Object>
```

排序器还有一些高级设置，例如，可以通过设置排序器的强度级别来选择不同的排序行为。字符的差异可以分为首要的、其次的和再次的。例如，在英语中，e 和 f 之间的差异被认为是首要的，而 e 和 é 之间的差异是其次的，e 和 E 之间的差异则是再次的。

例如，在处理城市名称时，你可能不关心以下 3 个城市的排序：

```
San José
San Jose
SAN JOSE
```

在这种情况下，可以通过调用以下方法配置排序器：

```
coll.setStrength(Collator.PRIMARY);
```

另一种更具技术性的设置是分解模式（decomposition mode），它处理了这样一个事实：一个字符或字符序列有时可以用多种方式在 Unicode 中描述。例如，é（U+00E9）也可以表示为纯 e（U+0065）后跟 ´（重音符 U+0301）。默认情况下它并不重要，你可能不在乎这种差异。但是如果在意，可以按如下方式配置排序器：

```
coll.setStrength(Collator.IDENTICAL);
coll.setDecomposition(Collator.NO_DECOMPOSITION);
```

相反，如果你希望非常宽松，并认为商标符号™（U+2122）与字符组合 TM 相同，那么可以将分解模式设置为 `Collator.FULL_DECOMPOSITION`。

即使不进行排序，你也会可能希望将字符串转换为规范化形式。例如，用于持久存储或与其他程序通信。Unicode 标准定义了 4 种规范化形式（C、D、KC 和 KD）。在规范化形式 C 中，重音字符始终是组合的。例如，字符 e 和重音符号 ´ 的序列总是合并为字符 é。在标准 D 中，重音字符总是被分解成它们的基本字母和对应的重音，即 é 被分解为 e 和 ´ 。标准 KC 和 KD 还会分解类似商标符号 ™ 等一些字符。W3C 建议使用规范化形式 C 通过网传输数据。

`java.text.Normalizer` 类中的静态方法 `normalize` 能够执行规范化过程。例如：

```
String city = "San Jose\u0301";
String normalized = Normalizer.normalize(city, Normalizer.Form.NFC);
```

13.6 消息格式化

当国际化一个程序时，你经常会收到包含有部分可变内容的消息。`MessageFormat` 类的静态 `format`

方法采用带有占位符的模板字符串，后跟占位符值，如下所示：

```
String template = "{0} has {1} messages";
String message = MessageFormat.format(template, "Pierre", 42);
```

当然，你应该查找一个区域设置特定的模板，而不是对模板进行硬编码，例如法语中的"Il y a {1} message pour {0}"。你将在 13.7 节中了解如何做到这一点。

需要注意的是，不同语言中的占位符顺序可能不同。在英语中，这条消息是“Pierre has 42 messages”，但在法语中，它是“Il y a 42 message pour Pierre”。占位符{0}是 format 调用中模板之后的第一个参数，{1}是下一个参数，依此类推。

可以通过在占位符中添加后缀 number、currency 来将数字格式化为货币金额，如下所示：

```
template="Your current total is {0,number,currency}."
```

在美国，值 1023.95 会被格式化为 $1,023.95。在德国，使用本地货币符号和十进制分隔符约定，相同的值会显示为 1.023,95€。

number 指示符可以后跟 currency、integer、percent 或 DecimalFormat 类的数值格式模式，例如$、##0。

可以格式化 Java 中遗留的带 date 或 time 指示符的 java.util.Date 包，后跟 short、medium、long 或 full 格式，或 SimpleDateFormat 的格式模式，如 yyyy-MM-dd。

注意，需要转换 java.time 的值，例如：

```
String message = MessageFormat("It is now {0,time,short}.", Date.from(Instant.now()));
```

最后，choice 格式化器允许生成消息，例如：

```
No files copied
1 file copied
42 files copied
```

具体显示效果取决于占位符值。

选择格式是一个配对序列，每个配对包含一个下限和一个格式字符串。下限和格式字符串由 # 字符分隔，配对由字符 | 分隔。

```
String template = "{0,choice,0#No files|1#1 file|2#{0} files} copied";
```

注意，{0}在模板中出现两次。当消息格式将选择格式应用于{0}占位符且值为 42 时，选择格式返回"{0} files"。然后再次格式化该字符串，并将结果拼接到消息中。

注意：选择格式的设计有点混乱。如果有 3 个格式字符串，则需要两个限制来分隔它们。（通常，需要比格式字符串少一个限制。）MessageFormat 类实际上忽略了第一个限制。

可以使用 < 符号而不是 # 来表示下限严格小于该值。此外，还可以使用≤（U+2264）符号作为#的同义词，并为第一个值指定一个下限-∞（一个负号后跟 U+221E）。这使得格式字符串更容易读取。

```
-∞< No files|0<1 file|2≤{0} files
```

警告：单引号'...'中的任何文本都是逐字包含的。例如，'{0}'不是占位符，而是字符串字面量{0}。如果模板包含单引号，则必须使用两对单引号，示例如下。

```
String template = "<a href=''{0}''>{1}</a>";
```

静态 MessageFormat.format 方法使用当前格式区域设置来设置值的格式。要使用任意区域设置进行格式化，你必须更加努力，因为没有可以使用的可变参数方法，你需要将已经格式化的值放置在 Object[] 数组中，例如：

```
var mf = new MessageFormat(template, locale);
String message = mf.format(new Object[] { arg1, arg2, ... });
```

13.7 资源包

在本地化应用程序时，最好将程序与需要翻译的消息字符串、按钮标签和其他文本分开。在 Java 中，你可以将它们放入资源包（resource bundle）中。然后，可以将这些资源包交给翻译人员，他可以编辑包内的资源，而不必接触程序源代码。

> **注意：**第 4 章描述了 JAR 文件资源的概念，数据文件、声音和图像可以存放在 JAR 文件中。Class 类的 getResource 方法可以找到这些文件，打开它，并返回资源的 URL。这是一种将文件与程序绑定的有用机制，但它不支持区域设置。

13.7.1 组织资源包

在本地化应用程序时，会生成很多资源包。每个包都是一个属性文件或者一个特殊的类，其中包含特定区域设置或一组匹配区域设置的条目。

在本小节中，我们只讨论属性文件，因为它们比资源类更常见。属性文件是具有 .properties 扩展名的文本文件。文件内包含键/值对，例如，文件 message_de_DE.properties 中可能包含：

```
computeButton=Rechnen
cancelButton=Abbrechen
defaultPaperSize=A4
```

你需要为组成这些资源包的文件使用特定的命名约定。例如，德国的特定资源位于文件 *bundleName*_de_DE 中，而所有德语国家和地区共享的资源位于 *bundleName*_de 中。对于给定的语言、脚本和国家地区组合，考虑以下候选项：

```
bundleName_language_script_country
bundleName_language_script
bundleName_language_country
bundleName_language
```

如果 *bundleName* 包含句号，则文件必须放置在匹配的子目录中。例如，存储在路径 com/mycompany/messages_de_DE.properties 中的文件，应当是资源包 com.mycompany.messages 中的文件，其余的依此类推。

要加载资源包，对于默认区域设置，可以调用：

```
ResourceBundle res = ResourceBundle.getBundle(bundleName);
```

对于给定的区域设置，可以调用：

```
ResourceBundle bundle = ResourceBundle.getBundle(bundleName, locale);
```

> **警告：**第一个 getBundle 方法不使用默认显示区域设置，而是使用整体默认区域设置。如果查找用户界面的资源，需要确保传递 Locale.getDefault(Locale.Category.DISPLAY)作为区域设置。

如果需要查找字符串，那么可以使用键调用 getString 方法：

```
String computeButtonLabel = bundle.getString("computeButton");
```

加载资源文件的规则有点复杂，涉及两个阶段。在第一阶段，找到匹配的资源包。这最多需要 3 个步骤。

（1）按照上面给出的顺序尝试资源包名称、语言、脚本、国家/地区和变体的所有候选组合，直到找到匹配。例如，如果目标区域设置为 de-DE，并且没有 messages_de_DE.properties，但有 message_de.properties，则也会成为匹配的包。

（2）如果不匹配，则使用默认区域设置重复该过程。例如，如果请求了一个德语资源包，但没有，并且默认的语言环境是 en-US，则接受 messages_en_US.properties 作为匹配。

（3）如果与默认区域设置也不匹配，那么不带后缀的包（例如 messages.properties）就是匹配。如果这也不存在，搜索将失败。

> **注意：**变体、简体中文、繁体中文以及挪威语有特殊规则。详细信息参见 Javadoc 的 ResourceBundle.Control。

在第二阶段，找到匹配资源包的父级。这里的父级是指匹配资源包下的候选列表中的父级，以及没有后缀的资源包。例如，messages_de_DE.properties 的父级是 messages_de.properties 和 messages.properties。getString 方法能够在匹配的资源包及其父级中查找键。

注意：如果在第一阶段找到了匹配的资源包，那么永远不会从它的父级提取默认的区域设置。

注意：在过去，属性文件被限制为使用 ASCII 字符集。所有非 ASCII 字符都必须使用`\uxxxx`形式进行编码，示例如下。

```
prefs=Pr\u00E9fer\u00E9nces
```

现在，属性文件被假设为 UTF-8 格式，你只须在文件中写入本地化字符串，示例如下。

```
prefs=Préférences
```

13.7.2 包类

为了提供字符串以外的资源，需要定义扩展 `ResourceBundle` 类的类。例如，使用类似于属性资源的命名约定：

```
com.mycompany.MyAppResources_en_US
com.mycompany.MyAppResources_de
com.mycompany.MyAppResources
```

要实现资源包类，可以扩展 `ListResourceBundle` 类。将所有资源放入一个键/值对的数组中，并在 `getContents` 方法中返回。例如：

```
package com.mycompany
public class MyAppResources_de extends ListResourceBundle {
    public Object[][] getContents() {
        return new Object[][] {
            { "backgroundColor", Color.BLACK },
            { "defaultPaperSize", new double[] { 210, 297 } }
        };
    }
}
```

要从这样的资源包中获取对象，可以调用 `getObject` 方法：

```
ResourceBundle bundle
    = ResourceBundle.getBundle("com.mycompany.MyAppResources", locale);
var backgroundColor = (Color) bundle.getObject("backgroundColor");
double[] paperSize = (double[]) bundle.getObject("defaultPaperSize");
```

警告：`ResourceBundle.getBundle` 方法在找到具有相同资源包名称的类和属性文件时，优先选择类而不是属性文件。

13.8 字符编码

Java 中使用 Unicode 这一事实并不意味着你在字符编码方面的所有问题都解决了。幸运的是，你不必担心 `String` 对象的编码。你接收的任何字符串，无论是命令行参数、控制台输入，还是 GUI 文本字段输入，都将是包含用户提供的文本的 UTF-16 编码字符串。

当你显示字符串时，虚拟机会为本地平台对其进行编码。这里有两个潜在的问题。显示字体可能没有特定 Unicode 字符的字形。在 Java GUI 中，这些字符会显示为空心方框。对于控制台输出，如果控制台使用的字符编码不能表示所有输出字符，则会以 `?` 形式显示缺少的字符，用户可以通过安装适当的字体或将控制台切换为 UTF-8 来纠正这些问题。

当程序读取用户生成的纯文本文件时，情况会变得更加复杂。头脑简单的文本编辑器通常以本地平台编码生成文件。可以调用：

```
Charset platformEncoding = Charset.defaultCharset();
```

对于用户首选的字符编码，这是一个合理的猜测，但你应该允许用户重写它。

如果想提供字符编码的选择，可以获取本地化名称：

```
String displayName = encoding.displayName(locale);
    // Yields names such as UTF-8, ISO-8859-6, or GB18030
```

遗憾的是，这些名称并不适合终端用户，他们希望在 Unicode、阿拉伯语、简体中文等多种语言之间进行选择。

提示： Java 源文件也是文本文件。为了便于与其他编程人员共享，源文件不应使用平台编码。你可以用 \uxxxx 转义来表示代码或注释中的任何非 ASCII 字符，但这很乏味。相反，建议你将文本编辑器设置为使用 UTF-8。将控制台首选项设置为 UTF-8，或使用下面的语句进行编译。

```
javac -encoding UTF-8 *.java
```

13.9 首选项

在本章即将结束的时候，让我们来了解一下与国际化密切相关的存储用户首选项（可能包括首选区域设置）API。

当然，可以将首选项存储在程序启动时加载的属性文件中。然而，由于这里没有命名和放置配置文件的标准约定，因此增加了用户安装多个 Java 应用程序时发生冲突的可能性。

某些操作系统具有配置信息的中央存储库。一个著名的例子是微软 Windows 中的注册表。Preferences 类是 Java 中存储用户首选项的标准机制，它在 Windows 上使用注册表。在 Linux 上，信息存储在本地文件系统中。特定的存储库实现对于使用 Preferences 类的编程人员来说是透明的。

Preferences 存储库包含一个节点树。存储库中的每个节点都有一个键/值对表。值可以是数字、布尔值、字符串或字节数组。

注意： 存储任意对象没有规定限制。因此，在不担心将序列化用于长期存储的前提下，也可以将序列化对象存储为字节数组。

节点的路径类似于 /com/mycompany/myapp。与包名称一样，可以通过使用反向域名开始路径来避免名称冲突。

有两个平行的树：首先是称为系统树的树，可用于所有用户的通用设置；此外，每个程序用户还有一个树。Preferences 类使用“当前用户”的操作系统概念来访问适当的用户树。要访问树中的节点，可以从用户或系统根开始：

```
Preferences root = Preferences.userRoot();
```

或者：

```
Preferences root = Preferences.systemRoot();
```

然后通过路径名访问节点：

```
Preferences node = root.node("/com/mycompany/myapp");
```

或者，向静态 userNodeForPackage 或 systemNodeForPackage 方法提供一个 Class 对象，节点路径将从类的包名中派生得到：

```
Preferences node = Preferences.userNodeForPackage(obj.getClass());
```

一旦有了一个节点，就可以访问键/值表。获取字符串可以使用：

```
String preferredLocale = node.get("locale", "");
```

对于其他类型，可以使用以下方法之一：

```
String get(String key, String defval)
int getInt(String key, int defval)
long getLong(String key, long defval)
float getFloat(String key, float defval)
double getDouble(String key, double defval)
boolean getBoolean(String key, boolean defval)
byte[] getByteArray(String key, byte[] defval)
```

如果存储库数据不可用，则在读取信息时必须指定默认值。此外，可以使用 put 方法将数据写入存储库，例如以下形式的方法调用：

```
void put(String key, String value)
void putInt(String key, int value)
```

如果要从节点中删除条目，那么可以调用：

```
void remove(String key)
```

调用 node.removeNode( )可以删除整个节点及其子节点内容。

可以使用以下方法枚举存储在节点中的所有键以及节点的所有子路径：

```
String[] keys()
String[] childrenNames()
```

注意：目前无法找到特定键的值类型。

也可以通过调用方法导出子树的首选项：

```
void exportSubtree(OutputStream out)
```

从子树的根节点上导出数据。

数据以 XML 格式保存。可以从另一个存储库导入数据，调用方式如下：

```
InputStream in = Files.newInputStream(path);
Preferences.importPreferences(in);
```

练习

1. 编写一个程序，演示法国、中国和泰国（使用泰语数字格式）的日期和时间格式。
2. JVM 中哪些区域设置不使用西方数字来格式化数值?
3. 你的 JVM 中的哪些区域设置使用与美国相同的日期约定（月/日/年）？
4. 编写一个程序，用所有可用的语言打印 JVM 中所有语言区域设置的名称。排序整理它们，并删除重复数据。
5. 使用货币名称来重复前面的练习。
6. 编写一个程序，列出至少两个区域设置中具有不同符号的所有货币。
7. 编写一个程序，列出所有区域设置中不同的显示月份名称和单独月份名称，单独名称由数字组成的区域设置除外。
8. 编写一个程序，以 KC 或 KD 规范化格式列出所有的扩展为两个或更多 ASCII 字符的 Unicode 字符。
9. 选择一个程序，使用至少两种语言的资源包来国际化该程序的所有消息。
10. 提供一种机制，就像在你的 Web 浏览器中一样，显示可用的字符编码和人类可阅读的描述。注意语言名称应该本地化。（使用本地语言的翻译。）
11. 提供一个类，使用给定区域设置中的首选尺寸单位和默认纸张尺寸，根据区域设置显示纸张尺寸。（世界上只有 3 个国家尚未正式采用公制：利比里亚、缅甸和美国。）

第 14 章　编译和脚本

本章内容非常简短，你将在本章中学习如何使用编译器 API 从应用程序内部编译 Java 代码。你还将看到如何使用脚本 API 从 Java 程序运行以其他语言编写的程序。如果想让用户能够使用脚本增强程序的某些功能，那么这些知识点非常有用。

本章重点如下：

1. 通过使用编译器 API，可以在程序中访问 Java 编译器。
2. 可以通过从内存读取源代码并将类写入内存来“动态”生成 Java 代码。
3. 脚本 API 允许 Java 程序与多种脚本语言进行互操作。
4. 在 Java 代码中，可以访问由脚本代码读取和编写的变量。
5. 通过使用一些脚本引擎，可以从 Java 中调用脚本函数。

14.1　编译器 API

有相当多的工具需要编译 Java 代码。例如，讲授 Java 编程的开发环境和程序，以及测试和自动化构建工具等。另一个例子是 JavaServer Pages 的处理工具，JavaSaver Pages 是一种嵌入了 Java 语句的网页。

14.1.1　调用编译器

调用编译器非常容易。以下是一个简单的调用示例：

```
JavaCompiler compiler = ToolProvider.getSystemJavaCompiler();
OutputStream outStream = ...;
OutputStream errStream = ...;
int result = compiler.run(null, outStream, errStream,
    "-sourcepath", "src", "Test.java");
```

`result` 值为 0 表示编译成功。

编译器会将输出和错误消息发送到提供的流。也可以将参数设置为 `null`，在这种情况下编译器就会使用 `System.out` 和 `System.err`。`run` 方法的第一个参数是输入流。由于编译器不接受控制台输入，因此可以始终让其保持为 `null`。（`run` 方法继承自泛型 `Tool` 接口，该接口允许工具读取输入。）

`run` 方法的其余参数是在命令行上调用 `javac` 时传递给它的字符串。这些参数可以是选项也可以是文件名。

14.1.2　启动编译任务

可以通过使用 `CompilationTask` 对象对编译过程进行更多的控制。如果希望从字符串中提供源代码、捕获内存中的类文件，或处理错误和警告消息，这可能很有用。

要想获得 `CompilationTask`，需要从前一小节中的 `compiler` 对象开始。然后调用以下方法：

```
JavaCompiler.CompilationTask task = compiler.getTask(
    errorWriter, // Uses System.err if null
    fileManager, // Uses the standard file manager if null
    diagnostics, // Uses System.err if null
    options, // null if no options
    classes, // For annotation processing; null if none
    sources);
```

最后 3 个参数是 `Iterable` 的实例。例如，选项序列也可以指定为以下形式：

```
Iterable<String> options = List.of("-d", "bin");
```

sources 参数是 JavaFileObject 实例的 Iterable。如果要编译磁盘文件，那么需要获取一个 StandardJavaFileManager 对象，并调用该对象的 getJavaFileObjects 方法：

```
StandardJavaFileManager fileManager
    = compiler.getStandardFileManager(null, null, null);
Iterable<JavaFileObject> sources
    = fileManager.getJavaFileObjectsFromStrings(List.of("File1.java", "File2.java"));
JavaCompiler.CompilationTask task
    = compiler.getTask(null, null, null, options, null, sources);
```

注意： classes 参数仅用于注解处理。在这种情况下，还需要通过 Processor 对象的列表来调用 task.processors(annotationProcessors)。有关注解处理的示例，参见第 11 章。

getTask 方法会返回任务对象，但并不会启动整个编译过程。CompilationTask 类扩展了 Callable<Boolean>，因此，可以将其传递给 ExecutorService 进行并发执行，或者只进行同步调用：

```
Boolean success = task.call();
```

14.1.3 捕获诊断信息

要监听编译时的错误消息，需要安装 DiagnosticListener。这样每当编译器报告警告或错误消息时，监听器就会收到一个 Diagnostic 对象。DiagnosticCollector 类实现了这个接口，它将收集所有的诊断信息，以便在编译完成后对其进行迭代。

```
var collector = new DiagnosticCollector<JavaFileObject>();
compiler.getTask(null, fileManager, collector, null, null, sources).call();
for (Diagnostic<? extends JavaFileObject> d : collector.getDiagnostics()) {
    System.out.println(d);
}
```

Diagnostic 对象包含有关问题位置的信息（包括文件名、行号和列号）以及人类可读的描述。还可以在标准文件管理器中安装 DiagnosticListener，这样就可以捕获有关文件缺失的消息：

```
StandardJavaFileManager fileManager
    = compiler.getStandardFileManager(diagnostics, null, null);
```

14.1.4 从内存读取源文件

如果动态地生成了源代码，则可以从内存中获取它来进行编译，而无须将文件保存到磁盘。可以使用下面的类来保存代码：

```
public class StringSource extends SimpleJavaFileObject {
    private String code;

    StringSource(String name, String code) {
        super(URI.create("string:///" + name.replace('.','/') + ".java"),
            Kind.SOURCE);
        this.code = code;
    }

    public CharSequence getCharContent(boolean ignoreEncodingErrors) {
        return code;
    }
}
```

然后，生成类的代码，并向编译器提供 StringSource 对象列表：

```
String pointCode = ...;
String rectangleCode = ...;
List<StringSource> sources = List.of(
    new StringSource("Point", pointCode),
    new StringSource("Rectangle", rectangleCode));
task = compiler.getTask(null, null, null, null, null, sources);
```

14.1.5 将字节码写入内存

如果动态地编译类，则无须将类文件保存到磁盘。可以将它们存储到内存中并立即加载。

首先，要有一个用于保存字节的类：

```
public class ByteArrayClass extends SimpleJavaFileObject {
    private ByteArrayOutputStream out;
```

```
    ByteArrayClass(String name) {
        super(URI.create("bytes:///" + name.replace('.','/') + ".class"),
            Kind.CLASS);
    }

    public byte[] getCode() {
        return out.toByteArray();
    }

    public OutputStream openOutputStream() throws IOException {
        out = new ByteArrayOutputStream();
        return out;
    }
}
```

接下来，需要配置文件管理器以使用这些类作为输出：

```
var classes = new ArrayList<ByteArrayClass>();
StandardJavaFileManager stdFileManager
    = compiler.getStandardFileManager(null, null, null);
JavaFileManager fileManager
     = new ForwardingJavaFileManager<JavaFileManager>(stdFileManager) {
        public JavaFileObject getJavaFileForOutput(Location location,
            String className, Kind kind, FileObject sibling)
                throws IOException {
            if (kind == Kind.CLASS) {
                var outfile = new ByteArrayClass(className);
                classes.add(outfile);
                return outfile;
            } else
                return super.getJavaFileForOutput(
                    location, className, kind, sibling);
            }
        };
```

要加载类，需要使用类加载器（参见第 4 章）：

```
public class ByteArrayClassLoader extends ClassLoader {
    private Iterable<ByteArrayClass> classes;

    public ByteArrayClassLoader(Iterable<ByteArrayClass> classes) {
        this.classes  = classes;
    }

    @Override public Class<?> findClass(String name) throws ClassNotFoundException {
        for (ByteArrayClass cl : classes) {
            if (cl.getName().equals("/" + name.replace('.','/') + ".class")) {
                byte[] bytes = cl.getCode();
                return defineClass(name, bytes, 0, bytes.length);
            }
        }
        throw new ClassNotFoundException(name);
    }
}
```

编译完成后，使用该类加载器调用 `Class.forName` 方法：

```
var loader = new ByteArrayClassLoader(classes);
Class<?> cl = Class.forName("Rectangle", true, loader);
```

14.2 脚本 API

脚本语言是一种通过在运行时解释程序文本，从而避免使用通常的编辑、编译、链接和运行循环的语言。此外，脚本语言往往不那么复杂，这使得它们适合作为程序的专家用户的扩展性语言。

脚本 API 允许将脚本语言和传统语言的优点相结合。它使你能够从 Java 程序调用 JavaScript、Groovy、Ruby 甚至是 Scheme 或 Haskell 等语言编写的脚本。在以下小节中，你将了解如何为特定语言选择引擎、如何执行脚本以及如何利用某些脚本引擎提供的高级功能。

14.2.1 获取脚本引擎

脚本引擎是一个可以执行用特定语言编写的脚本的库。当虚拟机启动时，它就会发现可用的脚本引擎。为了枚举这些引擎，需要构造 `ScriptEngineManager`，并调用 `getEngineFactories` 方法。

通常，如果你知道所需要的引擎，那么可以直接通过它的名字来请求它。例如：

```
var manager = new ScriptEngineManager();
ScriptEngine engine = manager.getEngineByName("javascript");
```

需要有在类路径上实现脚本引擎的JAR文件。（Oracle JDK以前包含一个JavaScript引擎，但在Java 15中已删除。）本章中的示例使用Rhino JavaScript引擎，该引擎可在GitHub下载。

提示： COBOL、PHP、R、Ruby、Scheme和其他语言都有脚本引擎。要查找特定语言的脚本引擎，可以查找“JSR 223”支持。

14.2.2 脚本求值

一旦有了引擎，就可以通过下面的调用来直接调用脚本：

```
Object result = engine.eval(scriptString);
```

还可以从Reader中读取脚本：

```
Object result = engine.eval(Files.newBufferedReader(path, charset));
```

可以在同一个引擎上调用多个脚本。如果一个脚本定义了变量、函数或类，那么大多数脚本引擎都会保留这些定义，以供将来使用。例如：

```
engine.eval("n = 1728");
Object result = engine.eval("n + 1");
```

以上语句将返回1729。

注意： 要想了解在多个线程中并发执行脚本是否安全，可以调用engine.getFactory().getParameter("THREADING")。该方法的返回值是以下值之一。

- null：并发执行不安全。
- "MULTITHREADED"：并发执行安全。一个线程的执行效果可能对另一个线程可见。
- "THREAD-ISOLATED"：除了"MULTITHREADED"，每个线程都维护不同的变量绑定。
- "STATELESS"：除了"THREAD-ISOLATED"，脚本还不会更改变量绑定。

14.2.3 绑定

绑定由名称及其关联的Java对象组成。例如，考虑以下语句：

```
engine.put("k", 1728);
Object result = engine.eval("k + 1");
```

反过来，也可以获取由脚本语句绑定的变量：

```
engine.eval("n = 1728");
Object result = engine.get("n");
```

这些绑定位于引擎作用域内。此外，还有全局作用域。任何添加到ScriptEngineManager中的绑定对所有引擎都是可见的。

可以在Bindings类型的对象中收集绑定，并将其传递给eval方法，而不是向引擎作用域或全局作用域添加绑定：

```
Bindings scope = engine.createBindings();
scope.put("k", 1728);
Object result = engine.eval("k + 1", scope);
```

如果绑定集合不应该为了将来对eval方法的调用而持久化，那么这样的操作还是很有用的。

14.2.4 重定向输入和输出

可以通过调用脚本上下文的setReader和setWriter方法来重定向脚本的标准输入和输出。例如：

```
var writer = new StringWriter();
engine.getContext().setWriter(writer);
engine.eval("print('Hello')");
String result = writer.toString();
```

任何使用JavaScript的print函数产生的输出都将发送给writer。

setReader和setWriter方法只会影响脚本引擎的标准输入和输出源。例如，如果执行以下JavaScript代码：

```
print('Hello');
java.lang.System.out.println('World');
```

则只有第一个输出被重定向。

注意: Rhino 引擎没有标准输入源的概念，因此调用 `setReader` 是无效的。

注意: 在 JavaScript 中，行末尾的分号是可选的。无论如何，许多 JavaScript 程序员都会把它们放进去，但本章省略了它们，以便你可以更容易地区分 Java 和 JavaScript 代码片段。出于同样的原因，会尽可能使用'...'，而不是"..."的形式表示 JavaScript 中的字符串。

14.2.5 调用脚本函数和方法

在某些脚本引擎中，可以调用脚本语言的函数，而无须对实际的脚本代码进行求值。如果允许用户使用他们自己选择的脚本语言实现服务，那么就可以从 Java 调用它，这样的操作非常有用。

提供此功能的脚本引擎（其中包括 Rhino）实现了 `Invocable` 接口。要调用函数，需要使用函数名来调用 `invokeFunction` 方法，后跟函数参数。

```
// Define greet function in JavaScript
engine.eval("function greet(how, whom) { return how + ', ' + whom + '!' }");

// Call the function with arguments "Hello", "World"
result = ((Invocable) engine).invokeFunction(
    "greet", "Hello", "World");
```

如果脚本语言是面向对象的，那么可以调用 `invokeMethod`:

```
// Define Greeter class in JavaScript
engine.eval("function Greeter(how) { this.how = how }");
engine.eval("Greeter.prototype.welcome = "
    + " function(whom) { return this.how + ', ' + whom + '!' }");
// Construct an instance
Object yo = engine.eval("new Greeter('Yo')");

// Call the welcome method on the instance
result = ((Invocable) engine).invokeMethod(yo, "welcome", "World");
```

注意: 有关如何在 JavaScript 中定义类的更多信息，可以参阅道格拉斯·克罗克福德（Douglas Crockford）的《JavaScript 语言精粹》(*JavaScript—The Good Parts*)。

注意: 即使脚本引擎没有实现 `Invocable` 接口，也可能仍然能够以独立于语言的方式调用方法。`ScriptEngineFactory` 类的 `getMethodCallSyntax` 方法生成可以传递给 `eval` 方法的字符串。

可以进一步要求脚本引擎实现 Java 接口，然后就可以使用 Java 方法调用语法来调用脚本函数和方法。其细节依赖于脚本引擎，但通常需要为接口的每个方法提供一个函数。例如，考虑以下 Java 接口：

```
public interface Greeter {
    String welcome(String whom);
}
```

如果在 Rhino 中定义了同名的全局函数，那么就可以通过此接口调用它：

```
// Define welcome function in JavaScript
engine.eval("function welcome(whom) { return 'Hello, ' + whom + '!' }");
// Get a Java object and call a Java method
Greeter g = ((Invocable) engine).getInterface(Greeter.class);
result = g.welcome("World");
```

在面向对象的脚本语言中，可以通过匹配的 Java 接口访问脚本类。例如，下面的代码展示了如何使用 Java 语法调用 JavaScript 的 `Greeter` 类的对象：

```
Greeter g = ((Invocable) engine).getInterface(yo, Greeter.class);
result = g.welcome("World");
```

有关更有用的示例参见本章练习 4。

总之，如果想从 Java 调用脚本代码而不担心脚本语言语法，那么 `Invocable` 接口非常有用。

14.2.6 编译脚本

一些脚本引擎可以将脚本代码编译成某种中间格式，以便高效执行。这些引擎实现 `Compilable` 接口。

以下示例显示了如何编译和求值脚本文件中的代码：

```
if (engine implements Compilable) {
    Reader reader = Files.newBufferedReader(path, charset);
    CompiledScript script = ((Compilable) engine).compile(reader);
    script.eval();
}
```

当然，只有当脚本做了大量工作或需要重复执行时，编译脚本才有意义。

练习

1. 在 JavaServer Pages 技术中，Web 页面是 HTML 和 Java 的混合体，例如：

```
<ul>
<% for (int i = 10; i >= 0; i--) { %>
    <li><%= i %></li>
<% } %>
<p>Liftoff!</p>
```

其中，`<%...%>` 和 `<%=...%>` 之外的一切都将按原样打印，内部代码将会被求值。如果起始分隔符为`<%=`，结果将添加到打印输出中。实现一个程序，该程序读取这样的页面，将其转换为 Java 方法，执行它，并生成结果页面。

2. 在 Swing 或 JavaFX 教程中，查找如何将按钮放入窗口，并添加在单击按钮时调用的处理程序。允许用户在包含 Java 代码的文本文件中指定按钮操作。然后将操作编译为按钮处理程序。

3. 重复前面的练习，但允许用户在 JavaScript 中指定按钮的动作。单击按钮时调用对应的脚本。

4. 在 Java 程序中，调用 JavaScript 的 `JSON.parse` 方法，将 JSON 格式的字符串转换为 JavaScript 对象，然后将其转换回字符串。以下是程序的要求：（a）使用 `eval`；（b）使用 `invokeMethod`；（c）通过接口调用 Java 方法。

```
public interface JSON {
    Object parse(String str);
    String stringify(Object obj);
}
```

5. 在 Rhino 中，可以使用类似 `java.lang.System` 等完全限定名称访问 Java 类。可以在 JavaScript 中创建实例和调用方法。编写一个 Rhino 程序，读取一个文件（如`/usr/share/dict/words`）并输出长度至少为 20 的所有字符串。

6. 在 Rhino 中，可以通过“property”符号调用 Java 的 getter 和 setter。例如，`button.text = 'Click me'` 调用按钮对象上的 `setText` 方法。利用这个符号将一个简单的 Swing 程序翻译成 Rhino。

7. 使用 Rhino 编译是否值得我们花费精力？编写一个 JavaScript 程序，使用一些简单的方式对数组进行排序。比较编译版本和解释版本的运行时间。下面是用于计算下一个排列的 JavaScript 函数：

```
function nextPermutation(a) {
    // Find the largest nonincreasing suffix starting at a[i]
    var i = a.length - 1
    while (i > 0 && a[i - 1] >= a[i]) i--
    if (i > 0) {
        // Swap a[i - 1] with the rightmost a[k] > a[i - 1]
        // Note that a[i] > a[i - 1]
        var k = a.length - 1
        while (a[k] <= a[i - 1]) k--
        swap(a, i - 1, k)
    } // Otherwise, the suffix is the entire array

    // Reverse the suffix
    var j = a.length - 1
    while (i < j) { swap(a, i, j); i++; j-- }
}
```

8. 查找与 Java 脚本 API 兼容的 Scheme 实现。在 Scheme 中编写阶乘函数并从 Java 中调用。

9. 选择 Java API 中想要深入研究和探索的部分，例如 `ZonedDateTime` 类。在 `jjs` 中运行一些小的测试实验：例如，构造对象、调用方法和观察返回的值。你认为它比用 Java 编写测试程序更容易吗？

第 15 章　Java 平台模块系统

封装是面向对象编程的一个重要特征。类的声明由公有接口和私有实现组成，类可以通过只修改实现而不影响其用户的方式来不断地演化。模块系统为大型编程提供了与面向对象编程相同的优势。模块可以有选择地使用包和类，从而可以控制其演变。

现有的一些 Java 模块系统依赖类加载器来隔离类。然而，Java 9 引入了一个新系统，称为 Java 平台模块系统，该系统由 Java 编译器和虚拟机共同支持。它被设计用来将 Java 平台的大型代码基模块化。如果愿意，也可以使用此系统来模块化自己的应用程序。

无论是否在自己的应用程序中使用 Java 平台模块，都可能受到模块化 Java 平台的影响。本章介绍如何声明和使用 Java 平台模块。你还将学习如何迁移应用程序，使其能够使用模块化 Java 平台和第三方模块。

本章重点如下：

1. Java 平台模块系统被设计用来将 Java 平台模块化。
2. 可以使用 Java 平台模块系统来将应用程序和库模块化。
3. 模块是包的容器。
4. 模块的属性定义在 module-info.java 中。
5. 模块需要声明它依赖的其他模块。
6. 模块提供封装。其中可访问的包必须显式地导出。
7. 通过打开包装或整个模块，模块可以允许反射式访问私有特性。
8. 模块系统为 ServiceLoader 提供了支持。
9. 模块化 JAR 是在模块路径上带有 module-info.class 文件的 JAR。
10. 通过在模块路径上放置一个常规 JAR，可以使它成为一个可以导出和打开其所有包的自动模块。
11. 类路径上的所有包形成不具名模块。
12. 要迁移现有应用程序，可能需要使用命令行选项覆盖访问限制。
13. jdeps 工具可以分析给定的 JAR 文件集合的依赖关系。jlink 工具可以生成具有最小依赖性的应用程序。

15.1　模块的概念

在面向对象编程中，基础的程序构建块是类。类提供了封装，其中私有特性只能由具有显式权限的代码访问，即类的方法。这样就可以对访问进行控制归因。如果私有变量发生了变化，就可以发现一系列可能出错的方法。如果需要修改私有表示，那么就需要知道哪些方法会受到影响。

在 Java 中，包提供了更高一级的组织方式。包可以看作是类的容器。包也提供了一种封装级别。只有同一包中的方法才能访问任何具有包访问权限的所有特性（无论是公有的还是私有的）。

然而，在大型系统中，这种级别的访问控制依然是不够的。任何公有特性（即在包外部也可访问的特性）都可以从任何地方访问。假设你要修改或删除一个很少使用的特性。一旦这个特性是公开的，那么就无法推断这种变化将会产生的影响。

以上这些就是 Java 平台设计者们面临的情况。20 年来，JDK 呈跨越式发展，但有些特性现在明显过时了。每个人都喜欢提到的一个例子是 CORBA。你最后一次使用它是什么时候？但是 org.omg.corba 包仍然随每个 JDK 一起提供。事实上，这样的操作实现起来并不困难，也就是将所有 CORBA 放入一个 JAR 文件中，以便少数仍需要它的人随时可以使用。

那么 java.awt 呢？除了 java.awt.DataFlavor 类在 SOAP（一种基于 XML 的 web 服务协议）的实现中仍在使用之外，在服务器端的应用程序并不需要它，对吧？

Java 平台的设计者们目前所需要面对的日益庞杂的代码体系，决定了他们需要有一种能够提供更多控制能力的构建机制。他们研究了现有的模块系统（如 OSGi），发现它们不适用于目前面临的复杂问题。于是，他们设计了一个新的系统，称为 Java 平台模块系统，它现在是 Java 语言和虚拟机的一部分。该系统已成功地用于模块化 Java API，如果愿意，也可以使用这个系统来模块化自己的应用程序。

Java 平台模块包括：

- 包容器；
- 可选地包含资源文件和其他文件（如本机库）；
- 模块中可访问包的列表；
- 此模块依赖的所有模块的列表。

Java 平台在编译时和在虚拟机中都强制执行封装和依赖。为什么在程序中要考虑使用 Java 平台模块系统，而不是传统地使用类路径上的 JAR 文件呢？因为这样做有以下两个优点。

1. 强封装：可以控制哪些包是可访问的，并且不必操心去维护那些不打算开放给公众使用的代码。
2. 可靠的配置：可以避免常见的类路径问题，例如重复加载类或丢失类。

还有一些有关 Java 平台模块系统的话题没有涉及，例如模块的版本管理。目前并不支持指定要求使用模块的具体版本，也不支持在同一程序中使用模块的多个版本。这些可能是人们所期望的特性，如果真的需要用到它们，则必须使用 Java 平台模块系统以外的机制来实现。

15.2 给模块命名

模块是包的集合。模块中的包名不需要彼此相关。例如，模块 java.sql 中就包含了 java.sql、javax.sql 和 javax.transaction.xa 这几个包。此外，从这个示例中可以看到，模块名与包名相同是完全可行的。

与包名一样，模块名由字母、数字、下划线和句点组成。此外，与包名一样，模块之间没有任何层次关系。如果有一个模块是 com.horstmann，另一个模块是 com.horstmann.corejava，那么就模块系统而言，它们是无关的。

当创建供其他人使用的模块时，其名称必须全局唯一。通常大多数模块名就像包名一样，遵循“反向域名”的约定。

命名模块最简单的方法是按照模块提供的顶级包来命名。例如，SLF4J 日志有一个模块 org.slf4j，其中包含有包 org.slf4j、org.slf4j.spi、org.slf4j.event 和 org.slf4j.helpers。

此约定可以防止模块中产生包名冲突。任何给定的包都只能放在一个模块中。如果模块名是唯一的，并且包名以模块名开头，那么包名也将是唯一的。

对于不打算给其他编程人员使用的模块，例如包含应用程序的模块，可以使用更短的模块名。为了证明这样做是可行的，本章将采用这种方式。那些貌似应该成为库代码的模块通常使用 com.horstmann.greet 等名称，而包含程序（带有 main 方法的类）的模块使用类似 ch15.sec03 这样的更加显眼的名称。

注意：你只用在模块声明中使用模块名称。在 Java 类的源文件中，永远都不应该不引用模块名。相反，你使用包名的方式应该与它们一直使用的方式相同。

15.3 模块化"Hello,World!"程序

让我们将传统的"Hello,World!"程序放入一个模块中。首先，我们需要将这个类放入一个包中，因为"不具名的包"不能包含在模块中：

```
package com.horstmann.hello;

public class Helloworld {
    public static void main(String[] args) {
        System.out.println("Hello, Modular World!");
    }
}
```

到目前为止，还没有任何东西有变化。为了创建包含此包的模块 ch15.sec03，需要添加一个模块声明，并将其放置在名为 module-info.java 的文件中，该文件位于基目录中（即包含 com 目录的目录）。按照惯例，基目录的名称与模块名相同。

```
ch15.sec03/
└module-info.java
 com/
  └ horstmann/
     └ hello/
        └ HelloWorld.java
```

module-info.java 文件中包含模块声明，例如：

```
module ch15.sec03 {
}
```

以上的模块声明之所以为空，是因为该模块没有任何内容可以提供给其他人使用，这个模块也不需要依赖任何内容。

现在，可以照常进行编译：

```
javac ch15.sec03/module-info.java ch15.sec03/com/horstmann/hello/HelloWorld.java
```

module-info.java 文件看起来与 Java 源文件不同，由于类名不能包含连字符，因此不能存在 module-info 之类的类名。module、requires、exports 等关键字都是"限定关键字"，仅在模块声明中具有特殊含义。该文件会以二进制形式编译到包含模块定义的类文件 mudole-info.class 中。

要将此程序作为模块化应用程序运行，需要指定模块路径。模块路径与类路径类似，但包含的是模块，还需要以模块名/类名的格式指定主类：

```
java --module-path ch15.sec03 --module ch15.sec03/com.horstmann.hello.HelloWorld
```

可以使用单字母选项-p 和-m 代替--module-path 和--module：

```
java -p ch15.sec03 -m ch15.sec03/com.horstmann.hello.HelloWorld
```

无论哪种方式，都会出现"Hello, Modular World!"问候语，证明你已成功地将第一个应用程序模块化了。

注意：编译此模块时，会收到以下两个警告。

```
warning: [module] module name component sec03 should avoid terminal digits
warning: [module] module name component ch15 should avoid terminal digits
```

这些警告旨在建议编程人员不要在模块名称中添加版本号。可以选择忽略它们，或使用注解来抑制它们，示例如下。

```
@SuppressWarnings("module")
module ch15.sec03 {
}
```

在这方面，module 声明就像类声明一样：可以对其进行注解。（注解类型必须具有值为 ElementType.MODULE 的 target。）

15.4 对模块的需求

让我们创建一个新的模块 ch15.sec04，其中使用一个 JoptionPane 对象来显示“Hello,Modular World!”消息：

```
package com.horstmann.hello;

import javax.swing.JOptionPane;

public class HelloWorld {
    public static void main(String[] args) {
        JOptionPane.showMessageDialog(null, "Hello, Modular World!");
    }
}
```

对以上程序的编译会失败，并显示以下错误消息：

```
error: package javax.swing is not visible
  (package javax.swing is declared in module java.desktop,
    but module ch15.sec04 does not read it)
```

JDK 已经模块化了，并且 javax.swing 包现在包含在 java.desktop 模块中。我们的模块需要声明它依赖于该模块：

```
module ch15.sec04 {
    requires java.desktop;
}
```

模块系统的设计目标之一是模块需要明确它们的需求，以便虚拟机能够确保在启动程序之前满足所有需求。

在上一节中，并没有产生明确的需求，因为我们只使用了 java.lang 包，而该包已经包含在默认需要的 java.base 模块中。

注意，我们的 ch15.sec04 模块只列出了它自己的模块需求。它需要 java.desktop 模块，以便可以使用javax.swing包。java.desktop模块本身声明了它需要3个其他模块，即java.datatransfer、java.prefs 和 java.xml。

图 15-1 以节点为模块显示了模块图。图的边（即连接节点的箭头）要么声明了需求，要么在没有声明任何需求时表示 java.base 模块。

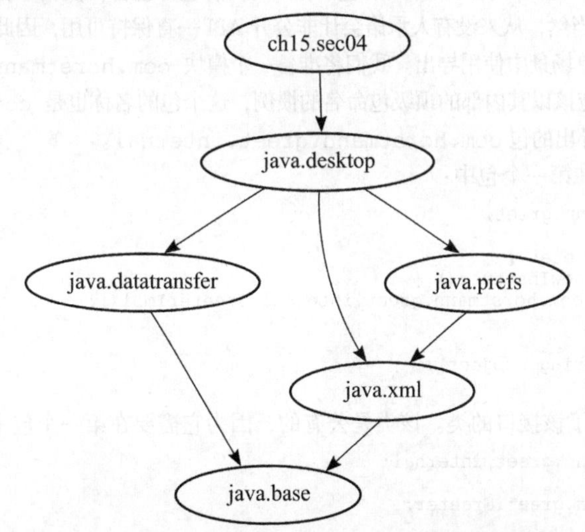

图 15-1 Swing 中“Hello, Modular World!”应用程序的模块

模块图中不能存在环。也就是说，模块不能直接或间接地对自己产生依赖。模块不会自动将访问权限传递给其他模块。在我们的示例中，java.desktop 模块声明它需要 java.prefs，而 java.prefs

模块声明它需要 java.xml。但是这并不会赋予 java.desktop 使用 java.xml 模块中的包的权利。它需要明确地声明该要求。用数学术语来描述，就是 requires 关系不是"传递性"的。通常情况下，这种行为是可取的，因为它使需求明确化，但正如你将在 15.11 节中看到的，在某些情况下，也可以放松这个要求。

> **注意**：本节开头的错误消息指出我们的 ch15.sec04 模块没有"读取"java.desktop 模块。按照 Java 平台模块系统的说法，模块 *M* 会在以下情况下中读取模块 *N*。
>
> - *M* 需要 *N*。
> - *M* 需要一个传递性依赖于 *N* 的模块（见 15.11 节）。
> - *N* 是 *M* 或 java.base。

15.5 导出包

在上一节中，你看到一个模块如果要使用另一个模块中的包，就必须声明需要该模块。但是，这不会自动使所需模块中的所有包都可用。模块可以使用 exports 关键字声明其中哪些包是可访问的。例如，以下是 java.xml 模块的模块声明中的一部分：

```
module java.xml {
    exports javax.xml;
    exports javax.xml.catalog;
    exports javax.xml.datatype;
    exports javax.xml.namespace;
    exports javax.xml.parsers;
    ...
}
```

该模块让许多包都可用，但是通过不导出其他的包（如 jdk.xml.internal）而隐藏了它们。

在导出包时，可以在模块外部访问其 public 和 protected 的类和接口，以及它们的 public 和 protected 的成员。（protected 的类型和成员只能在子类中访问。）

但是，未导出的包在其自身所在的模块之外是无法访问的。这一点与 Java 模块化之前非常不同。在过去，可以从任何包中使用公有类，即使它不是公有 API 的一部分。例如，当公有 API 未提供适当的功能时，通常会建议使用 sun.misc.BASE64Encoder 或 com.sun.rowset.CachedRowSetImpl。

现在，不能再从 Java 平台 API 访问未导出的包了，因为所有包都包含在模块中。因此，某些程序将不能够在现代 Java 版本下运行。当然，从来没有人承诺会让非公开 API 一直保持可用，因此也不必对此感到惊讶。

下面让我们在一个简单场景中使用导出。我们将准备一个模块 com.horstmann.greet，它将导出一个包，遵循提供代码的模块应该以其内部的顶级包命名的惯例，这个包的名称也是 com.horstmann.greet。此外，还有一个我们不会导出的包 com.horstmann.greet.internal。

公有 Greeter 接口在第一个包中：

```
package com.horstmann.greet;

public interface Greeter {
    static Greeter newInstance() {
        return new com.horstmann.greet.internal.GreeterImpl();
    }

    String greet(String subject);
}
```

第二个包有一个实现了该接口的类。该类是公有的，因为它需要在第一个包中是可访问的：

```
package com.horstmann.greet.internal;

import com.horstmann.greet.Greeter;

public class GreeterImpl implements Greeter {
    public String greet(String subject) {
        return "Hello, " + subject + "!";
    }
}
```

com.horstmann.greet 模块包含这两个包，但是只导出第一个包：

```
module com.horstmann.greet {
    exports com.horstmann.greet;
}
```

第二个包在模块外部是无法访问的。

我们将应用程序放入第二个模块中，这时程序将需要第一个模块：

```
module ch15.sec05 {
    requires com.horstmann.greet;
}
```

注意： exports 语句后面跟着包名，而 requires 语句后面跟着模块名。

我们的应用程序将使用 Greeter 来获取问候语：

```
package com.horstmann.hello;

import com.horstmann.greet.Greeter;

public class HelloWorld {
    public static void main(String[] args) {
        Greeter greeter = Greeter.newInstance();
        System.out.println(greeter.greet("Modular World"));
    }
}
```

以下是这两个模块的源文件结构：

```
com.horstmann.greet
├ module-info.java
└ com
  └ horstmann
    └ greet
      ├ Greeter.java
      └ internal
        └ GreeterImpl.java
ch15.sec05
├ module-info.java
└ com
  └ horstmann
    └ hello
      └ HelloWorld.java
```

要构建此应用程序，首先要编译 com.horstmann.greet 模块：

```
javac com.horstmann.greet/module-info.java \
    com.horstmann.greet/com/horstmann/greet/Greeter.java \
    com.horstmann.greet/com/horstmann/greet/internal/GreeterImpl.java
```

然后，用模块路径上的第一个模块来编译这个应用程序模块：

```
javac -p com.horstmann.greet ch15.sec05/module-info.java \
    ch15.sec05/com/horstmann/hello/HelloWorld.java
```

最后，使用模块路径上的两个模块来运行程序：

```
java -p ch15.sec05:com.horstmann.greet \
    -m ch15.sec05/com.horstmann.hello.HelloWorld
```

现在，你已经看到了构成 Java 平台模块系统基础的 requires 和 exports 语句。如你所见，模块系统在概念上很简单。模块明确指定它们需要哪些模块，以及它们能够向其他模块提供哪些包。15.12 节将展示 exports 声明的一个次要变体。

警告： 模块不提供作用域。不同模块中不能有两个同名的包。即使对于隐藏的包（即未导出的包）也是如此。

15.6　模块和反射式访问

在上一节中，你看到了模块系统是如何强制执行封装的。模块只能访问从另一个模块显式导出的包。在过去，使用反射可以克服那些令人厌烦的访问限制。正如你在第 4 章中看到的，反射可以访问任何类的私有成员。

然而，在模块化的世界中就不再是这样的了。如果类位于模块内，则对非公有成员的反射式访问将失败。特别是，回想一下我们是如何访问私有字段的：

```
Field f = obj.getClass().getDeclaredField("salary");
f.setAccessible(true);
double value = f.getDouble(obj);
f.setDouble(obj, value * 1.1);
```

除非安全管理器不允许对私有字段的访问，否则调用 f.setAccessible(true)会成功。然而，使用安全管理器运行 Java 应用程序并不常见，而且有许多库使用反射式访问。典型的例子是对象-关系映射器，例如 JPA，它自动将对象持久化到数据库中，以及在 Java 对象和 JSON 或 XML 之间转换的“绑定层”中。

如果使用这种库，并且还想使用模块，则必须格外小心。为了证明这个问题，我将使用 JSON-B 标准的 Yasson 实现。下面是一个简单的类，说明了该机制的基本原理：

```
package com.horstmann.places;

public class County {
    public Country() {}

    public Country(String name, double area) {
        this.name = name;
        this.area = area;
    }
    //...
}
```

下面是一个演示如何将对象转换为 JSON 的简短程序：

```
package com.horstmann.places;

import jakarta.json.bind.*;
import jakarta.json.bind.config.*;
import java.lang.reflect.*;

public class Demo {
    public static void main(String[] args) throws JAXBException {
        var belgium = new Country("Belgium", 30510);

        var config = new JsonbConfig()
            .withPropertyVisibilityStrategy(
                new PropertyVisibilityStrategy() {
                    public boolean isVisible(Field field) { return true; }
                    public boolean isVisible(Method method) { return false; }
                });
        Jsonb jsonb = JsonbBuilder.create(config);
        String json = jsonb.toJson(belgium);
        System.out.println(json);
    }
}
```

当运行该程序时，它将会输出：

```
{"area":30510.0,"name":"Belgium"}
```

正如你所看到的，编程人员不需要做任何事情来实现这一点。通过反射，JSON-B 库可以确定字段的名称和值。

现在让我们将 Country 和 Demo 类放在一个模块中。当这样做时，Demo 程序将失败，并抛出异常：

```
Exception in thread "main" java.lang.reflect.InaccessibleObjectException:
    Unable to make field
private java.lang.String com.horstmann.places.Country.name accessible:
module v2ch09.openpkg2 does not "opens com.horstmann.places"
    to module org.eclipse.yasson
```

当然，按照纯理论来说，破坏对象的封装并窥视其私有成员是错误的。但是，诸如 XML 绑定或对象-关系映射之类的机制非常常见，因此模块系统必须接纳它们。

通过使用 opens 关键字，模块就可以打开包，该包允许运行时访问给定包中的所有类型和成员，允许通过反射式访问私有成员。下面是我们的模块必须执行的操作：

```
module ch15.sec06 {
    requires jakarta.json.bind;
    opens com.horstmann.places;
}
```

通过此更改，JSON-B 就可以正常工作了，模块可以声明为 open（开放的），例如：

```
open module ch15.sec06 {
    requires jakarta.json.bind;
}
```

开放模块可以授权对其所有包的运行时访问，就像所有包都用 exports 和 opens 声明过一样。但是，在编译时只能访问显式导出的包。开放模块将模块系统编译时的安全性与经典的授权许可的运行时行为结合在一起。

回顾 4.5.2 小节，除了类文件和清单，JAR 文件还可以包含文件资源，这些资源可以用 Class.getResourceAsStream 方法加载，现在也可以用 Module.getResourceAsSream 加载。如果资源存储在与模块中的包匹配的目录中，则这个包必须对调用者是开放的。任何人都可以读取其他目录中的资源，以及类文件和清单。

注意： 未来的库可能会使用变量句柄（variable handle）而不是反射来读取和写入字段。VarHandle 类似于 Field。可以使用它来读取或写入特定类的任何实例的特定字段。然而，要获得 VarHandle，库代码需要一个 Lookup 对象，示例如下。

```
public Object getFieldValue(Object obj, String fieldName, Lookup lookup)
        throws NoSuchFieldException, IllegalAccessException {
    Class<?> cl = obj.getClass();
    Field field = cl.getDeclaredField(fieldName);
    VarHandle handle = MethodHandles.privateLookupIn(cl, lookup)
        .unreflectVarHandle(field);
    return handle.get(obj);
}
```

如果 Lookup 对象是在具有访问该字段权限的模块中生成的，则此操作有效。模块中的某些方法可以直接调用 MethodHandles.lookup()，它会生成一个封装了调用者访问权限的对象。这样，一个模块可以向另一个模块授予访问私有成员的权限。在实践中，需要解决如何以麻烦最少的方式授予这些权限的问题。

15.7 模块化 JAR

到目前为止，我们直接将模块编译到了源代码的目录树中。显然，这无法满足部署的要求。相反，可以通过将模块的所有类放在 JAR 文件中来部署模块，其中 module-info.class 在 JAR 文件的根部。这样的 JAR 文件称为模块化 JAR（modular JAR）。

要创建一个模块化 JAR 文件，可以按照通常的方式使用 jar 工具。如果有多个包，那么最好使用 -d 选项进行编译，这样可以将类文件放置到单独的目录中。如果该目录不存在，则会创建该目录。然后，在收集这些类文件时使用 jar 命令的-C 选项来修改该目录。

```
javac -d modules/com.horstmann.greet  'find com.horstmann.greet -name  *.java'
jar -cvf com.horstmann.greet.jar -C modules/com.horstmann.greet .
```

如果使用的是 Maven、Ant 或 Gradle 等构建工具，那么只须像之前一样构建 JAR 文件即可。只要包含了 module-info.class，就可以得到一个模块化 JAR。然后，可以在模块路径中包含模块化 JAR，模块将会被加载。

警告： 在过去，包中的类有时会分布在多个 JAR 文件中（这样的包被称为“拆分包”）。这样的操作可能从来都不算是一个好主意，对于模块来说，这样也不可能是一个好方法。

与常规 JAR 文件一样，可以指定模块化 JAR 中的主类：

```
javac - p com.horstmann.greet.jar -d modules/ch15.sec05  'find ch15.sec05 -name *. java'
jar -c -v -f ch15.sec05.jar -e com.horstmann.hello.HelloWorld -C modules/ch15.sec5 .
```

当启动程序时，可以指定包含主类的模块：

```
java -p com.horstmann.greet.jar:ch15.sec05.jar -m ch15.sec05
```

在创建 JAR 文件时，可以选择指定版本号。使用 `--module-version` 选项，并在 JAR 文件名中添加@和版本号：

```
jar -c -v -f com.horstmann.greet@1.0.jar --module-version 1.0 -C com.horstmann.greet .
```

如前所述，Java 平台模块系统不使用版本号来解析模块，但可以通过其他工具和框架来查询版本号。

注意： 可以通过反射 API 找到版本号。在我们的示例中：

```
Optional<String> version
    = Greeter.class.getModule().getDescriptor().rawVersion();
```

将生成一个包含版本号字符串"1.0"的 Optional。

注意： 与类加载器等效的模块是一个层（layer），Java 平台模块系统会将 JDK 模块和应用程序模块加载到启动层（boot layer）。程序还可以使用分层 API 加载其他模块（这在本书中没有涉及）。这样的程序可以选择考虑模块版本。Java 期望像 Java EE 应用服务器这样的程序的开发人员会利用分层 API 来为模块提供支持。

提示： 如果想要将模块加载到 JShell 中，那么需要在模块路径中包含 JAR，并使用 `--add-modules` 选项。示例如下。

```
jshell --module-path com.horstmann.greet@1.0.jar \
    --add-modules com.horstmann.greet
```

15.8 自动模块

现在你已经知道了如何使用 Java 平台模块系统。如果从一个全新的项目开始，其中所有代码都由我们自己编写，那么就可以设计模块、声明模块依赖关系，并将应用程序打包成模块化 JAR 文件。

然而，这其实是一种非常罕见的情况。几乎所有项目都依赖于第三方库。当然，你可以等到所有库的提供者都将它们转换为模块，然后再将自己的代码模块化。

但是如果等不及怎么办呢？Java 平台模块系统提供了两种机制，用来填补当今依然存在的前模块时代和完全模块化时代的应用程序之间的鸿沟：自动模块和不具名模块。

为了迁移，可以将任何 JAR 文件转换为模块，只须将其放在模块路径的目录而不是类路径的目录中。模块路径上没有 `module-info.class` 文件的 JAR 称为自动模块。自动模块具有以下属性。

- 该模块隐式包含所有其他模块的 `requires` 子句。
- 其所有包都已导出并且是开放的。
- 如果 JAR 文件清单 `META-INF/MANIFEST.MF` 中有一个键为 `Automatic-Module-Name` 的项目，那么该键的对应的值为模块名。
- 否则，将从 JAR 文件名中获取模块名，将文件名中尾部的版本号删除，并用句点替换掉非字母数字的字符序列。

前两条规则意味着自动模块中的包的行为和在类路径上一样。使用模块路径的原因是为了让其他模块受益，使得它们可以表示对该模块的依赖关系。

例如，假设你正在实现一个使用 Apache Commons CSV 库的处理 CSV 文件的模块。你希望在 `module-info.java` 文件中表示该模块依赖于 Apache Commons CSV。

如果将 `commons-csv-1.9.0.jar` 添加到模块路径上，那么你的模块就可以引用该模块了。它的名称是就是 `commons.csv`，因为后面的版本号`-1.9.0` 被删除，并且非字母数字的字符 `-` 被句点替换。

这个名称可能是一个可接受的模块名，因为 Commons CSV 是众所周知的，其他人不太可能会用这个名字来命名其他模块。但如果这个 JAR 文件的维护者同意保留反向域名，最好是顶级包名 `org.apache.commons.csv` 作为模块名，那么显得更好。他们只需要在 JAR 内的 `META-INF/MANIFEST.MF` 文件中添加一行：

```
Automatic-Module-Name: org.apache.commons.csv
```

最终，希望他们能够在 module-info.java 中添加保留的模块名，将 JAR 文件转换成一个真正的模块，而每个用该模块名引用了这个 CSV 模块的模块也都能够继续工作。

注意：模块的迁移计划是一个伟大的社会实验，没有人知道它是否能够顺利实施。在将第三方 JAR 放入模块路径之前，请检查它们是否是模块化的。如果不是，则检查它们的清单是否有模块名；如果没有，仍然需要将 JAR 转换为自动模块，但要做好以后更新模块名的准备。

15.9 不具名模块

任何不在模块路径上的类都是不具名模块的一部分。从技术上讲，可能有不止一个不具名模块，但这些模块合起来就像是单个不具名模块。与自动模块一样，不具名模块可以访问所有其他模块，它的所有包都会被导出，并且都是开放的。

但是，没有任何显式模块可以访问不具名模块。（显式模块是指既不是自动模块也不是不具名模块的模块，即在模块路径上具有 module-info.class 的模块。）换句话说，显式模块总是可以避免类路径的影响。

例如，假设将 commons-csv-1.9.0.jar 加载到类路径而不是模块路径上。然后上一节的示例程序将无法启动：

```
Error occurred during initialization of boot layer
java.lang.module.FindException: Module commons.csv not found, required by ch15.sec09
```

因此，迁移到 Java 平台模块系统必然是一个自下而上的过程。

（1）Java 平台本身被模块化。

（2）接下来，库被模块化，要么通过使用自动模块，要么将其转换为显式模块。

（3）一旦应用程序使用的所有库都被模块化，就可以将应用程序的代码转换为模块。

注意：自动模块可以读取不具名模块，因此它们的依赖关系放在类路径中。

15.10 用于迁移的命令行标志

即使你的程序不使用模块，在使用 Java 9 及更新版本运行时，你也无法摆脱模块化世界的影响。即使应用程序代码位于不具名模块的类路径上，并且所有包都被导出且开放，它也会与模块化的 Java 平台交互。

到了 Java 11，编译时封装被严格执行。然而，在 Java 16 之前，运行时访问是允许的。默认行为是会在控制台上显示每次攻击的第一次警告。到了 Java 16，运行时的反射式访问也被强制执行。为了给你充足的时间准备应对这些变化，Java 9 到 Java 16 中的 java 启动器有一个--illegal-access 标志，其中包含以下 4 种可能的设置。

（1）--illegal-access=permit，Java 9 的默认行为，为非法访问的第一个实例打印消息。

（2）--illegal-access=warn，为每个非法访问打印一条消息。

（3）--illegal-access=debug，为每个非法访问打印消息和栈轨迹。

（4）--illegal-access=deny，Java 16 的默认行为，拒绝所有非法访问。

--illegal-access 标志在 Java 17 中不再使用。

--add-exports 和--add-opens 标志允许调整那些遗留应用程序。

考虑那些使用不再可访问的内部 API 的应用程序，例如 com.sun.rowset.CachedRowSetImpl，最好的补救办法是修改这个实现。从 Java 7 开始，假设无法访问源代码，可以从 RowSetProvider 获取缓存的行集合。

在这种情况下，使用--add-exports 标志启动应用程序，指定要导出的模块和包，以及要将包导出到的模块，在我们的示例中，该模块是不具名模块：

```
java --illegal-access=deny  --add-exports java.sql.rowset/com.sun.rowset=ALL_UNNAMED \
   -jar Myapp.jar
```

现在假设你的应用程序使用反射来访问私有字段或方法。不具名模块内的反射是可行的，但不再可能反射式方式访问Java平台类的非公有成员。例如，一些动态生成Java类的库会调用受保护的ClassLoader.defineClass方法。如果应用程序使用了这样的库，那么需要添加以下标志：

```
--add-opens java.base/java.lang=ALL-UNNAMED
```

当添加这些命令行选项以使遗留应用程序正常工作时，你很可能会被这些吓人的命令行吓倒。为了更好地管理多个选项，可以将选项放在一个或多个文件中，并使用@前缀指定这些文件。例如：

```
java @options1 @options2 -jar MyProg.java
```

其中文件 options1 和 options2 包含 java 命令的选项。

选项文件有一些语法规则：

- 用空格、制表符或换行符分隔各个选项；
- 在包含空格在内的参数周围使用双引号，例如"Program Files"；
- 在一行的末尾用一个 \ 来合并下一行；
- 反斜杠必须转义，例如 C:\\Users\\Fred；
- 注释行以 # 开头。

15.11 传递性需求和静态需求

在 15.4 节中，你已经看到了 requires 语句的基本形式。在本节中，你将看到偶尔会非常有用的变体。

在某些情况下，对于给定模块的用户而言，声明所有必需的模块可能会很冗长。例如，考虑 java.desktop 模块。它需要 3 个模块：java.prefs、java.datatransfer 和 java.xml。java.prefs 模块仅在内部使用。然而，在 java.datatransfer 和 java.xml 中的类将会出现在公有 API 中，就像出现在下面的方法中：

```
java.awt.datatransfer.Clipboard java.awt.Toolkit.getSystemClipboard()
java.beans.XMLDecoder(org.xml.sax.InputSource is)
```

这不是 java.desktop 模块的用户应该考虑的问题。因此，java.desktop 模块使用 transitive 修饰符声明需求：

```
module java.desktop
{
    requires java.prefs;
    requires transitive java.datatransfer;
    requires transitive java.xml;
    ...
}
```

任何声明需要 java.desktop 的模块现在都自动需要这两个模块。

注意：一些编程人员建议，当公有 API 中使用另一个模块的包时，应始终使用 requirestransitive。但这并不是 Java 语言的规则。例如，考虑 java.sql 模块：

```
module java.sql {
    requires transitive java.logging ;
    ...
}
```

整个 java.sql API 中，唯一用到 java.logging 模块中的包的地方，就是返回 java.util.logging.Logger 对象的 java.sql.Driver.parentLogger 方法。不将此模块需求声明为传递性的也是完全可以接受的。然后，那些实际使用该方法的模块，并且也只有那些模块才需要声明它们需要 java.logging。

requires transitive 语句的一个引人注目的用法是聚合器（aggregator）模块——没有任何包、只有传递性需求的模块。其中一个模块是 java.se 模块，声明如下：

```
module java.se {
    requires transitive java.compiler;
    requires transitive java.datatransfer;
    requires transitive java.desktop;
    ...
    requires transitive java.sql;
```

```
    requires transitive java.sql.rowset;
    requires transitive java.xml;
    requlres transitive java.cml.crypto;
}
```

对细粒度模块依赖不感兴趣的编程人员可以直接声明需要 java.se,并获取 Java SE 平台的所有模块。

最后，还有一个不常见的 requires static 变体，它声明模块必须在编译时出现，但在运行时是可选的。下面是两个用例。

（1）访问在编译时处理，并且在不同模块中声明的注释。

（2）对于位于不同模块中的类，如果可用，就使用它，否则执行其他操作，例如：

```
try {
    new oracle.jdbc.driver.OracleDriver();
    ....
} catch (NoClassDefFoundError er) {
    // Do something else
}
```

15.12 限定导出和开放

在本节中，你将看到 exports 和 opens 语句的一种变体，能够将它们的作用域缩小到指定的模块集合。例如，java.base 模块包含下面的语句：

```
exports sun.net to
    java.net.http,
    jdk.naming.dns ;
```

这种声明称为限定导出（qualified export）。列出的模块可以访问包，但其他模块不能。

过度使用限定导出表明模块化的结构不佳。然而，当对现有代码基进行模块化时，这种情况还是会发生。这里，sun.net 包被放置在 java.base 模块中，因为该模块最需要使用这个包。然而，一些其他模块也需要使用该包。Java 平台的设计者们不想让 Java.base 变得更大，并且不希望内部的 sun.net 包对所有代码普遍可用。在新建项目中，编程人员可以设计更加模块化的 API。

同样，可以将 opens 语句限制为特定模块。例如，在 15.6 节中，我们使用了一个限定 opens 语句，如下所示：

```
module ch15.sec06 {
    requires jakarta.json.bind;
    opens com.horstmann.places to org.eclipse.yasson;
}
```

现在，com.horstmann.places 包就只对 org.eclipse.yasson 模块开放了。

不可否认的是，在模块描述符中添加对特定持久化机制的依赖似乎是很脆弱的。因此，可以将所有需要持久化的类放在一个单独的包中，并将该包开放给所有模块，这样任何持久化机制就都可以访问它了。

15.13 服务加载

ServiceLoader 类（见 4.5.5 小节）提供了一种用于将服务接口与实现相匹配的轻量级机制。Java 平台模块系统使得使用该机制更加易于使用。

下面是对服务加载的快速回顾。服务有一个接口和一个或多个可能的实现。下面是一个简单的接口示例：

```
public interface GreeterService {
    String greet(String subject);
    Locale getLocale();
}
```

有一个或多个模块提供了实现，例如：

```
public class FrenchGreeter implements GreeterService {
    public String greet(String subject) { return "Bonjour " + subject; }
    public Locale getLocale() { return Locale.FRENCH; }
}
```

服务消费者必须根据其认为合适的标准，在提供的所有实现中选择一个：

```
ServiceLoader<GreeterService> greeterLoader = ServiceLoader.load(GreeterService.class);
GreeterService chosenGreeter;
for (GreeterService greeter : greeterLoader) {
    if (...) {
        chosenGreeter = greeter;
    }
}
```

在过去，需要通过将文本文件放入包含实现类的 JAR 文件的 META-INF/services 目录来提供实现。现在，模块系统提供了一种更好的方法，可以向模块描述符添加语句，而不是通过文本文件实现。

提供服务实现的模块可以添加一个 provides 语句，该语句列出了服务接口（可以在任何模块中定义）和实现类（必须是该模块的一部分）。下面是 jdk.security.auth 模块的一个示例：

```
module jdk.securlty.auth {
    ...
    provides javax.security.auth.spi.LoginModule with
        com.sun.security.auth.module.Krb5LoginModule,
        com.sun.security.auth.module.UnixLoginModule,
        com.sun.security.auth.module.JndiLoginModule,
        com.sun.security.auth.module.KeyStoreLoginModule,
        com.sun.security.auth.module.LdapLoginModule,
        com.sun.security.auth.module.NTLoginModule;
}
```

这等价于 META-INF/services 文件。

消费模块包含一个 uses 语句：

```
module java base {
    ...
    uses javax.security.auth.spi.LoginModule;
}
```

当消费模块中的代码调用 ServiceLoader.load(*serviceInterface*.class)时，将加载匹配的提供者类，即使它们可能不在可访问的包中。

15.14 操作模块的工具

jdeps 工具能够分析给定的 JAR 文件集合之间的依赖关系。例如，当想要对 Junit 4 进行模块化时，可以运行：

```
jdeps -s junit-4.12.jar hamcrest-core-1.3.jar
```

jdep 工具的 -s 标志生成总结性的输出：

```
hamcrest-core-1.3.jar -> java.base
junit-4.12.jar -> hamcrest-core-1.3.jar
junit-4.12.jar -> java.base
junit-4.12.jar -> java.management
```

它告知了我们图 15-2 所示的模块关系图。

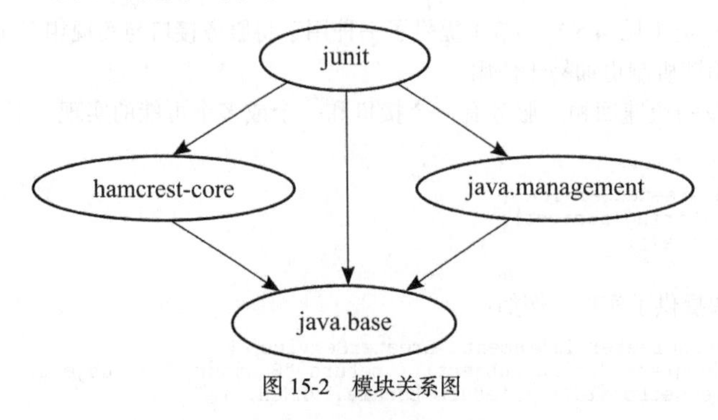

图 15-2 模块关系图

如果省略了-s 标志，则会得到模块总结，后面跟着一个从包到所需包和模块的映射。如果添加-v 标志，则列出的清单会将类映射到所需的包和模块上。

--generate-module-info 选项会为每个分析过的模块生成 module-info 文件：

```
jdeps --generate-module-info /tmp/junit junit-4.12.jar hamcrest-core-1.3.jar
```

注意： 还有一个选项可以用"dot"语言生成图形化输出，用于描述图。假设你安装了 dot 工具，那么运行以下命令。

```
jdeps -s -dotoutput /tmp/junit junit-4.12.jar hamcrest-core-1.3.jar
dot -Tpng /tmp/junit/summary.dot  > /tmp/junit/summary.png
```

会得到 summary.png 图像，如图 15-3 所示。

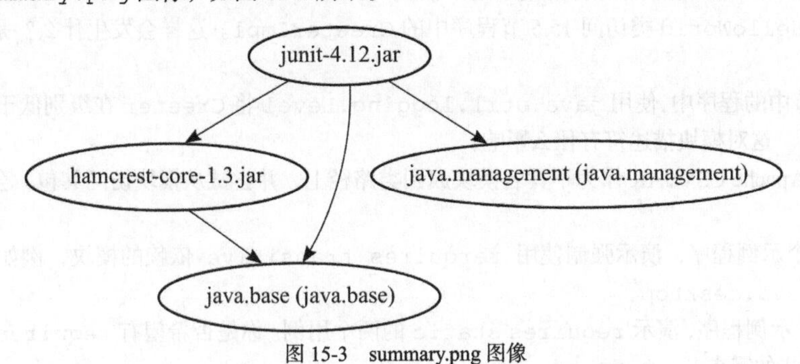

图 15-3 summary.png 图像

使用 jlink 工具可以生成一个应用程序，该应用程序可以在没有单独的 Java 运行时环境的情况下执行。这样生成的镜像比整个 JDK 小得多。可以指定要包含的模块和输出目录：

```
jlink --module-path com.horstmann.greet.jar:ch15.sec05.jar:$JAVA_HOME/jmods \
   --add-modules ch15.sec05  --output /tmp/hello
```

输出目录有一个包含 java 可执行文件的子目录 bin。如果运行：

```
bin/java -m  ch15.sec05
```

那么将会调用模块主类的 main 方法。

jlink 的关键是它将运行应用程序所需的最小模块集合打包。可以将其中包含的所有模块全部列出：

```
bin/java --list-modules
```

在本示例中，输出为：

```
ch15.sec05
com.horstmann.greet
java.base@9
```

所有模块都包含在运行时镜像文件 lib/modules 中。在我的计算机上，该文件有 23MB，而所有 JDK 模块的运行时镜像占用 121MB。整个应用程序占用 45MB，只是 JDK 大小的一小部分。

这可以作为打包应用程序的实用工具的基础。你仍然需要为多个平台生成文件集合，并为应用程序启动脚本。

注意： 可以使用 jimage 命令检查运行时镜像。然而该格式是 JVM 内部的，并且运行时镜像并不是为其他工具而生成并供其他工具所使用的。

最后，jmod 工具构建并检查 JDK 中包含的模块文件。当查看 JDK 中的 jmods 目录时，会发现每个模块都有一个扩展名为 jmod 的文件。要注意的是，现在不再有 rt.jar 文件了。

与 JAR 文件一样，这些文件也包括类文件。此外，它们还可以包括本地代码库、命令、头文件、配置文件和合法通知。JMOD 文件使用 ZIP 格式，可以使用任何 ZIP 工具查看其内容。

与 JAR 文件不同，JMOD 文件仅用于链接，即用于生成运行时镜像。不需要生成 JMOD 文件，除非还希望将二进制文件（如本地代码库）与模块绑定在一起。

练习

1. “限定关键字”module、exports、requires、uses、to 等在模块声明中具有特定含义。你能用它们作为类名吗？包名呢？模块名呢？特别是可以制作一个名为 module 的模块吗？尝试创建一个相关的文本内容，其中可以生成如下声明：

```
requires requires;
exports exports;
opens to to opens;
```

模块名 transitive 怎么样？你能请求这个模块吗？

2. 尝试从 HelloWorld 类访问 15.5 节程序中的 GreeterImpl。这样会发生什么？是编译时错误还是运行时错误？

3. 在 15.5 节中的程序中，使用 java.util.logging.Level 将 Greeter 在级别低于 Level.INFO 时返回空字符串。这对模块描述符有什么影响？

4. 如果将 Apache CSV JAR 作为不具名模块放到类路径上，并尝试从模块访问其包，会发生什么？应该怎么做？

5. 开发一个示例程序，演示强制使用 rerquires transitive 依赖的模块，例如 java.sql、java.xml 或 java.desktop。

6. 开发一个示例程序，演示 requires static 的两个用例。你是否希望有 requires transitive static 这样形式的需求？

7. 在 15.13 节中的程序中，如果省略了 provides 或 uses 语句会发生什么？为什么他们不是编译时错误？

8. 在 15.13 节中的程序中，使用服务供给者工厂，即一个具有返回服务对象的公有静态 provider() 方法的类。

9. 重新组织 15.7 节中的程序，以便在单独的模块中定义服务接口和实现。

10. 下载开源的 JFreeChart 程序，并使用 jdeps 分析演示程序和 lib 子目录中 JAR 文件的依赖关系。

11. 将 JFreeChart 的演示程序转换为模块，并将 lib 子目录中的 JAR 文件转换为自动模块。

12. 运行 jlink 获取 JFreeChart 演示程序的运行时镜像。

13. 尝试在较新版本的 Java 下运行 JavaFX SceneBuilder 程序的 Java 8 版本。启动它需要什么命令行标志？是怎么发现的？